今すぐ使えるかんたん

Office 2024/
Microsoft 365 両対応

Outlook
2024

リブロワークス 著

Imasugu Tsukaeru Kantan Series
Outlook 2024：Office 2024/Microsoft 365
LibroWorks

技術評論社

本書の使い方

- 画面の手順解説（赤い矢印の部分）だけを読めば、操作できるようになる！
- もっと詳しく知りたい人は、左側の「補足説明」を読んで納得！
- これだけは覚えておきたい機能を厳選して紹介！

特長 1

機能ごとに
まとまっているので、
「やりたいこと」が
すぐに見つかる！

特長 2

赤い矢印の部分だけを
読んで、パソコンを
操作すれば、難しいことは
わからなくても、
あっという間に
操作できる！

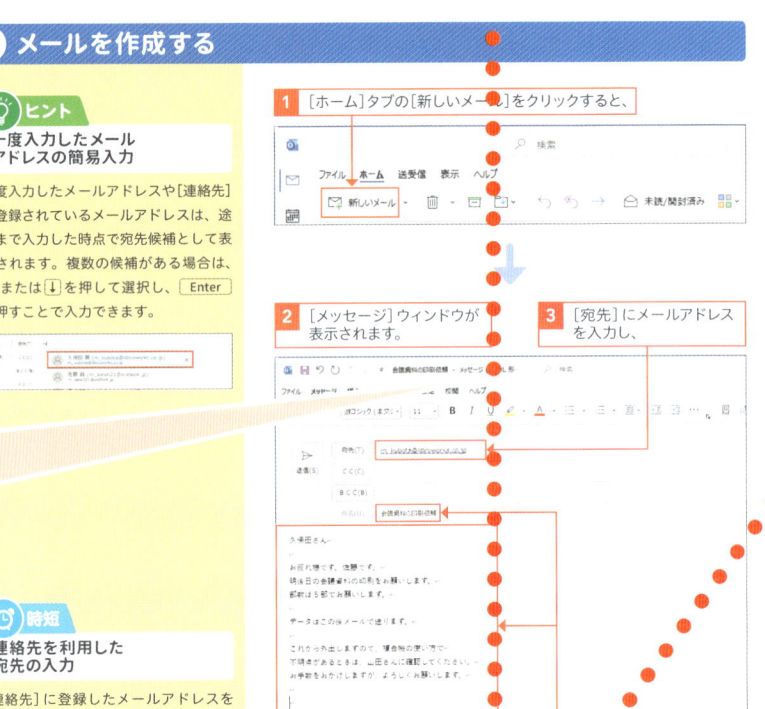

特長 3

やわらかい上質な紙を
使っているので、
開いたら閉じにくい！

● 補足説明（側注）

操作の補足的な内容を「側注」にまとめているので、
よくわからないときに活用すると、疑問が解決！

 解説　 ヒント　 重要用語　 応用技

 ショートカットキー　 補足　 注意　 時短

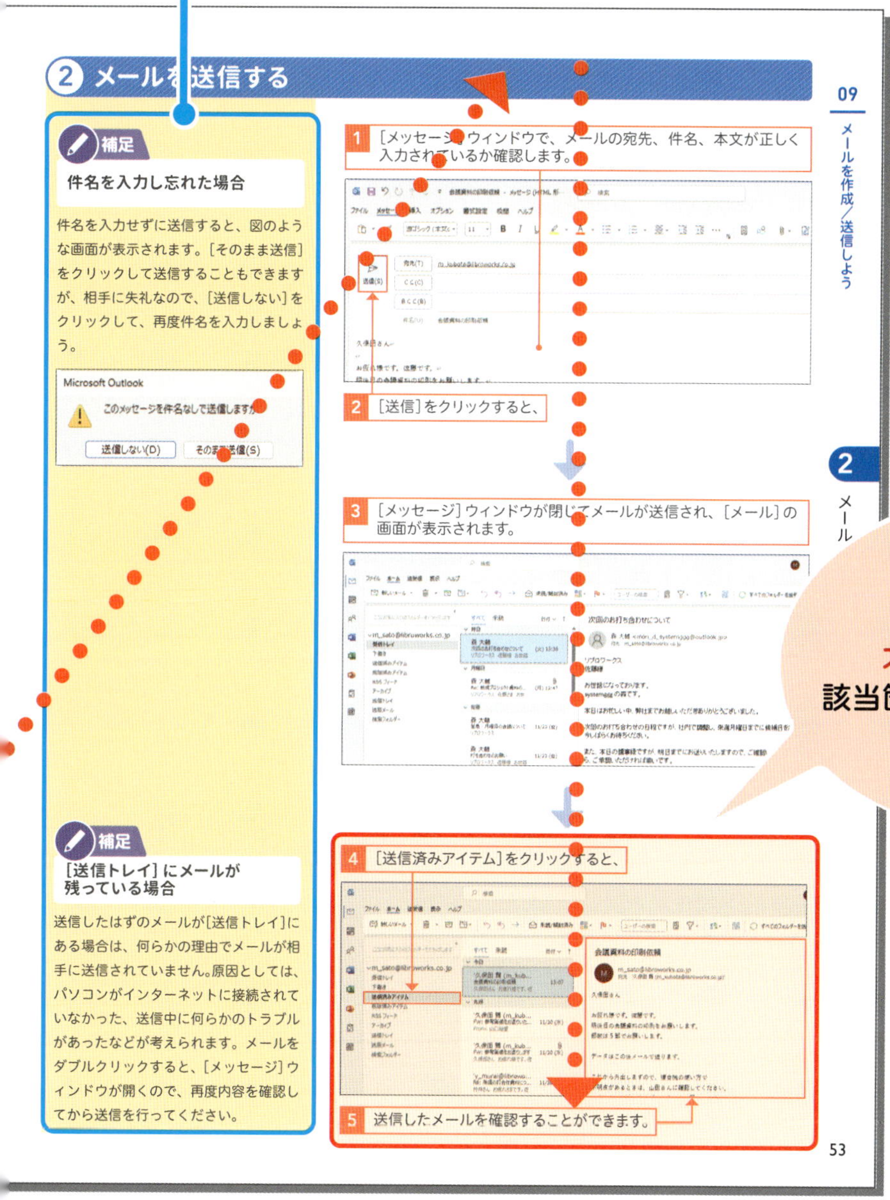

---

② メールを送信する

補足

件名を入力し忘れた場合

件名を入力せずに送信すると、図のような画面が表示されます。[そのまま送信]をクリックして送信することもできますが、相手に失礼なので、[送信しない]をクリックして、再度件名を入力しましょう。

Microsoft Outlook
このメッセージを件名なしで送信しますか？
[送信しない(D)]　[そのまま送信(S)]

補足

[送信トレイ]にメールが残っている場合

送信したはずのメールが[送信トレイ]にある場合は、何らかの理由でメールが相手に送信されていません。原因としては、パソコンがインターネットに接続されていなかった、送信中に何らかのトラブルがあったなどが考えられます。メールをダブルクリックすると、[メッセージ]ウィンドウが開くので、再度内容を確認してから送信を行ってください。

1　[メッセージ]ウィンドウで、メールの宛先、件名、本文が正しく入力されているか確認します。

2　[送信]をクリックすると、

3　[メッセージ]ウィンドウが閉じてメールが送信され、[メール]の画面が表示されます。

特長 4

大きな操作画面で
該当箇所を囲んでいるので
よくわかる！

4　[送信済みアイテム]をクリックすると、

5　送信したメールを確認することができます。

目次

第 **3** 章　メールを検索／整理しよう

第4章　メールの便利な機能を活用しよう

第5章 連絡先を管理しよう

第6章　予定を管理しよう

第7章　タスクを管理しよう

第8章　Outlookをさらに活用しよう

第9章　「新しいOutlook」の使い方を知ろう

ご注意：ご購入・ご利用の前に必ずお読みください

● 本書に記載された内容は、情報提供のみを目的としています。したがって、本書を用いた運用は、必ずお客様自身の責任と判断によって行ってください。これらの情報の運用の結果について、技術評論社および著者はいかなる責任も負いません。

● ソフトウェアに関する記述は、特に断りのないかぎり、2025年3月現在での最新情報をもとにしています。これらの情報は更新される場合があり、本書の説明とは機能内容や画面図などが異なってしまうことがあり得ます。あらかじめご了承ください。

● 本書の内容は、以下の環境で制作し、動作を検証しています。使用しているパソコンやOutlookのバージョンによっては、機能内容や画面図が異なる場合があります。とくにMicrosoft 365や「新しいOutlook」では常に最新の機能が提供されるため、将来的に画面や操作に変更が生じる場合があります。
　　・Windows 11 Pro
　　・Outlook 2024
　　・新しいOutlook

● インターネットの情報については、URLや画面などが変更されている可能性があります。ご注意ください。

以上の注意事項をご承諾いただいた上で、本書をご利用願います。これらの注意事項をお読みいただかずに、お問い合わせいただいても、技術評論社および著者は対処しかねます。あらかじめご承知おきください。

■本書に掲載した会社名、プログラム名、システム名などは、米国およびその他の国における登録商標または商標です。本文中では™、®マークは明記していません。

パソコンの基本操作

- 本書の解説は、基本的にマウスを使って操作することを前提としています。
- お使いのパソコンのタッチパッド、タッチ対応モニターを使って操作する場合は、各操作を次のように読み替えてください。

① マウス操作

クリック（左クリック）

クリック（左クリック）の操作は、画面上にある要素やメニューの項目を選択したり、ボタンを押したりする際に使います。

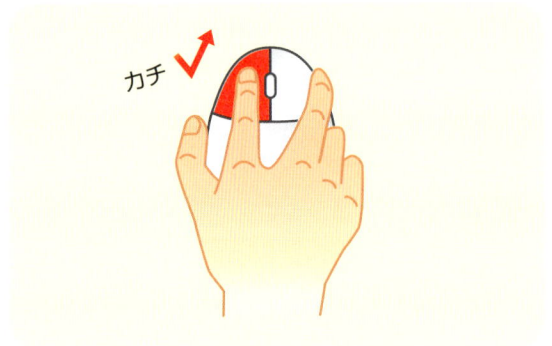

マウスの左ボタンを1回押します。

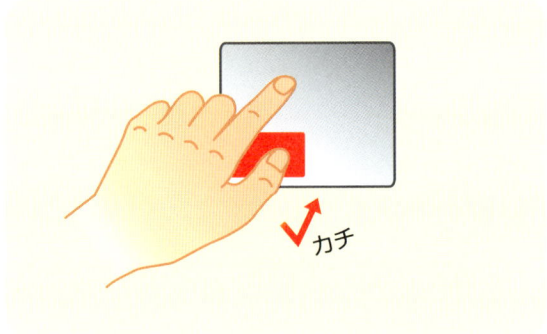

タッチパッドの左ボタン（機種によっては左下の領域）を1回押します。

右クリック

右クリックの操作は、操作対象に関する特別なメニューを表示する場合などに使います。

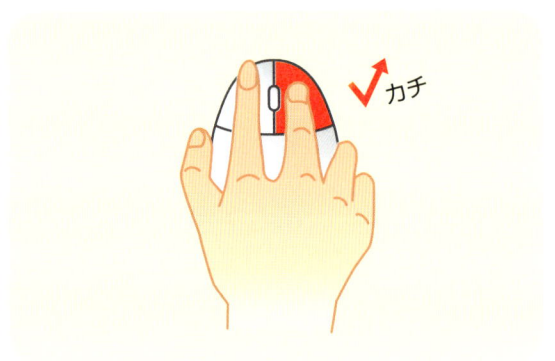

マウスの右ボタンを1回押します。

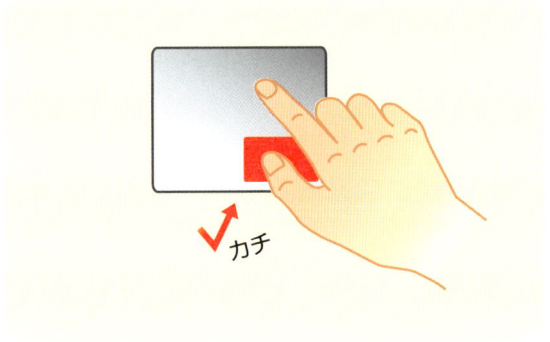

タッチパッドの右ボタン（機種によっては右下の領域）を1回押します。

ダブルクリック

ダブルクリックの操作は、各種アプリを起動したり、ファイルやフォルダーなどを開く際に使います。

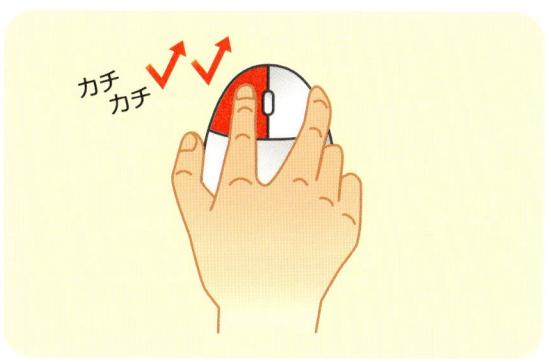

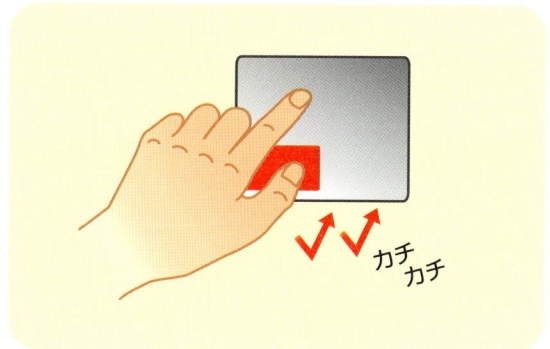

マウスの左ボタンをすばやく2回押します。

タッチパッドの左ボタン（機種によっては左下の領域）をすばやく2回押します。

ドラッグ

ドラッグの操作は、画面上の操作対象を別の場所に移動したり、操作対象のサイズを変更する際などに使います。

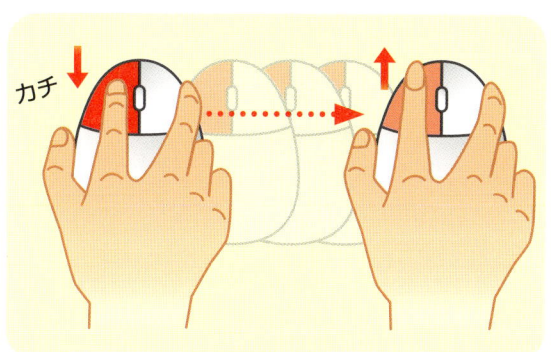

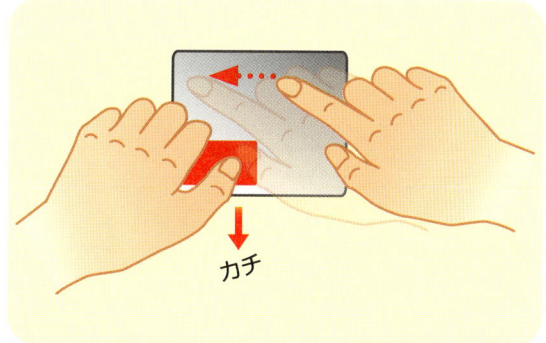

マウスの左ボタンを押したまま、マウスを動かします。目的の操作が完了したら、左ボタンから指を離します。

タッチパッドの左ボタン（機種によっては左下の領域）を押したまま、タッチパッドを指でなぞります。目的の操作が完了したら、左ボタンから指を離します。

💬 **解説　ホイールの使い方**

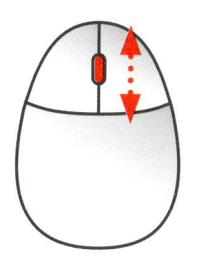

ほとんどのマウスには、左ボタンと右ボタンの間にホイールが付いています。ホイールを上下に回転させると、Webページなどの画面を上下にスクロールすることができます。そのほかにも、Ctrlを押しながらホイールを回転させると、画面を拡大／縮小したり、フォルダーのアイコンの大きさを変えることができます。

② 利用する主なキー

タブキー

タブ文字を入力して字下げしたり、項目間のカーソルを移動したりします。

ファンクションキー

12個のキーには、アプリごとによく使う機能が登録されています。

デリートキー

入力位置を示すカーソルの直後の文字を1文字削除します。「Del」と表示されている場合もあります。

半角／全角キー

日本語入力と英語入力を切り替えます。

バックスペースキー

入力位置を示すカーソルの直前の文字を1文字削除します。

エンターキー

変換した文字を決定するときや、改行するときに使います。

文字キー

文字を入力します。

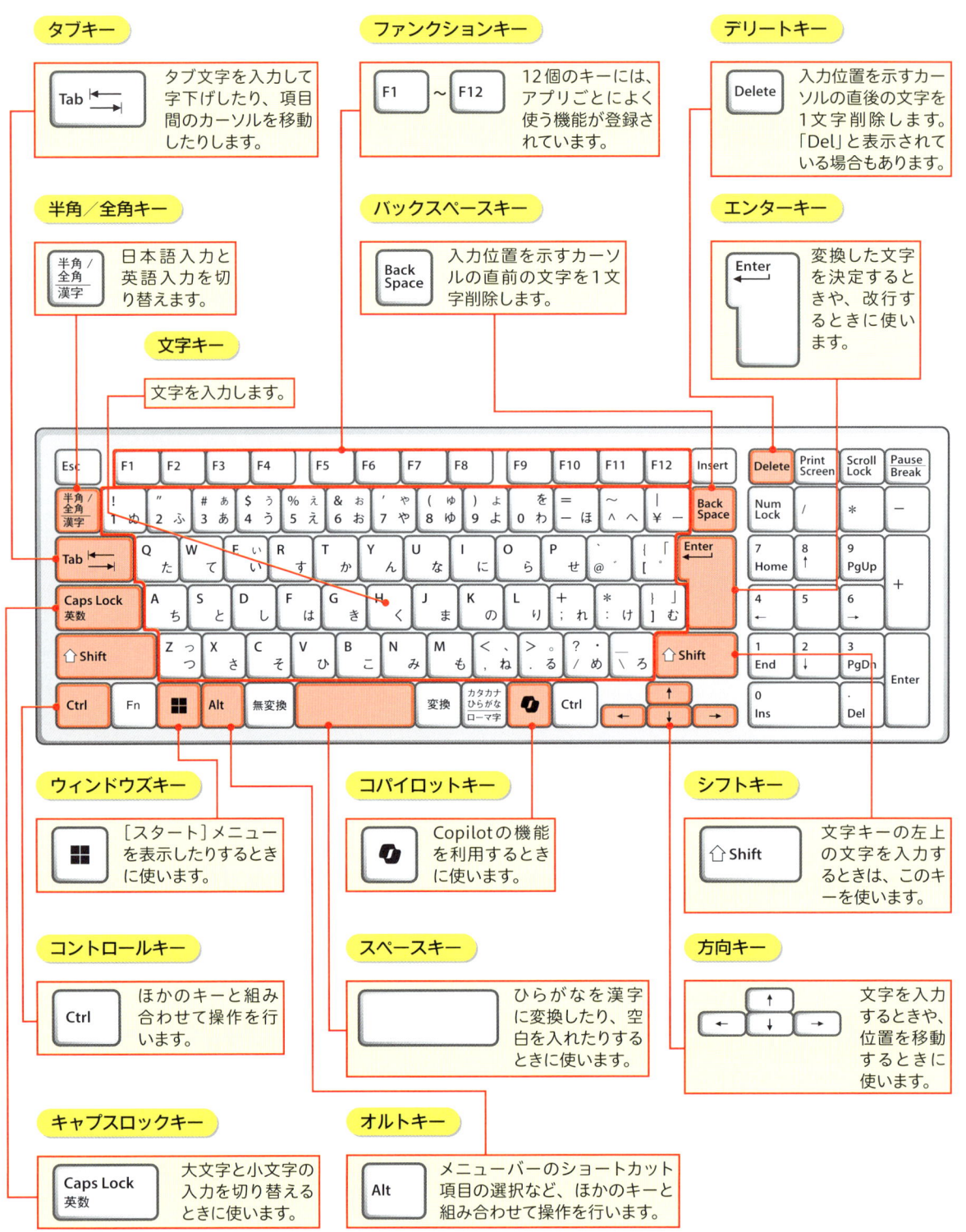

ウィンドウズキー

[スタート]メニューを表示したりするときに使います。

コパイロットキー

Copilotの機能を利用するときに使います。

シフトキー

文字キーの左上の文字を入力するときは、このキーを使います。

コントロールキー

ほかのキーと組み合わせて操作を行います。

スペースキー

ひらがなを漢字に変換したり、空白を入れたりするときに使います。

方向キー

文字を入力するときや、位置を移動するときに使います。

キャプスロックキー

大文字と小文字の入力を切り替えるときに使います。

オルトキー

メニューバーのショートカット項目の選択など、ほかのキーと組み合わせて操作を行います。

第 **1** 章

Outlookの 基本操作を知ろう

この章で学ぶこと

Outlookについて知ろう

1

Outlookの基本操作を知ろう

▶ Outlookの機能

Outlookで一番よく使われるのはメールの機能でしょう。Outlookを初めて起動した際に、使用しているメールアカウントを設定することで、Outlookからメールが利用できるようになります。Outlook.comやGmailといった各種メールサービスも使用できます。メールの送受信を始め、受信したメールの内容を検索したり、メールをわかりやすく分類して整理したりすることが可能です。

また、連絡先／予定表／タスクの管理も行うことができます。メール機能との連携もスムーズで、受信したメールから新たに連絡先を作成したり、メールの内容を予定やタスクとして登録することもできます。

メール機能の詳細については第2～4章、連絡先／予定表／タスクの詳細についてはそれぞれ第5章／第6章／第7章で解説します。

●[メール] 画面

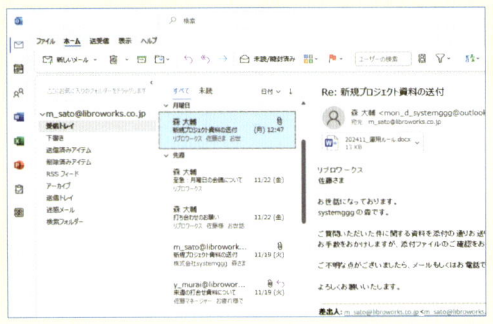

●[連絡先] 画面

●[予定表] 画面

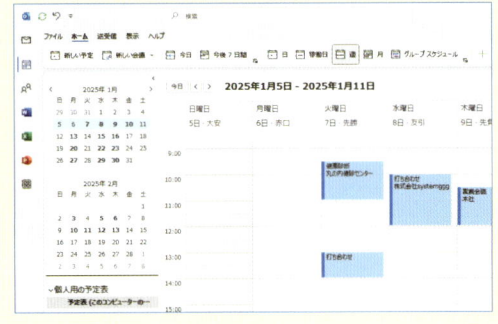

●[To Do] 画面

▶ クラシックOutlookと新しいOutlook

新しいOutlookとは、従来のOutlookやWindowsに標準搭載されていた「メール」アプリや「カレンダー」アプリを置き換える形で登場したアプリです。従来のOutlookであるクラシックOutlookとは、画面が大きく異なり、シンプルなデザインになっています。基本的な機能は同じですが、細かい点で違いがありますので注意してください。

メールアカウントが対応している場合、クラシックOutlookから新しいOutlookにボタン1つで移行することもできます。その際には設定やデータも引き継がれます。

本書ではクラシックOutlookをメインに解説しており、新しいOutlookに関しては第9章で解説しています。

● クラシックOutlook

● 新しいOutlook

Section

01 | Outlookでできることを知ろう

ここで学ぶこと

・メール
・連絡先
・予定表

Outlookでは、メールの送受信を行う[**メール**]、氏名やメールアドレスなどの個人情報を管理する[**連絡先**]、スケジュールを管理する[**予定表**]、タスクを管理する[**To Do**]など、さまざまな機能を利用できます。また、Windowsに標準搭載されるようになった「新しいOutlook」についても見ていきます。

① メールの送受信と整理

⚠ 注意

本書で解説している Outlook について

本書では、とくに断りのない限り、クラシックOutlookで解説しています。クラシックOutlookと新しいOutlookの違いについては、21ページを参照してください。

[メール]の画面では、受信したメールを一覧で表示します。画面を見やすく調整したり、フォルダーごとにメールを管理したりできます。

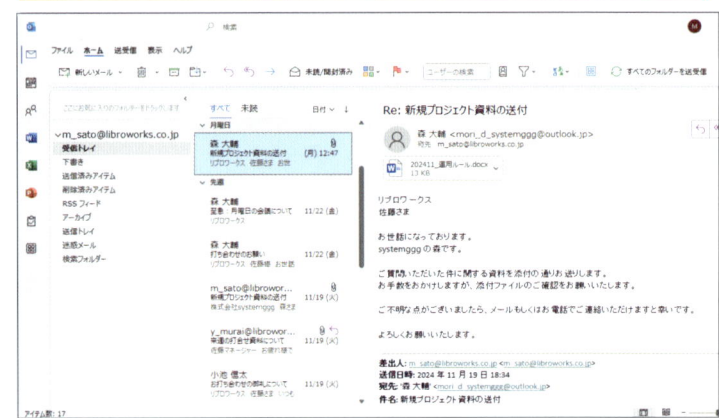

受信したメールへの返信、新しいメールの作成などがかんたんに行えます。

💬 解説

Outlookのメール機能

Outlookのメール機能では、大量のメールを効率よく管理することができます。メールの基本的な機能については第2章で、メールの活用方法については第3章と第4章で解説します。

② 連絡先の管理

Outlookの連絡先機能

Outlookの連絡先機能では、個人の住所や電話番号、メールアドレスなどを管理できます。メール機能とも連携しているので、登録相手にメールを送ったり、受け取ったメールの情報を連絡先に登録したりすることができます。詳しくは、第5章で解説します。

[連絡先]の画面では、登録した相手の情報を整理し、すばやく探し出すことができます。複数の連絡先を1つのグループにまとめて管理することもできます。

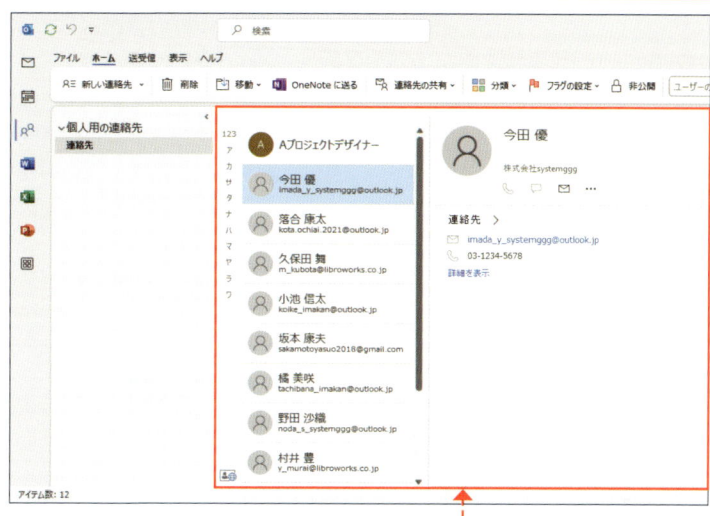

登録した連絡先は、一覧形式や名刺形式など、さまざまな形式で表示することが可能です。

氏名や会社名、所属部署、電話番号、メールアドレスなど、さまざまな情報を管理できます。

名刺形式

連絡先の表示形式は複数用意されており、名刺形式では名前と登録情報が見やすく表示されます。詳しくは168ページを参照してください。

③ 予定の管理

💬 解説

Outlookの予定表機能

Outlookの予定表機能では、仕事やプライベートのスケジュールを効率よく管理することができます。カレンダーのように表示することが可能で、目的に合わせて表示形式を切り替えて使用します。予定の時刻が近づくと、自動的に知らせてくれるアラーム機能もあります。詳しくは、第6章で解説します。

［予定表］の画面では、毎日のスケジュールをカレンダーのように表示できます。

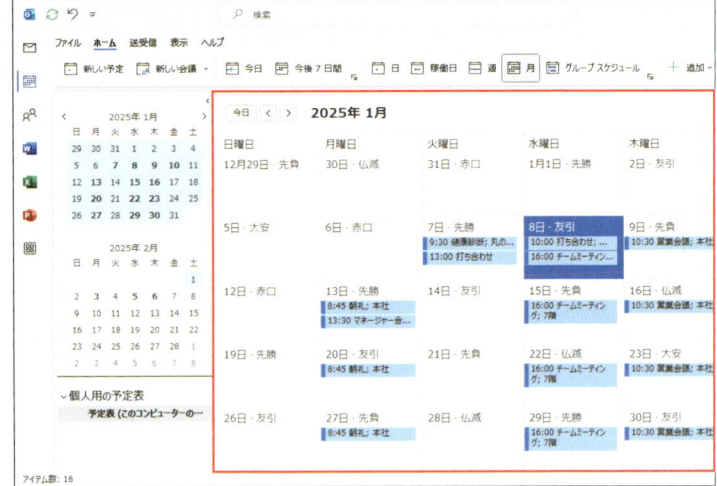

④ タスクの管理

💬 解説

OutlookのTo Do機能

OutlookのTo Do機能では、タスクのリストを作成することができます。また、Outlook 2021までの［タスク］画面からデザインや機能が一新されました。詳しくは、第7章で解説します。

［To Do］の画面では、タスク（期限までにやるべきこと）の一覧をリスト表示で管理できます。

期限日や重要度などを確認することができます。締め切りのあるスケジュールを管理する際に使われます。

❺ 新しいOutlookとOutlook on the web

解説

新しいOutlook

新しいOutlookとは、Windowsに標準で搭載されるようになったメールアプリです。従来から存在しているクラシックOutlookに比べ、モダンでシンプルなデザインになっており、直感的に操作できるのが特徴です。基本的な機能はクラシックOutlookと変わりませんが、一部利用できない機能や表示が異なる画面があるので注意してください。

なお、新しいOutlookは、クラシックOutlookとは別のアプリです。クラシックOutlookのサポート期間は2029年までで、今後段階を経て新しいOutlookに置き換わる予定です。同時に起動させることもできるので、機能や表示などを見比べてみてもよいかもしれません。

本書ではクラシックOutlookを中心に解説しています。新しいOutlookに関しては第9章をご覧ください。

新しいOutlookはシンプルなデザインで直感的に操作ができます。

クラシックOutlookは今後新しいOutlookに置き換わる予定ですが、まだ一部利用できない機能があります。用途に合わせて使いやすい方を利用しましょう。

解説

Outlook on the web

Outlook on the webとは、マイクロソフトが提供しているWebベースのOutlookです。Microsoftアカウントでログインすることで Outlook.com のメールや連絡先、予定表、To Doが利用できます。

デザインや機能は、新しいOutlookとほぼ同様ですが、連絡先のインポートなど一部利用できない機能もあります。また、プロバイダーメールやGmailなどのメールアドレスは使用できません。

Outlook on the webは、新しいOutlookとほぼ同様の機能を、Webブラウザー上で利用できます。

 **補足** クラシックOutlookと新しいOutlookの切り替え方法

クラシックOutlookと新しいOutlookは別のアプリですが、本書執筆時点ではボタン1つで切り替えることができます。クラシックOutlookで使用しているアカウントが新しいOutlookに対応している場合、画面右上に切り替えボタンが表示されます。このボタンをクリックすることで切り替えが可能です。また、新しいOutlookからクラシックOutlookに戻したい場合も同じボタンで戻すことができます。

なお、環境によっては切り替えのトグルボタンが表示されないことがあります。そのような場合は28ページや258ページの手順で開きたい方のOutlookを直接起動してください。

●クラシックOutlookから新しいOutlookに切り替える

●新しいOutlookからクラシックOutlookに切り替える

※「新しいOutlook」にトグルボタンが表示されていない場合は、[ヘルプ]→[従来のOutlookに移動]でクラシックOutlookに切り替えることもできます。

 **注意** クラシック**Outlook**がインストールされていない場合

Office Home&Business 2024がパソコンの購入時にプリインストールされている場合、クラシックOutlookがインストールされておらず、新しいOutlookしか起動できない状態になっていることがあります。そのようなときは、WordやExcelなどのOfficeアプリからOfficeの更新を行ってください。画面上部の[ファイル]をクリックし、BackStageビューで[アカウント]をクリックします。[更新オプション]をクリックし、[今すぐ更新]をクリックすると更新プログラムのインストールが始まります。インストールが完了すると「最新の状態です。」と表示されるので、[閉じる]をクリックしてください。これで、クラシックOutlookがインストールされます。なお、Office Home 2024にはクラシックOutlookは含まれていないので注意してください。

1 ここではWordを起動し、[ファイル]をクリックします。

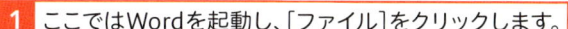

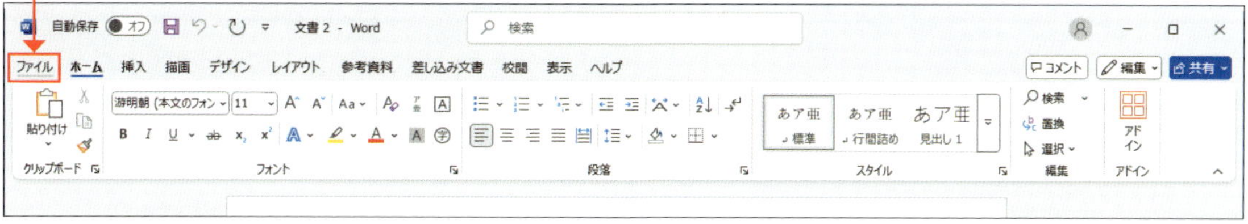

2 [アカウント]をクリックして、

3 [更新オプション]をクリックし、

4 [今すぐ更新]をクリックします。

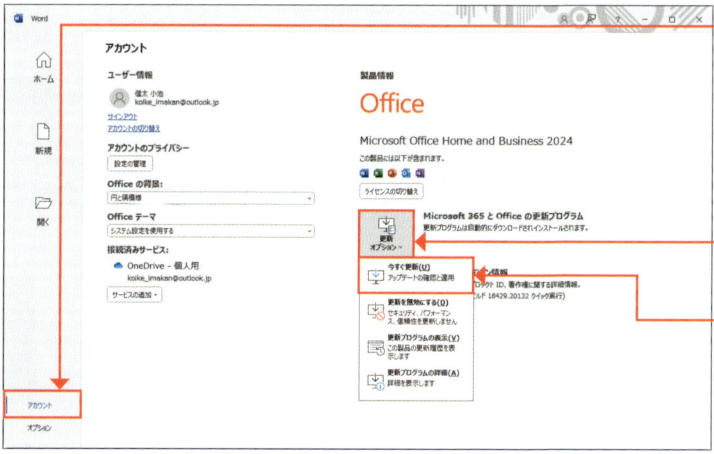

5 「最新の状態です。」と表示されたら[閉じる]をクリックします。

ここで学ぶこと

・起動
・終了
・タスクバー

Outlookは、**スタート**メニューにあるアイコンをクリックすると起動できます。作業が終わったら、終了操作を行ってOutlookを終了させましょう。また、**タスクバー**にアイコンを表示すれば、そこからOutlookを起動することもできます。ここではクラシックOutlookの起動方法を説明しています。

① Outlookを起動する

 補足

**Outlookの
初回起動時の画面**

初めてOutlookを起動したときは、メールアカウントの設定画面が表示されます。詳しくは32ページを参照してください。

 補足

**新しいOutlookと
間違えないようにする**

手順3で間違えて「Outlook(new)」をクリックしないように気をつけてください。環境によっては「Outlook」と表示されている場合があるので、そのときは以下の画像を参考にアイコンを確認してください。

クラシックOutlookのアイコン

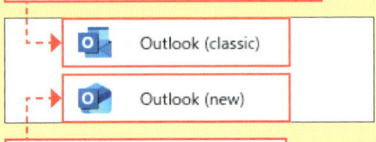

新しいOutlookのアイコン

1 Windows 11を起動して[スタート]をクリックし、

2 [すべてのアプリ]を
クリックします。

3 [Outlook(classic)]
をクリックすると、

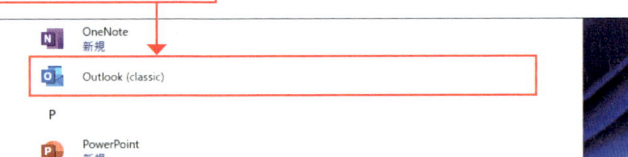

4 Outlookが起動します。

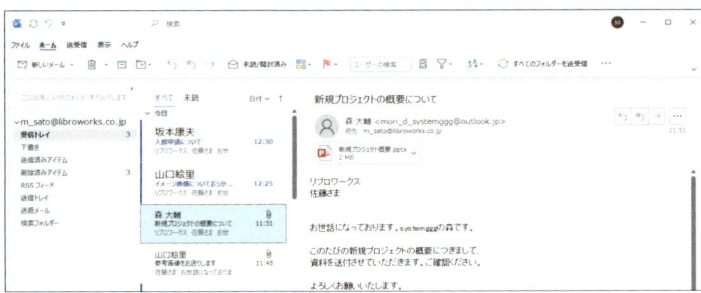

② Outlookを終了する

ヒント

タスクバーから
起動する

タスクバーにOutlookのアイコンを表示しておけば、このアイコンをクリックすることで、Outlook を起動できるようになります。

1 [スタート] → [すべてのアプリ]で [Outlook(classic)] を右クリックして、

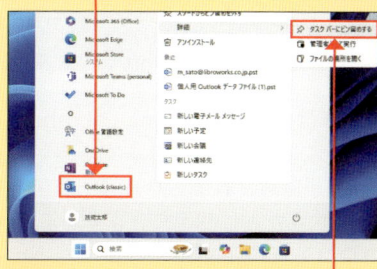

2 [詳細] → [タスクバーにピン留めする] をクリックします。

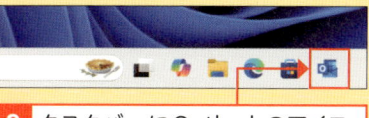

3 タスクバーにOutlookのアイコンが登録されます。

1 [閉じる]をクリックすると、

2 Outlookが終了します。

補足 **本書の解説で使用する画面について**

Microsoft 365の一部のバージョンやOffice LTSCのような企業向けバージョンの場合など、使用している環境によってはリボンの色やデザイン、操作方法などが本書とは異なることがあるのでご了承ください。なお、本書では「Officeの背景」を[背景なし]、「Officeテーマ」を[システム設定を利用する]に設定しています。設定の変更は[ファイル]タブ→[Officeアカウント]で表示される画面で行えます。

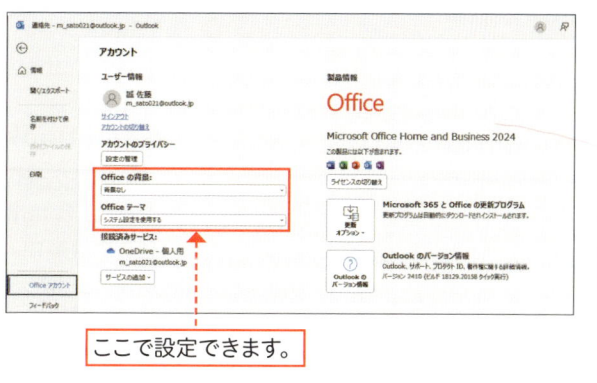

ここで設定できます。

ここで学ぶこと

- ・メールアカウント
- ・POP
- ・IMAP

Outlookは、さまざまなメールサービスに対応しています。また、Microsoftアカウント (Outlook.comのアカウント) を設定することでマイクロソフトのクラウドサービスとも連携できます。ここでは、Outlookで使用できる**メールアカウント**の種類と、**Microsoftアカウント**について紹介します。

① メールアカウントの種類と準備

🔍 **重要用語**

メールアカウント

メールアカウントとは、メールを送受信することができる権利のことです。郵便にたとえると、個人用の郵便受けのようなものです。

🔍 **重要用語**

POPとIMAP

メールを受信するためのサーバーを「受信メールサーバー」といい、「POP」と「IMAP」の2種類があります。POPは、サーバーにあるメールをパソコンにダウンロードして管理するしくみです。IMAPは、サーバーにあるメールをパソコンにダウンロードせず、サーバー上で管理するしくみです。Outlookでは、POPとIMAPの両方に対応しています。

Outlookでは、プロバイダーメールはもちろん、GmailやYahoo!メール、Outlook.comなどのWebメールも利用できます。自動でメールアカウントを設定できる機能が用意されており、メールアドレスとパスワードを入力するだけでかんたんに利用できます。また、Outlookには複数のメールアカウントを設定することができるので、仕事用のメールとプライベート用のメールをまとめて管理できます。

なお、本書では、OutlookでプロバイダーメールをPOPで使用する前提で解説を行っています。

▶ プロバイダーメール

プロバイダーメールとは、インターネット接続サービスを提供しているプロバイダーが運営しているメールサービスのことです。Outlookでプロバイダーメールを使うには、プロバイダーから提供される接続情報が必要です。メールアカウントを設定する前に、プロバイダーから送付された資料や公式サイトの設定情報を準備しておきましょう。

▶ Yahoo!メール

Yahoo!メールは、Yahoo! JAPANが提供するメールサービスです。無料の「Yahoo! JAPAN ID」を取得すれば利用できます。

▶ Outlook.com

Outlook.comは、マイクロソフトが提供するメールサービスです。これは、「Windows Live Hotmail」と呼ばれていたWebメールサービスの後継で、無料の「Microsoftアカウント」を取得すれば利用できます。紛らわしい名称ですが、OutlookとOutlook.comには、直接の関係はありませんので注意してください。

補足

一部のメールアカウントでは利用できない機能も

どのメールアカウントでも基本的な機能は使えますが、Outlook.comなどのMicrosoft系アカウント以外の「IMAP」で設定したメールアカウントは、メールの分類項目やフラグの詳細設定（138ページ参照）を利用できません。GmailやYahoo!メールなどのWebメールを登録すると、通常は「IMAP」で設定されます。

注意

Yahoo!メールが自動設定できない場合

日本のYahoo!メールのアカウントは自動設定できないことがあるので、34ページを参考に手動で設定してください。

▶ Gmail

Gmailは、グーグルが提供するメールサービスです。無料の「Googleアカウント」を取得すれば利用できます。Gmailではセキュリティ保護が重視されているため、Outlookに設定する前にGmail側での設定変更が必要です。お使いのGmailのアカウントが以下の設定になっているか、あらかじめ確認しておきましょう。

Gmailの［設定］画面の［メール転送とPOP/IMAP］から、［IMAPを有効にする］をオンにします。

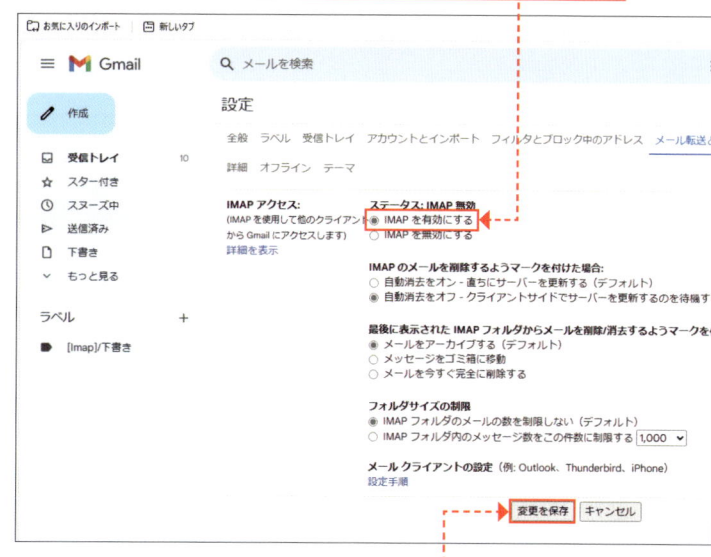

設定したら［変更を保存］をクリックします。

ヒント　OutlookにMicrosoftアカウントを設定する

Microsoftアカウントとは、Windows 11のサインインに必要なアカウントのことです。OutlookにMicrosoftアカウント（Outlook.comのアカウント）を設定することで、マイクロソフトのクラウドサービスとOutlookを連携できるようになります。たとえば、Outlookの［予定表］に登録した予定を、クラウド経由で新しいOutlookやOutlook on the webの［予定表］に表示することが可能です。詳しくは、252ページを参照してください。

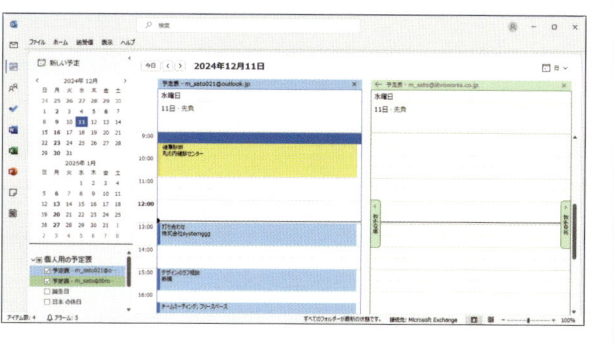

ここで学ぶこと

・メールアカウント
・パスワード
・メールサーバー情報

Outlookを初めて起動すると、**メールアカウント**の設定画面が表示されます。メールを利用するには、**メールアドレス**、**アカウント名**、**パスワード**、**メールサーバー情報**などが必要です。あらかじめ、これらの情報が記載された書類やメールなどを用意しておきましょう。

① 自動でメールアカウントを設定する

💬 **解説**

メールアカウントの設定

Outlookを初めて起動すると、メールアカウントの設定画面が表示されます。メールアカウントの設定は、パソコンをインターネットに接続した状態で行ってください。ここでは、Outlook.comのアカウントを設定する手順を紹介します。

🔍 **重要用語**

メールアドレス

メールアドレスとは、メールを送受信するために必要な自分の「住所」です。半角の英数字で表記されています。

1 メールアドレスを入力し、

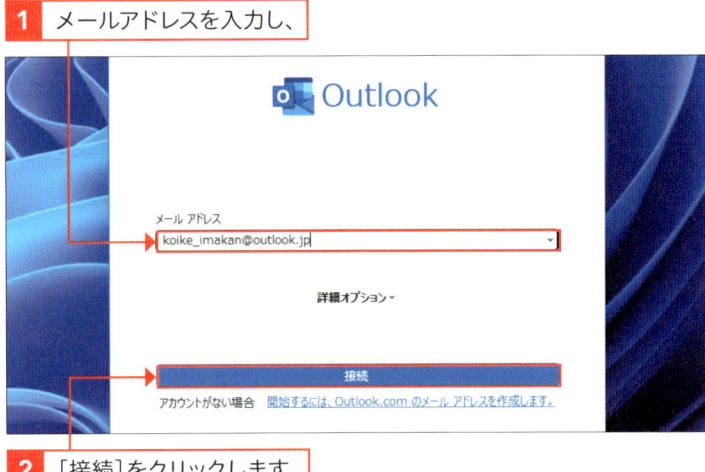

2 ［接続］をクリックします。

3 パスワードを入力し、

4 ［サインイン］をクリックします。

自動設定と手動設定

Outlookでは、メールアドレスとパスワードを入力するだけで、メールアカウントの設定が自動で行える機能があります。Outlookが対応しているプロバイダーのメールアカウントであれば、自動で設定が可能です。プロバイダーが自動設定に対応していない場合は、34ページの「手動でメールアカウントを設定する」を参照してください。

5 ［アカウントが正常に追加されました］というメッセージが表示されるので、［完了］をクリックします。

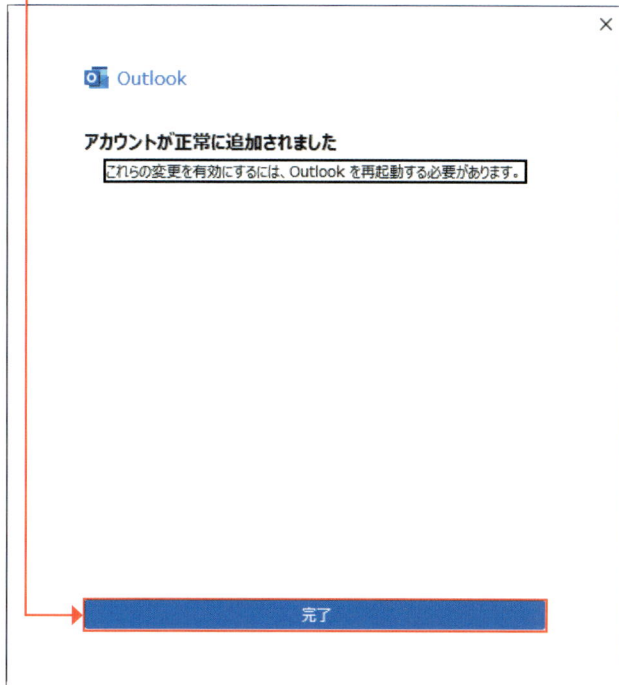

6 アカウントによって表示される画面が異なるので、画面の指示に従って設定を行うと、メールアカウントが設定されます。

注意 Gmailアカウントを設定する場合

Gmailアカウントを設定する場合、手順 2 で接続をクリックしたあとに手順 3 の画面が表示されずWebブラウザーが起動します。ログイン画面が表示されるのでメールアドレスを入力し、次の画面でパスワードを入力してください（149〜150ページ参照）。

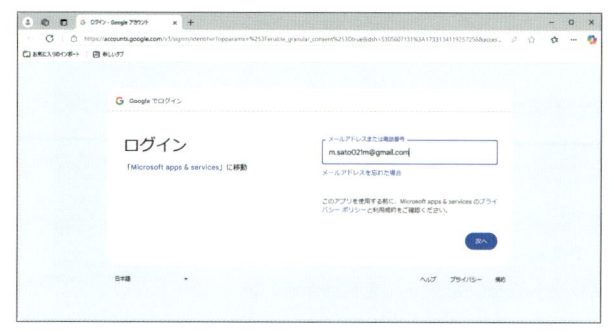

② 手動でメールアカウントを設定する

💬 **解説**

メールアカウントの自動設定に失敗した場合

メールアカウントの自動設定でエラーが表示された場合は、右の手順を参照し、手動でメールアカウントの設定を行ってください。

1 メールアドレスを入力し、　　**2** [詳細オプション]をクリックします。

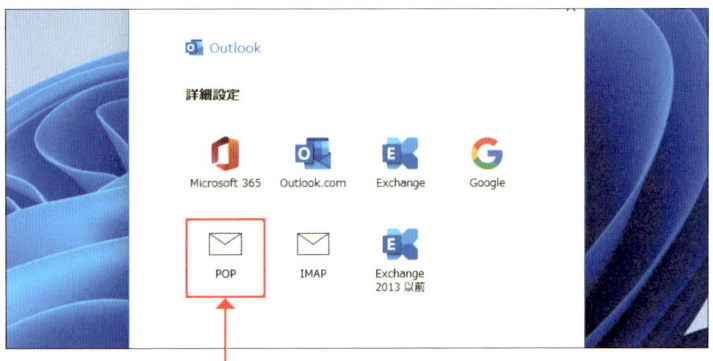

メール アドレス
m_sato@libroworks.co.jp

詳細オプション
☑ 自分で自分のアカウントを手動で設定

接続

アカウントがない場合　開始するには, Outlook.com のメール アドレスを作成します。

3 チェックボックスをクリックしてオンにし、　　**4** [接続]をクリックします。

5 [詳細設定]画面が表示されるので、

Outlook

詳細設定

Microsoft 365　Outlook.com　Exchange　Google

POP　IMAP　Exchange 2013 以前

6 アカウントの種類（ここでは[POP]）をクリックします。

7 パスワードを入力し、

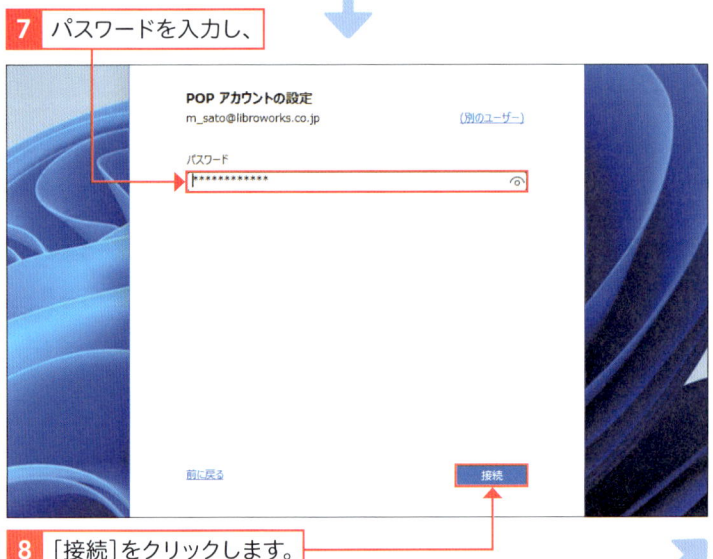

POP アカウントの設定
m_sato@libroworks.co.jp　　　　　　　(別のユーザー)

パスワード
●●●●●●●●●●●●

前に戻る　　　　　　　　　　　接続

8 [接続]をクリックします。

💬 **解説**

POPとIMAPの使い分け

プロバイダーのメールアカウントが「POP」と「IMAP」の両方に対応している場合は、自分の用途に応じて最適な方を選ぶとよいでしょう。一般的には、自分のパソコン1台のみでメールを利用するのであれば「POP」を、複数のパソコンやスマートフォンでメールを利用するのであれば「IMAP」を使うと便利です。

重要用語

送信メールサーバー

メールを送信するためのサーバーを「送信メールサーバー」(SMTPサーバー) と呼びます。

注意

完了画面での注意

手順15の画面で「Outlook Mobileをスマートフォンにも設定する」にチェックが入っていた場合、クリックしてチェックを外してから[完了]をクリックしてください。

補足

フォルダーウィンドウの表示

IMAPサーバーの設定、Outlookに設定したメールアカウントによっては、フォルダーウィンドウ (36ページ参照) が違う名称や英語で表示されることがあります。表示が異なるのみで、使い勝手に影響はありません。

9 [問題が発生しました]と表示された場合は、

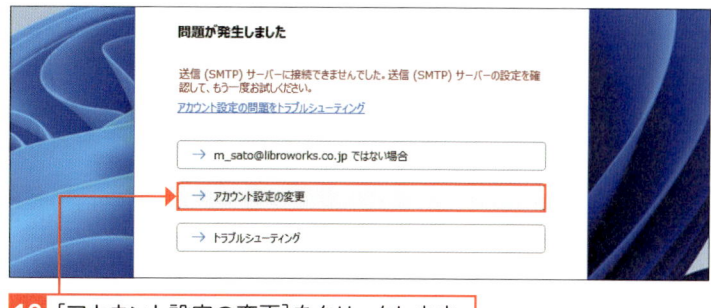

10 [アカウント設定の変更]をクリックします。

11 [受信メール]、[送信メール]にそれぞれ必要な情報を入力し、

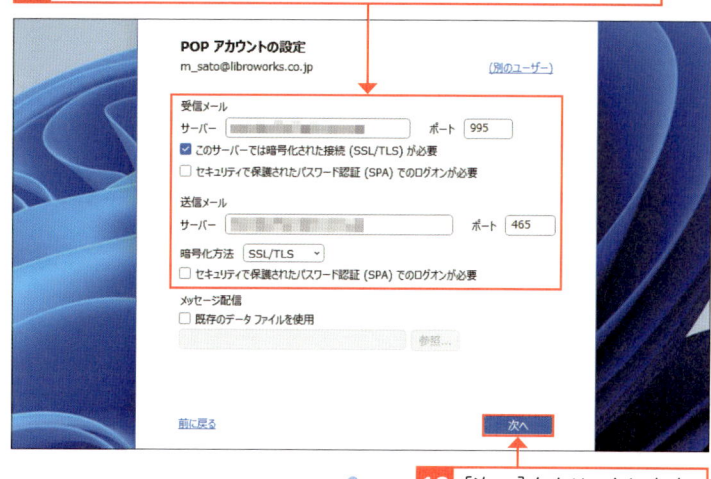

12 [次へ]をクリックします。

13 再びパスワード画面が表示されるので、

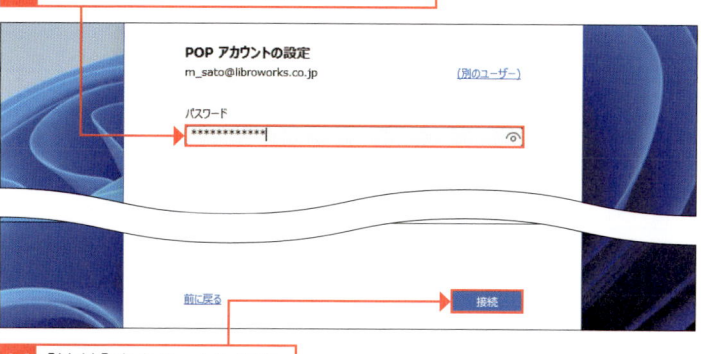

14 [接続]をクリックします。

15 [アカウントが正常に追加されました]というメッセージが表示されるので、[完了]をクリックします。

Outlookの画面構成を知ろう

ここで学ぶこと

・画面構成
・画面の切り替え
・ナビゲーションバー

Outlookでは、画面左にある**ナビゲーションバー**で、各機能を**切り替え**て操作します。ここには、[メール]、[予定表]、[連絡先]、[To Do]などのアイコンが表示されており、これをクリックするだけで画面が切り替わります。なお、画面構成は機能ごとに異なりますが、基本的な操作方法は同じです。

① Outlookの基本的な画面構成

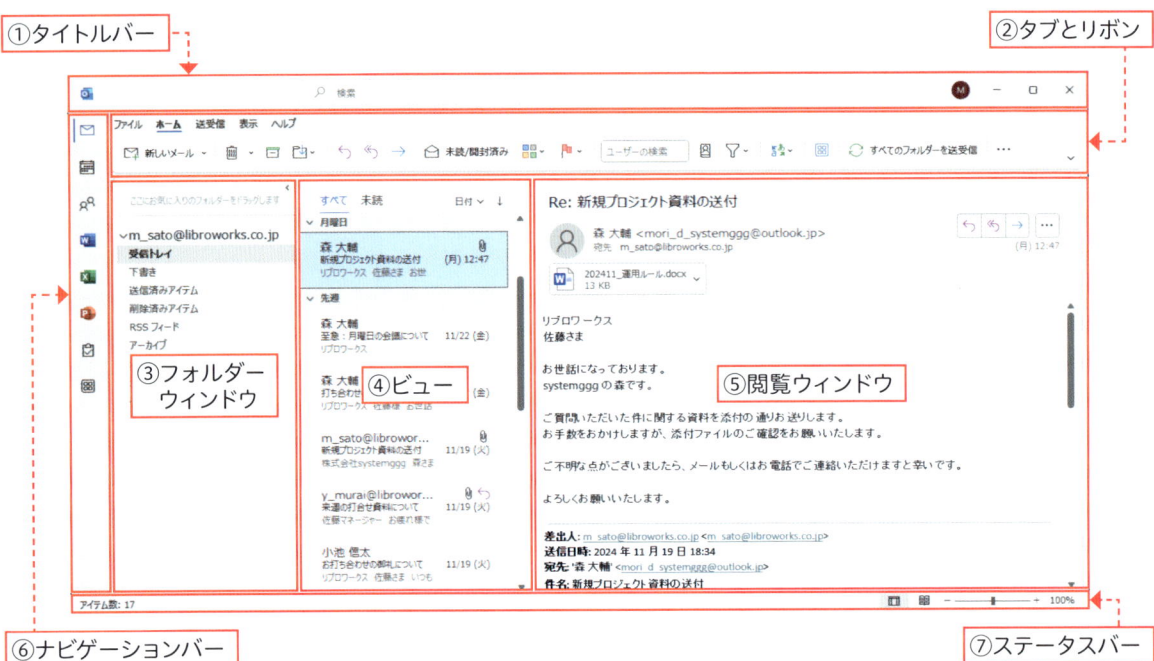

①タイトルバー
②タブとリボン
③フォルダーウィンドウ
④ビュー
⑤閲覧ウィンドウ
⑥ナビゲーションバー
⑦ステータスバー

名称	機能
①タイトルバー	画面上で選択している機能やフォルダーの名前を表示します。
②タブとリボン	よく使う操作が目的別に分類されています。
③フォルダーウィンドウ	目的のフォルダーやアイテムにすばやくアクセスできます。
④ビュー	メールや連絡先など、各機能のアイテムを一覧で表示します。
⑤閲覧ウィンドウ	ビューで選択したアイテムの内容（メールの内容や連絡先の詳細など）を表示します。
⑥ナビゲーションバー	メール、予定表、連絡先、To Doなど、各機能の画面に切り替えることができます。
⑦ステータスバー	左端にアイテム数（メールや予定の数）、中央に作業中のステータス、右端にズームスライダーなどを表示します。

② メール／予定表／連絡先／To Do の画面を切り替える

 **ヒント**

プレビュー機能

ナビゲーションバーで、[予定表]、[連絡先]の各アイコンにマウスをポイントしたままにすると、それぞれの情報がプレビュー表示されます。

1 予定表のアイコンをポイントしたままにすると、

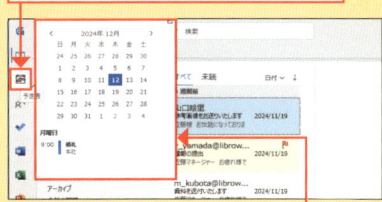

2 カレンダーと登録されている予定がプレビュー表示されます。

1 [メール]の画面を表示しています。

2 [予定表]をクリックすると、

3 [予定表]の画面が表示されます。

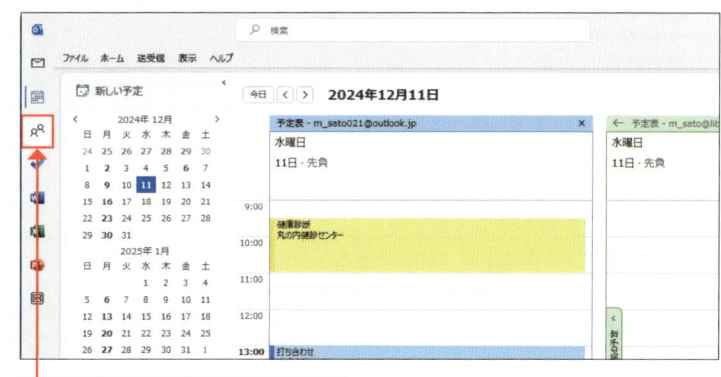

4 [連絡先]をクリックすると、

5 [連絡先]の画面が表示されます。

6 [To Do]をクリックすると、

7 ［To Do］の画面が表示されます。

---

③ 新しいウィンドウで開く

補足

**ナビゲーションバーに
表示可能な項目**

ナビゲーションバーには、［メール］、［予定表］、［連絡先］、［To Do］のほか、［タスク］、［メモ］、［フォルダー］、［ショートカット］を表示することができます。［メモ］はデスクトップ上にメモを残せる付箋機能のことです。（240ページ参照）。［フォルダー］は、Outlook上のすべてのフォルダーが表示されます。［ショートカット］は、よく使うフォルダーのショートカットをまとめたものです。［タスク］については、236ページを参照してください。

1 ここを右クリックし、

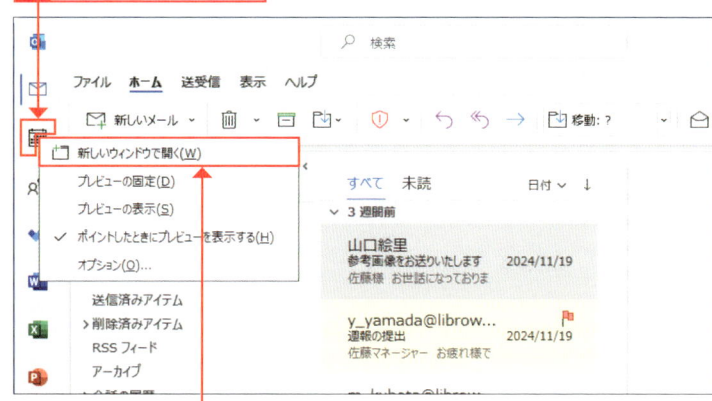

2 ［新しいウィンドウで開く］をクリックすると、

3 ［予定表］画面が新しいウィンドウで開きます。

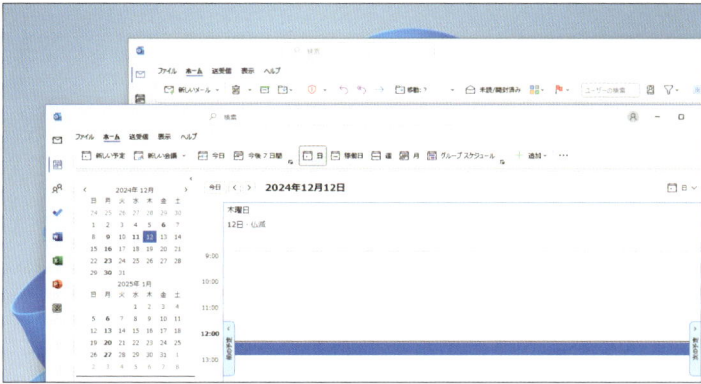

④ ナビゲーションバーに項目を固定する

💡 ヒント

固定した項目を削除する

右の手順で固定した項目は、項目を右クリックして「ピンを外す」をクリックすることでナビゲーションバーから削除できます。

1 ここを右クリックして、

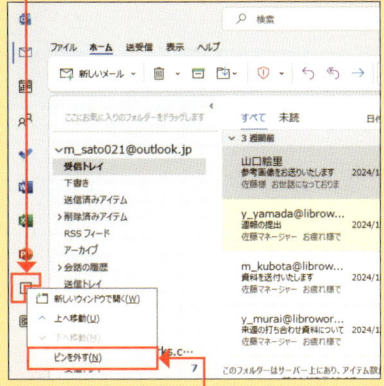

2 [ピンを外す]をクリックします。

1 ここをクリックし、

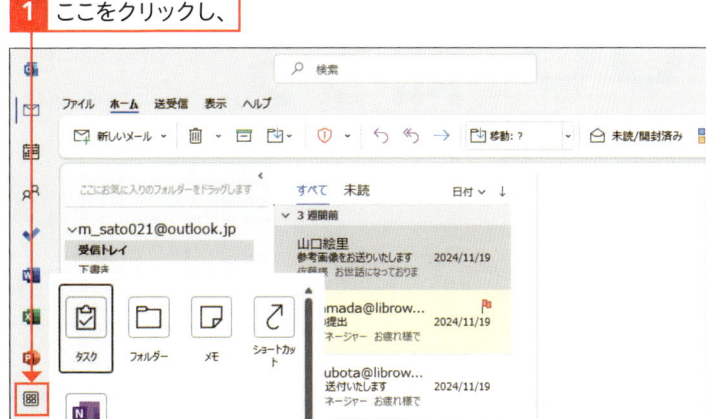

2 ここを右クリックして、

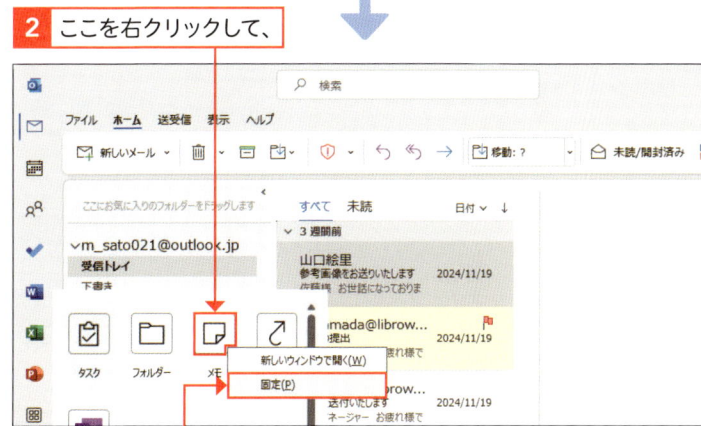

3 [固定]をクリックします。

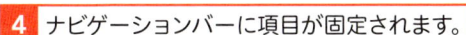

4 ナビゲーションバーに項目が固定されます。

06 | リボンの基本操作を知ろう

ここで学ぶこと

・リボン
・タブ
・コマンド

Outlookは、画面上部にある**リボン**から各種操作が行えます。ここには、[ホーム]、[送受信]、[表示]といった**タブ**が表示され、それぞれのタブの名前の部分をクリックすると、タブの内容が切り替わるしくみになっています。本書では「シンプルリボン」を「常にリボンを表示する」状態で解説を行っています。

① タブを切り替える

🔍 **重要用語**

リボン

リボンとは、各コマンド（操作）をグループ化して画面上にボタンとしてまとめたものです。タブの名前の部分をクリックしてタブを切り替え、ボタンをクリックすることで、該当する操作を行えます。

✏️ **補足**

タブの種類

Outlookのタブには、最初から表示されている[ホーム]タブのほかに、メールの送受信を行う[送受信]タブ、表示方法を変更する[表示]タブなどがあります。Outlookでは、機能や場面ごとに各タブの内容が異なります。

1 [送受信]タブをクリックすると、

2 [送受信]タブのコマンドが表示されます。

3 [予定表]をクリックすると、

4 [予定表]の[ホーム]タブが表示されます。

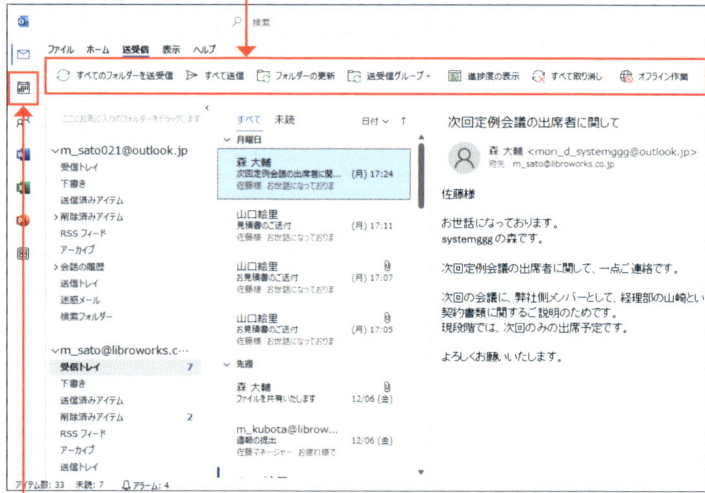

② タブのみを表示する

**画面のサイズによって
タブの表示が異なる**

タブ内の表示は、画面のサイズによって見え方が変わります。画面のサイズが小さいとタブが縮小されて、文字が表示されずにボタンだけが表示されることもあります。そのため、本書とは画面の見え方が異なる場合もあるので注意してください。文字が見えない場合は、ウィンドウの横幅のサイズを変えることで見えるようになります。

リボンをもとの状態に戻す

手順 **1** ～ **2** の操作を行うと、リボンは折りたたまれるようになります。リボンを常に表示するには、手順 **5** の画面で ✓ をクリックし、[常にリボンを表示する]をクリックします。

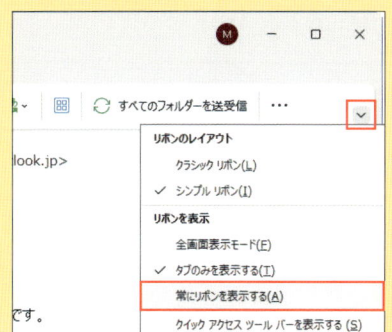

1 ここをクリックし、

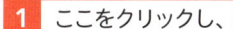

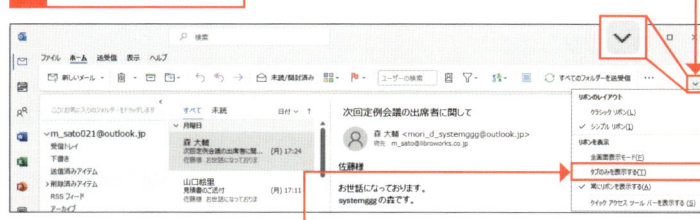

2 ［タブのみを表示する］をクリックすると、

3 リボンが折りたたまれます。

4 タブの名前部分をクリックすると、

5 コマンドが一時的に表示されます。

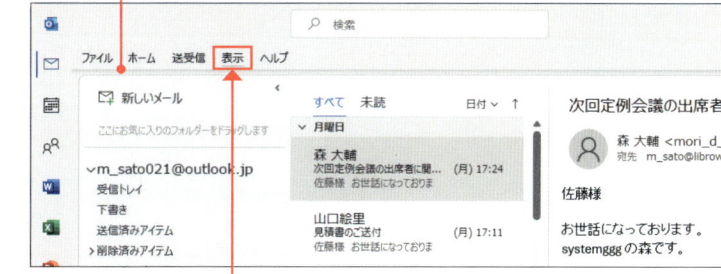

6 コマンド以外をクリックすると、

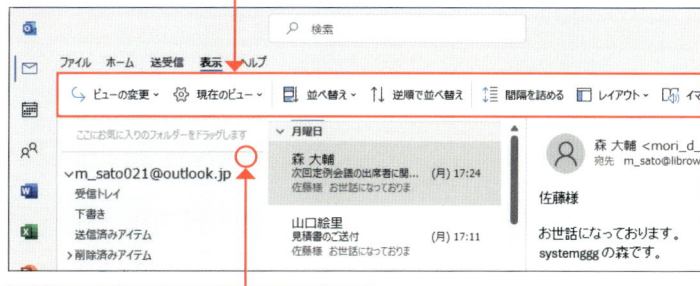

7 再びリボンが折りたたまれます。

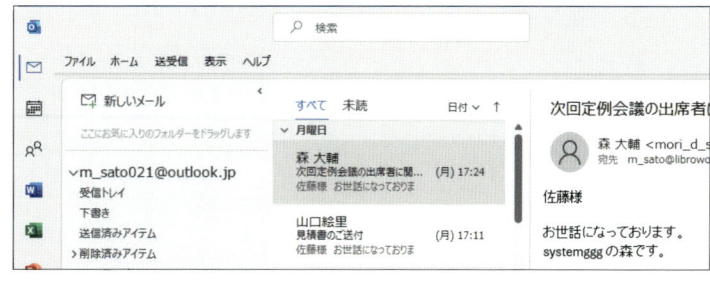

③ リボンのレイアウトを切り替える

**クラシックリボンと
シンプルリボン**

クラシックリボンは、ボタンがグループ名とともに複数行で表示されるため、目的のボタンを探しやすいという利点があります。シンプルリボンは、ボタンが簡略化されて1行で表示されており、リボンの表示領域が小さくなるため、メールなどの画面が大きく表示され見やすくなります。

1 リボンの上で右クリックし、

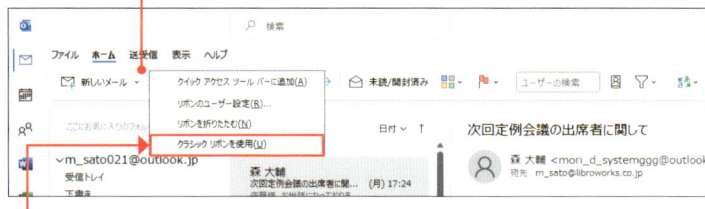

2 ［クラシックリボンを使用］をクリックすると、

3 クラシックリボンの表示に切り替わります。

4 リボンの上で右クリックし、

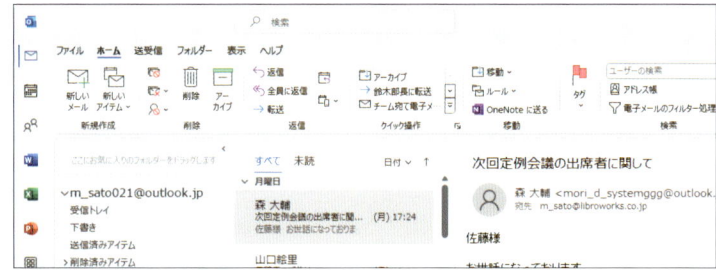

5 ［シンプルリボンを使用］をクリックすると、

6 シンプルリボンの表示に切り替わります。

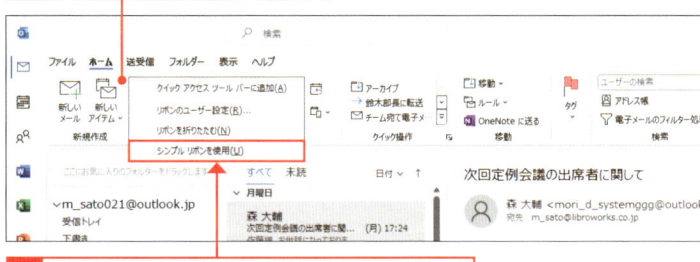

**［To Do］では
リボンが表示されない**

［メール］や［予定表］、［連絡先］と違い、［To Do］ではリボンが表示されません。

第 **2** 章

メールの基本操作を知ろう

メールの基本操作を知ろう

▶ メールの送受信

[メール]画面で、[新しいメール]をクリックすると、[メッセージ]ウィンドウが開いてメールを新規作成することができます。

また、新着のメールを受信したい場合は、[送受信]タブを開き、[すべてのフォルダーを送受信]をクリックします。受信したメールは、[受信トレイ]で確認できます。

●メールの作成と送信

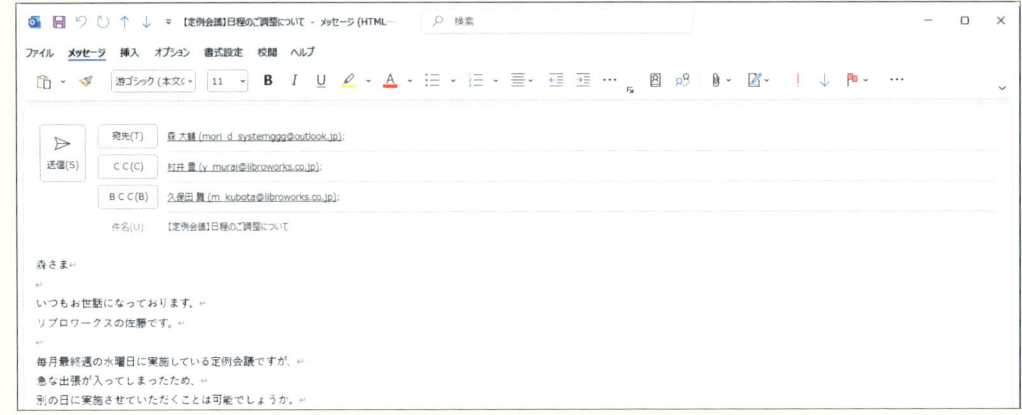

●メールの受信と閲覧

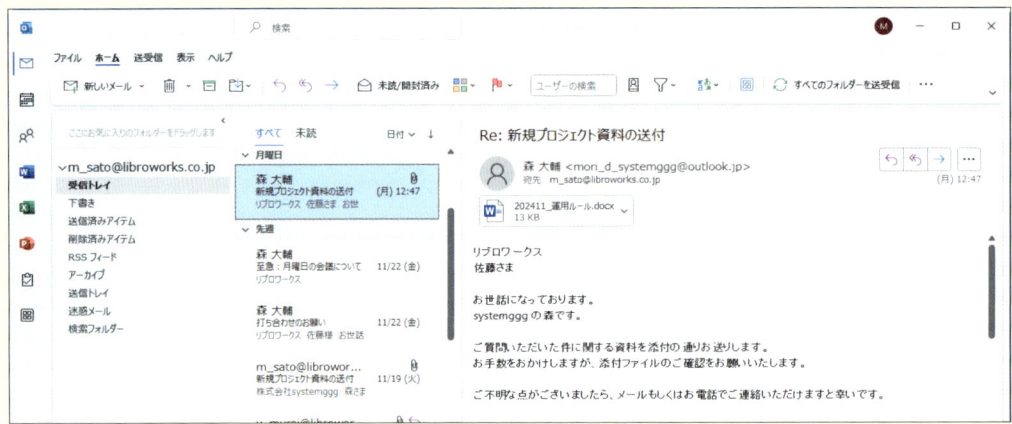

▶ 添付ファイルの送受信

メールで送ることができるのは文章だけではありません。画像や書類などのファイルを添付して一緒に送ることができます。送信するメールにファイルを添付する際は、ファイルサイズが大きくなりすぎないように注意しましょう。
受信したメールに添付されたファイルは、ダウンロードして保存することが可能です。ファイルが圧縮されていた場合は、展開して中身を確認しましょう。ただし、見知らぬ人から届いたファイルは、コンピューターウイルスに感染する恐れがあるため、開かずに削除することをおすすめします。

●ファイルを添付して送信

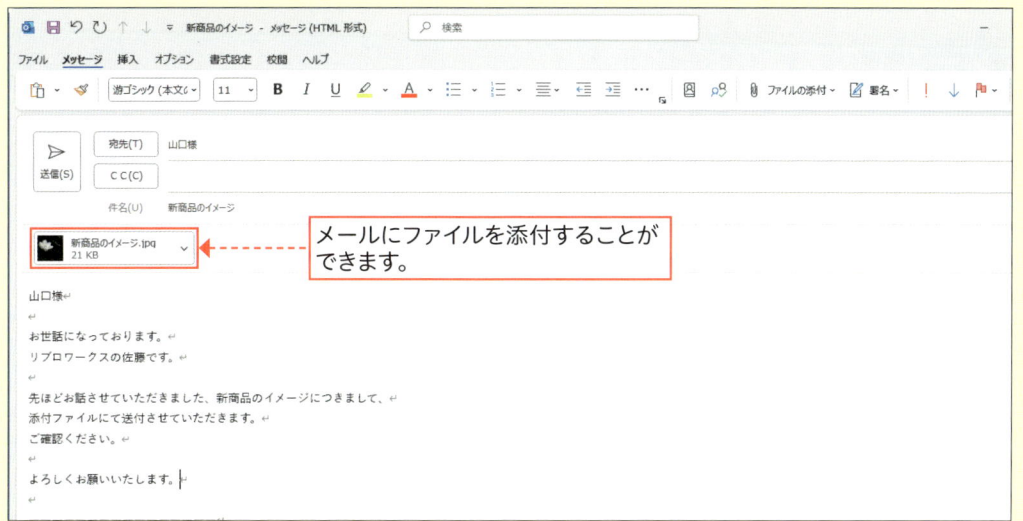

メールにファイルを添付することができます。

●受信した添付ファイルを保存

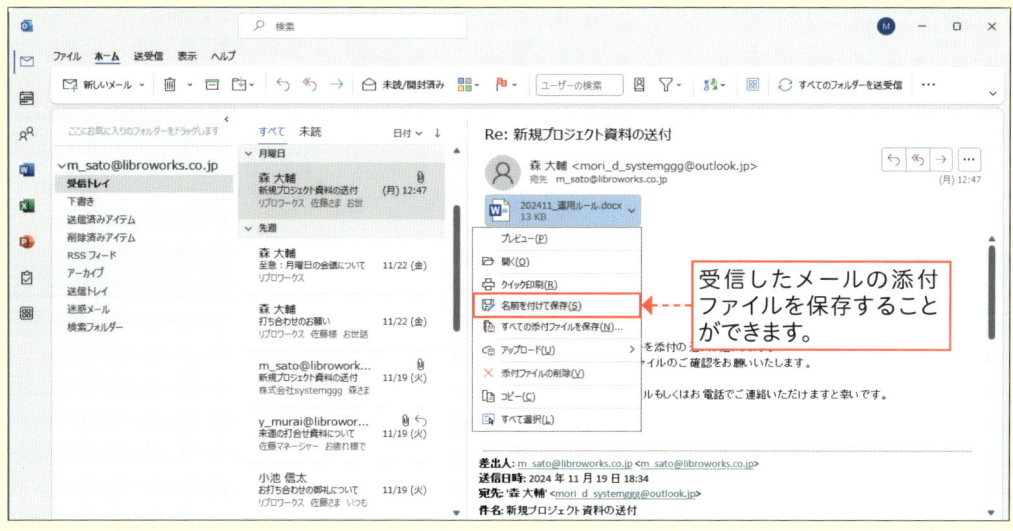

受信したメールの添付ファイルを保存することができます。

Section 07 | メールの画面構成を知ろう

ここで学ぶこと

・画面構成
・ビュー
・閲覧ウィンドウ

クラシックOutlookの[メール]の画面では、これまで送受信したメールが[ビュー]に一覧表示されます。目的のメールをクリックすると、[閲覧ウィンドウ]に内容が表示されるしくみになっています。また、[閲覧ウィンドウ]からメールの返信や転送が行える**インライン返信機能**も利用できます。

1 [メール]の基本的な画面構成

①検索ボックス　　　　　　　　　　　　　　　　　　　②タブとリボン

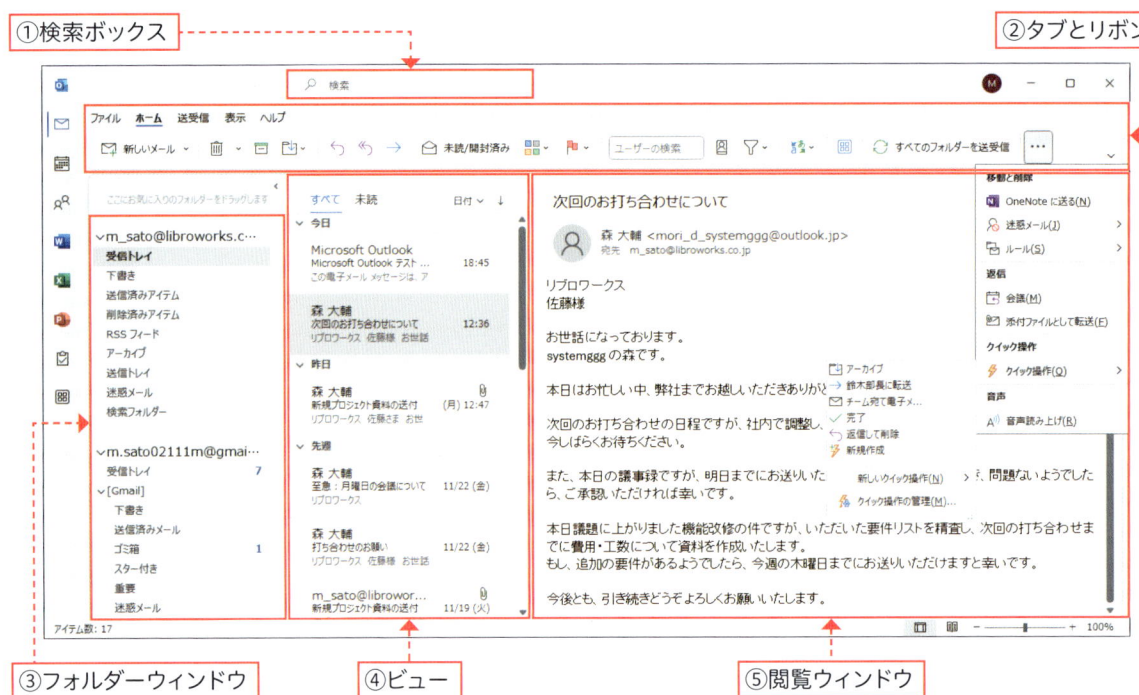

③フォルダーウィンドウ　　④ビュー　　　　　⑤閲覧ウィンドウ

名称	機能
①検索ボックス	キーワードを入力してメールを検索します。
②タブとリボン	よく使う操作が目的別に分類されています。
③フォルダーウィンドウ	フォルダーごとに分類されたメールが保存されます。
④ビュー	選択したフォルダーに格納されたメールが表示されます。 3種類の表示方法があります（51ページ下部の「補足」参照）。
⑤閲覧ウィンドウ	選択したメールの内容が表示されます。

② ［メッセージ］ウィンドウの画面構成

［メール］の新規作成画面（52ページ参照）では、［メッセージ］ウィンドウが表示されます。

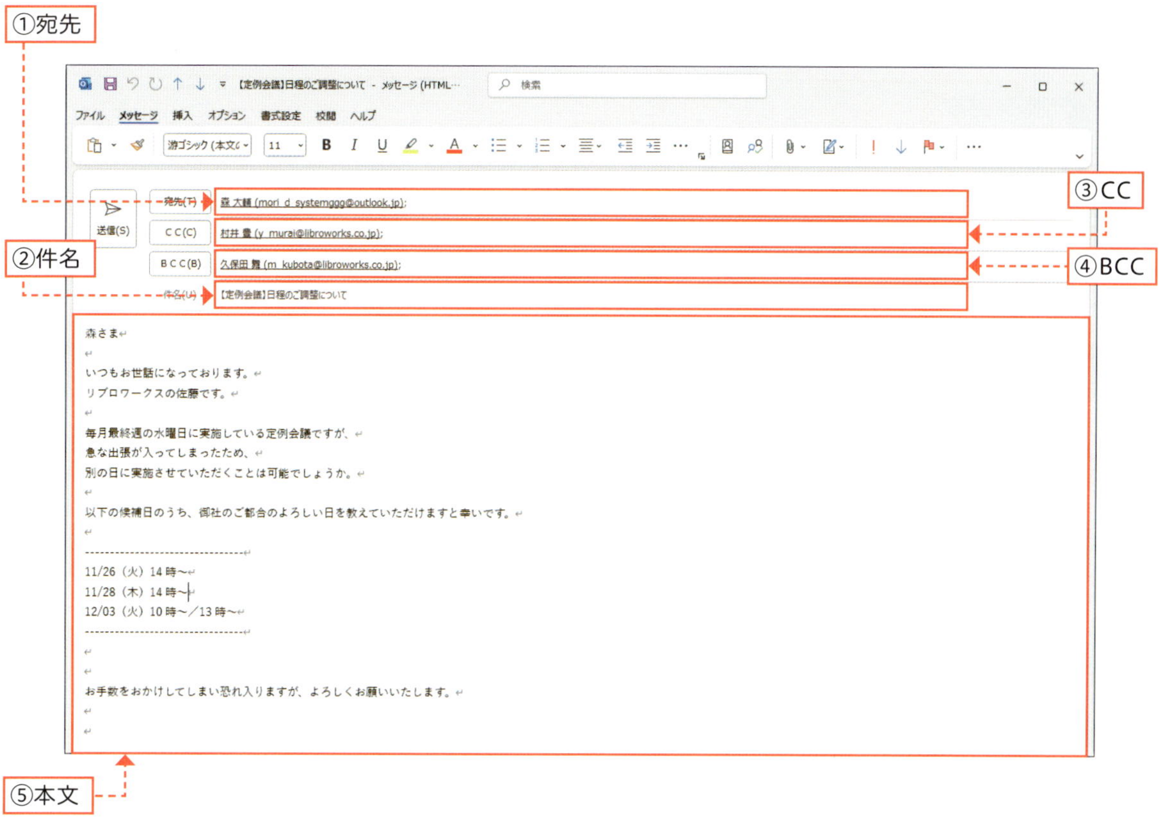

①宛先

②件名

③CC

④BCC

⑤本文

名称	機能
①宛先	送信先のメールアドレスを入力します。
②件名	メールの件名を入力します。
③CC	メールのコピーを送りたい相手の宛先を入力します。
④BCC	ほかの受信者にメールアドレスを知らせずに、メールのコピーを送りたい相手の宛先を入力します。
⑤本文	メールの本文を入力します。

 **補足** **インライン返信機能**

クラシックOutlookでは、［メール］の返信／転送画面がインライン表示となり、［メッセージ］ウィンドウは表示されなくなっています（72ページ参照）。なお、ビューに表示されたメールをダブルクリックすると、［メッセージ］ウィンドウで表示することができます。

Section 08 メールの画面を見やすくしよう

ここで学ぶこと

・ビュー
・表示範囲
・表示間隔

Outlookでは、メールの画面をカスタマイズして見やすく表示することができます。ここではかんたんに変更できる方法として、ビューの**表示範囲や表示間隔の変更**、**フォルダーウィンドウの最小化**、**閲覧ウィンドウの位置変更**などについて紹介します。

① ビューの表示範囲を変更する

🔍 重要用語

ビュー

クラシックOutlookでは、すべての機能においてさまざまな表示方法（ビュー）が用意されています。どの画面が見やすいかは人によって異なるので、いろいろと試しながら自分に合った表示方法を探してみましょう。

1 ここをドラッグすると、

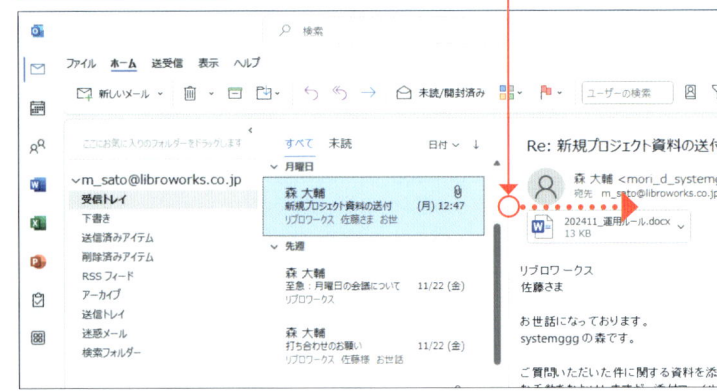

2 ビューの表示範囲が変更され、見やすい大きさに調整可能です。

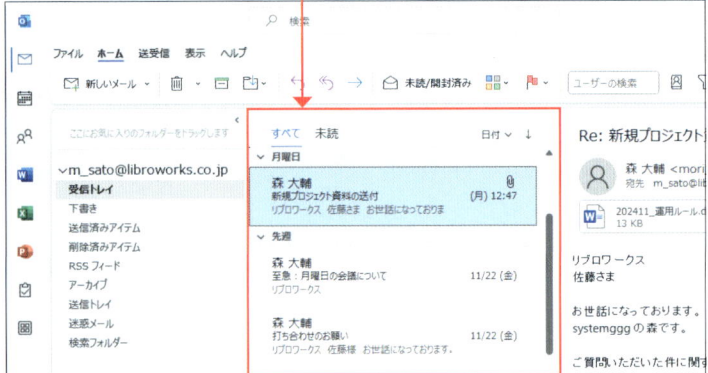

② ビューの表示間隔を変更する

> **✎ 補足**
>
> **［メッセージのプレビュー］の設定をほかのフォルダーにも適用する**
>
> 手順 **6** の画面で［すべてのメールボックス］をクリックすると、［メッセージのプレビュー］の設定がほかのフォルダーにも適用されます。

1 ［表示］タブをクリックし、　　**2** ［間隔を詰める］をクリックすると、［ビュー］の行間が狭くなります。

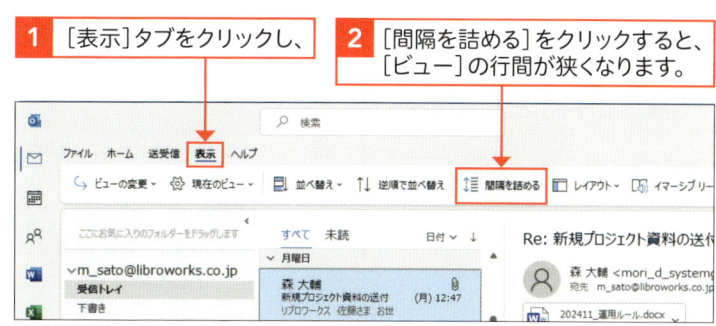

3 ［現在のビュー］をクリックし、

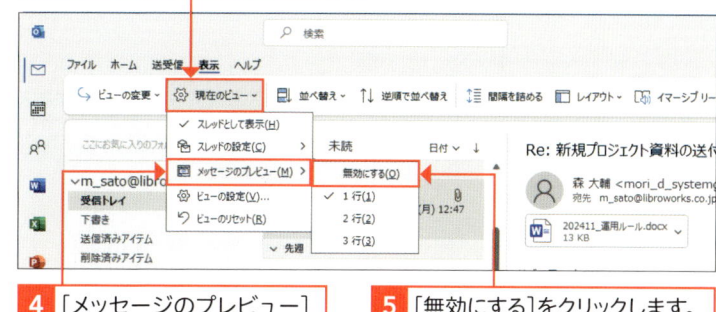

4 ［メッセージのプレビュー］をクリックして、　　**5** ［無効にする］をクリックします。

6 ［このフォルダー］をクリックすると、

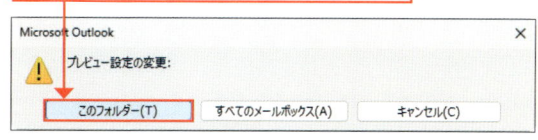

7 ［ビュー］のメールの本文が表示されなくなります。

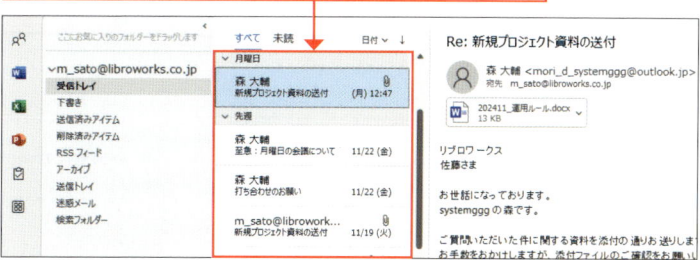

③ フォルダーウィンドウを最小化する

✏️補足

[標準モード]と[閲覧モード]

ステータスバーのアイコンをクリックすることで、画面の表示を[標準モード]もしくは[閲覧モード]に切り替えることができます。[閲覧モード]では、右の手順と同様にフォルダーウィンドウが最小化され、閲覧ウィンドウが大きく表示されます。[標準モード]に切り替えるともとの表示に戻ります。

標準モード

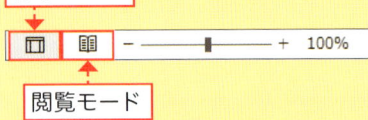

閲覧モード

1 ここをクリックすると、フォルダーウィンドウが最小化されます。

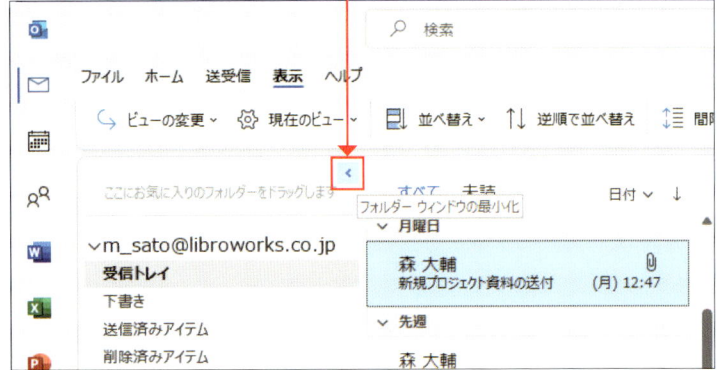

2 ここをクリックすると、フォルダーウィンドウが表示されます。

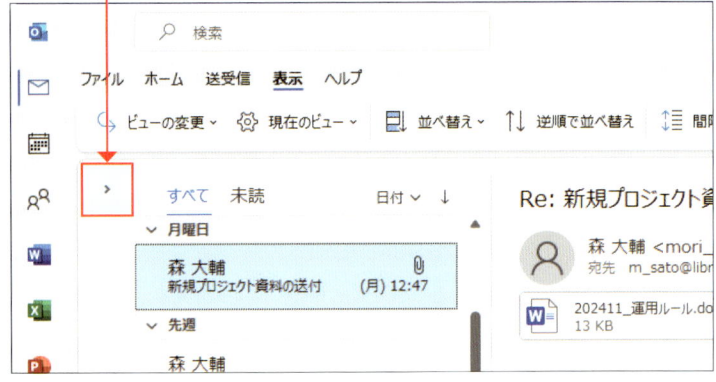

3 ここをクリックすると、もとのように固定表示に戻ります。

④ 閲覧ウィンドウの位置を変更する

補足

ビューのリセット

設定したビューをリセットするには、[表示]タブの[現在のビュー]→[ビューのリセット]→[はい]をクリックします。

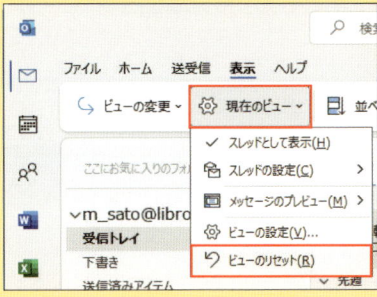

補足

[ビューの変更]による切り替え

Outlookでは、あらかじめ[コンパクト][シングル][プレビュー]といった3つの表示形式が用意されており、[表示]タブ→[ビューの変更]から切り替えることができます。[コンパクト]はデフォルトの標準的な表示形式で、[シングル]はビューに多数のフィールドが表示された表示形式です。[プレビュー]は[シングル]から閲覧ウィンドウが消えてビューのみの表示になります。

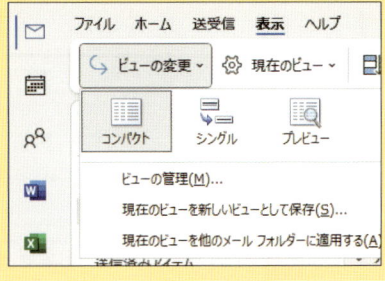

---

1 [表示]タブをクリックし、 **2** [レイアウト]をクリックして、

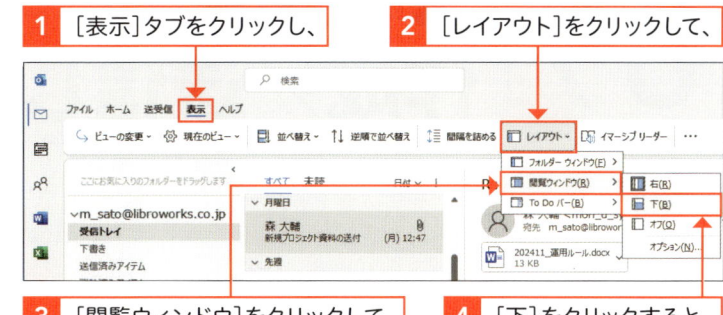

3 [閲覧ウィンドウ]をクリックして、 **4** [下]をクリックすると、

5 ビューが上段、閲覧ウィンドウが下段に表示されます。

6 [レイアウト]をクリックして、

7 [閲覧ウィンドウ]をクリックし、 **8** [オフ]をクリックすると、

9 閲覧ウィンドウが消え、ビューのみが表示されます。

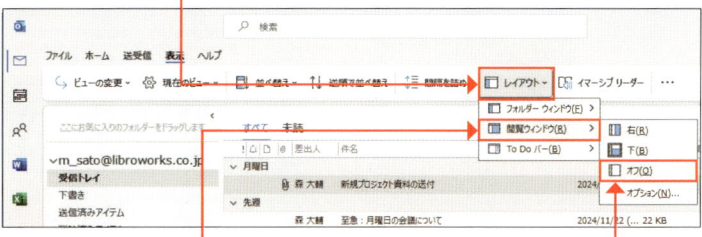

Section

09 | メールを作成／送信しよう

ここで学ぶこと

・メールの作成
・メールの送信
・送信済みアイテム

メールを送信するには、[メッセージ]ウィンドウを開き、[宛先]、[件名]、[本文]を入力して、メールを作成します。最後に[送信]をクリックすると、相手にメールが送られます。送信したメールは、[送信済みアイテム]から確認することができます。

① メールを作成する

💡 ヒント

**一度入力したメール
アドレスの簡易入力**

一度入力したメールアドレスや[連絡先]に登録されているメールアドレスは、途中まで入力した時点で宛先候補として表示されます。複数の候補がある場合は、↑または↓を押して選択し、Enter を押すことで入力できます。

⏰ 時短

**連絡先を利用した
宛先の入力**

[連絡先]に登録したメールアドレスを[宛先]に入力することもできます。詳しくは、174ページを参照してください。

1 [ホーム]タブの[新しいメール]をクリックすると、

2 [メッセージ]ウィンドウが表示されます。

3 [宛先]にメールアドレスを入力し、

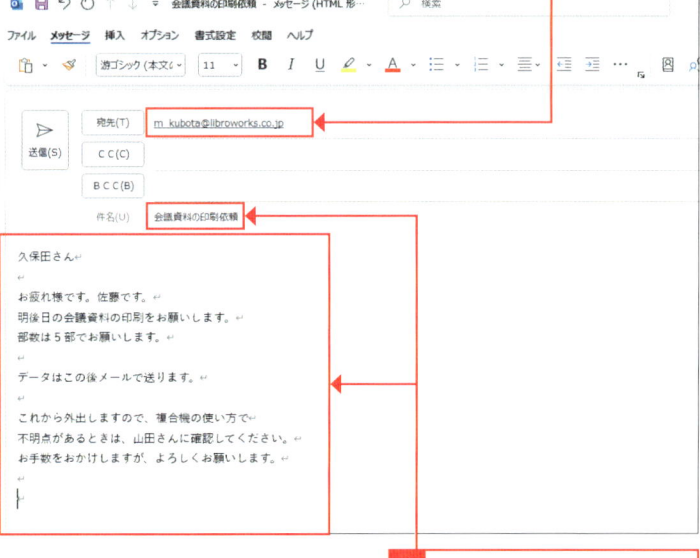

4 件名と本文を入力します。

② メールを送信する

件名を入力し忘れた場合

件名を入力せずに送信すると、図のような画面が表示されます。［そのまま送信］をクリックして送信することもできますが、相手に失礼なので、［送信しない］をクリックして、再度件名を入力しましょう。

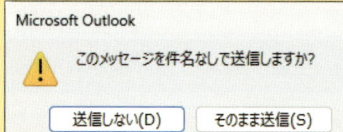

1 ［メッセージ］ウィンドウで、メールの宛先、件名、本文が正しく入力されているか確認します。

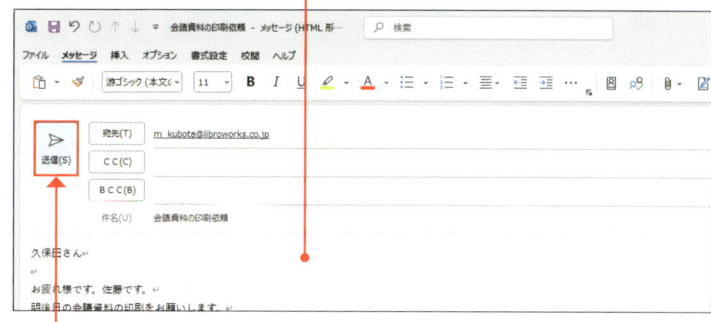

2 ［送信］をクリックすると、

3 ［メッセージ］ウィンドウが閉じてメールが送信され、［メール］の画面が表示されます。

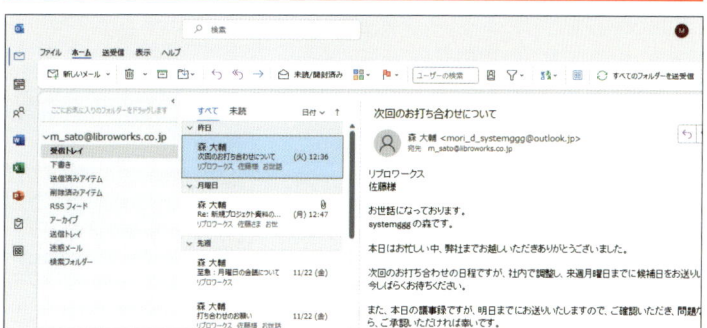

［送信トレイ］にメールが残っている場合

送信したはずのメールが［送信トレイ］にある場合は、何らかの理由でメールが相手に送信されていません。原因としては、パソコンがインターネットに接続されていなかった、送信中に何らかのトラブルがあったなどが考えられます。メールをダブルクリックすると、［メッセージ］ウィンドウが開くので、再度内容を確認してから送信を行ってください。

4 ［送信済みアイテム］をクリックすると、

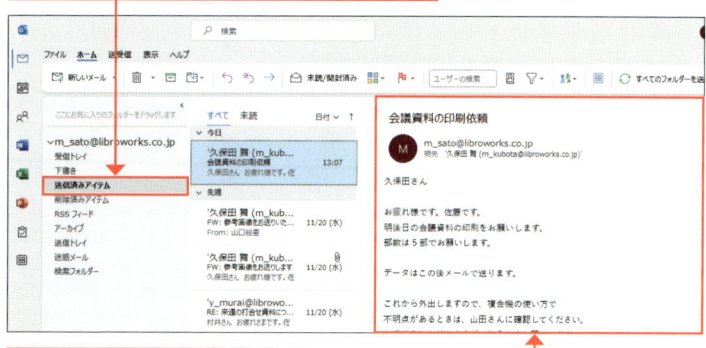

5 送信したメールを確認することができます。

Section

10 メールを受信／閲覧しよう

ここで学ぶこと

- メールの受信
- メールの閲覧
- すべてのフォルダーを送受信

［送受信］タブにある［すべてのフォルダーを送受信］をクリックすると、メールの**受信**が始まります。一定時間おきに自動受信されるように設定することもできますが、ここでは手動ですぐに受信する方法を紹介します。また、受信したメールの文字サイズが小さい場合はズームスライダーで拡大できます。

① メールを受信する

✦ 応用技

クイックアクセスツールバーからメールを送受信する

238ページを参考にクイックアクセスツールバーを表示して［すべてのフォルダーを送受信］をクリックすることでも、メールの送受信が可能です。

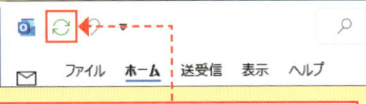

このボタンをクリックすることでも、メールの送受信が行えます。

💬 解説

未読メールと既読メール

未読メールはメールの件名と受信日時が青色で表示され、既読メールと区別できるようになっています。

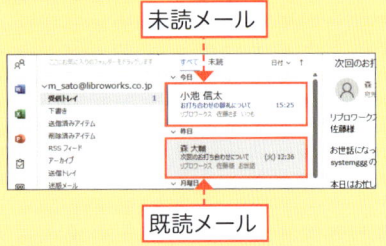

未読メール

既読メール

1 ［送受信］タブをクリックし、

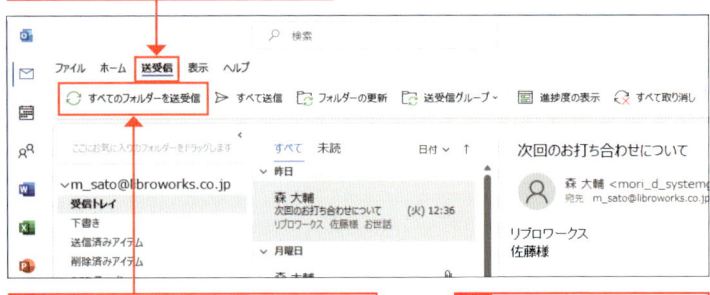

2 ［すべてのフォルダーを送受信］をクリックすると、

3 メールの送受信が行われます。

4 メールを受信すると、［受信トレイ］に新着メールの数が表示され、

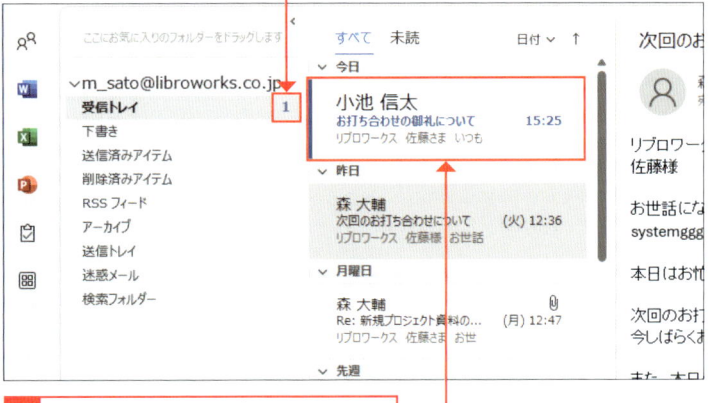

5 ここに新着メールが表示されます。

② メールを閲覧する

補足

デスクトップ通知

メールを受信すると、デスクトップの右下に［デスクトップ通知］が表示され、送信者名や件名、本文の一部などが確認できます。デスクトップ通知は表示されないようにすることも可能です（137ページ参照）。

注意

送信トレイのメールも送信される

［すべてのフォルダーを送受信］の操作を行った場合、メールの受信に加えて［送信トレイ］にあるメールの送信も行われます。送信に失敗したメールや、132ページの方法で一時的に送信トレイに移動していたメールはすべて送信されてしまうので注意してください。

補足

グループごとに表示

Outlookのビューは、初期状態で「今日」「昨日」「先週」といったように、まとまった単位でグループ化されています。それぞれのグループ名をダブルクリックすることで、該当するメールを非表示にしたり表示したりすることが可能です（98ページの「ヒント」参照）。

1 読みたいメールをクリックすると、

2 閲覧ウィンドウにメールの本文が表示されます。

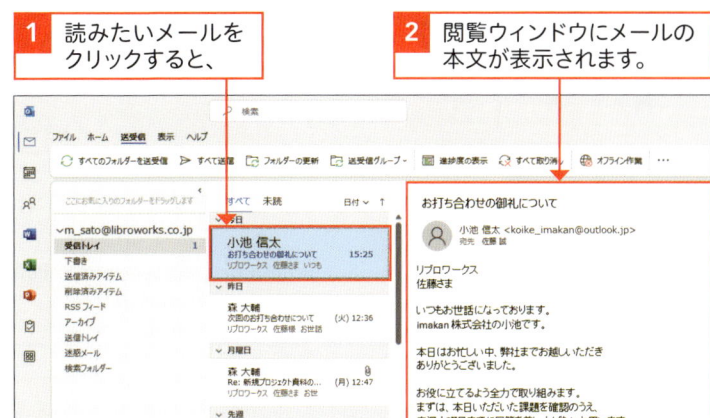

3 ズームスライダーの［拡大］➕をクリックすると、

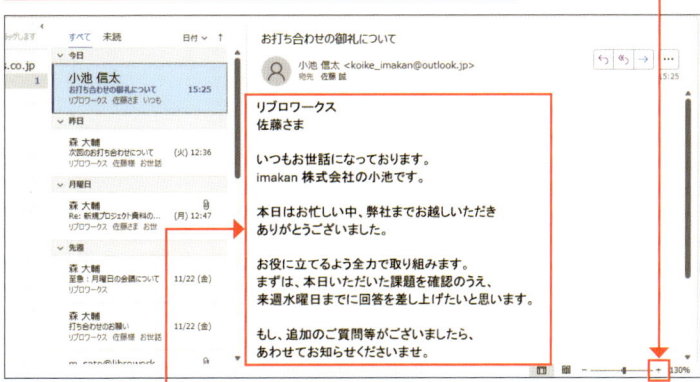

4 閲覧ウィンドウの文字が大きくなります。

5 ［今日］をダブルクリックすると、今日受信したメールが折りたたまれます。

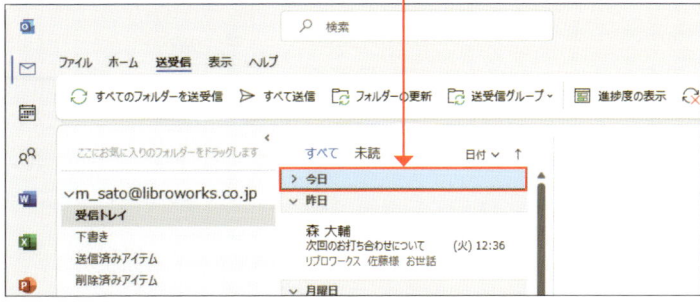

スレッドについて知ろう

ここで学ぶこと

・スレッド
・スレッドの展開
・スレッドを閉じる

Outlookには、件名が同じメールを1つにまとめて表示する**スレッド**という機能があります。スレッドで表示することで1つの話題に関連するメールをまとめて閲覧することができる便利な機能ですが、理解していないとメールを見落としてしまうこともあるので注意してください。

① スレッドで表示されたメールを閲覧する

解説

スレッド

スレッドは同じ件名のメールを1つにまとめて表示する機能で、初期状態ではオフになっています。ここでは、スレッドがオンになっている場合の閲覧方法を紹介します。

補足

スレッドがオンになっているか確認する

スレッド表示がオンになっているかを確認したい場合は、[表示]タブ→[現在のビュー]をクリックして、[スレッドとして表示]がオンになっているかを確認します。スレッド表示にしたくない場合はオフにしましょう。

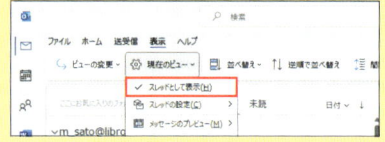

1 スレッド表示がオンになっている場合、1つの話題について送受信されたメールがまとめられ、▷のマークが表示されます。

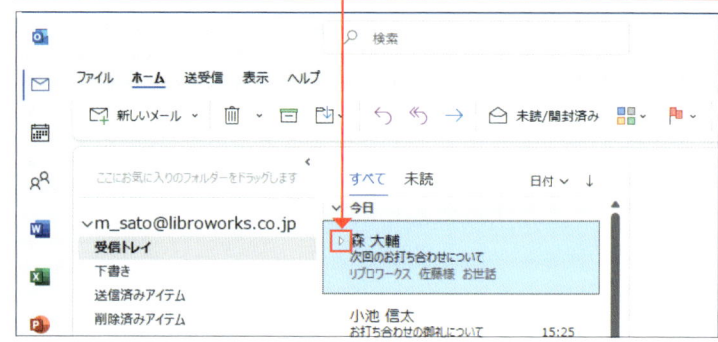

2 まとめられたメールをクリックして表示し、

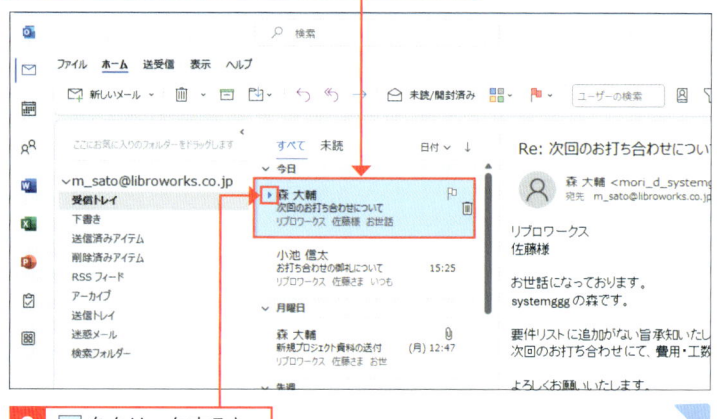

3 ▶をクリックすると、

⚠️ 注意

スレッドの注意点

スレッドは1つの話題についてすばやく確認できる便利な機能ですが、件名が変わったメールがスレッドに含まれなかったり、内容の違う同じ件名のメールがスレッドに含まれたりすることがあります。また、スレッドに大量のメールが届くと一部のメールを見落としてしまうこともよくあります。スレッドは自分の利用目的に応じてオン／オフを切り替えましょう。

✨ 応用技

スレッドを常に展開する

メールを選択した際に常にスレッドを展開するように設定することもできます。都度展開する手間が省ける反面、やりとりが長く続くと見づらくなることもあります。

1 ［表示］タブをクリックして、

2 ［現在のビュー］をクリックして、

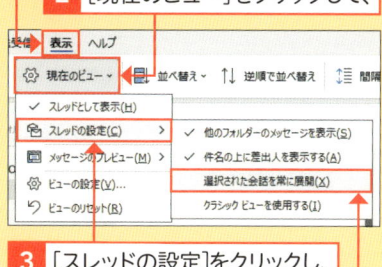

3 ［スレッドの設定］をクリックし、

4 ［選択された会話を常に展開］をクリックします。

---

4 まとめられたメールが展開されて表示されます。

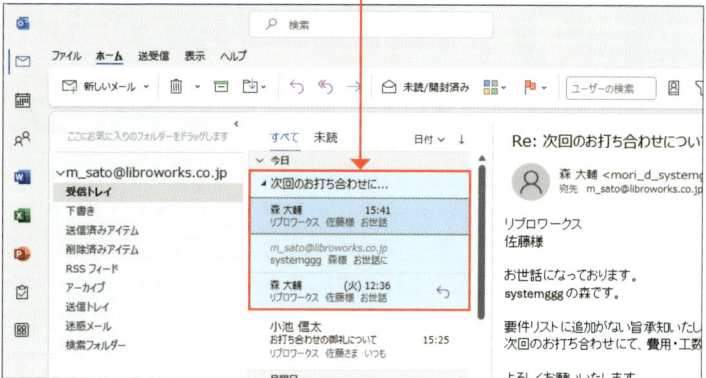

5 スレッド内の別のメールをクリックすることで、1つの話題についてのメールをすばやく切り替えて表示することができます。

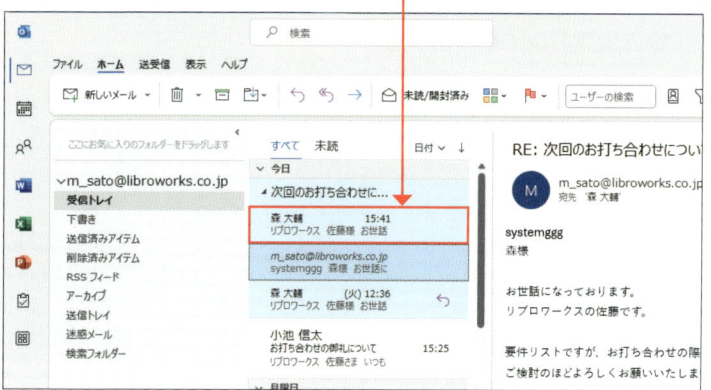

6 ほかのメールをクリックすると、開いていたスレッドは閉じられます。

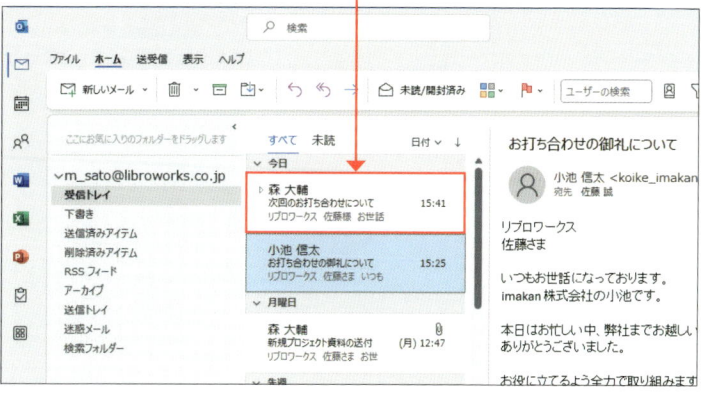

ここで学ぶこと

・優先受信トレイ
・[優先]タブ
・[その他]タブ

Outlook.comやMicrosoft 365、Exchangeのメールアカウントの場合、**優先受信トレイ**が使用できます。Outlookが重要と判断したメールを**自動**で優先表示してくれる機能ですが、優先してほしいメールが表示されないこともあります。その際、優先受信トレイに表示されていないメールを閲覧する方法を解説します。

① 優先受信トレイに表示されていないメールを閲覧する

💬 解説

優先受信トレイを表示する

優先受信トレイが使用可能なアカウントの場合、[表示]タブの[優先受信トレイを表示]をオンにすることで優先受信トレイを表示することができます。初期状態ではオンになっており、[受信トレイ]を表示すると優先表示トレイが表示されます。

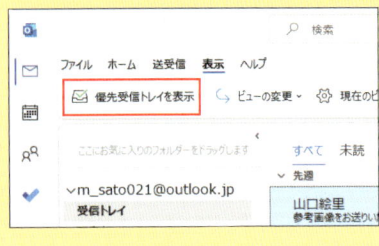

1 優先受信トレイが表示されている状態で、[その他]タブをクリックします。

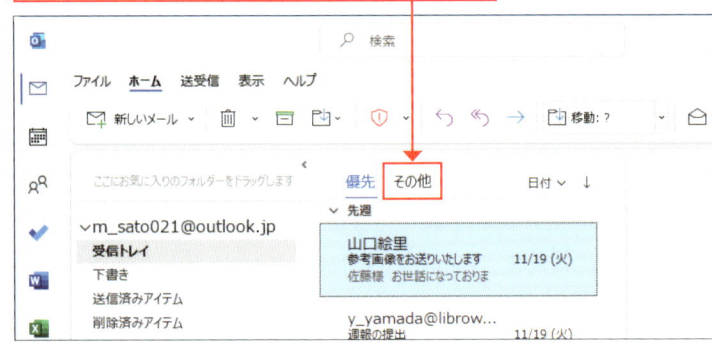

2 優先受信トレイに表示されていないメールを閲覧することができます。

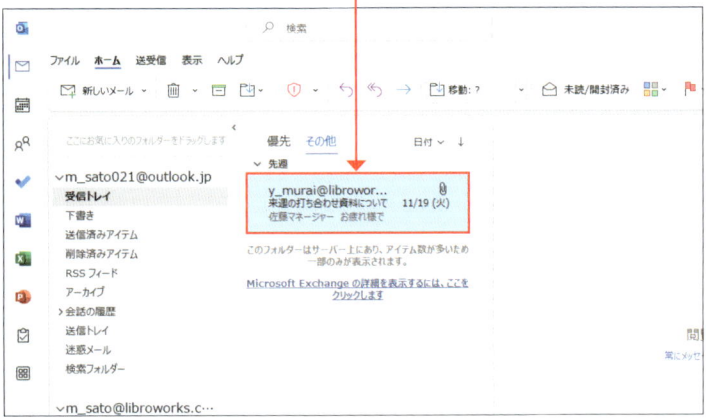

② 受信トレイの表示を切り替える

補足

[その他] タブから [優先] タブにメールを移動する

[その他] タブに表示されたメールを [優先] タブに移動させたい場合は、ビューの中の移動させたいメールを右クリックし、[優先に移動] をクリックします。また、同じ送信元からのメールを常に [優先] タブに移動させたい場合は、[常に優先に移動] をクリックします。

1 [表示] タブをクリックし、

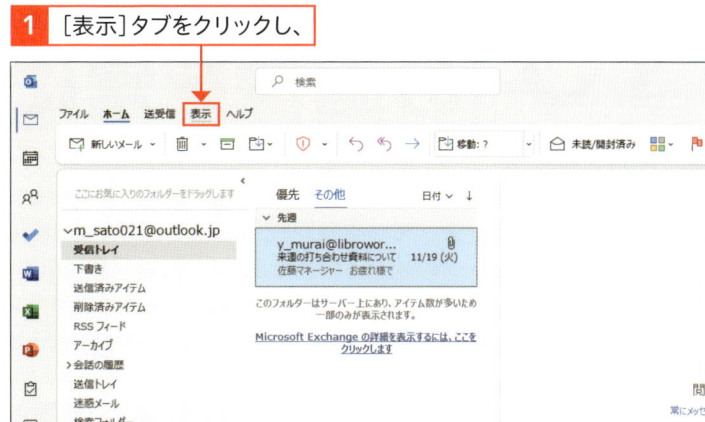

2 [優先受信トレイを表示] をクリックしてオフにすると、

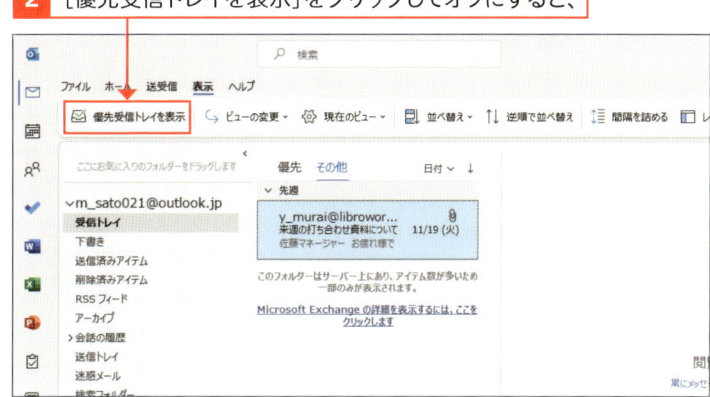

3 受信トレイの表示が [すべて] [未読] に切り替わります（108 ページ参照）。

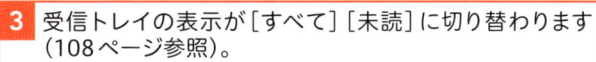

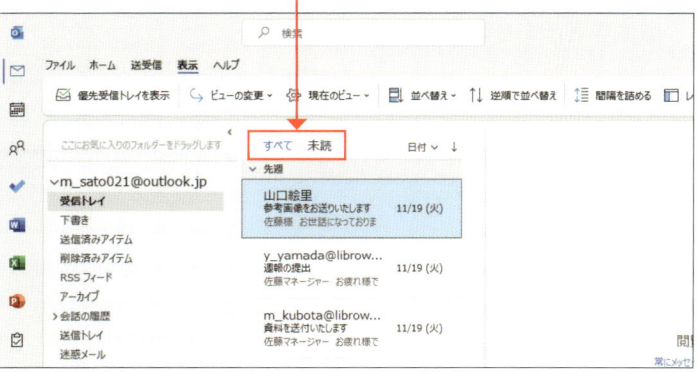

Section

13 特定の相手からのメールの画像を常に表示しよう

ここで学ぶこと

・画像のダウンロード
・コンピューターウイルス
・信頼できる差出人のリスト

迷惑メールの中にある画像を誤って開いてしまうと、**コンピューターウイルス**に感染してしまう可能性があります。Outlookでは迷惑メール対策として、**HTML形式のメール**の画像表示を**ブロック**するようになっています。ただし、信頼できる相手からのメールであれば、設定によって常に画像を表示できます。

① 表示されていない画像を表示する

⚠ 注意

迷惑メールの画像表示

迷惑メールの多くはHTML形式を利用しており、画像を表示してしまうと、メールを開封したことが自動的に送信者に伝わる可能性があるほか、コンピューターウイルスに感染する危険性も高まります。そのため、信頼できる相手以外から送られてきたHTML形式のメールは不用意に開かず、画像も表示しないようにしましょう。クラシックOutlookの初期設定では、HTML形式のメール内の画像が表示されないようになっています。

💡 ヒント

画像を表示するその他の方法

手順**1**の画面で、画像が表示されていない部分を右クリックし、[画像のダウンロード]をクリックすることでも画像を表示することができます。

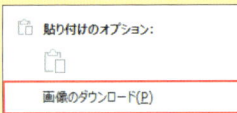

初期設定では、画像が表示されないようになっています。

1 画像が表示されていないメールの、[画像をダウンロードするには、ここをクリックします。〜]をクリックします。

2 [画像のダウンロード]をクリックすると、

注意

HTML メールのリンク

HTML形式のメールを受信した場合、本文内に外部サイトへのリンクが含まれていることがあります。中には画像をクリックするとそのリンク先に移動してしまうこともあるので、うかつにリンクや画像をクリックしないよう注意しましょう。

3 画像が表示されます。

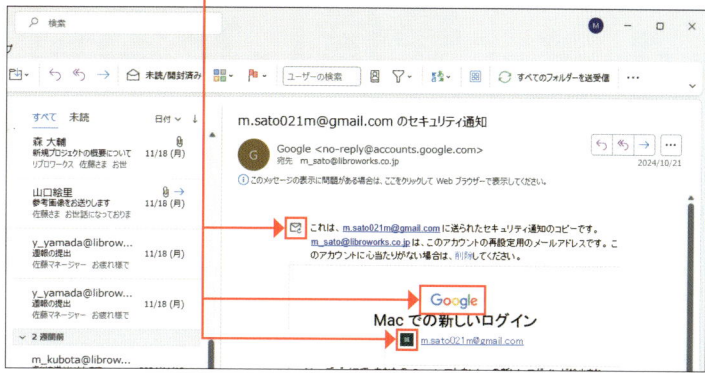

---

② 特定の相手からのメールの画像を常に表示する

重要用語

[信頼できる差出人のリスト]

[信頼できる差出人のリスト]とは、送られてきたメールが迷惑メールとして扱われないようにできる、差出人の一覧のことです。[信頼できる差出人のリスト]に追加された差出人は信頼できる相手と見なされるため、送られてきたHTML形式のメールの画像も自動で表示されるようになります。

ヒント

リストからの削除

[信頼できる差出人のリスト]から削除するには、[ホーム]タブで[…]→[迷惑メール]（もしくは[ブロック]）の順にクリックし、[迷惑メールのオプション]をクリックします。[信頼できる差出人のリスト]タブをクリックし、差出人をクリックして[削除]をクリックするとリストから削除できます。

1 画像が表示されていないメールの、[画像をダウンロードするには、ここをクリックします。〜]をクリックします。

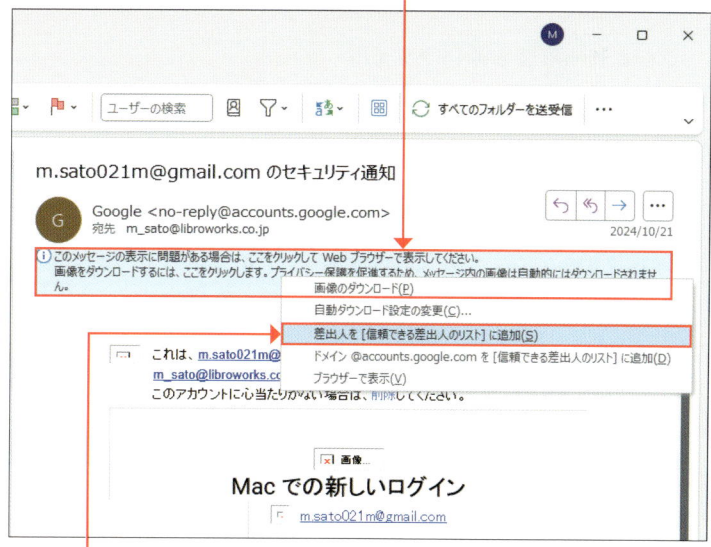

2 [差出人を[信頼できる差出人のリスト]に追加]をクリックして、

3 [OK]をクリックします。

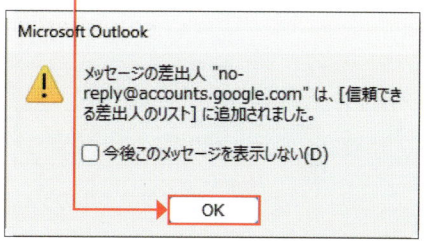

Section 14 受信した添付ファイルを確認／保存しよう

ここで学ぶこと

・添付ファイル
・プレビュー表示
・添付ファイルの保存

文書ファイルや画像ファイルが添付されたメールを受信した際は、プレビュー機能を使うと便利です。これを利用すれば、アプリケーションを起動せずに、添付ファイルの内容を確認することができます。また、添付ファイルをパソコンに保存することも可能です。

① 添付ファイルをプレビュー表示する

💬 解説

プレビュー可能な添付ファイル

クラシックOutlookでプレビュー可能な添付ファイルは、WordやExcelで作成されたOfficeファイル、画像ファイル、テキストファイル、PDFファイル、HTMLファイルです。なお、Officeファイルをプレビューするには、そのアプリケーションがパソコンにインストールされている必要があります。

✏️ 補足

ファイルが添付されていない?

クラシックOutlookでは、コンピューターウイルスを含む可能性のあるファイル(拡張子がbat、exe、vbs、jsなどのファイル)をブロックする機能を備えています。そのため、それらのファイルが添付されても表示されず、保存することもできません。

1 添付ファイルがあるメールをクリックします。

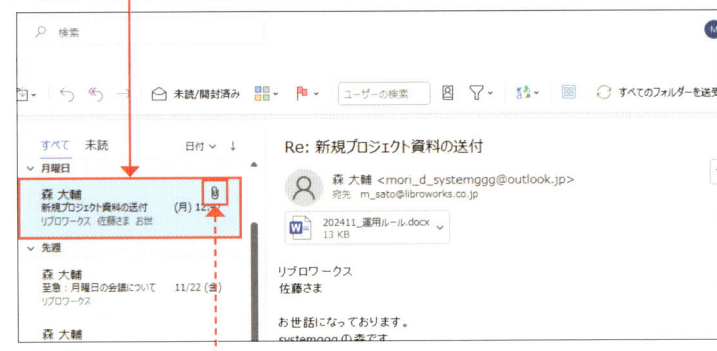

 ファイルが添付されたメールには が表示されます。

2 添付ファイルをクリックすると、

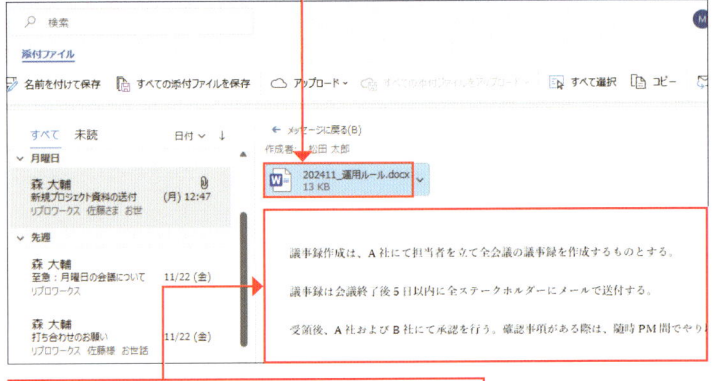

3 添付ファイルのプレビューが表示されます。

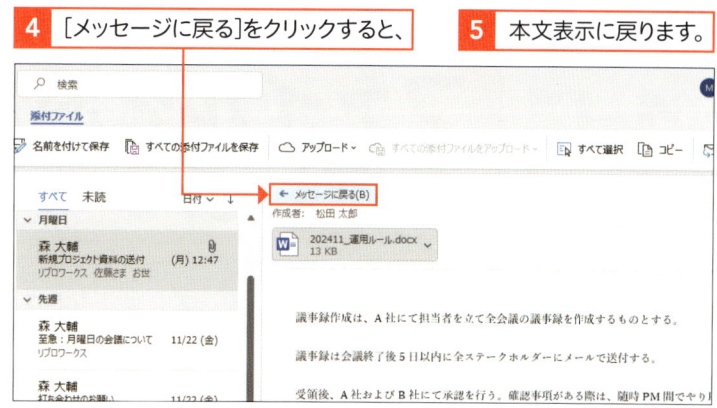

4 ［メッセージに戻る］をクリックすると、

5 本文表示に戻ります。

プレビュー時の制限

Wordファイルや Excel ファイルをプレビューする場合、悪意のあるマクロなどが実行されないよう、マクロ機能やスクリプト機能などは無効になっています。そのため、実際にアプリケーションで閲覧する場合とは、内容が異なって表示されることもあります。

② 添付ファイルを保存する

添付ファイルを
保存するときの注意

見知らぬ人から届いた添付ファイルには、パソコンの動作を不安定にさせたり、個人情報を盗み取ったりするようなコンピューターウイルスが潜んでいる可能性があります。怪しい添付ファイルは不用意に保存せずに、すぐに削除する習慣を身に付けておきましょう。

添付ファイルの削除

添付ファイルはメールから削除することができます。添付ファイル横の □ をクリックしてから、［添付ファイルの削除］をクリックします。

1 ここをクリックし、

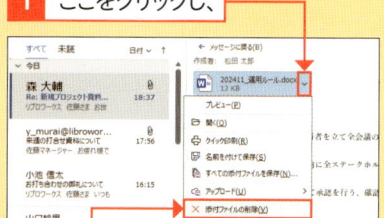

2 ［添付ファイルの削除］を
クリックします。

1 添付ファイルのここをクリックして、

2 ［名前を付けて保存］
をクリックします。

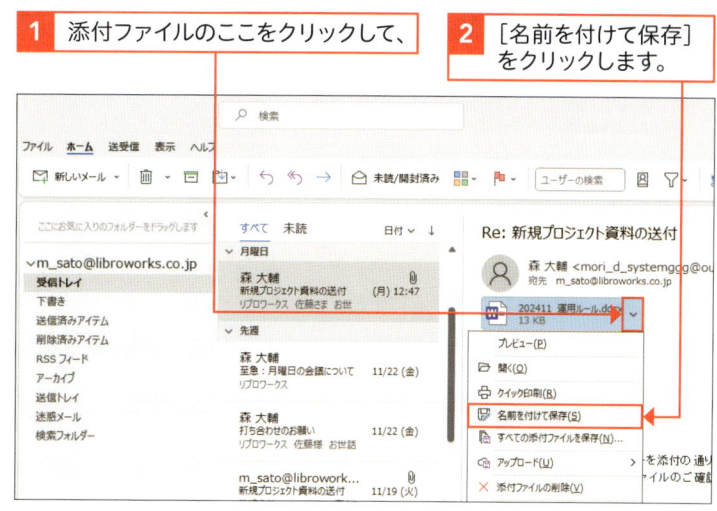

3 添付ファイルを保存する場所を指定して、

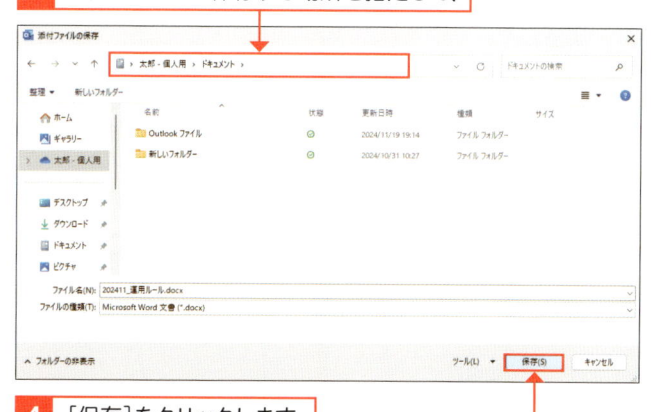

4 ［保存］をクリックします。

Section 15 ファイルを添付して送信しよう

ここで学ぶこと

- 添付ファイル
- 添付ファイルの送信
- 画像の自動縮小

メールは文字以外にも、デジタルカメラで撮影した写真や、Word や Excel などの**文書ファイル**を**添付**して送信することができます。**添付ファイル**のサイズが大きい場合、相手が受信にかかる時間が長くなったり、相手が受信できなかったりすることがあるので注意しましょう。

① メールにファイルを添付して送信する

⚠ 注意

添付ファイルを送るときの注意

添付ファイルのサイズが大きいと、送信自体ができなかったり、相手が受信するときに時間がかかったりすることがあります。添付ファイルの目安は「3MB以内」です。大容量のファイルを送りたいときは、「ギガファイル便」(https://gigafile.nu/) などのファイル転送サービスが便利です。ファイルをインターネット上のサーバーに保存し、保存場所を示す URL をメールで相手に送るだけです。

💡 ヒント

ドラッグ操作による ファイルの添付

右の手順以外に、エクスプローラーから、添付したいファイルや画像を [メッセージ] ウィンドウにドラッグすることでもファイルの添付が行えます。

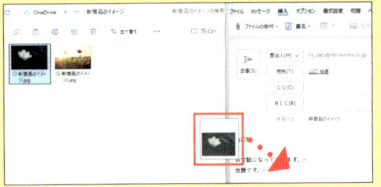

1 52ページを参考に [メッセージ] ウィンドウを開き、宛先と件名、本文を入力しておきます。

2 [挿入] タブをクリックし、

3 [ファイルの添付] をクリックします。

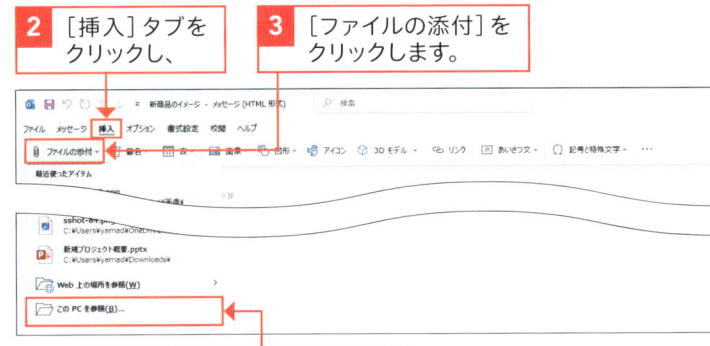

4 [このPCを参照] をクリックします。

5 添付したいファイルの保存場所を開き、

6 添付したいファイルをクリックして、

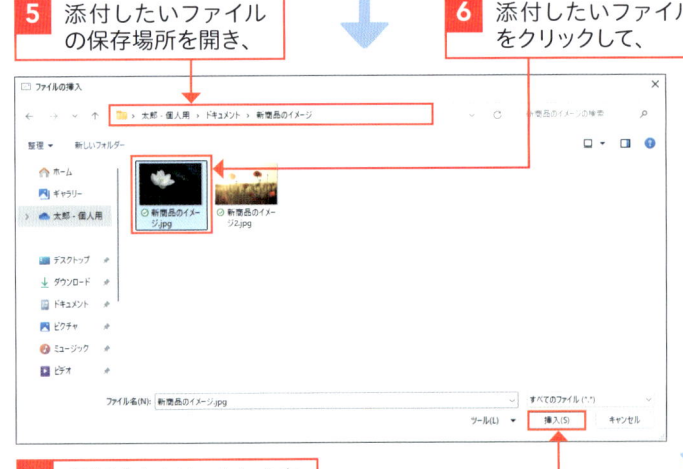

7 [挿入] をクリックします。

ヒント

OneDriveのファイルを添付する

Microsoftのクラウドサービス「OneDrive」に保存されたファイルを、メールに添付することも可能です。64ページの手順 **4** で[Web上の場所を参照]をクリックし、自分のアカウントをクリックして添付したいファイルを選択します。

8 ファイルが添付されました。

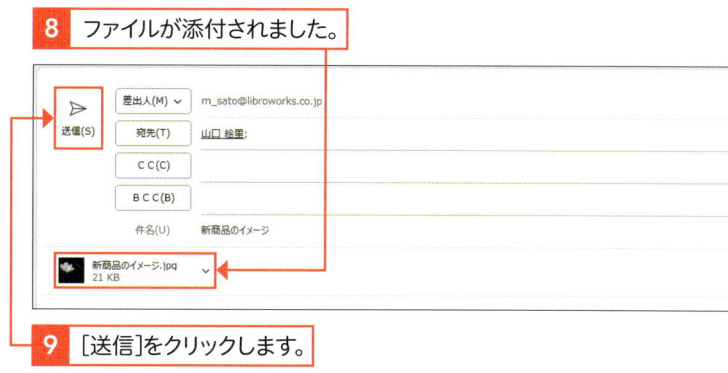

9 [送信]をクリックします。

② 送信時に画像を自動的に縮小する

補足

添付画像の縮小機能

添付画像の縮小機能を利用すると、大きなサイズの画像を最大1024×768ピクセルまで縮小して送信することができます。

1 64ページ手順 **1** ～ **7** の操作で、メールに画像を添付しています。

2 [ファイル]タブをクリックし、

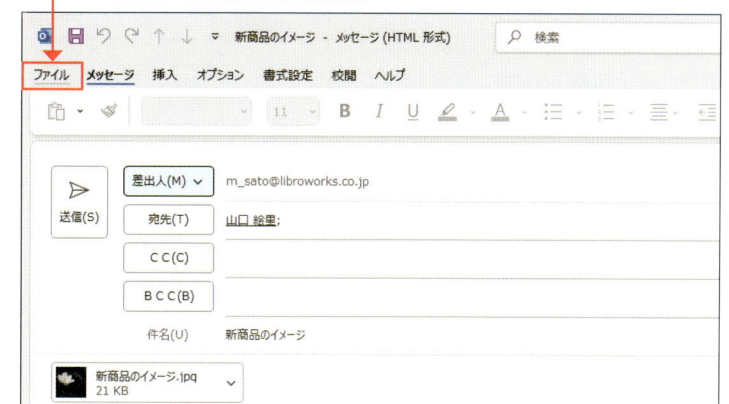

3 [このメッセージを送信するときに大きな画像のサイズを変更する]をクリックします。

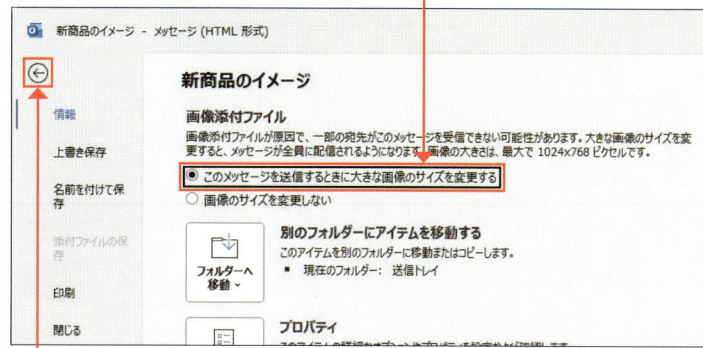

4 このアイコンをクリックするともとの画面に戻ります。

Section

16 | 添付ファイルを圧縮／展開しよう

ここで学ぶこと

・ZIPファイル
・ファイルの圧縮
・ファイルの展開

メールには、フォルダーを添付して送信することができません。フォルダーを送信したい場合は、フォルダーを**圧縮**して**ZIPファイル**にする必要があります。また、送られてきたZIPファイルの中身を見るためには、ZIPファイルを**展開**する必要があります。ここでは、ファイルを圧縮／展開する方法を覚えましょう。

① ファイルやフォルダーを圧縮して送信する

解説

圧縮／展開とは

圧縮とは、フォルダーやファイルのサイズを減らすことです。また、ZIPファイルにすることで複数のファイルやフォルダーを1つにまとめることもできます。圧縮されたファイルをもとに戻すことを、展開（または解凍）といいます。

1 エクスプローラーを開き、圧縮したいファイルまたはフォルダーを表示し、右クリックします。

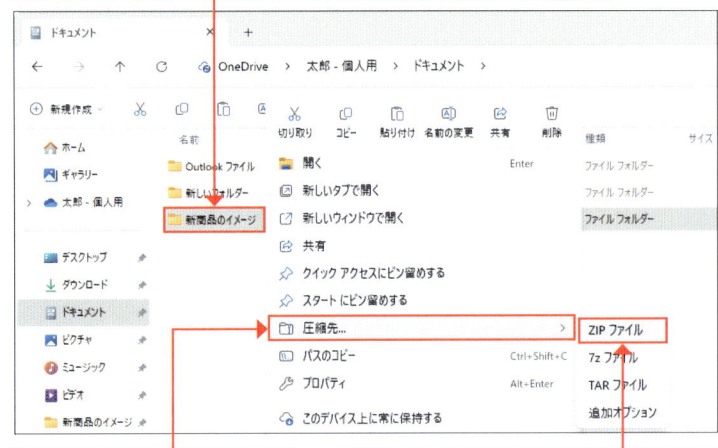

2 ［圧縮先］をクリックし、

3 ［ZIPファイル］をクリックします。

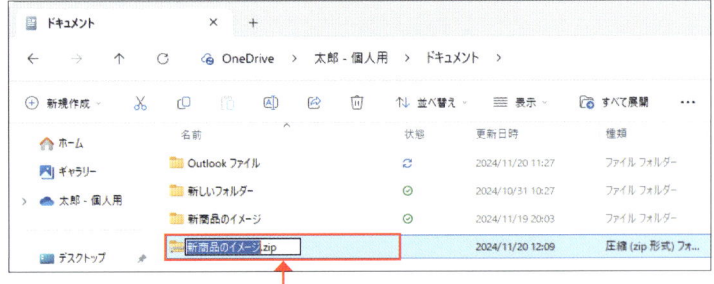

4 Enter キーを押します。このあとは64ページの手順で、圧縮したファイルを添付することができます。

② 受信したZIPファイルを展開する

 **補足**

パスワード付きZIPファイル

ZIPファイルを展開する際、パスワードを求められることがあります。その際は、送付者から教えられたパスワードを入力してZIPファイルを展開します。

1 エクスプローラーを開き、63ページの手順で保存した添付ファイルを表示し、右クリックします。

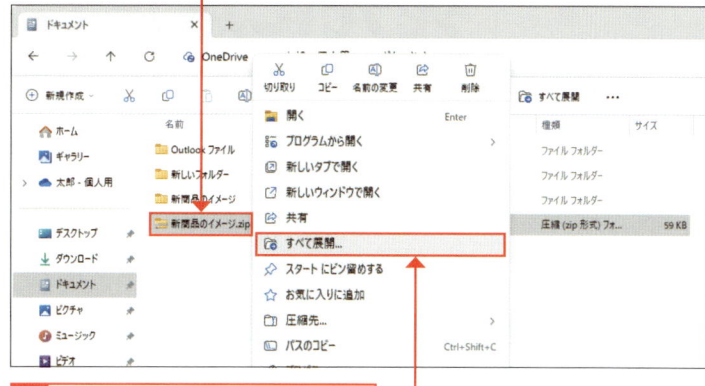

2 [すべて展開]をクリックします。

3 展開先のフォルダーを確認して、 **4** [展開]をクリックします。

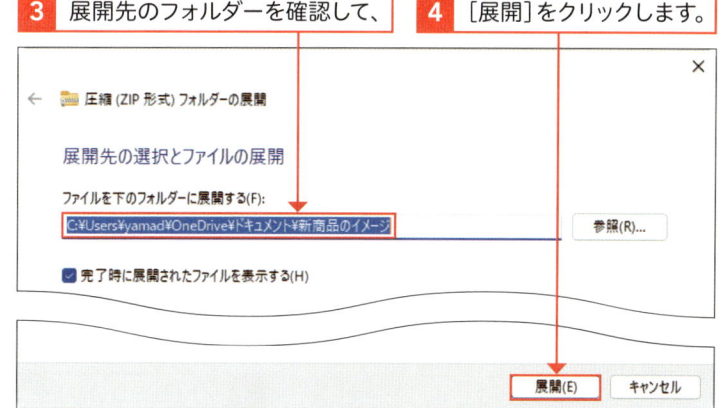

5 展開されたファイルの中身が表示されます。

Section

17 メールを複数の宛先に送信しよう

ここで学ぶこと

- 同報メール
- CC
- BCC

メールは一人に対してだけではなく、複数の人にまとめて送ることもできます。複数人にメールを送信するには、①[宛先]にメールアドレスを追加する、②[CC]を使う、③[BCC]を使うという3つの方法があります。それぞれ異なる役割があるため、状況に応じて使い分けましょう。

1 複数の宛先にメールを送信する

🔍 **重要用語**

同報メール

同じ内容の文面を、複数のメールアドレスに対して一斉に送信するメールのことを、「同報メール」といいます。

✏️ **補足**

自動的にセミコロンが入る場合

複数の人に対してメールを送る場合、メールアドレスを入力し終わったあとに「;」(セミコロン)を入力します。すでにメールを送ったことがあるメールアドレスを簡易入力で入力した場合は(52ページの「ヒント」参照)、自動的にセミコロンが入力されます。

1 52ページを参考に[メッセージ]ウィンドウを開き、件名と本文を入力しておきます。

2 [宛先]に1人目のメールアドレスを入力します。

3 「;」(セミコロン)を入力したあとに、2人目のメールアドレスを入力して、

4 [送信]をクリックします。

② 別の宛先にメールのコピーを送信する

2

メールの基本操作を知ろう

🔍 重要用語

CC

[CC] とは、[宛先] の人に対して送るメールを、ほかの人にも確認してほしいときに使う機能です。[CC] に入力した相手には、[宛先] に送ったメールと同じ内容のメールが届きます。たとえば、メールの内容を相手だけでなくその上司にも確認してもらいたい場合などに使います。[CC] に入力したメールアドレスは、受信したすべての人に通知されます。

1 [メッセージ]ウィンドウを開き、宛先と件名、本文を入力しておきます。

2 [CC]に、メールのコピーを送りたい相手のメールアドレスを入力し、

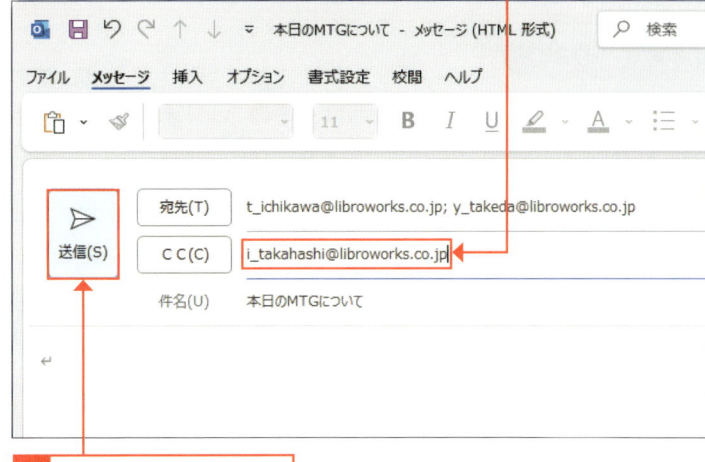

3 [送信]をクリックします。

③ 宛先を隠してメールのコピーを送信する

🔍 重要用語

BCC

[BCC] は [CC] と異なり、入力したメールアドレスが受信した人に通知されません。[宛先] に送ったメールを他の人にも確認してもらいたいけれど、メールアドレスは見せたくないというときに使う機能です。なお、送り先全員を [BCC] にしたい場合は [宛先] を入力しないとメールが送信できないため、[宛先] に自分のメールアドレスを入力するとよいでしょう。

1 [メッセージ]ウィンドウを開き、宛先と件名、本文を入力しておきます。

2 [オプション]タブをクリックし、

3 […]をクリックし、[BCC]をクリックします。

4 [BCC] 欄が追加されました。

5 [BCC]に、ほかの受信者には知られたくないメールアドレスを入力し、

6 [送信]をクリックします。

18 メールを下書き保存しよう

ここで学ぶこと

ここで学ぶこと

・下書き保存
・下書き保存からの送信
・自動保存

メールを送信する前に見直したい場合や、やむを得ず作業を中断しなければならない場合などは、[下書き]フォルダーに保存することができます。**下書き保存**したメールは、いつでも呼び出すことができ、本文の追加や修正などが行えます。また、作成中のメールを自動的に下書き保存することも可能です。

① メールを下書き保存する

🔍 重要用語

[下書き]

[下書き]とは、書きかけのメールを一時的に保存する場所のことです。途中まで書いたメールをいったん保存して、あとでその続きを書きたいときは[下書き]に保存しておきましょう。

⌨ ショートカットキー

下書き保存

Ctrl + S

1 [メッセージ]ウィンドウを表示して、メールを新規作成します。

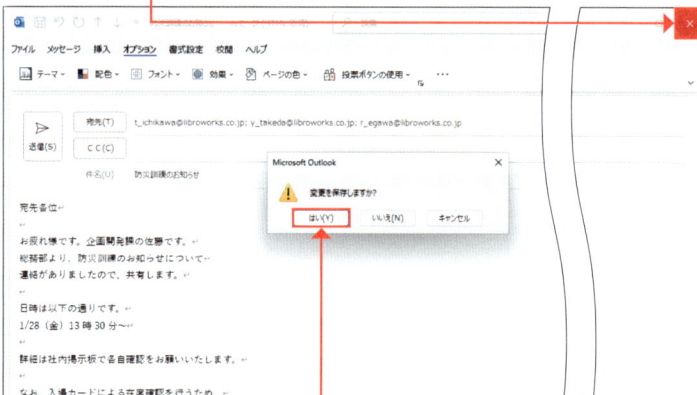

2 [閉じる]をクリックし、

3 [はい]をクリックすると、メールが下書き保存されます。

下書き保存したメール

［下書き］に保存したメールは、クラシックOutlookを終了しても削除されることはありません。［下書き］に保存したメールを削除したい場合は、88ページを参照してください。

4 ［下書き］フォルダーをクリックすると、

5 下書き保存されたメールを表示できます。

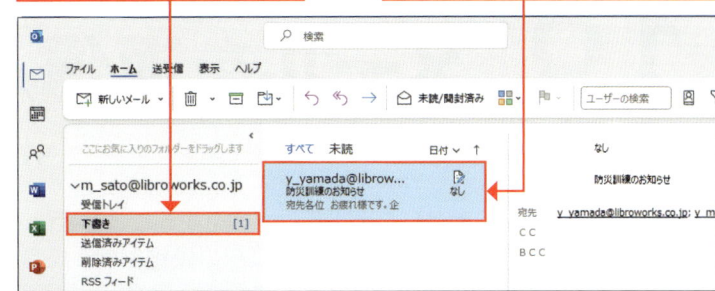

② 下書き保存したメールを送信する

ヒント

［下書き］への自動保存と時間変更

クラシックOutlookの初期設定では、メールを作成したまま送信しないでいると、自動的に［下書き］に保存されます。メールを作成中のまま席を立ってしまい、戻ってみるとパソコンの電源が切れていた場合などに助かります。自動保存されるまでの時間は変更できます。まず、［ファイル］タブの［オプション］をクリックして［Outlookのオプション］ダイアログボックスを表示します。［メール］の［送信していないアイテムを次の時間が経過した後に自動的に保存する］がオンになっていることを確認し、時間を指定します。

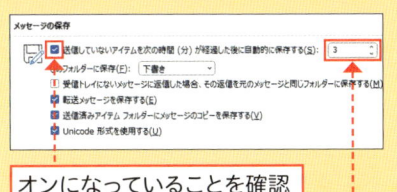

オンになっていることを確認

自動保存までの時間を分単位で指定

1 下書き保存されたメールをダブルクリックします。

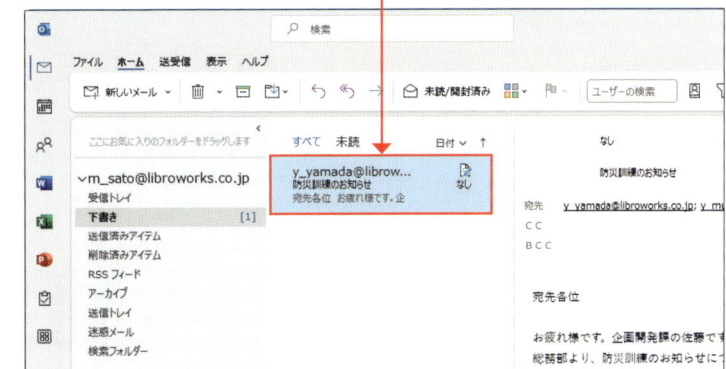

2 ［メッセージ］ウィンドウが表示されるので、

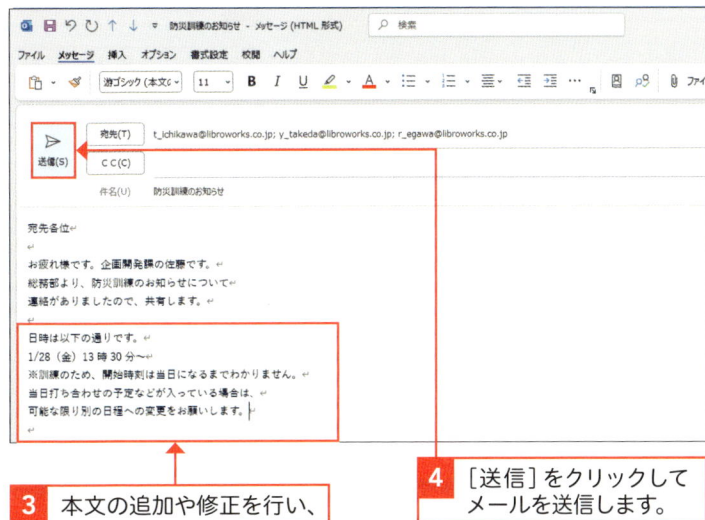

3 本文の追加や修正を行い、

4 ［送信］をクリックしてメールを送信します。

Section 19 | メールを返信／転送しよう

ここで学ぶこと

・返信
・転送
・インライン返信

受信したメールに返事をすることを**返信**、メールの内容をほかの人に送ることを**転送**といいます。これらの操作を行う場合、クラシックOutlookでは、閲覧ウィンドウの中で作業できる**インライン返信機能**を利用します。このインライン返信機能は、必要に応じて解除することも可能です。

① メールを返信する

🔍 重要用語

インライン返信

クラシックOutlookでは、メールの返信の際、閲覧ウィンドウがそのままメールの作成画面に切り替わります。これをインライン返信といいます。メールを閲覧した場所でメールが書けるため、デスクトップの画面領域を狭めることなく作業できます。

✏️ 補足

インライン返信を解除する

手順**3**の画面で[ポップアウト]をクリックすると、返信メールが[メッセージ]ウィンドウで表示されます。

1 返信したいメールをクリックし、

2 ↩ をクリックします。

↩ をクリックすると、[宛先]と[CC]に含まれた人全員に返信できます。

3 閲覧ウィンドウにメールの作成画面が表示されます。

[宛先]に差出人の名前が表示されます。

[件名]の先頭に「RE:」が付きます。

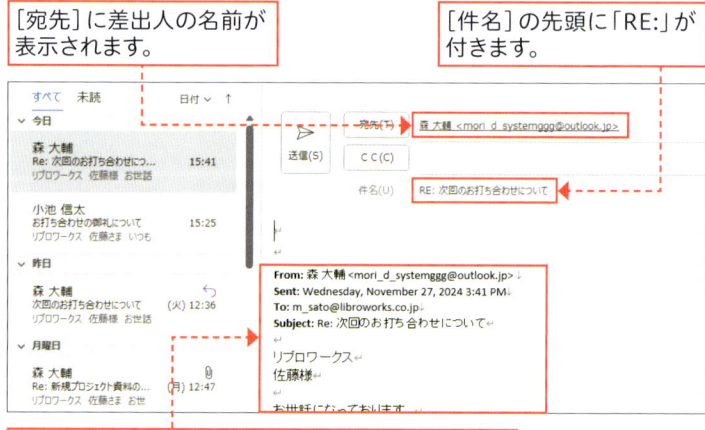

受信したメールの情報や本文が引用表示されます。

4 本文を入力して、

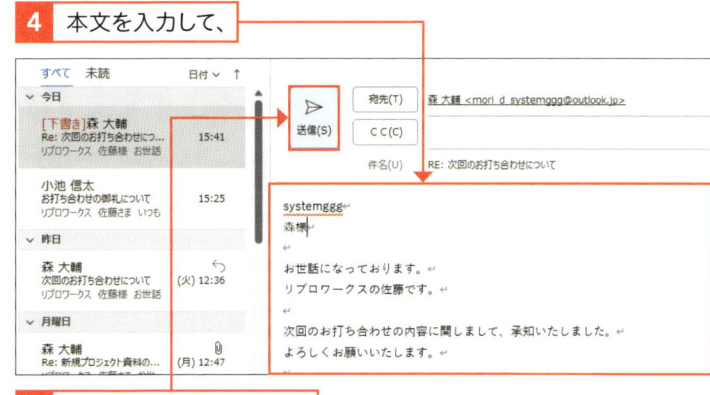

5 [送信]をクリックします。

HTML形式の メールの返信

HTML形式やリッチテキスト形式のメールを返信／転送すると、同じ形式でメールの作成画面が表示されます。これをテキスト形式に変更するには、手順**4**の画面の[ポップアウト]をクリックし、[書式設定]タブの[…]→[メッセージ形式]→[テキスト]をクリックします。詳しくは、140ページを参照してください。

---

② メールを転送する

解説

「RE:」と「FW:」

受信したメールに対して返信した場合、件名の頭には自動的に「RE:」が付きます。この「RE:」という文字には、受け取ったメールに対して返事をしているということを示す意味があります。
受信したメールを転送した場合、件名の頭には自動的に「FW:」が付きます。転送とは、自分が受け取ったメールをほかの人に確認してもらうため、内容を変えずにそのままほかのメールアドレスに送信することです。なお、添付ファイルも一緒に転送されます。

補足

返信と転送のアイコン

メールを返信または転送すると、アイコンが表示されるようになります。

返信したメールのアイコン

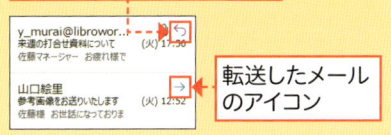

転送したメールのアイコン

---

1 転送したいメールをクリックし、

2 →をクリックします。

3 閲覧ウィンドウにメールの作成画面が表示されます。

4 [宛先]を入力し、

5 本文を入力して、

[件名]の先頭に「FW:」が付きます。

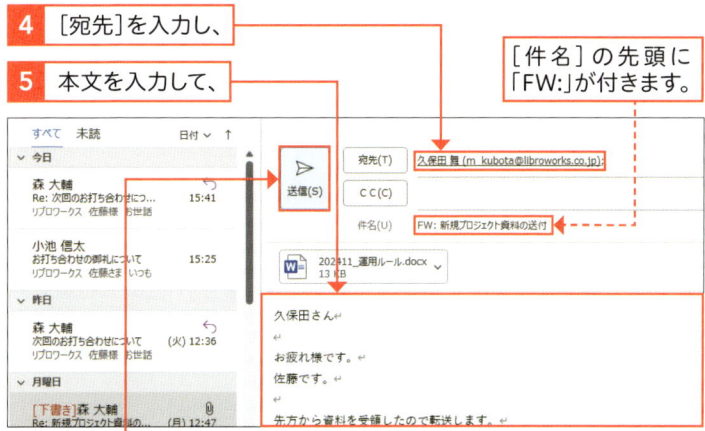

6 [送信]をクリックします。

20 作成するHTMLメールの文字書式を変更しよう

ここで学ぶこと

・フォントの変更
・文字サイズの変更
・文字の色の変更

HTML形式やリッチテキスト形式のメールでは、**フォント**や**文字サイズ**を変えたり、文字に色を付けて目立たせたりできます。ビジネスのメールで重要な単語を強調したり、プライベートのメールで特別なメッセージを送ったりするときに活用しましょう。ここでは、HTML形式のメールで解説します。

① フォントを変更する

解説

テキスト形式では書式を変更できない

ここで紹介した文字書式の変更方法は、メールの形式がテキスト形式の場合は利用できません。HTML形式かリッチテキスト形式の場合のみ利用できます。メールの形式と変更方法については、140ページを参照してください。なお、初期設定では作成するメールはHTML形式になります。

補足

返信メールに文字書式を設定する

返信メールを作成すると、自動的に[メッセージ]タブが表示され、このタブから文字書式の設定を行えます。操作方法はここで解説したものと同様です。

1 52ページを参考に[メッセージ]ウィンドウを開き、本文を入力しておきます。

2 フォントを変えたい文字をドラッグして選択し、

3 [書式設定]タブをクリックします。

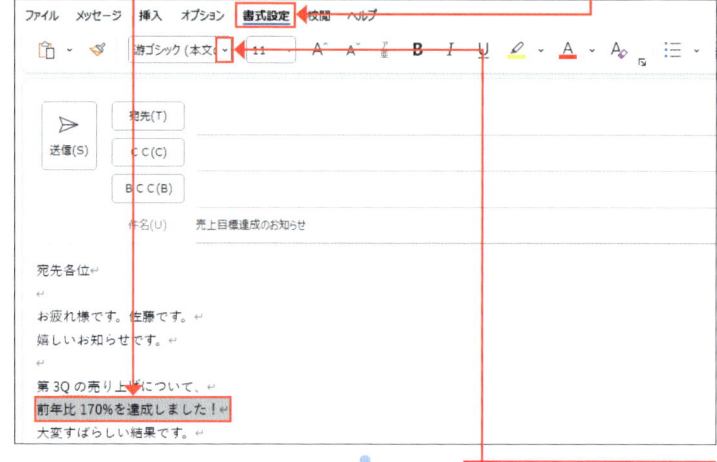

4 ここをクリックして、

5 フォントを選択すると、フォントが変更されます。

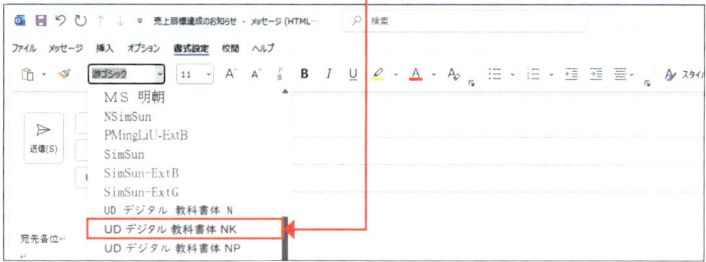

② 文字サイズを変更する

 **注意**

返信メールの注意点

返信元のメールがテキスト形式の場合、返信メールもテキスト形式で作成されます。この場合は文字書式の設定を行えないので注意してください。

1 文字サイズを変えたい文字をドラッグして選択します。

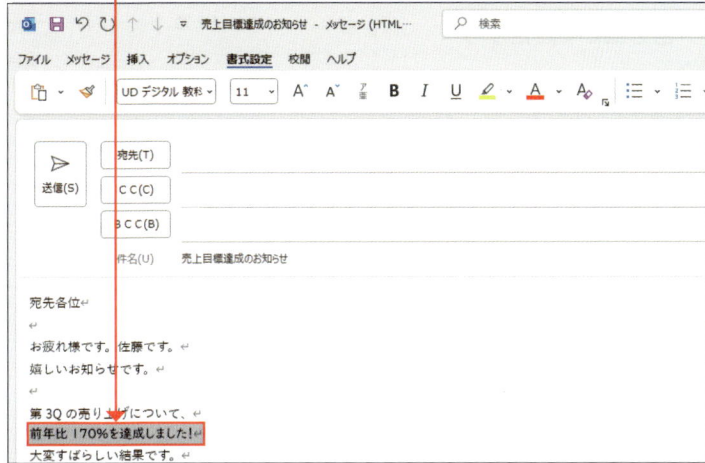

2 ここをクリックし、 　 **3** サイズを選択すると、

4 文字サイズが変更されます。

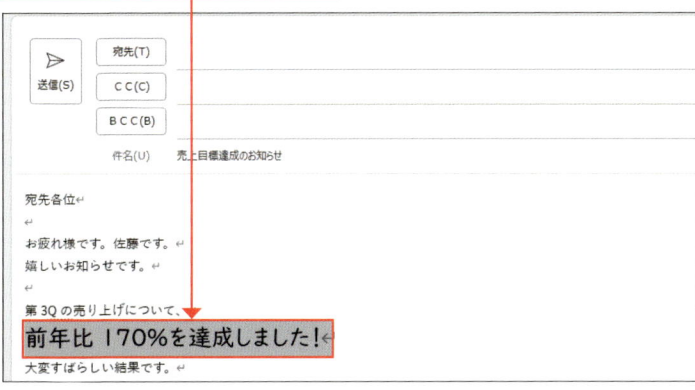

③ 文字の色を変更する

 **補足**

色を細かく設定する

手順3で[その他の色]をクリックすると、[色の設定]ウィンドウが開き、さらに細かく色を設定することができます。設定したい色を選択し、[OK]をクリックすると、選択した色に変更されます。

1 色を変えたい文字をドラッグして選択します。

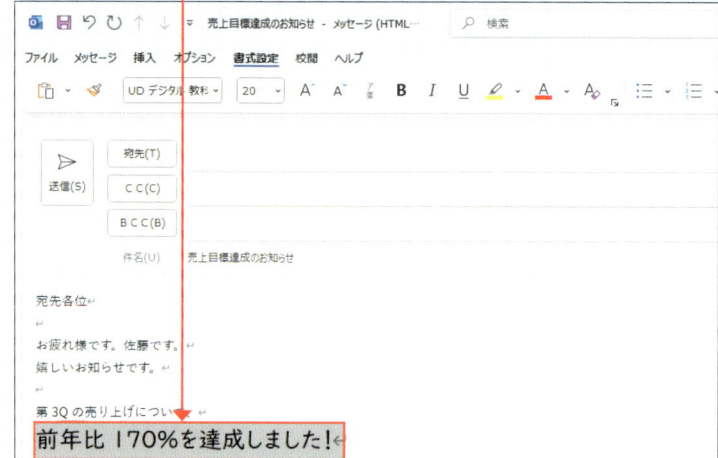

2 ここをクリックし、

3 色を選択すると、

4 文字の色が変更されます。

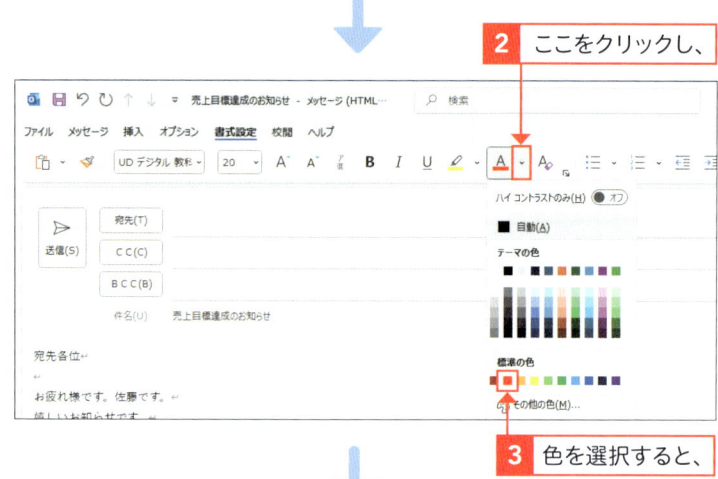

④ 書式をクリアする

その他の文字書式

文字を太字にしたり、斜体にしたり、文字に下線を引いたりすることもできます。

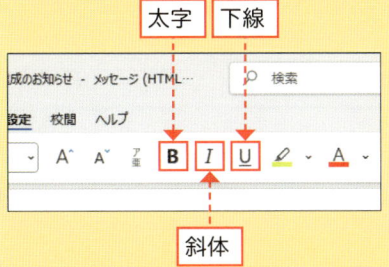

1 書式をクリアしたい文字をドラッグして選択します。

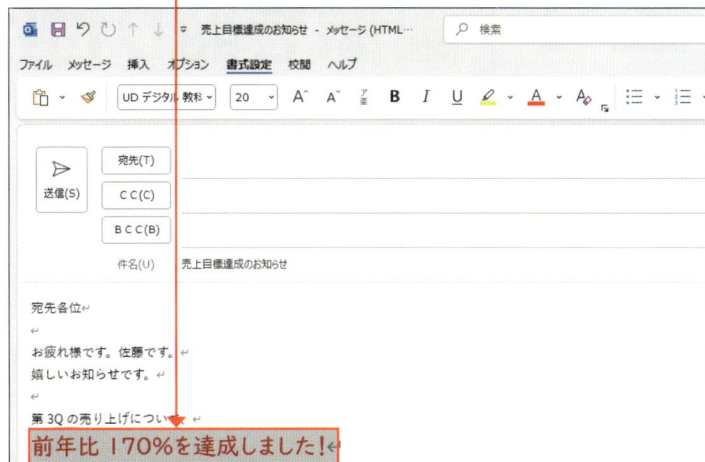

2 ここをクリックすると、

3 書式がクリアされ、文字がもとに戻ります。

作成するHTMLメールに画像を貼り付けよう

ここで学ぶこと

・画像の挿入
・大きさの調整
・トリミング

HTML形式やリッチテキスト形式でメールを作成している場合、メールの本文中に画像を挿入することができます。テキスト形式のメールと違い、任意の場所に任意の大きさで表示できます。これを活用することで、相手に情報が伝わりやすいメールを作成することができます。

① メール本文に画像を挿入する

ヒント

複数の画像を挿入

手順6で画像を選択する際、複数の画像を選択して[挿入]をクリックすることで、一度に複数の画像をメールの本文中に挿入することができます。複数の画像を選択するには、1枚目の画像をクリックして選択したあと、 Ctrl を押しながら2枚目の画像をクリックします。

1 52ページを参考に[メッセージ]ウィンドウを開き、本文を入力しておきます。

2 画像を挿入したい位置にカーソルを合わせます。

3 [挿入]タブをクリックし、

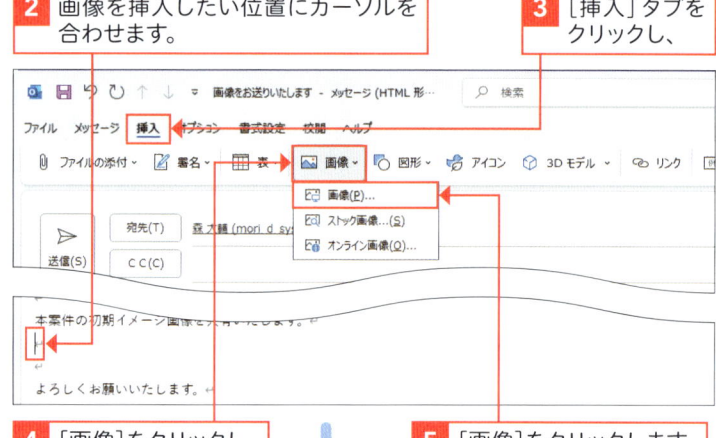

4 [画像]をクリックし、

5 [画像]をクリックします。

6 挿入したい画像をクリックして選択し、

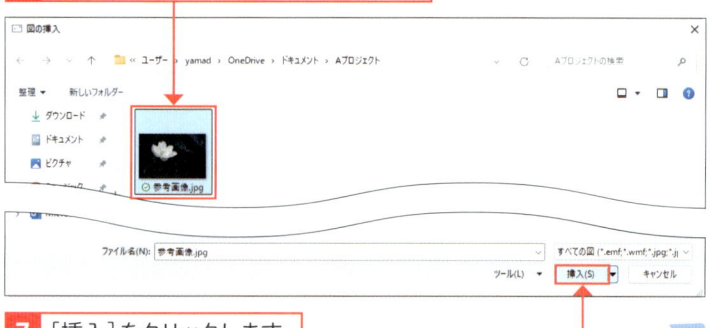

7 [挿入]をクリックします。

8 メールの本文中に画像が挿入されます。

② 挿入した画像の大きさを調整する

 **補足**

挿入した画像の ファイルサイズ

挿入した画像の大きさを調整して小さくしても、ファイルサイズそのものは変わりません。挿入する画像のファイルサイズが大きくなりすぎないように注意しましょう。

ヒント

画像のトリミング

画像の一部を切り取って表示したい場合は、トリミングを行いましょう。挿入した画像をクリックして[図の形式]タブを表示させてから、[トリミング]をクリックします。画像の四辺に黒い線が表示されるので、ドラッグして画像の範囲を調整しましょう。

1 挿入した画像をクリックし、

2 [図の形式]タブをクリックします。

3 […]をクリックし、

4 ここをクリックして画像の大きさを調整します。

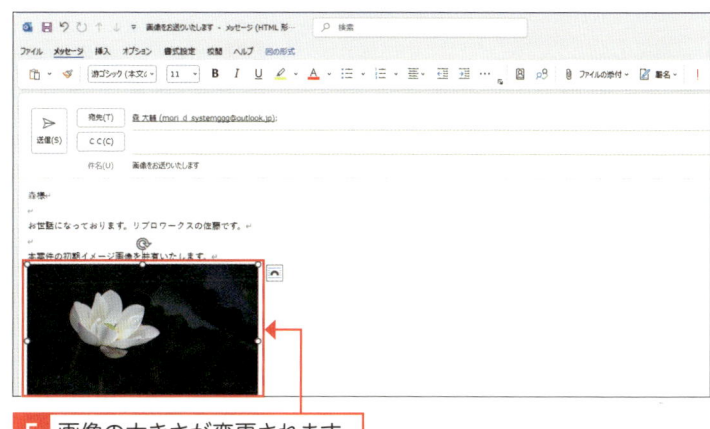

5 画像の大きさが変更されます。

Section

22 住所や罫線、記号などをすばやく入力しよう

ここで学ぶこと

- 郵便番号の入力
- 罫線の入力
- オートコレクト

郵便番号の記号「〒」を入力したいときは、文字の**変換**を使用するとスムーズです。これを使えば、**郵便番号を住所に変換**したり、**罫線**をかんたんに入力したりできます。また、Outlookの**オートコレクト**機能を使用することで、一部の**記号**をすばやく入力することも可能です。

① 住所や罫線をすばやく入力する

💡 ヒント

文字の変換

文字の変換は、[変換]のほかに、[Space]を押すことでも可能です。

1 「ゆうびん」と入力し、「〒」に変換されるまで[Space]を繰り返し押します。

2 「〒」に変換されたら、[Enter]を押して変換を確定します。

3 同様に、郵便番号を入力し、住所に変換されるまで[Space]を繰り返し押します。

4 住所に変換されたら、[Enter]を押して変換を確定します。

補足

罫線の入力

罫線は82ページ以降で使用する署名の区切り線としても利用できるので、入力方法を覚えておくとよいでしょう。

5 同様に、「けいせん」と入力し、「─」に変換されるまで `Space` を繰り返し押します。

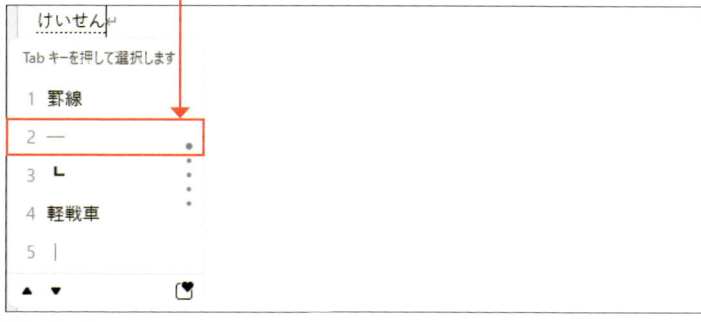

6 「─」に変換されたら、`Enter` を押して変換を確定します。

② 記号をすばやく入力する

ヒント

自動で記号になる入力の確認方法

「-->」のように自動で記号になる入力を確認するには、[ファイル] タブ→[オプション] で [Outlookのオプション] ダイアログボックスを開き、左側の [メール] をクリックします。その後、[スペルチェックとオートコレクト] をクリックし、左側の [文章構成] をクリックし、「オートコレクトのオプション」を開くと、[オートコレクト] タブから確認することができます。

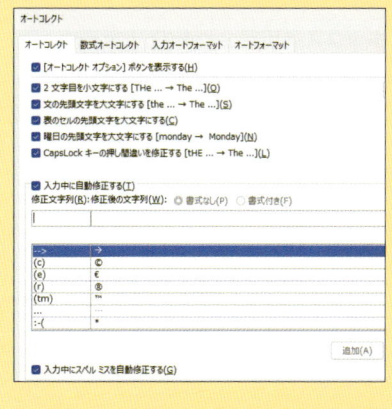

1 半角で「-->」と入力します。

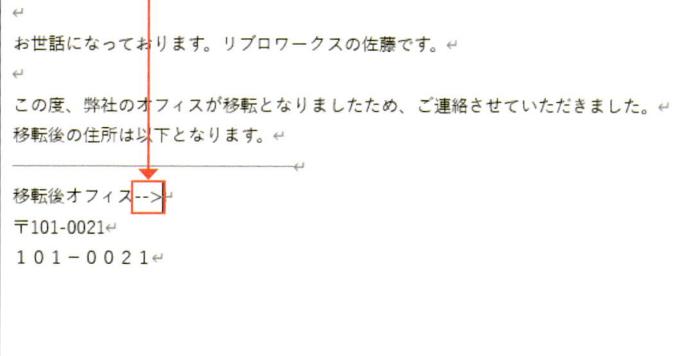

2 入力した文字が自動で記号になります。

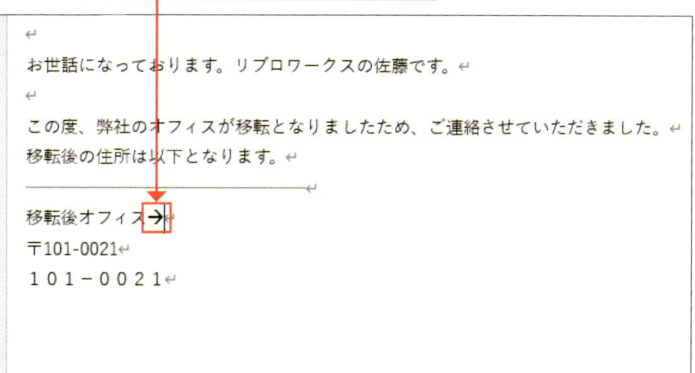

Section 23 署名を作成しよう

ここで学ぶこと

・署名
・区切り線
・署名の使い分け

署名とは、自分の名前や連絡先をまとめて記載したもので、作成するメールの末尾に配置します。あらかじめ署名を設定しておけば、メールを作成するたびに自分の連絡先を記載する手間が省けます。また、ビジネス用とプライベート用というように、アカウントごとに使い分けることも可能です。

① 署名を作成する

🔍 重要用語

署名

署名とは、メールの最後に付加する送信者の個人情報のことです。名前や連絡先などを、受信者にひと目でわかるように記しておきます。ビジネスで使うメールの場合は、会社名や肩書きなども明記しておくとよいでしょう。

✏️ 補足

署名の区切り線

メールの本文と署名との間には、区切り線を入れると相手にわかりやすくなります。一般的には、「-」（半角のマイナス）や「=」（半角のイコール）などを連続して入力することで区切り線を作成します。81ページで紹介した罫線も利用できます。

```
================
株式会社リブロワークス
営業部　開発企画課
佐藤　誠
m_sato@libroworks.co.jp
03-9876-5432
================
```

1 ［ファイル］タブの［オプション］をクリックし、［Outlookのオプション］ダイアログボックスを表示します。

2 ［メール］をクリックして、

3 ［署名］をクリックすると、

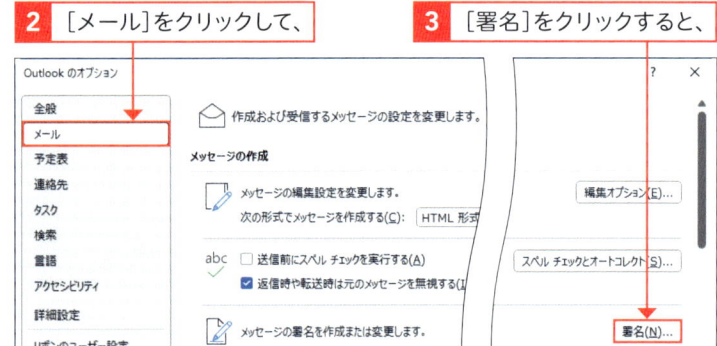

4 ［署名とひな形］ダイアログボックスが表示されます。

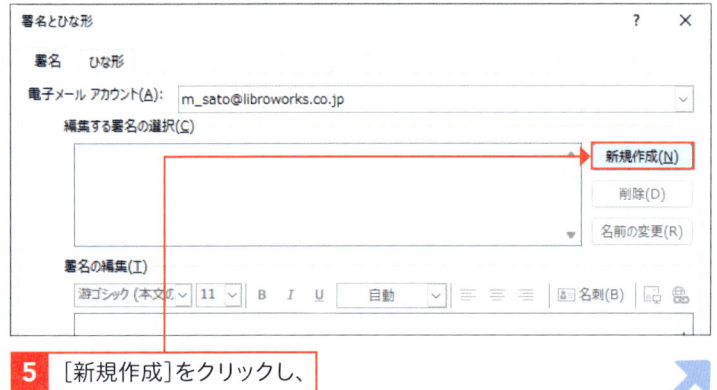

5 ［新規作成］をクリックし、

署名の名前

署名の名前は、「ビジネス」や「プライベート」など、わかりやすい名前を付けておきましょう。複数の署名を作成して、切り替えて使用することもできます。

新しい署名

この署名の名前を入力してください(I):

ビジネス

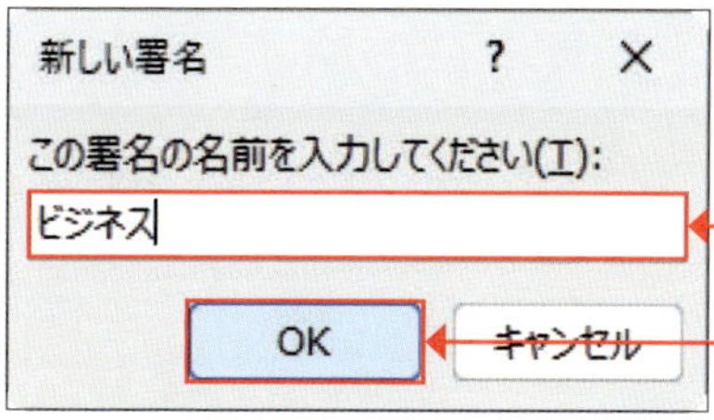

6 署名の名前を入力し、

[OK]　[キャンセル]

7 [OK]をクリックします。

8 署名を入力します。

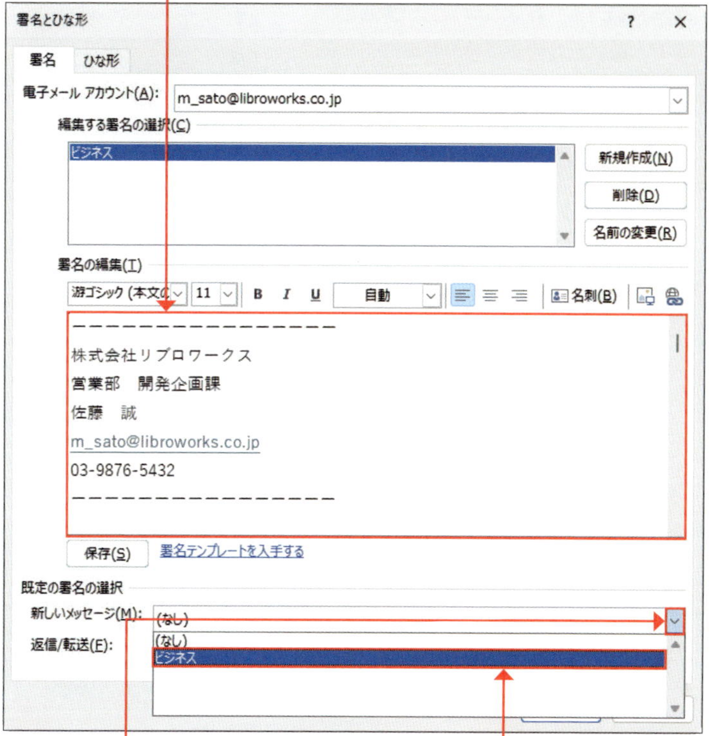

署名とひな形

署名　ひな形

電子メール アカウント(A):　m_sato@libroworks.co.jp

編集する署名の選択(C)

ビジネス

新規作成(N)　削除(D)　名前の変更(R)

署名の編集(I)

游ゴシック (本文0 11　B I U　自動　名刺(B)

――――――――――――
株式会社リブロワークス
営業部　開発企画課
佐藤　誠
m_sato@libroworks.co.jp
03-9876-5432
――――――――――――

保存(S)　署名テンプレートを入手する

既定の署名の選択

新しいメッセージ(M):　(なし)

返信/転送(F):　(なし)　ビジネス

9 新しいメールに署名が自動入力されるようにします。ここをクリックして、

10 作成した署名の名前を選択し、

署名の長さに注意

署名を作成するときは、名前や住所、メールアドレス、電話番号などの情報を数行にまとめるようにしましょう。情報を盛り込みすぎて、膨大な分量になってしまわないように注意してください。区切り線も含めて、全体で4～6行程度にまとめるのがよいでしょう。

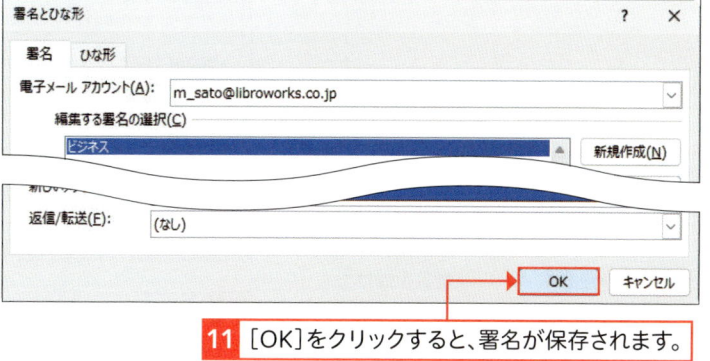

署名とひな形

署名　ひな形

電子メール アカウント(A):　m_sato@libroworks.co.jp

編集する署名の選択(C)

ビジネス　新規作成(N)

返信/転送(F):　(なし)

OK　キャンセル

11 [OK]をクリックすると、署名が保存されます。

② 署名が付いたメールを作成する

💡 ヒント

返信／転送時にも署名を付ける

本書の設定方法では、メールを新規作成したときだけ署名が自動的に挿入され、メールの返信／転送時は署名が挿入されません。メールの返信時や転送時にも署名を挿入したい場合は、83ページの［署名とひな形］ダイアログボックスで返信／転送時の署名を選択します。

1 ここをクリックして、

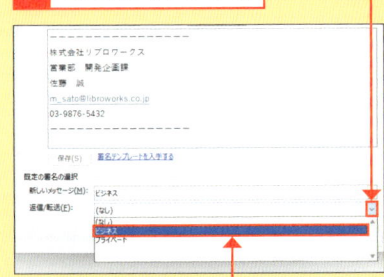

2 署名を選択します。

✏️ 補足

署名の削除

何らかの理由でメールに署名を付けたくない場合は、`Back space`や`Delete`で文字を消す要領で署名を消すことができます。

1 ［新しいメール］をクリックします。

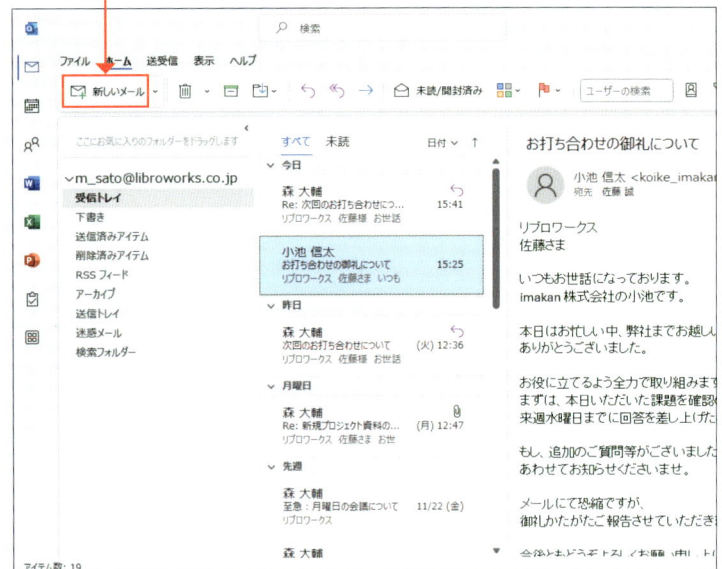

2 ［メッセージ］ウィンドウが表示され、

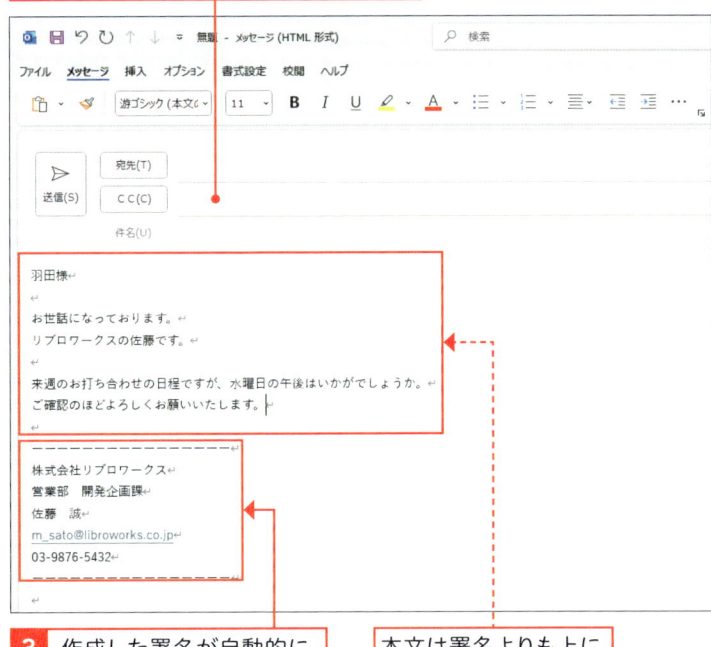

3 作成した署名が自動的に入力されます。

本文は署名よりも上に入力します。

③ メールアカウントごとに署名を設定する

解説

複数アカウントでの署名の切り替え

プライベート用のメールアドレスに、新たな署名を設定します。まずは、82〜83ページ手順 **1**〜**8** の方法で、プライベート用の署名を作成しておきます。複数のメールアカウントを設定する方法は、148ページを参照してください。

ヒント

メール作成中に署名を切り替える

署名を複数設定している場合、メールを作成している最中に、署名を切り替えることもできます。

1 [挿入]タブをクリックして、

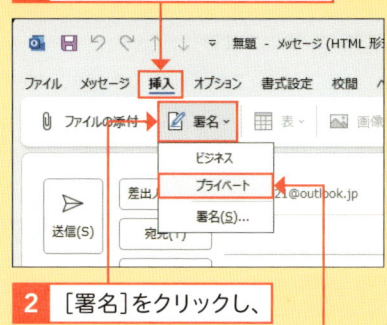

2 [署名]をクリックし、

3 使用する署名をクリックします。

---

1 83ページを参考に[署名とひな形]ダイアログボックスを表示してここをクリックし、

2 ここではプライベート用のメールアカウントをクリックします。

3 ここをクリックし、

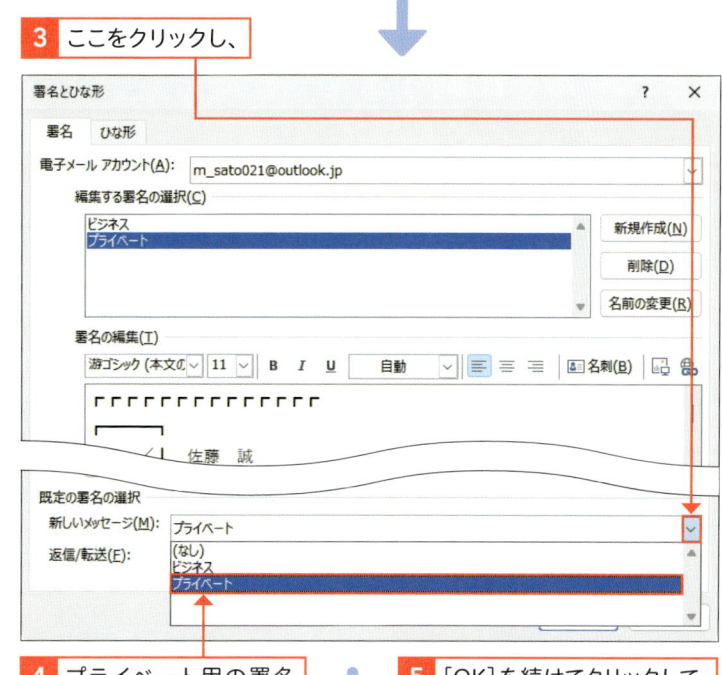

4 プライベート用の署名をクリックして、

5 [OK]を続けてクリックして設定を完了します。

6 152ページの方法で送信するメールアカウントを切り替えると、

7 違う署名が設定されたことを確認できます。

Section

24 | メールを印刷しよう

ここで学ぶこと

・メールの印刷
・PDFとして保存
・印刷オプション

メールをやりとりしていると、待ち合わせ場所や重要な要件、会員登録情報など、忘れないよう控えておきたい情報が出てきます。このような場合は、メールを**印刷**して保存しておくとよいでしょう。プリンターが自宅にない場合は、**PDFファイル**として保存することもできます。

① メールを印刷する

 **補足**

印刷部数を変更する

手順**5**で[印刷オプション]をクリックすると、印刷部数を変更できます。

1 印刷したいメールをクリックし、

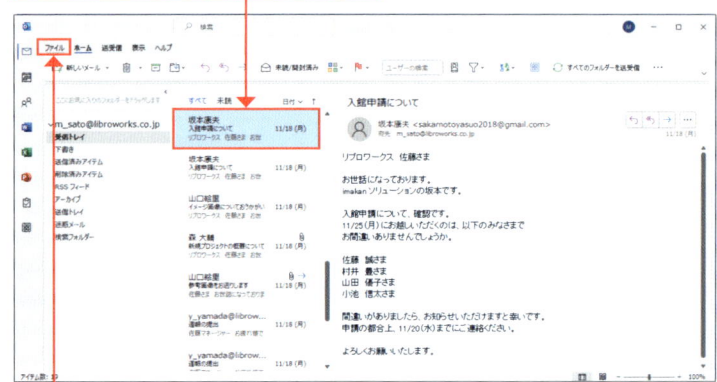

2 [ファイル]タブをクリックします。

3 Backstageビューが表示されます。

4 [印刷]をクリックすると、

ヒント

表スタイル

手順**5**の画面で「設定」の[表スタイル]を選択すると、メールの一覧を印刷できます。

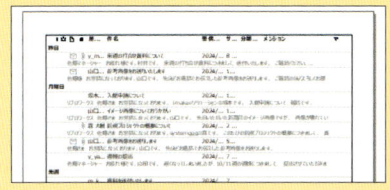

5 印刷結果がプレビュー表示されます。

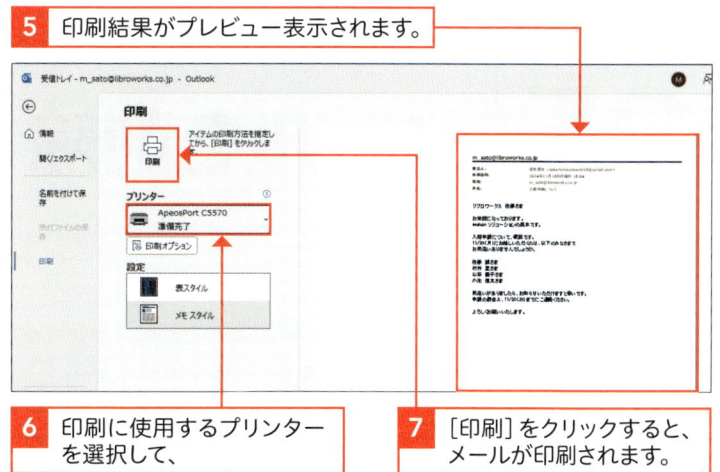

6 印刷に使用するプリンターを選択して、

7 [印刷]をクリックすると、メールが印刷されます。

② メールをPDFファイルとして保存する

補足

PDFファイルにするメリット

万が一メールデータを失った場合に備え、アカウント情報や決済情報など、大切なメールはPDFファイルで保管しておくと安心です。

1 86ページの手順**1**〜**4**と同様の操作で、印刷画面を表示します。

2 [Microsoft Print to PDF]を選択して、

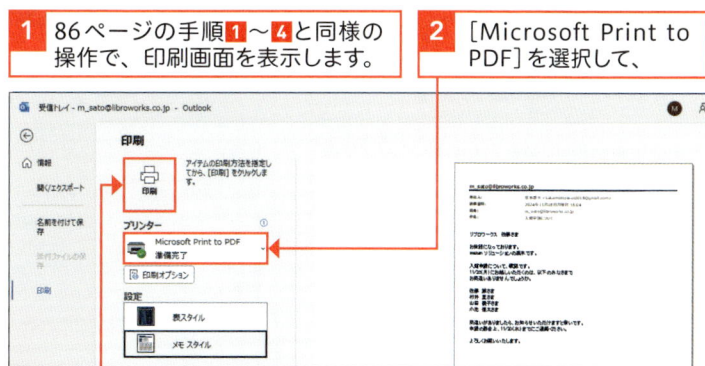

3 [印刷]をクリックします。

4 PDFの保存場所を指定し、

5 ファイル名を入力して、

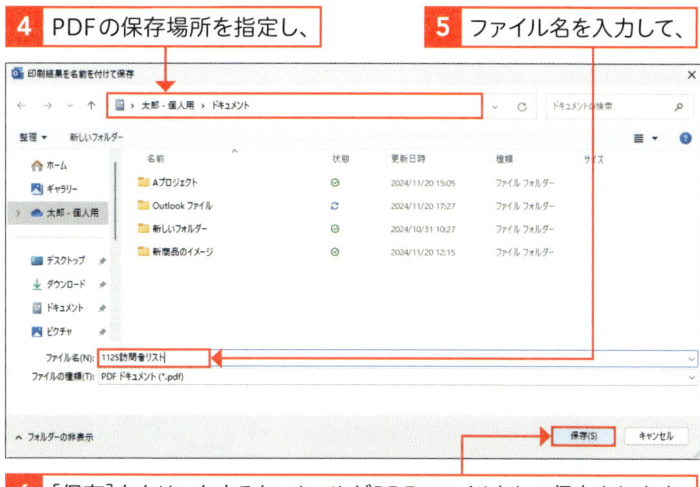

6 [保存]をクリックすると、メールがPDFファイルとして保存されます。

Section

25 メールを削除しよう

ここで学ぶこと

- 削除
- [削除済みアイテム]
- 完全に削除

不要になったメールは、[受信トレイ] の一覧から削除することができます。削除したメールは、いったん [削除済みアイテム] に移動します。その後、改めて [削除] をクリックすると、完全に削除されるというしくみです。なお、完全に削除したメールはもとに戻すことができないので注意しましょう。

① メールを削除する

💡 ヒント

複数のメールを選択する

メールを選択する際、 Ctrl を押しながらクリックすることで、複数のメールを選択することができます。また、 Shift を押しながらクリックすることで、連続した範囲のメールを選択することができます。

✏️ 補足

**[削除済みアイテム] の
メールをもとに戻す**

手順 4 の画面で、[削除済みアイテム] のメールを [受信トレイ] にドラッグすると、メールをもとに戻すことができます。

⚠️ 注意

**完全に削除したメールは
復元できない**

完全に削除したメールは、二度ともとに戻すことができません。完全に削除するときは、本当にそのメールが必要かどうか、慎重に確認してください。

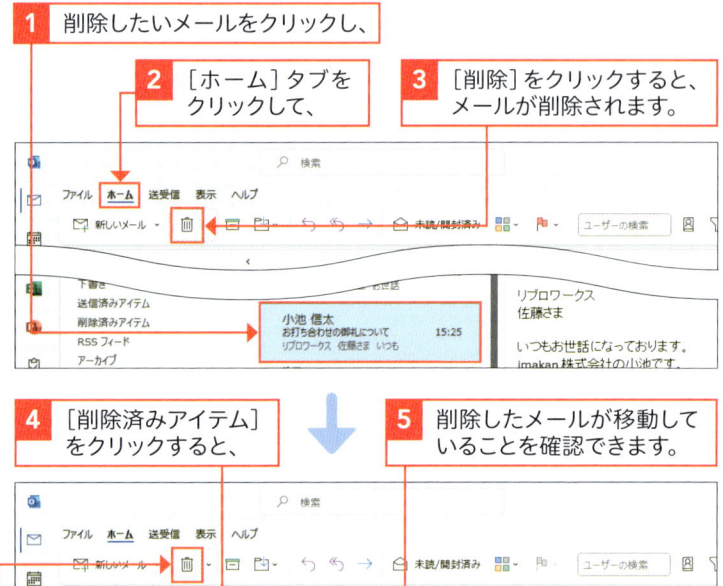

1 削除したいメールをクリックし、

2 [ホーム] タブをクリックして、

3 [削除] をクリックすると、メールが削除されます。

4 [削除済みアイテム] をクリックすると、

5 削除したメールが移動していることを確認できます。

6 [削除] をクリックし、

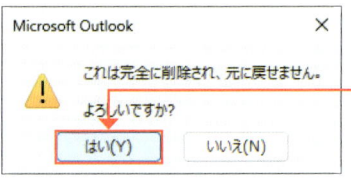

7 [はい] をクリックすると、メールが完全に削除されます。

第 **3** 章

メールを検索／整理しよう

メールを検索／整理しよう

▶ メールの検索

［受信トレイ］の中から目的のメールを探し出す際には、Outlookの検索機能が役立ちます。件名や本文の文字を対象にした検索はもちろん、重要度が「高」に設定されたメールのみを検索の対象にすることも可能です。また、特定の相手とやりとりしたメールを一覧表示したり、メールを差出人ごとに並べ替えたりもできます。

●メールの検索

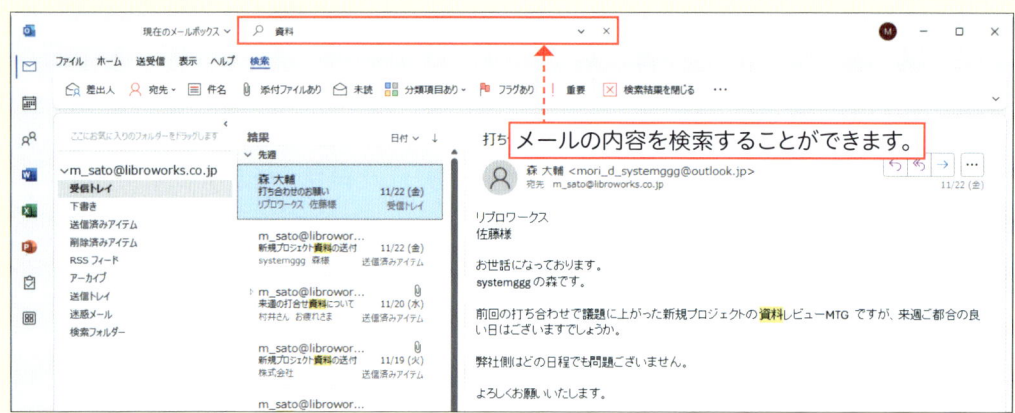

メールの内容を検索することができます。

●特定の相手とやりとりしたメールを一覧表示

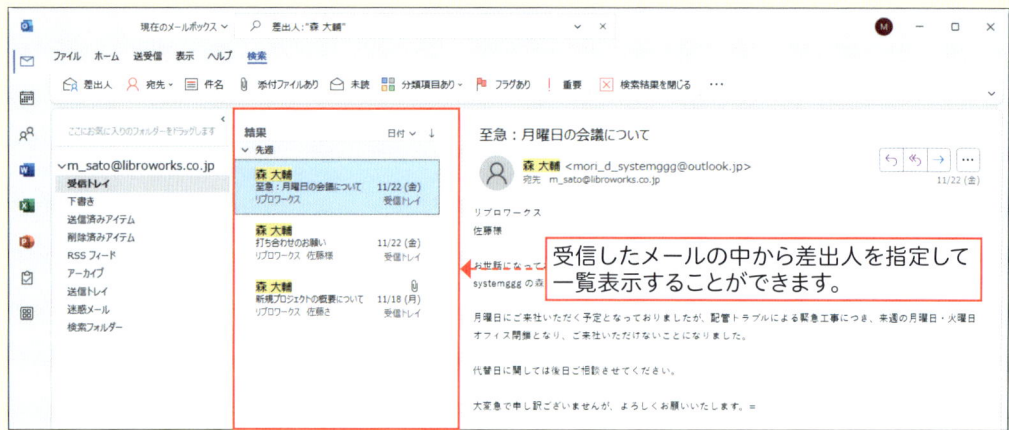

受信したメールの中から差出人を指定して一覧表示することができます。

▶ メールの整理

Outlookには、受信したメールを整理するための機能が豊富に備わっています。メールの格納場所を分けて整理できる「フォルダー」機能を始めとして、当面は必要のないメールを受信トレイからほかの場所に移動する「アーカイブ」機能や、メールに色を付けて整理する「条件付き書式」機能を用いることで、受信トレイが煩雑になる状態を避けられます。

これらの整理を自動で行うための機能も用意されています。「仕分けルール」を設定しておくことで新たに受信したメールを自動的に指定のフォルダーへと移動したり、「条件付き書式」で自動で色を付けたりすることができます。また、「検索フォルダー」機能を使用すると、設定した条件に合致するメールを自動で抽出するフォルダーを作成することが可能です。

●メールに色を付けて分類

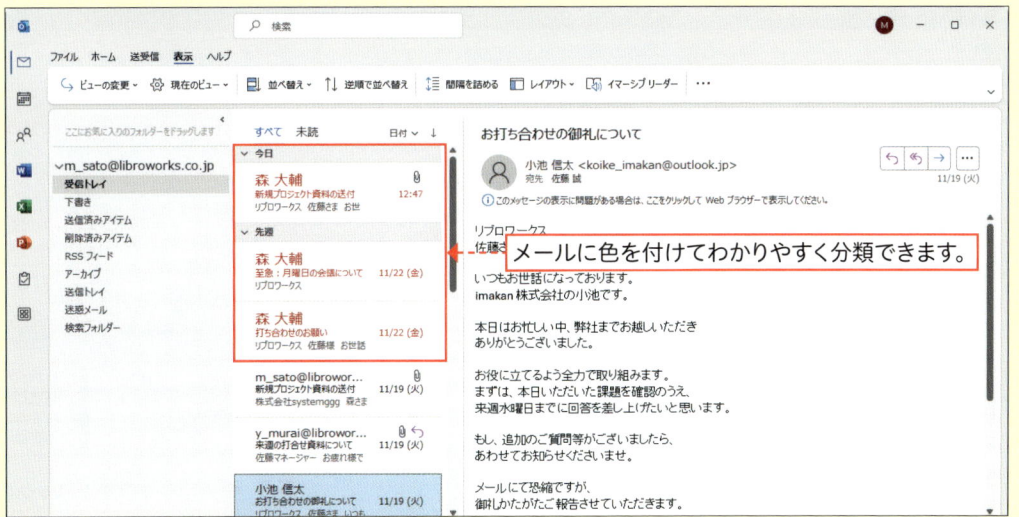

メールに色を付けてわかりやすく分類できます。

●仕分けルールで自動的に振り分け

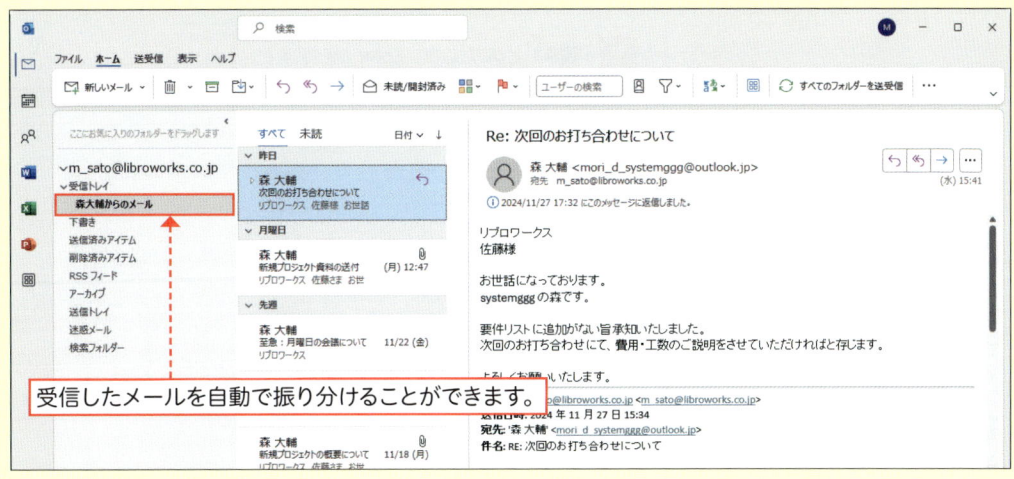

受信したメールを自動で振り分けることができます。

Section

26 メールを検索しよう

ここで学ぶこと

・クイック検索
・高度な検索
・Outlook全体で検索

Outlookを使えば使うほど、管理するメールの数が増えていきます。その中から目的の情報を探し出すのは、とても手間がかかります。そこで、すばやく検索できる [クイック検索]、条件を設定して検索できる [高度な検索] の2つの検索機能を使いこなしましょう。

① [クイック検索] で検索する

解説

[クイック検索] による メールの検索

ここでは、[受信トレイ] の中から「資料」という文字列が含まれたメールを検索します。

1 [受信トレイ]をクリックし、

2 検索ボックスをクリックします。

3 「資料」と入力して Enter を押すと、

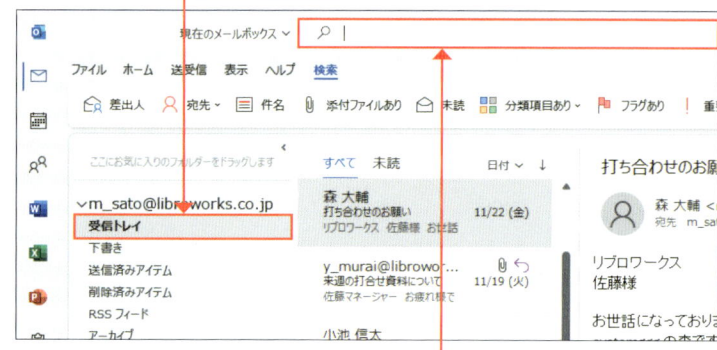

重要用語

クイック検索

クイック検索とは、細かい条件を付けず、対象となる文字列が存在するかどうかだけで検索する機能です。送信者名やタイトルなど、わかりやすいものをすばやく検索したいときに便利です。

ヒント

検索条件を細かく絞り込む

[クイック検索]で検索すると、手順**4**の画面のように[検索]タブが表示されます。[差出人]や[宛先]などをクリックすると、さらに細かく条件を追加して検索することが可能です。

4 検索結果が表示されます。

検索した文字列に黄色いマーカーが引かれています。

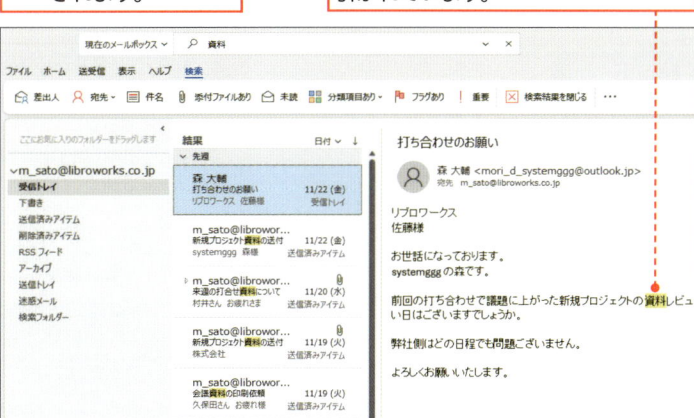

② 検索結果を閉じる

ヒント

Outlook全体で検索する

検索時に、検索ボックスの左をクリックすれば、検索範囲を選ぶことが可能です。[すべてのOutlookアイテム]をクリックすると、検索対象のフォルダーを連絡先や予定表などOutlook全体に広げることができます。

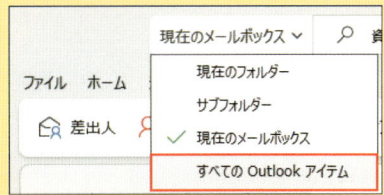

1 [検索]タブをクリックし、

2 [検索結果を閉じる]をクリックすると、

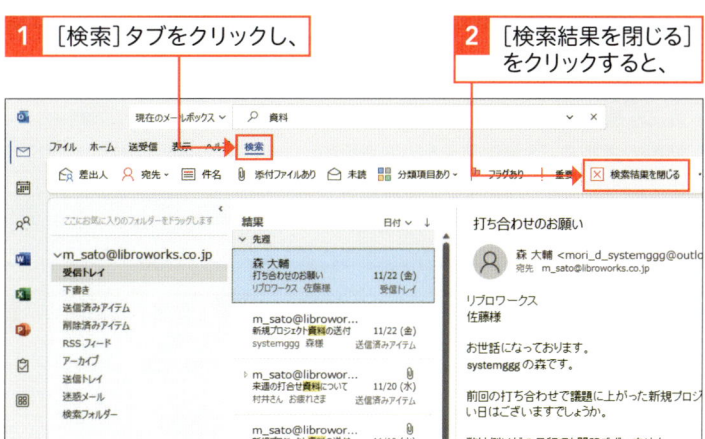

3 もとの画面に戻ります。

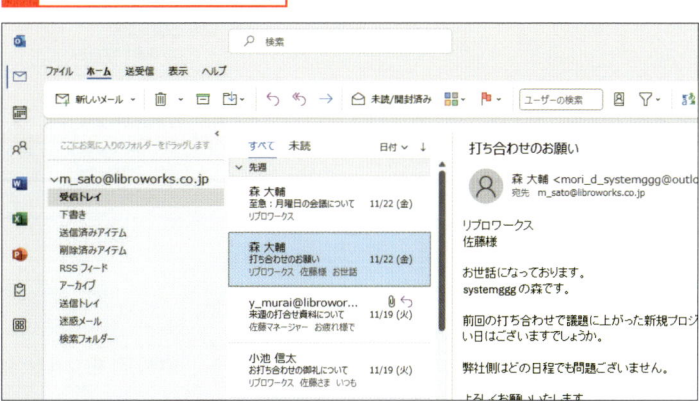

③ ［高度な検索］で検索する

🗨 解説

［高度な検索］による メールの検索

ここでは、［件名］が「資料」、かつ［重要度］が「高」のメールを検索します。

🔍 重要用語

高度な検索

高度な検索とは、細かい条件を指定した検索方法です。大量のアイテムから目的のものが見つからない場合、さまざまな条件を付けて検索することができます。たとえば、［重要度］や［フラグ］のように語句として入力できないものや、日時の期限や範囲などを検索条件に設定できます。

✏ 補足

検索対象の設定

手順 5 の画面において、初期状態では「検索対象」は［メッセージ］が選択されています。このほか、［タスク］や［連絡先］なども検索対象に設定できます。

1 検索ボックスをクリックし、

2 ［…］をクリックし、

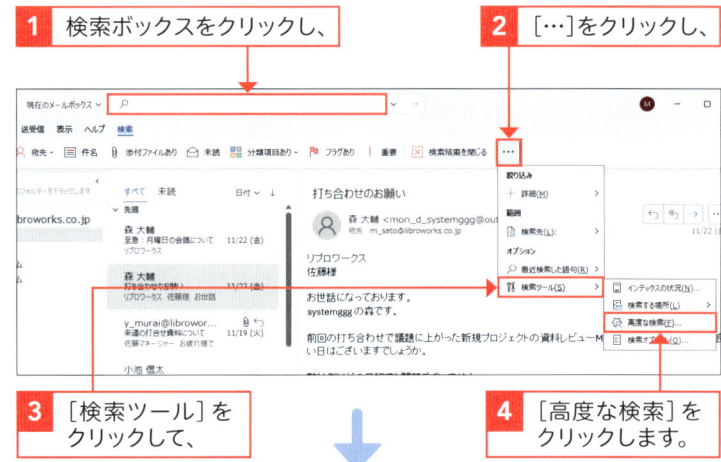

3 ［検索ツール］をクリックして、

4 ［高度な検索］をクリックします。

5 ［高度な検索］ダイアログボックスが表示されます。

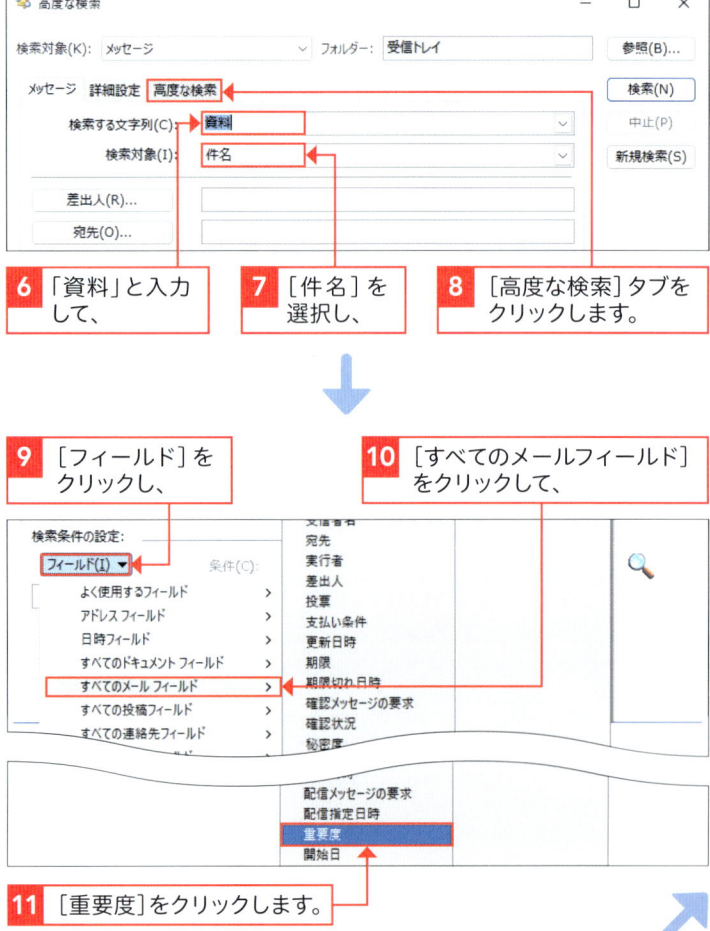

6 「資料」と入力して、

7 ［件名］を選択し、

8 ［高度な検索］タブをクリックします。

9 ［フィールド］をクリックし、

10 ［すべてのメールフィールド］をクリックして、

11 ［重要度］をクリックします。

 **補足**

重要度の設定方法

クラシックOutlookでは、重要なメールに重要度を設定することで、ほかのメールと区別できます。メールに重要度を設定するには、メールの新規作成画面で[メッセージ]タブの ! をクリックします。

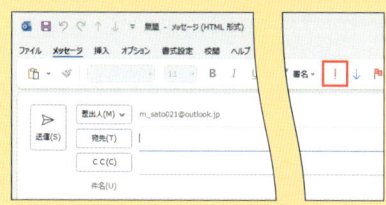

12 「重要度」が入力されています。

13 [値]で「高」を選択し、

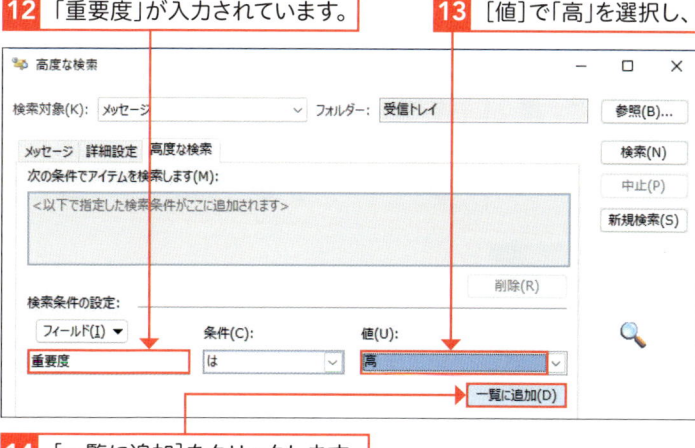

14 [一覧に追加]をクリックします。

15 [検索]をクリックすると、

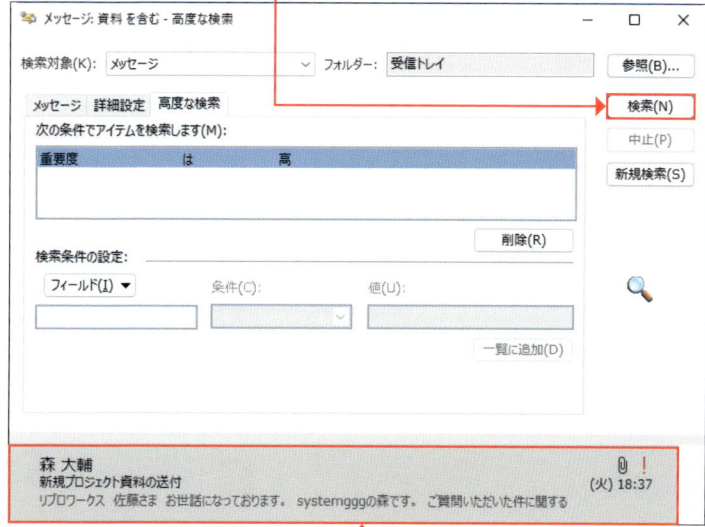

16 検索条件に合ったアイテムが一覧表示されます。

17 アイテムをダブルクリックすると、

18 アイテムが開き、内容を確認することができます。

 **補足**

高度な検索の終了

[高度な検索]を終了するには、[高度な検索]ダイアログボックスの右上にある[閉じる]をクリックします。

27 | 特定の相手とやりとりした メールを一覧表示しよう

ここで学ぶこと

・関連アイテムの検索
・差出人からのメッセージ
・このスレッドのメッセージ

[関連アイテムの検索]の[差出人からのメッセージ]では、特定の相手からのメールを一覧で確認できます。また、[このスレッドのメッセージ]では、特定の件名を含むメールを一覧で見ることができるので、やりとりが複数回続いている場合に役立ちます。

① 同じ相手からのメールを一覧表示する

解説

[差出人からのメッセージ] による検索

ここでは、選択したメールと同じ差出人からのメールを一覧表示します。

1 メールを右クリックします。

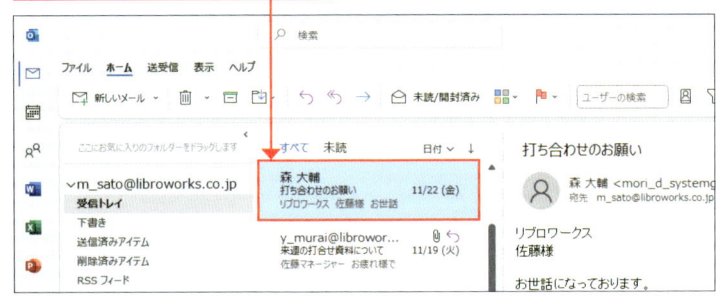

2 [関連アイテムの検索]をクリックし、

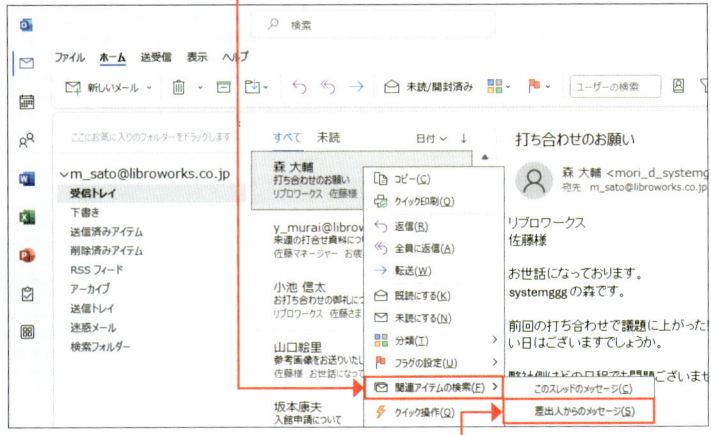

3 [差出人からのメッセージ] をクリックします。

応用技

フォルダーを限定して絞り込む

[関連アイテムの検索] では、[現在のメールボックス]、つまりメールアカウント内のすべてのフォルダーを対象にメールが検索されます。これを、[現在のフォルダー] などを対象にして、検索結果を絞り込むこともできます。

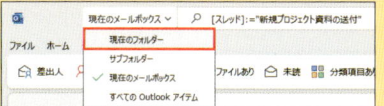

4 選択したメールと同じ差出人からのメールが一覧で表示されます。

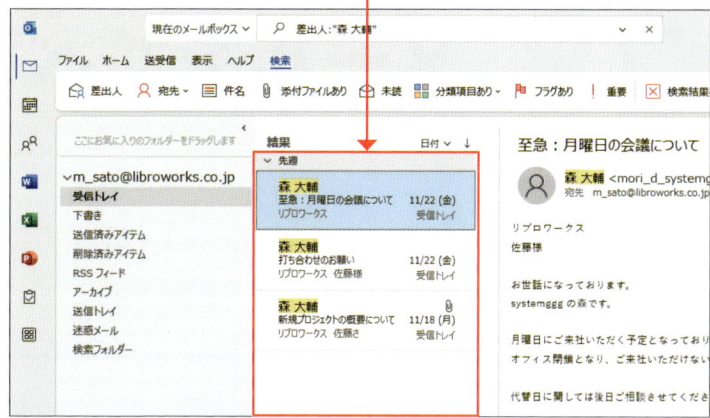

---

② 同じ件名のメールを一覧表示する

解説

[このスレッドのメッセージ]による検索

ここでは、選択したメールと同じ件名のメールを一覧表示します。件名が同じであれば、スレッド以外のメールも表示されます。

ヒント

キーワードを追加して絞り込む

[関連アイテムの検索] で検索後、キーワードを追加すると、検索結果をさらに絞り込むことができます。

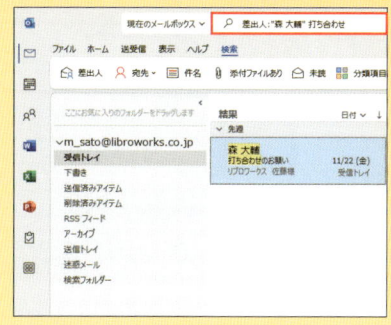

1 メールを右クリックし、

2 [関連アイテムの検索] をクリックします。

3 [このスレッドのメッセージ] をクリックすると、

4 選択したメールと同じ件名のメールが一覧で表示されます。

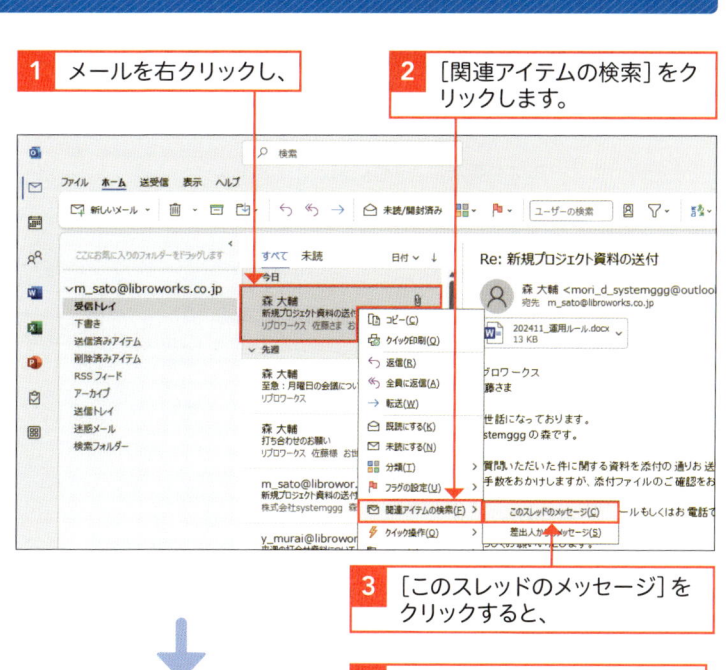

Section

28 | メールを並べ替えよう

ここで学ぶこと

・日付の新しいアイテム
・並べ替え
・グループ化のオフ

通常、[受信トレイ]に表示されたメールは、**日付の新しい順**に並んでいます。これを、**日付の古い順**に並べ替えたり、**差出人ごと**に並べ替えたりすることができます。用途に応じて並び順を変えることで、目的のメールがより探しやすくなるでしょう。

① メールを日付の古い順に並べ替える

💡ヒント

**古いメールを
表示させたくないときは**

「今週届いたメールは必要だが、それ以前のメールは見なくてもよい」というような場合は、古いメールのタイトルを表示させないようにしましょう。グループ名を一時的に非表示にするだけなので、必要に応じて再び表示することができます。

1 このアイコンをクリックすると、

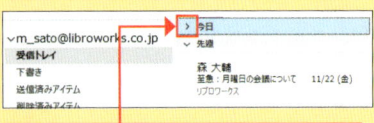

2 メールのタイトルが
非表示になります。

3 再度表示するには、同じ箇所
をクリックします。

1 [受信トレイ]を表示し、メールが日付の新しい順で
並んでいる状態で[↓]をクリックすると、

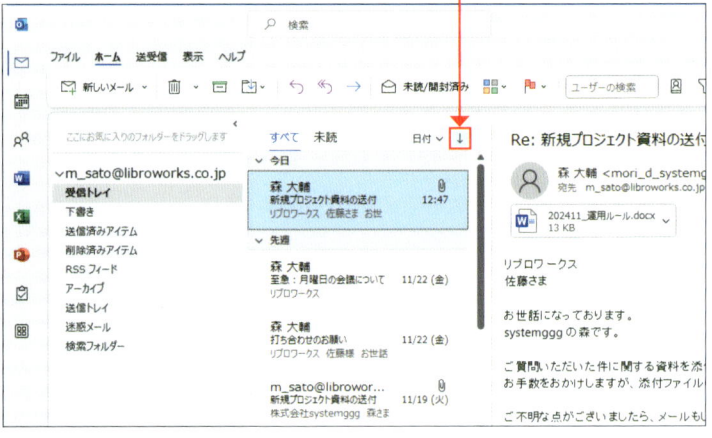

2 表示が[↑]に変わり、

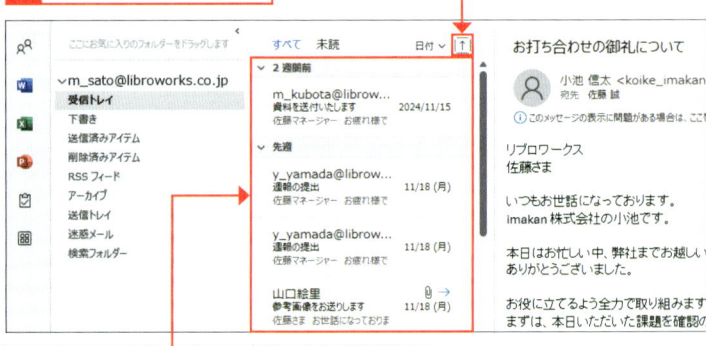

3 日付の古いメールから順に並びます。

② メールを差出人ごとに並べ替える

補足

並べ替えの項目

手順3で表示される並べ替えの項目には、以下のようなものがあります。目的に合わせて、メールを並べ替えることが可能です。

①日付
②差出人
③宛先
④分類項目
⑤フラグの状態
⑥フラグ：開始日
⑦フラグ：期限
⑧サイズ
⑨件名
⑩種類
⑪添付ファイル
⑫アカウント
⑬重要度

補足

グループ化をオフにする

手順2の画面で[グループごとに表示]をクリックしてチェックを外すと、グループ化がオフになります。メールがグループ化されずに並ぶようになります。

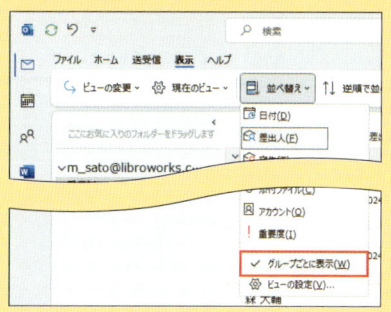

日付順に並んでいます。

1 [表示]タブをクリックし、

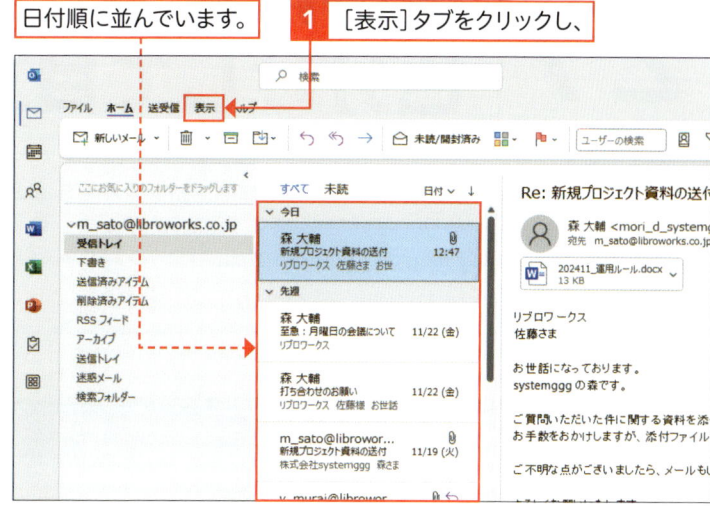

2 [並べ替え]をクリックして、

3 [差出人]をクリックすると、

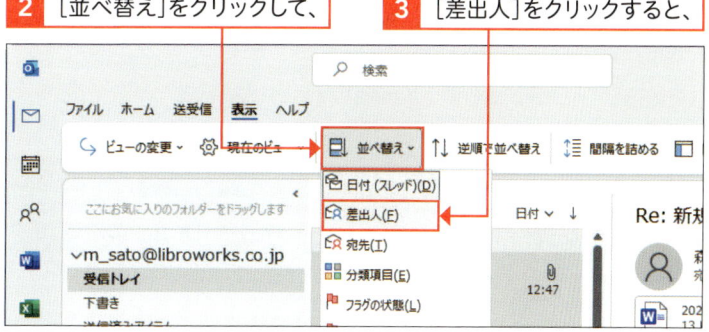

4 差出人ごとにグループ化されてメールが並びます。

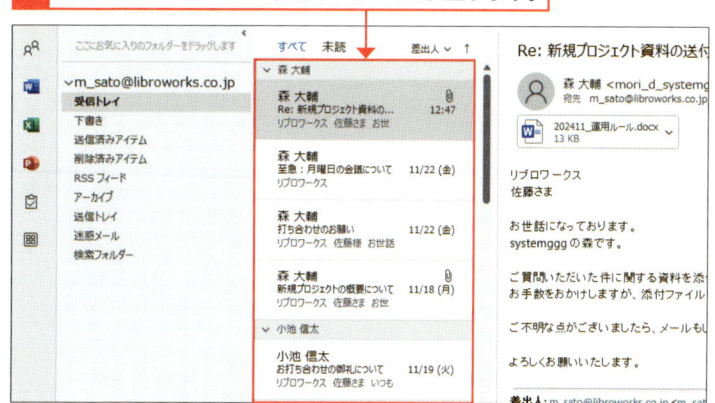

Section 29 条件に合ったメールを色分けして目立たせよう

ここで学ぶこと

・メールの色分け
・ビューの設定
・条件付き書式

頻繁にやりとりする相手からのメールを**色分け**しておくと、見た目でわかりやすくなり、毎回探し出す手間が省けます。**色**は16種類あり、好みに合わせて選べます。相手のイメージや優先順位に合わせた色を選択して、メールを色分けすると便利でしょう。

① メールを色分けする

解説

**条件付き書式による
メールの色分け**

ここでは、「条件付き書式」という機能を利用して、特定の相手からのメールに色を設定しています。これは、メールの内容が一定の条件になったときに、指定のスタイルで表示する方法です。[未読メッセージ]や[送信トレイ]に置かれているメールなどもこの方法で書式が設定されています。

補足

分類項目との違い

メールを色分けする方法として、分類項目を利用することもできます。しかし、分類項目はアイコンが小さく表示されるだけであまり目立たないのと、[連絡先]や[予定表]と共通して使われるので使い勝手があまりよくありません。条件付き書式は、件名や差出人など全体に色を付けることができるため、一覧したときにも大変わかりやすくなります。

1 [表示]タブをクリックし、 　　**2** [現在のビュー]をクリックして、

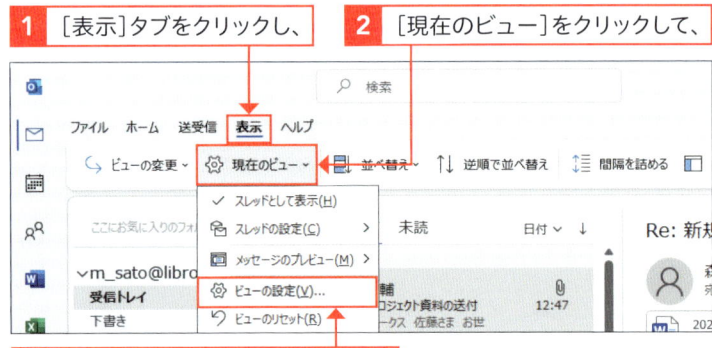

3 [ビューの設定]をクリックします。

4 [ビューの詳細設定]ダイアログボックスが表示されるので、

5 [条件付き書式]をクリックします。

フォントの設定

手順 **9** で［フォント］をクリックすると、色分けするメールのフォントや色が設定できます。

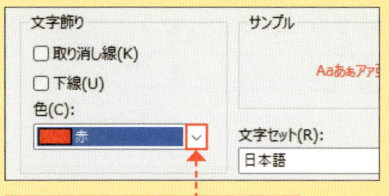

ここをクリックすると、色を変更することができます。

設定可能な色

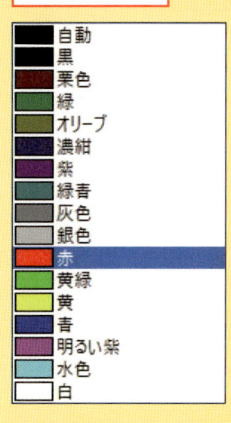

---

6 ［条件付き書式］ダイアログボックスが表示されます。

7 ［追加］をクリックし、

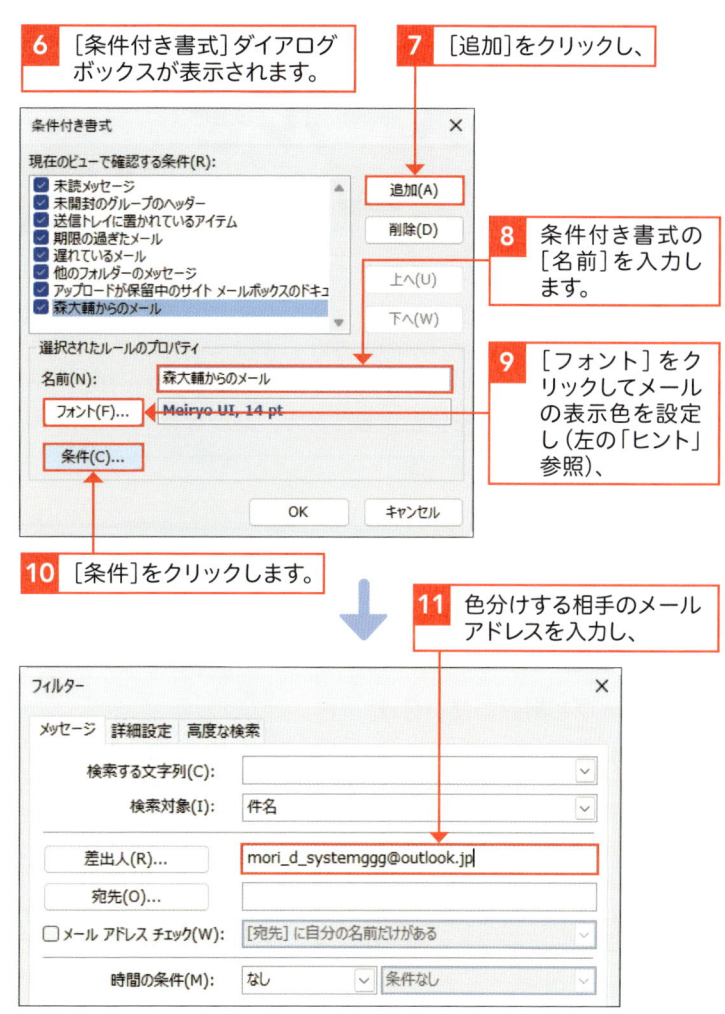

8 条件付き書式の［名前］を入力します。

9 ［フォント］をクリックしてメールの表示色を設定し（左の「ヒント」参照）、

10 ［条件］をクリックします。

11 色分けする相手のメールアドレスを入力し、

12 ［OK］を3回クリックして設定を完了します。

13 ［受信トレイ］をクリックすると、

14 条件に合うメールの色が変更されています。

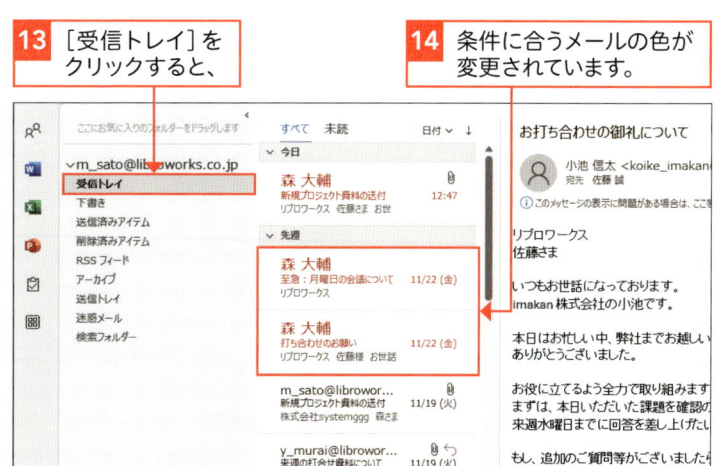

Section

30 | メールを アーカイブしよう

ここで学ぶこと

・アーカイブ
・受信トレイ
・[アーカイブ]フォルダー

受信したメールが増えてくると、受信トレイが見づらくなってしまうことがあります。そのようなときはメールの**アーカイブ**機能を使用してみましょう。アーカイブしたメールは**[アーカイブ]フォルダー**へと移動します。当面は必要のないメールを移動することで、必要なメールを見つけやすくなります。

① メールをアーカイブする

💬 解説

アーカイブと削除の使い分け

アーカイブは、削除するほどのメールではないけど[受信トレイ]からは見えなくしておきたい場合に使う機能です。この機能とフォルダー機能（104ページ参照）を使い、[受信トレイ]に表示されるメールを極力少なくしておくとメールの管理がしやすくなります。

⌨ ショートカットキー

メールのアーカイブ

1 アーカイブしたいメールをクリックして選択します。

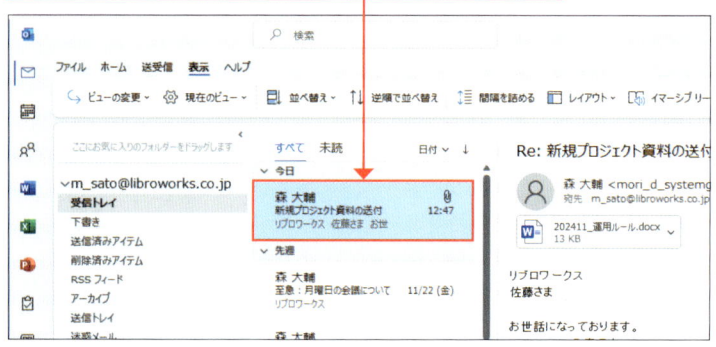

2 [ホーム]タブをクリックし、

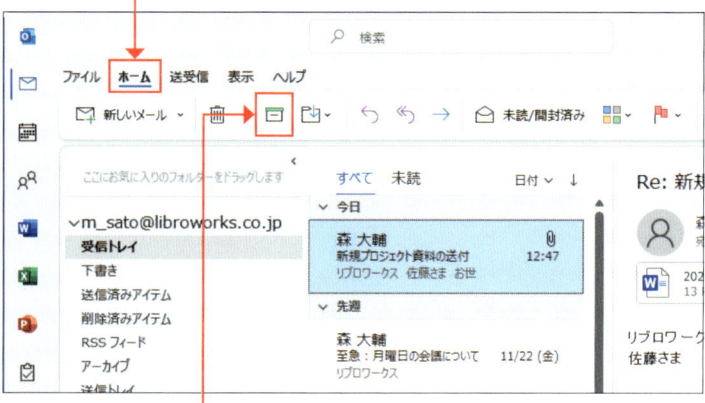

3 ここをクリックします。

補足

既存のフォルダーを
アーカイブ用フォルダーにする

手順 **4** で、［既存のフォルダーの選択］を
クリックすると、自分で作成したフォル
ダーをアーカイブ用のフォルダーとして
設定することができます。

4 初めてメールをアーカイブする場合のみ、［ワンクリックでアーカ
イブを設定］ダイアログボックスが表示されます。ここでは、［アー
カイブフォルダーの作成］をクリックします。

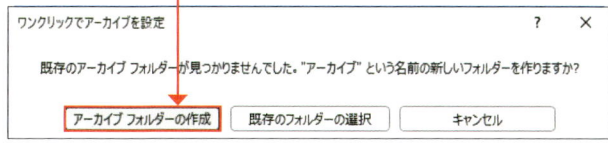

5 手順 **1** で選択したメールが受信トレイに
存在しないことが確認できます。

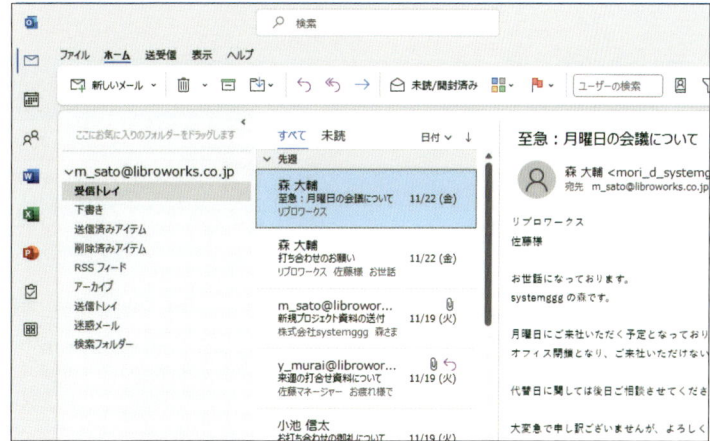

6 ［アーカイブ］フォルダーを
クリックすると、

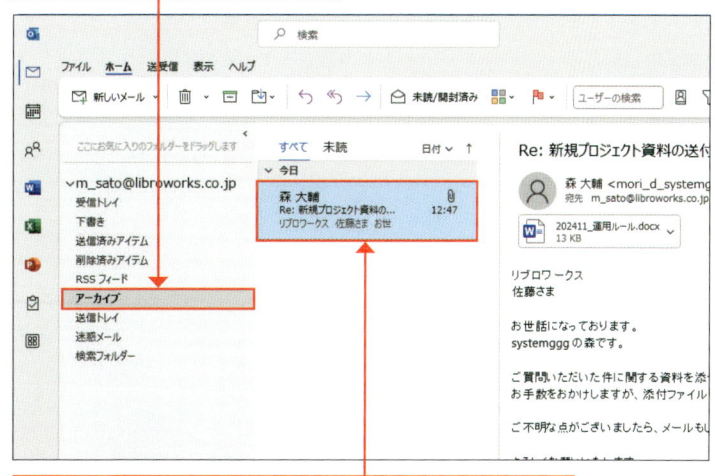

ヒント

アーカイブしたメールを
もとの場所に戻す

アーカイブしたメールは、105ページと
同じ方法で移動させることで、もとのフ
ォルダーに戻すことができます。

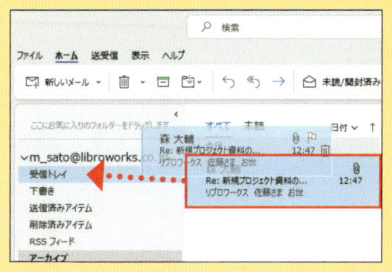

7 手順 **1** で選択したメールが［アーカイブ］フォルダー
に移動したことが確認できます。

Section 31 メールをフォルダーで管理しよう

ここで学ぶこと

・フォルダーの作成
・メールの移動
・お気に入り

受信メールを**フォルダー**に分けて管理すると、目的のメールが探しやすくなります。[受信トレイ]の中にフォルダーを作成し、同じ差出人やテーマのメールをまとめておけば、知りたい情報をすぐに見つけることができます。**フォルダー名**は自由に変えられるので、わかりやすい名前を付けましょう。

① フォルダーを新規作成する

🗨️ 解説

フォルダーの作成とメールの移動

ここでは、新しいフォルダーとして[参考画像]フォルダーを作成し、次ページでメールを[参考画像]フォルダーに移動します。

✏️ 補足

フォルダーの用途

特定の個人や会社からのメール、メールマガジンやメーリングリストなど、まとめて整理しておきたいメールは、新しいフォルダーを作成して、その中に移動するとよいでしょう。また、どのようなメールをまとめたのかが一覧できるように、フォルダー名にはわかりやすい名前を付けましょう。

1 フォルダーを作成したい場所（ここでは[受信トレイ]）を右クリックします。

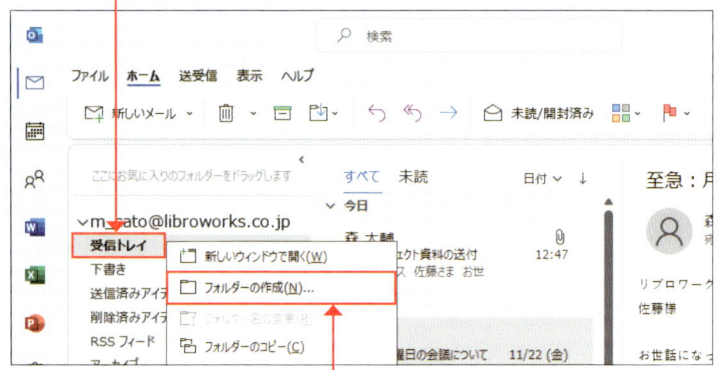

2 [フォルダーの作成]をクリックします。

3 フォルダー名を入力し、Enter を押します。

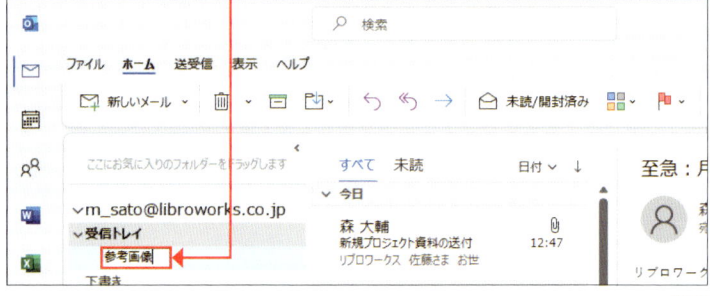

4 手順**1**で選択したフォルダーの下層に、フォルダーが作成されます。

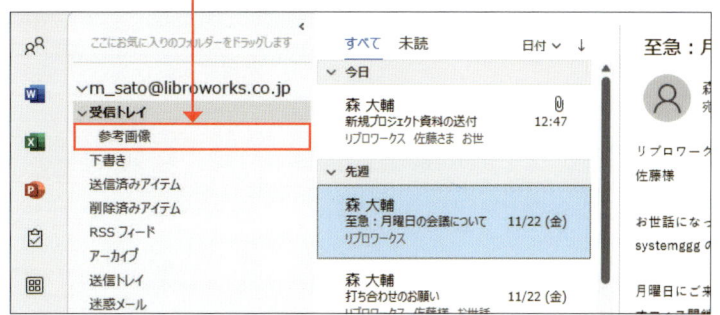

フォルダーが作成できない場合

IMAPアカウントでOutlookを利用している場合、アカウントによってはフォルダーが作成できないことがあります。

② 作成したフォルダーにメールを移動する

💡 ヒント

複数のメールを一度に移動する

複数のメールを一度に移動させたい場合は、[Ctrl]を押しながら複数のメールをクリックしてドラッグします。また、順番に並んだ複数のメールを移動したい場合は、一番上のメールをクリックして選択したあと、[Shift]を押したまま一番下のメールをクリックします。これで、その間にあったメールがすべて選択されます。

[Ctrl]または[Shift]を押しながらメールをクリックします。

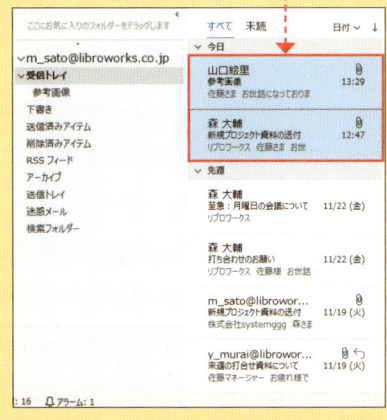

1 [受信トレイ]にあるメールを、[参考画像]フォルダーにドラッグします。

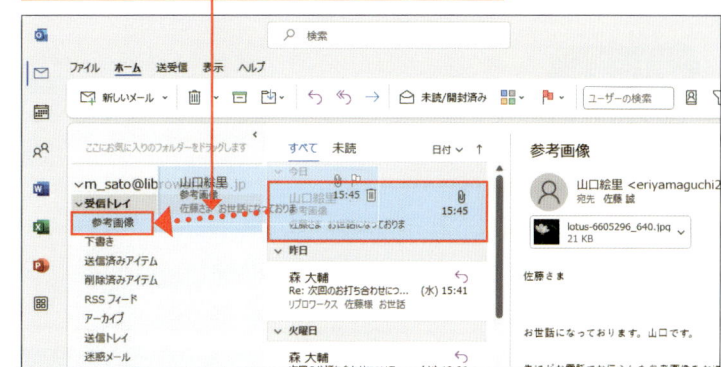

2 [参考画像]フォルダーをクリックすると、

3 メールが表示されます。

受信したメールを自動的にフォルダーに振り分けることもできます。
詳しくは、112ページを参照してください。

③ フォルダーを[お気に入り]に表示する

💬 解説

[お気に入り]に表示する

ナビゲーションウィンドウの上部には、お気に入りのフォルダーを表示することができます。これは、Microsoft Edgeの「お気に入り」と同様、よく使うフォルダーを登録して、すばやくアクセスできるようにする機能です。自分で作成したフォルダーだけでなく、[受信トレイ]や[削除済みアイテム]なども登録できます。

💡 ヒント

[お気に入り]への表示をやめる

[お気に入り]に表示されたフォルダーは、手順 2 で[お気に入りから削除]をクリックすることで、[お気に入り]への表示から外すことができます。

1 [お気に入り]に表示したいフォルダーを右クリックし、

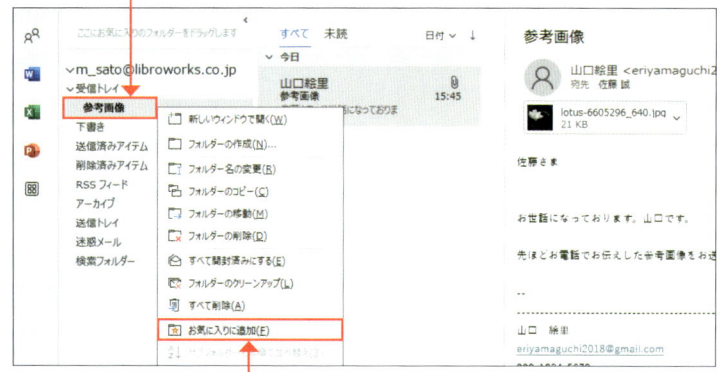

2 [お気に入りに追加]をクリックすると、

3 [お気に入り]に表示されます。

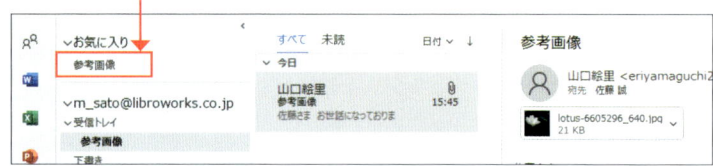

④ 作成したフォルダーを削除する

💬 解説

削除したフォルダーの内容

フォルダーを削除すると、その中に移動したメールも削除されます。削除したくないメールがある場合は、あらかじめ[受信トレイ]などに移動しておきましょう。

1 削除したいフォルダーを右クリックし、

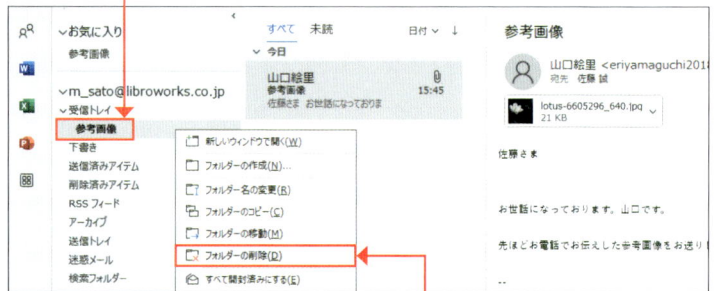

2 [フォルダーの削除]をクリックします。

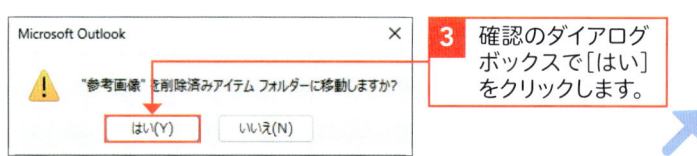

3 確認のダイアログボックスで[はい]をクリックします。

補足

フォルダーを完全に削除する

不要なフォルダーを[削除済みアイテム]に移動するだけでは、完全に削除されません。完全に削除するには、右の手順のように[削除済みアイテム]から削除する必要があります。

4 [削除済みアイテム]にフォルダーが移動するので、ここをクリックし、

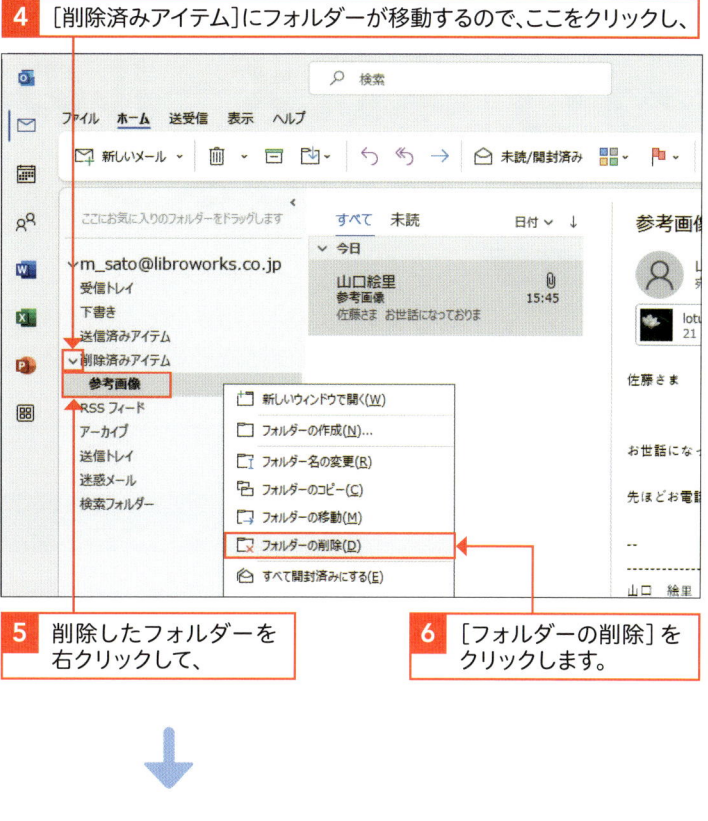

5 削除したフォルダーを右クリックして、

6 [フォルダーの削除]をクリックします。

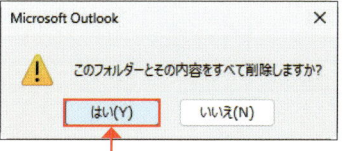

7 [はい]をクリックすると、フォルダーが完全に削除されます。

💡ヒント　フォルダーの場所を変更する

104ページの方法で新規作成したフォルダーは、受信トレイの下に表示されます。このフォルダーを別の場所に移動させたい場合は、ドラッグして操作します。

1 移動させたいフォルダーを、移動先にドラッグします。

2 [はい]をクリックすると、フォルダーが移動します。

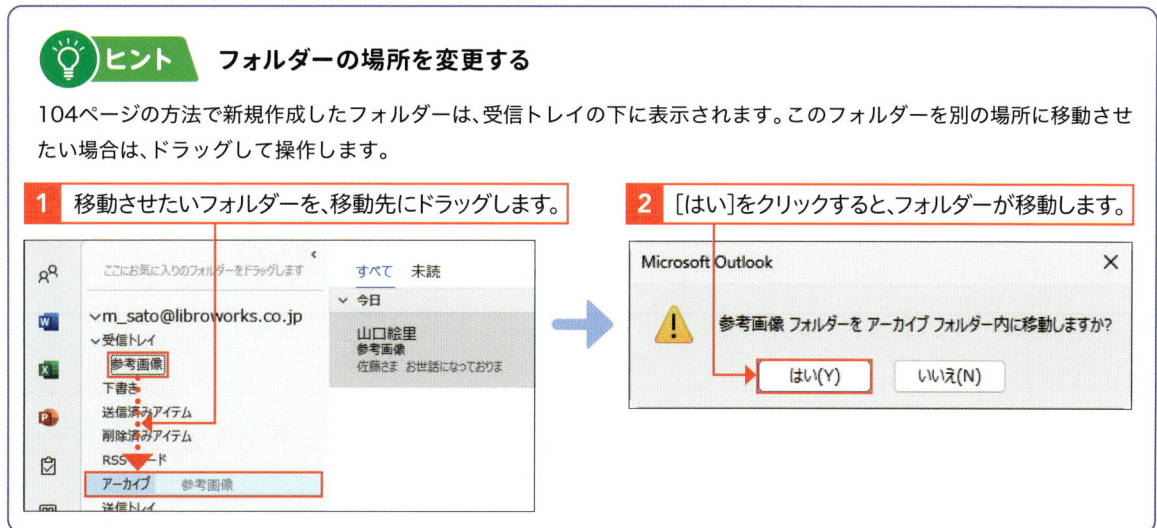

Section

32 | 未読メールのみを表示しよう

ここで学ぶこと

・未読
・既読
・未読と既読の切り替え

メールを読んでいない状態を**未読**、すでに読み終わった状態を**既読**（開封済み）と呼びます。未読メールのみを表示する機能を利用すれば、重要なメールをすぐに見つけられます。未読と既読を切り替えて、読み終わったメールをもう一度未読にすることもできます。

① 未読メールのみを表示する

✎ 補足

タブの表示が異なる場合

メールアカウントにOutlook.comなどのMicrosoft系のアカウントを登録していると、[すべて]タブと[未読]タブではなく、[優先]タブと[その他]タブが表示されます。詳しくは、58ページを参照してください。

1 ［未読］をクリックすると、

2 未読のメールのみが表示されます。

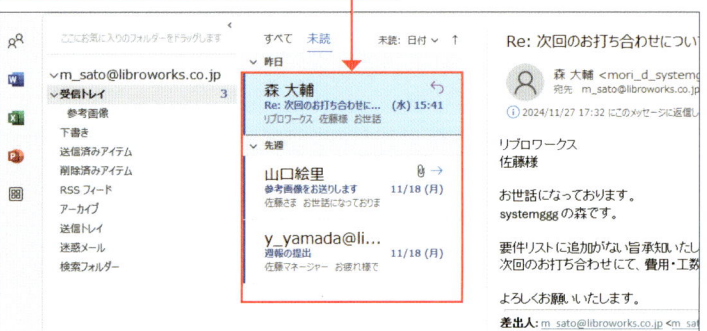

3 ［すべて］をクリックすると、もとの表示に戻ります。

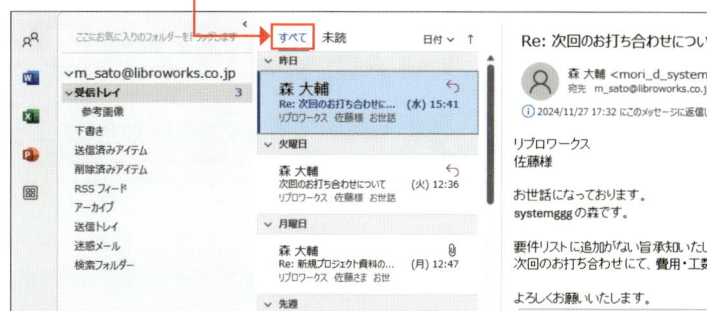

② 既読メールを未読に切り替える

時短

**クリック操作による
未読と既読の切り替え**

ビューに表示されているメール一覧の左
部分をクリックする方法でも、既読メー
ルを未読に切り替えることができます。
かんたんに操作できるため、すばやく操
作したい場合に活用できるでしょう。な
お、 Shift を押しながら複数のメール
を選択して、メールの左部分をクリック
すると、選択したすべてのメールの未読
／既読が一度に切り替わります。

●既読→未読の切り替え

1 ここをクリックすると、

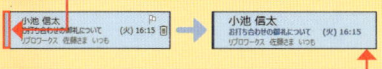

2 メールが未読に切り替わります。

●未読→既読の切り替え

1 ここをクリックすると、

2 メールが既読に切り替わります。

1 既読のメールを
クリックし、 **2** ［ホーム］タブを
クリックして、

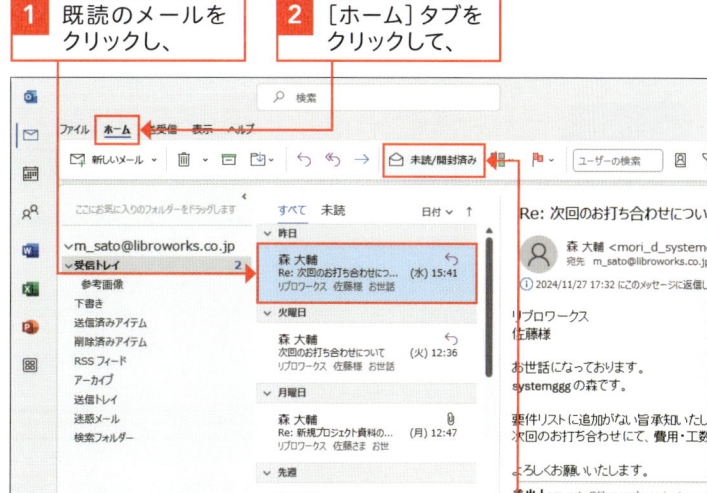

3 ［未読／開封済み］をクリックすると、

4 メールが未読に切り替わります。

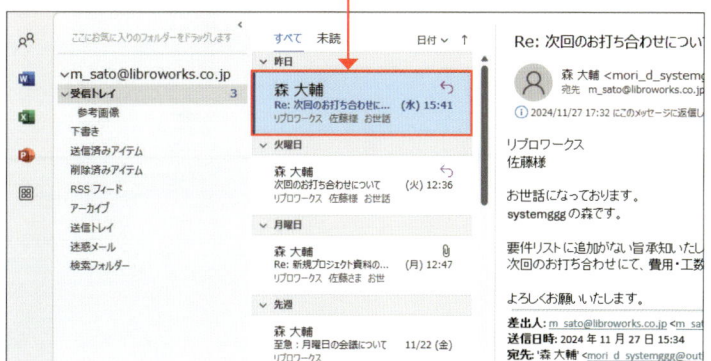

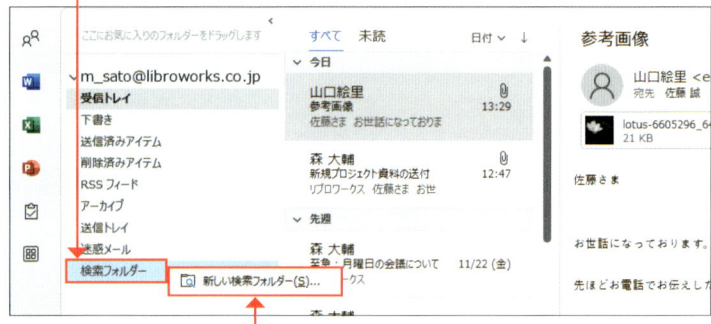

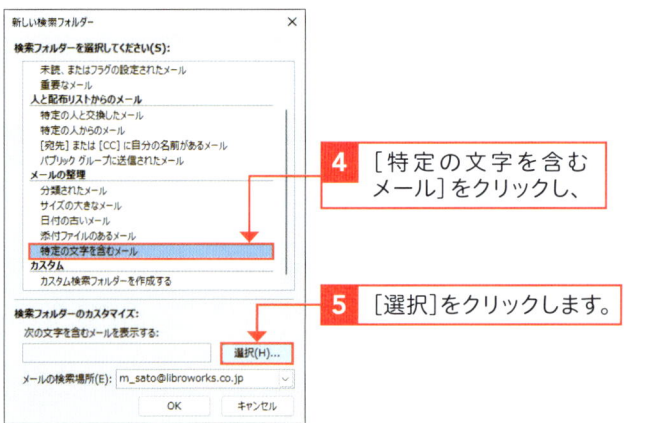

Section

33 | 特定のキーワードを含む メールを一覧表示しよう

ここで学ぶこと

・検索フォルダー
・新しい検索フォルダー
・自動表示

受信メールが溜まってくると、目的のメールを探すのに時間がかかってしまいます。そこで、条件に合ったメールを自動的にフォルダーに表示する [検索フォルダー] を作成しておきましょう。一度条件を設定しておくと、それ以降受信したメールも自動表示の対象になります。

① [検索フォルダー] を作成する

解説

[検索フォルダー] の作成

[検索フォルダー] とは、設定した検索条件に一致するメールが表示されるフォルダーです。ここでは、「参考画像」というキーワードを含むメールを検索して表示する [検索フォルダー] を作成します。

1 [検索フォルダー] を右クリックします。

2 [新しい検索フォルダー] をクリックします。

3 [新しい検索フォルダー] ダイアログボックスが表示されるので、

4 [特定の文字を含むメール] をクリックし、

5 [選択] をクリックします。

補足

[検索フォルダー] の検索条件

[検索フォルダー] の検索条件は、110ページ手順 **3** のダイアログボックスから選択することができます。以下に、主なものを紹介します。

・未読のメール
・フラグが設定されたメール
・特定の人からのメール
・分類項目を設定したメール
・添付ファイルのあるメール

補足

[検索フォルダー] の削除

[検索フォルダー] は、作成したフォルダーと同様の操作で削除することができます。詳しくは、106ページを参照してください。なお、検索フォルダーはあくまで検索結果を示すフォルダーなので、検索フォルダーそのものを削除しても、検索フォルダーの中にあるメールは削除されません。

ヒント

[お気に入り] に表示して便利に使う

106ページの方法で検索フォルダーを [お気に入り] に表示すると、フォルダーにアクセスしやすくなります。「至急」などの言葉で重要なメールを検索したい場合には活用してみるとよいでしょう。

---

6 [文字の指定] ダイアログボックスが表示されるので、

7 検索条件として「参考画像」と入力し、

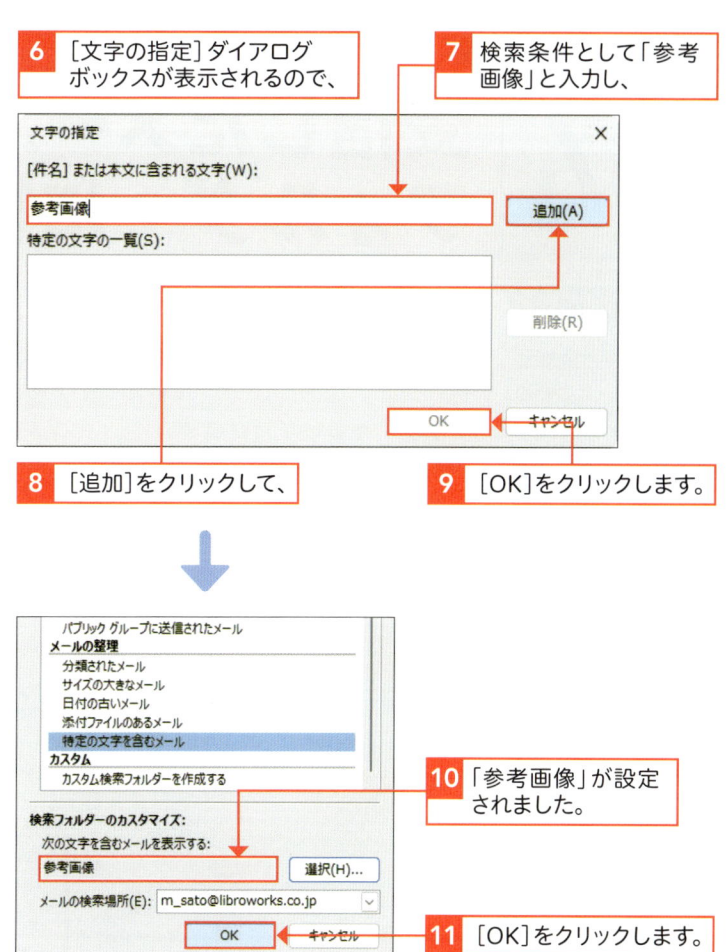

8 [追加]をクリックして、

9 [OK]をクリックします。

10 「参考画像」が設定されました。

11 [OK]をクリックします。

12 [検索フォルダー] の下に [参考画像を含むメール] フォルダーが作成されているので、クリックすると、

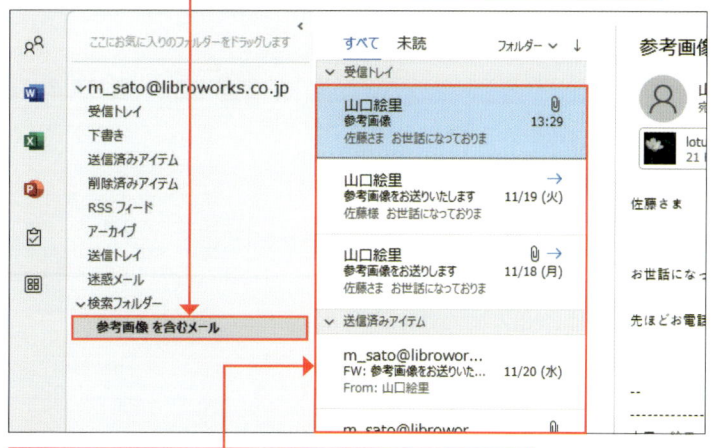

13 「参考画像」の文字を含むメールが表示されます。

Section 34 受信したメールを自動的にフォルダーに振り分けよう

ここで学ぶこと

・仕分けルールの作成
・仕分けルールと通知
・自動振り分け設定

月例報告書など、**定期的に送られてくるメール**は、自動的にフォルダーに**振り分け**るようにしましょう。メールを受信するたびに、フォルダーにドラッグする手間が省けます。なお、**仕分けルール**（振り分け条件）は、差出人名以外にも、件名などを設定することができます。

① 仕分けルールを作成する

解説

仕分けルールの作成

ここでは、[差出人]が「森大輔」のメールを自動的に[森大輔からのメール]というフォルダーに振り分ける仕分けルールを作成します。

1 振り分けたいメールをクリックします。

2 [ホーム]タブの[…]をクリックして、

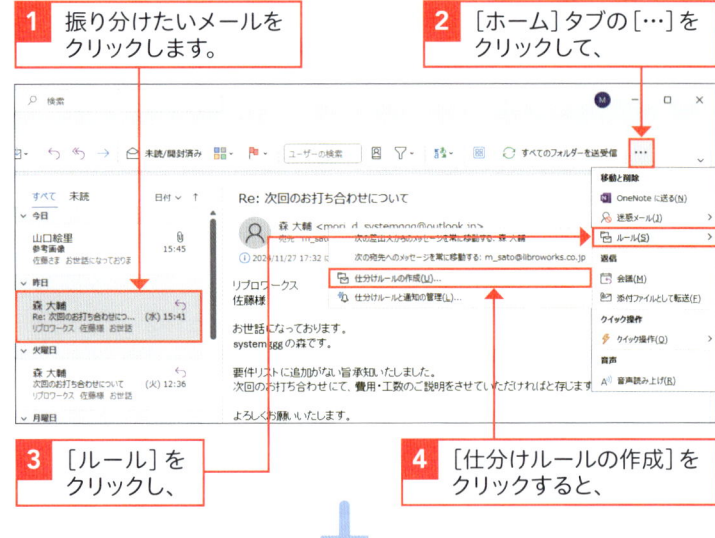

3 [ルール]をクリックし、

4 [仕分けルールの作成]をクリックすると、

5 [仕分けルールの作成]ダイアログボックスが表示されます。

クリックしたメールに基づいて、情報が自動で設定されています。

ヒント

複数の条件を指定できる

右の手順では[差出人]を条件に、メールを振り分けています。まずは、[差出人]で振り分け条件を作成し、さらに条件を追加したい場合は[件名]を指定するなど、工夫してみましょう。

ヒント

詳細な条件を設定するには？

本文に特定の文字が含まれる場合や重要度が設定されている場合など、より詳細な条件を設定するには、手順 6 で［詳細オプション］をクリックします。

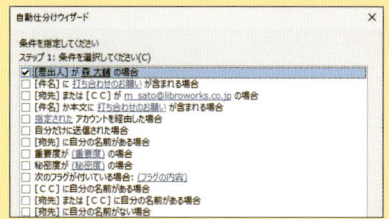

補足

すでに作成されているフォルダーに振り分ける

振り分けたいフォルダーがすでに作成されている場合は、手順 9 でフォルダーを新規に作成する必要はありません。114ページの手順 14 に進んでください。

ヒント

あまり細かくフォルダー分けしない

メールの振り分けは便利な機能ですが、あまり細かくフォルダー分けしてしまうと、それぞれのフォルダーをチェックするのが面倒になってきます。企業からのダイレクトメールやメールマガジンのみフォルダーに分ける、本書の例のように特定の人や特定の用件のみフォルダーに分けるなど、使いやすい方法を設定してみましょう。

6 振り分け条件として［差出人が次の場合］をクリックしてオンにし、

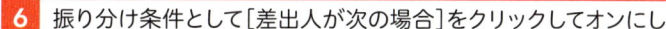

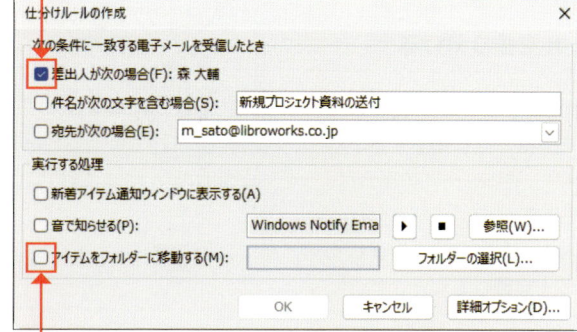

7 ［アイテムをフォルダーに移動する］をクリックしてオンにすると、

8 ［仕分けルールと通知］ダイアログボックスが表示されます。

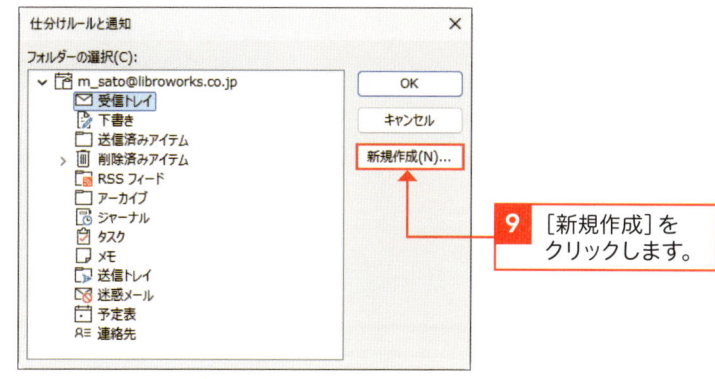

9 ［新規作成］をクリックします。

10 ［新しいフォルダーの作成］ダイアログボックスが表示されるので、

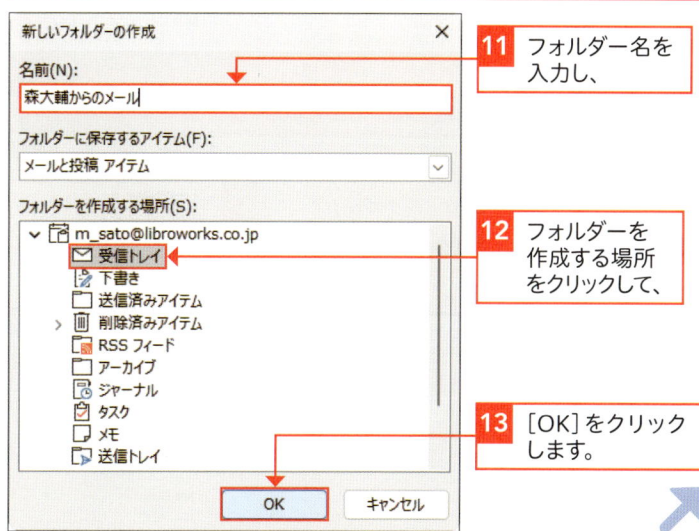

11 フォルダー名を入力し、

12 フォルダーを作成する場所をクリックして、

13 ［OK］をクリックします。

補足

不要なメールを振り分ける

手順**14**で[削除済みアイテム]を指定すると、不要なメールを即座に削除することができます。なお、迷惑メールの場合は、削除ではなく[迷惑メール]に振り分けるようにしたほうがよいでしょう。詳しくは、116ページを参照してください。

補足

振り分けられた新着メール

新しく受信したメールが自動的にフォルダーに振り分けられた場合、そのフォルダーに新着メールの受信数が表示されます。

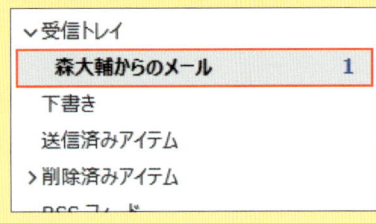

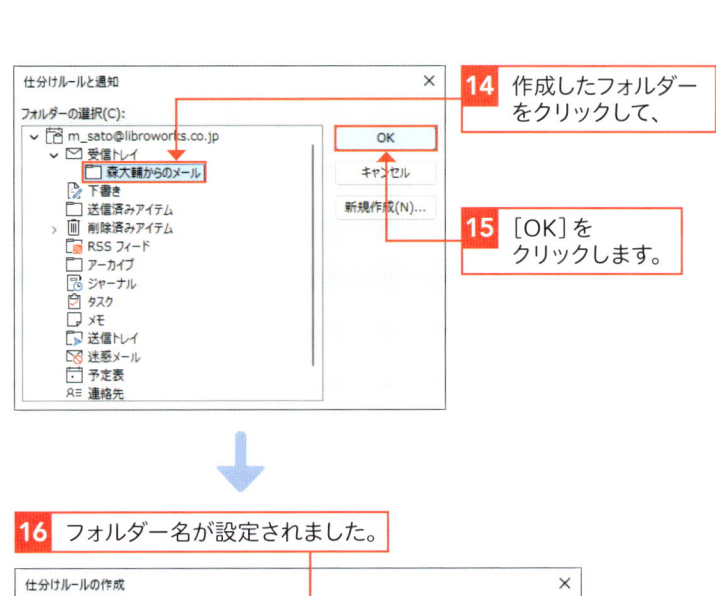

14 作成したフォルダーをクリックして、

15 [OK]をクリックします。

16 フォルダー名が設定されました。

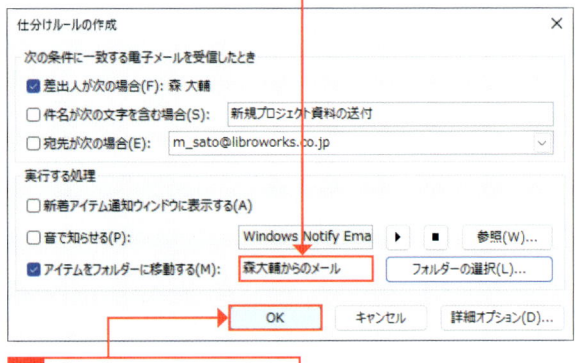

17 [OK]をクリックします。

18 [成功]ダイアログボックスが表示されたら、

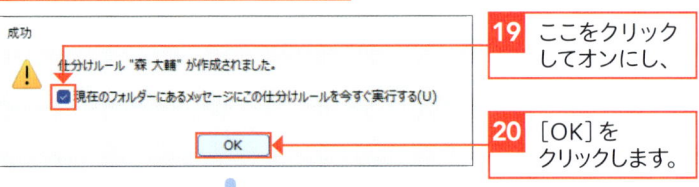

19 ここをクリックしてオンにし、

20 [OK]をクリックします。

21 作成したフォルダーをクリックすると、

22 自動的にメールが振り分けられていることが確認できます。

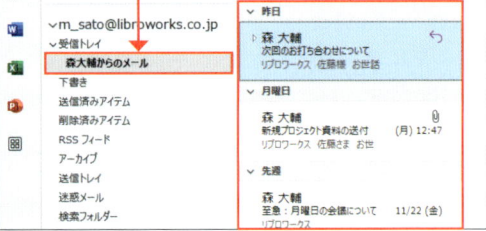

② 仕分けルールを削除する

 **補足**

仕分けルールのオン／オフ

手順**4**の画面で仕分けルール名の左に表示されるチェックボックスをクリックすると、仕分けルールのオン／オフを切り替えられます。

 **補足**

仕分けルールの変更

仕分けルールを変更するには、手順**6**で[仕分けルールの変更]→[仕分けルール設定の編集]をクリックします。

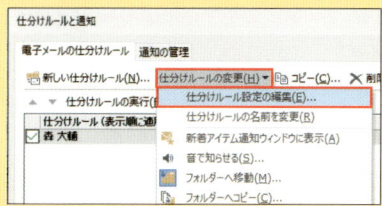

 **補足**

仕分けルールの優先順位

手順**4**の画面では、作成した仕分けルールが一覧表示されます。仕分けルールが複数ある場合は、上から順に処理が行われます。仕分けルールの順序を入れ替えるには、▲もしくは▼をクリックします。

ここをクリックします。

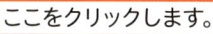

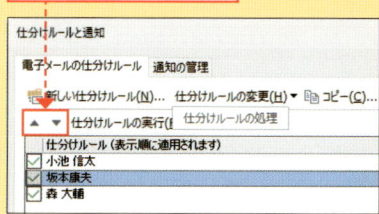

1 [ホーム]タブの[…]をクリックし、

2 [ルール]をクリックして、

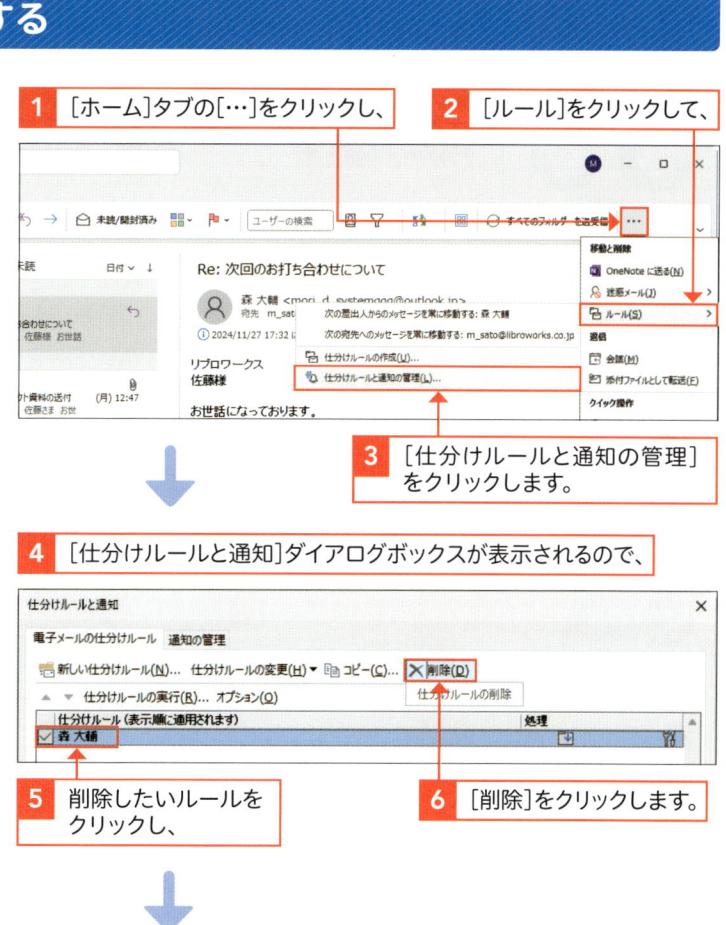

3 [仕分けルールと通知の管理]をクリックします。

4 [仕分けルールと通知]ダイアログボックスが表示されるので、

5 削除したいルールをクリックし、

6 [削除]をクリックします。

7 [はい]をクリックします。

8 [OK]をクリックします。

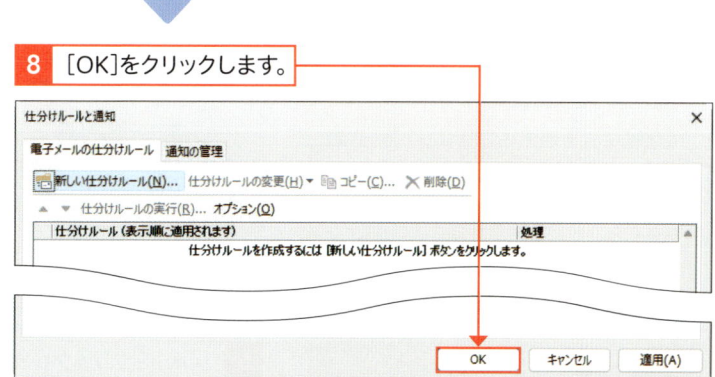

35 迷惑メールを処理しよう

ここで学ぶこと

・迷惑メール
・処理レベル
・受信拒否リスト

Outlookでは、**迷惑メール**を自動で［迷惑メール］フォルダーに振り分ける機能を備えています。迷惑メールは、詐欺の被害や**コンピューターウイルス**の感染につながる危険性があります。迷惑メールのURLを不用意にクリックしないなど、取り扱いには十分に注意しましょう。

① 迷惑メールの処理レベルを設定する

解説

迷惑メールの処理レベル

迷惑メールだと判断されたメールは、自動的に［迷惑メール］に移動します。迷惑メールの処理レベルを次の4つから選択することで、迷惑メールかどうかを判断する基準が変わります。

①自動処理なし
　［受信拒否リスト］の差出人から届いたメールのみ迷惑メールと判断します。

②低
　明らかな迷惑メールのみ、迷惑メールと判断します。

③高
　迷惑メールはほぼ処理されますが、通常のメールまで迷惑メールだと判断される可能性もあります。

④セーフリストのみ
　［信頼できる差出人のリスト］と［信頼できる宛先のリスト］の差出人から届いたメール以外は迷惑メールと判断します。

1 ［ホーム］タブの［…］をクリックし、

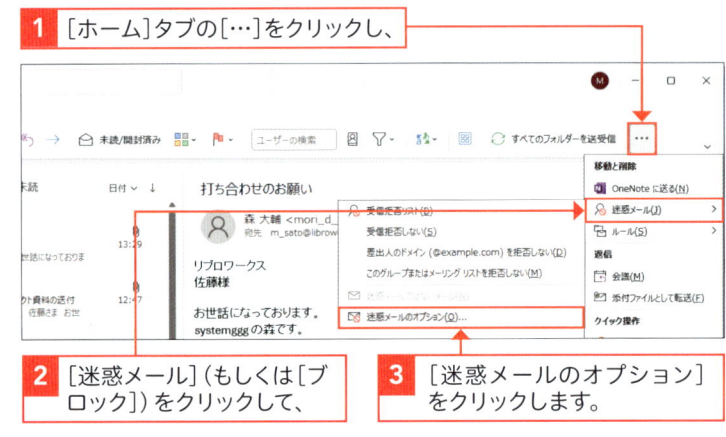

2 ［迷惑メール］（もしくは［ブロック］）をクリックして、

3 ［迷惑メールのオプション］をクリックします。

4 迷惑メールの処理レベルをクリックして選択し、

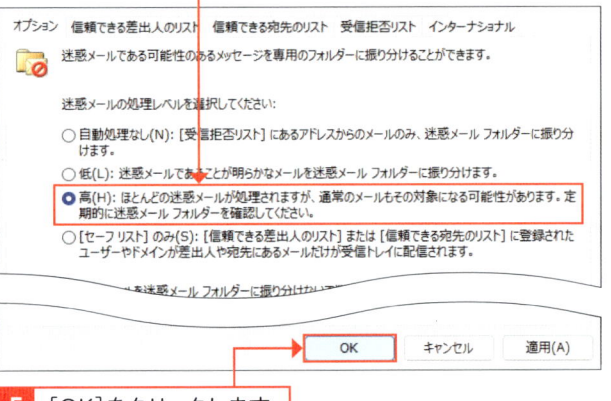

5 ［OK］をクリックします。

② 迷惑メールを［受信拒否リスト］に入れる

1 ［受信トレイ］に表示された迷惑メールをクリックし、

2 ［ホーム］タブをクリックします。

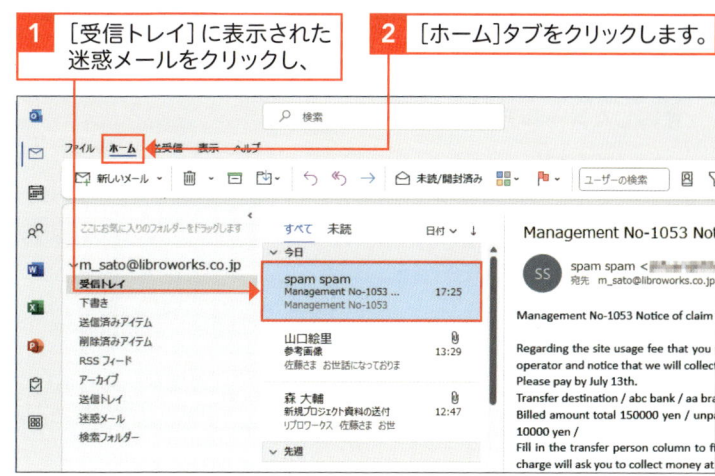

3 ［…］をクリックして、

4 ［迷惑メール］（もしくは［ブロック］）をクリックし、

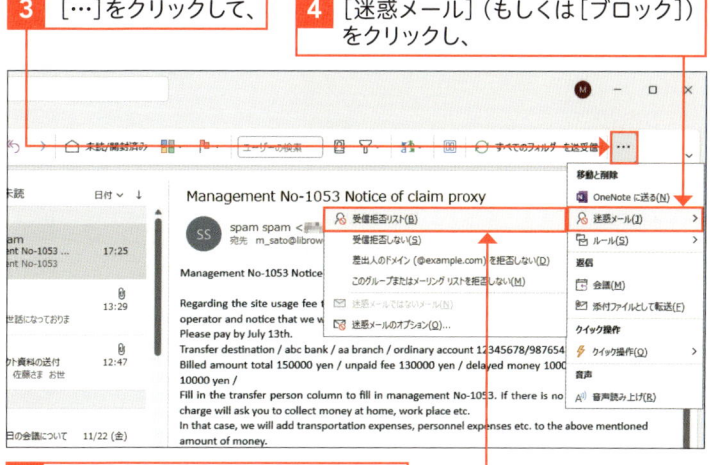

5 ［受信拒否リスト］をクリックすると、

6 確認のダイアログボックスが表示されるので、

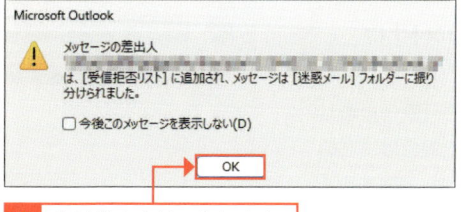

7 ［OK］をクリックします。

③ [受信拒否リスト] を確認する

 **補足**

[受信拒否リスト]に登録したメールアドレス

117ページの手順で[受信拒否リスト]にメールアドレスを登録すると、以後そのメールアドレスから送信されたメールが、迷惑メールとして扱われます。

1 [ホーム]タブの[…]をクリックし、

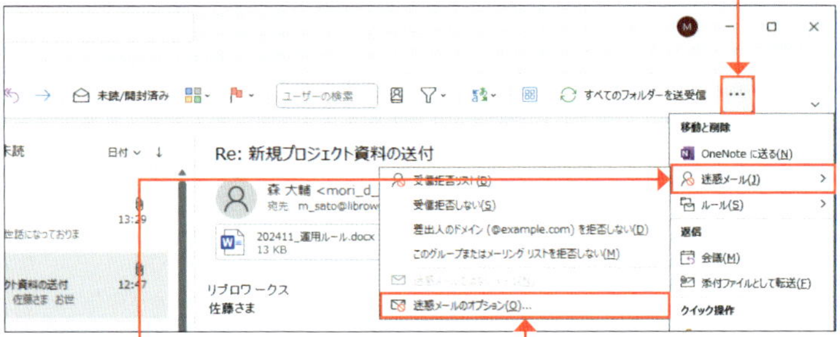

2 [迷惑メール](もしくは[ブロック])をクリックして、

3 [迷惑メールのオプション]をクリックします。

4 [受信拒否リスト]タブをクリックすると、

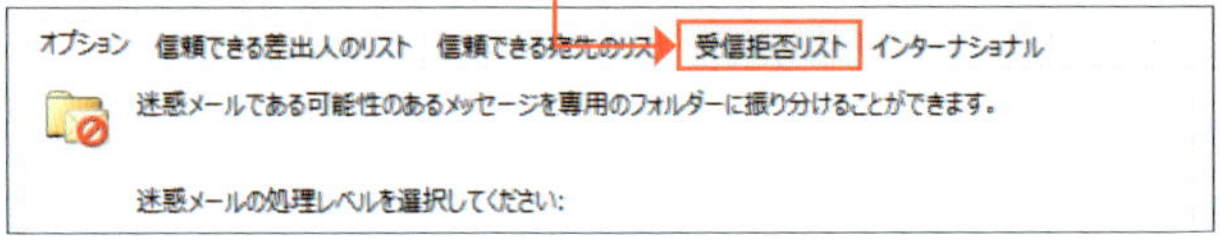

5 [受信拒否リスト]に登録したメールアドレス一覧が表示されます。

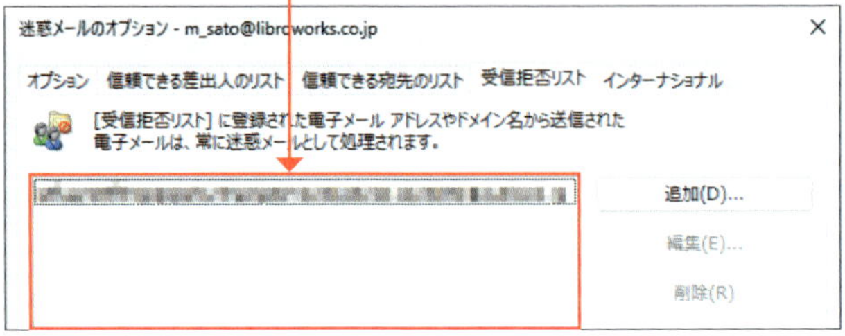

6 メールアドレスをクリックして選択し、

 **補足**

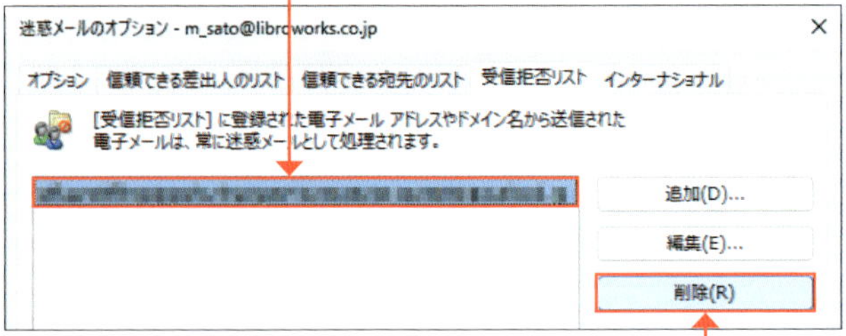

間違えて[受信拒否リスト]に登録してしまった場合

間違えてメールアドレスを[受信拒否リスト]に登録してしまった場合は、右の手順で[受信拒否リスト]から削除することができます。

7 [削除]をクリックして、

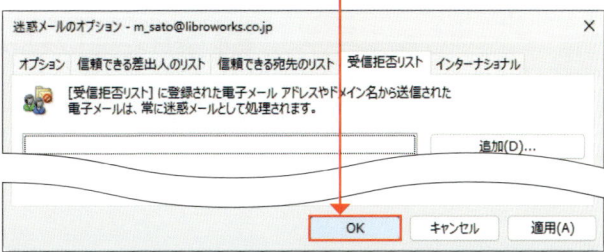

8 [OK] をクリックすると、受信拒否リストから
メールアドレスが削除されます。

④ 迷惑メールを削除する

1 [迷惑メール] をクリックし、

2 削除したいメールをクリックして、

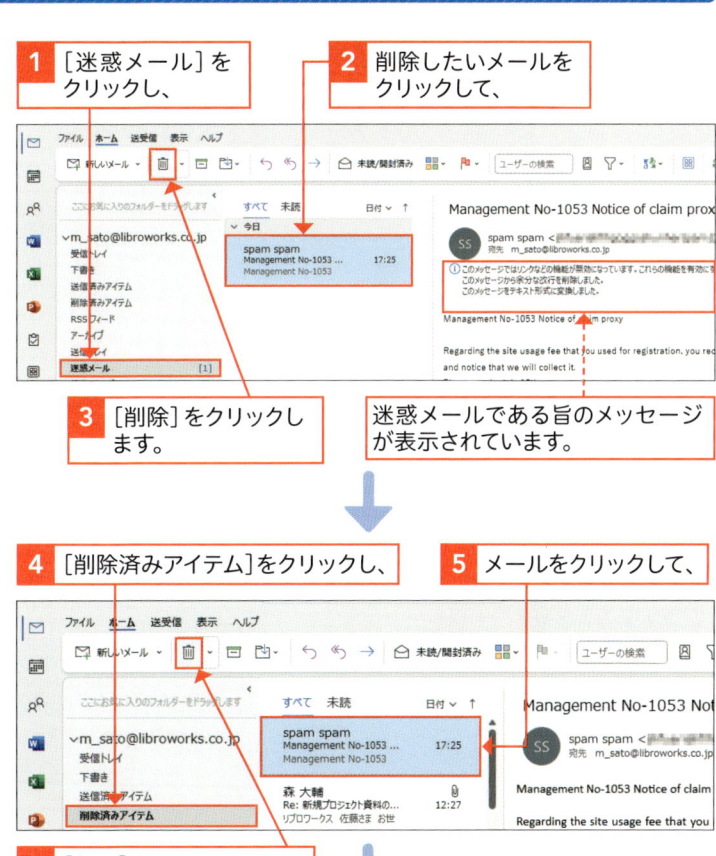

3 [削除] をクリックします。

迷惑メールである旨のメッセージが表示されています。

4 [削除済みアイテム] をクリックし、

5 メールをクリックして、

6 [削除] をクリックします。

7 [はい] をクリックすると、迷惑メールが完全に削除されます。

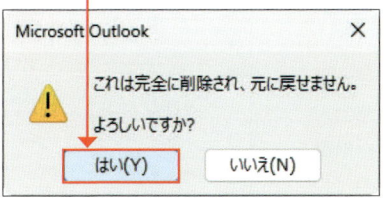

⑤ 迷惑メールと判断されたメールを受信できるようにする

💬 **解説**

この手順の前提

大事なメールが誤って迷惑メールと判断されてしまうことは多々あります。ここでは、迷惑メールではないメールが[迷惑メール]に表示された場合の対処方法を解説します。

✏️ **補足**

[迷惑メール]は定期的に確認を

知人からのメールや登録したメールマガジンが届いていない場合は、[迷惑メール]を確認してみましょう。オンラインショップのダイレクトメールやメールマガジンなど、本文中にURLが多いメールは、迷惑メールとして判断されてしまうことがあるようです。

✏️ **補足**

[信頼できる差出人のリスト]に登録される

右の手順で[受信トレイ]に戻したメールのメールアドレスは、[信頼できる差出人のリスト]に登録されます（61ページ参照）。

1 [迷惑メール]フォルダーにある受信できるようにしたいメールをクリックし、

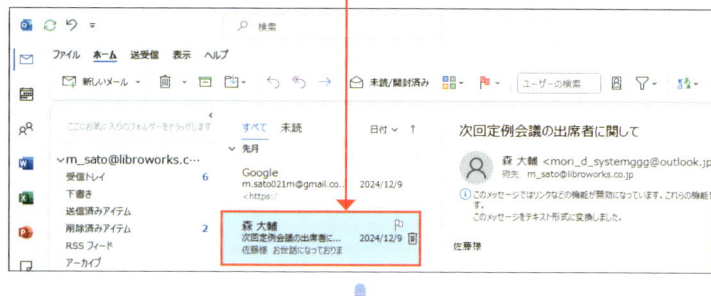

2 […]をクリックし、

3 [迷惑メール]（もしくは[ブロック]）をクリックして、

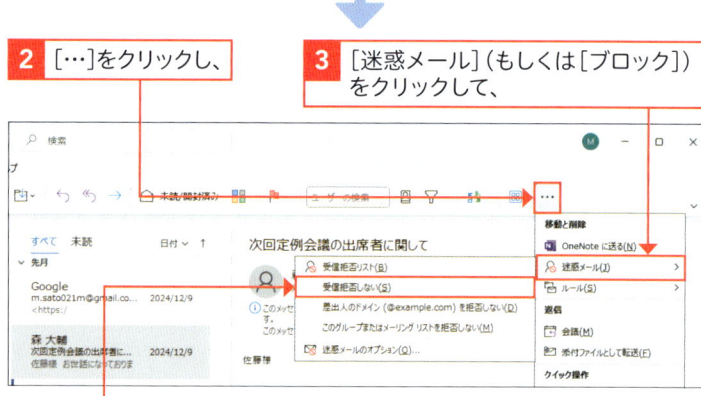

4 [受信拒否しない]をクリックします。

5 [OK]をクリックします。

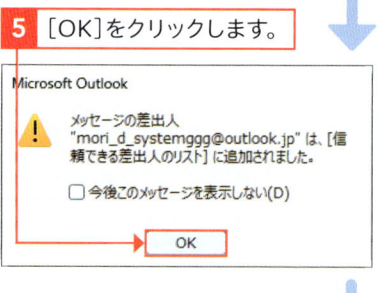

Microsoft Outlook

⚠️ メッセージの差出人
"mori_d_systemggg@outlook.jp" は、[信頼できる差出人のリスト]に追加されました。

☐ 今後このメッセージを表示しない(D)

OK

6 メールをドラッグして、[受信トレイ]に移動させます。

第 **4** 章

メールの便利な機能を活用しよう

メールの便利な機能を活用しよう

▶ 定型文を活用してすばやくメールを送信する

定型文を登録する「クイックパーツ」を使っていつも使う文章を保存しておけば、お決まりの文章を数回のクリックで挿入することができます。
また、「クイック操作」では宛先を登録しておくこともできるので、定期的に同じ相手に対して決まった内容のメールを送る際に便利です。

●クイックパーツ

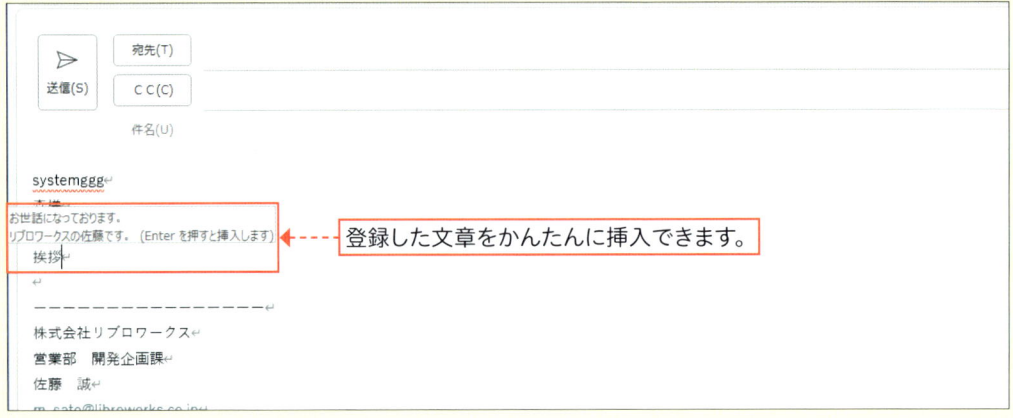

登録した文章をかんたんに挿入できます。

●クイック操作

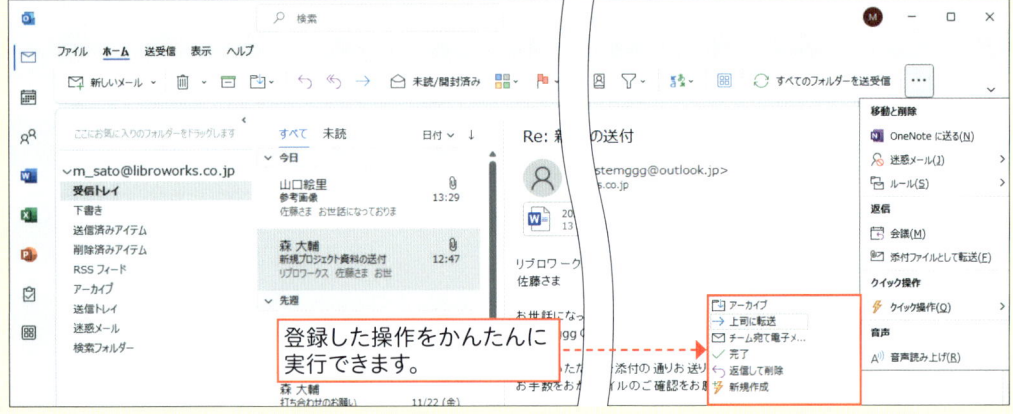

登録した操作をかんたんに実行できます。

4

メールの便利な機能を活用しよう

▶ 自動送信を有効にする

Outlookには、一定の条件で自動的にメールを送信する機能が備わっています。Outlookを起動しておく必要はありますが、これらの機能を活用することでさらに手間を削減できます。事前にメールの配信タイミングを設定しておけば、指定の日時にメールを自動送信することで送信漏れの回避に役立ちます。

また、出張などで不在の場合には、送られてきたメールを指定の宛先に転送することも可能です。スマートフォンなどのメールアドレスを指定しておけば、長期にパソコンを確認できない場合でも影響を小さくできます。

●指定の日時にメールを自動送信

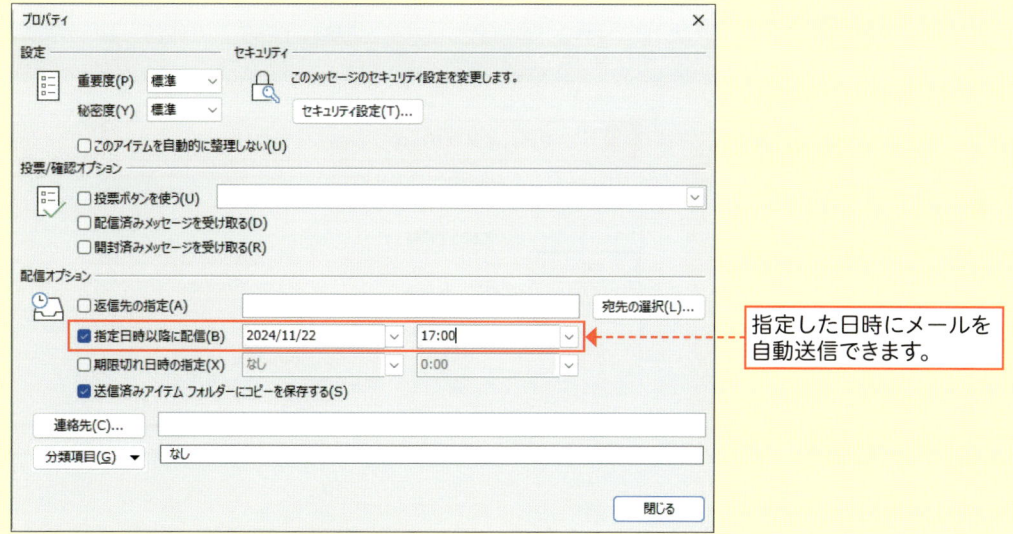

指定した日時にメールを自動送信できます。

●指定の宛先にメールを自動転送

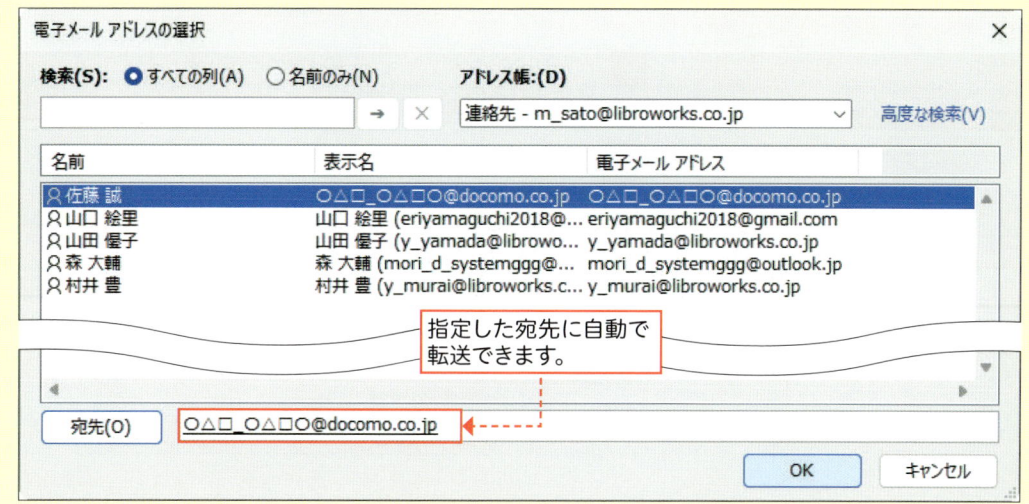

指定した宛先に自動で転送できます。

ここで学ぶこと

・メールの受信間隔
・定期的な送受信
・自動的に送受信

通常、メールを受信するには［すべてのフォルダーを送受信］をクリックして行います。これに加えて、10分おき、30分おきなど、**一定の時間**ごとに**自動で送受信**するように設定することができます。ただし、間隔が極端に短いとネットワークへの負荷が大きくなるため注意が必要です。

① メールを定期的に送受信する

解説

メールの受信間隔の変更

ここでは、10分おきに自動で送受信されるように設定します。メールの受信だけでなく送信も同じ間隔で行われるため、［送信トレイ］にあるメールが自動的に送信されます。

1 ［ファイル］タブの［オプション］をクリックします。

2 ［Outlookのオプション］ダイアログボックスが表示されるので、［詳細設定］をクリックし、

注意

受信間隔は 短くしすぎないように

メールの定期的な送受信を設定する際、送受信時間の間隔を短く設定（1分など）すると、ネットワークの負荷が大きくなり、同じネットワークを使っている人に迷惑をかけてしまう恐れがあります。設定する間隔は、あまり短くしすぎないように注意しましょう。

3 下方向にスクロールして、

4 ［送受信］をクリックします。

5 ［送受信グループ］ダイアログボックスが表示されるので、

6 ［次の時間ごとに自動的に送受信を実行する］をクリックしてオンにして、

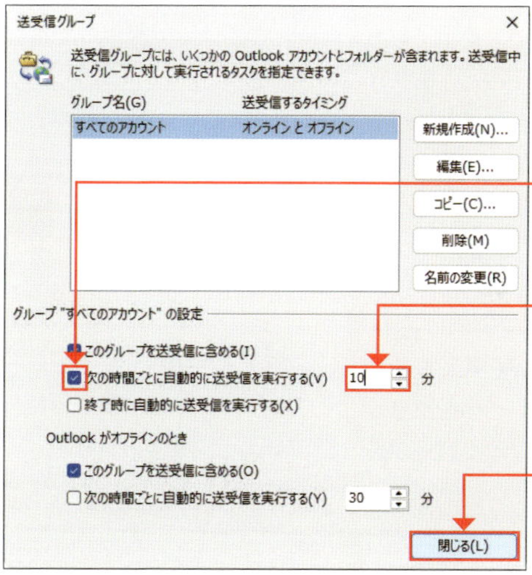

7 送受信の間隔を10分にします。

8 ［閉じる］をクリックし、

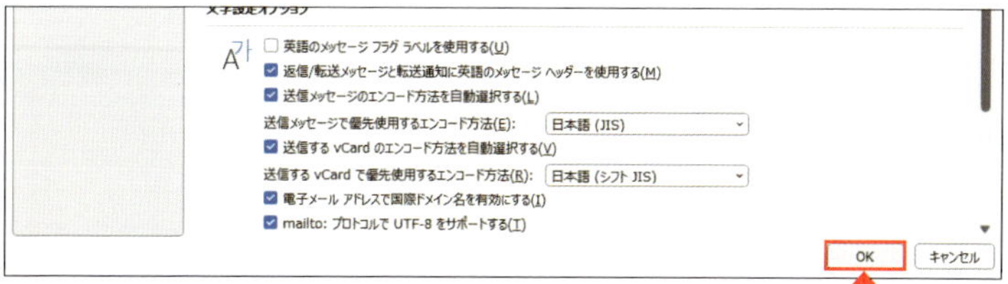

9 ［OK］をクリックすると、設定が保存されます。

Section 37 クイックパーツで定型文を挿入しよう

ここで学ぶこと

- ・クイックパーツ
- ・クイックパーツギャラリー
- ・定型文

メール冒頭の挨拶など、定型的な文章を何度も入力するのは面倒なものです。よく使う文章は、**クイックパーツ**として登録しておきましょう。文章を手で入力することなくかんたんに挿入することができるので、**効率的にメールを作成**することができます。

① クイックパーツで定型文を作成する

補足

クイックパーツの保存

定型文のような長い文章をクイックパーツとして保存することもできます。その場合、手順 **4** で[クイックパーツ]をクリックしたあと、[選択範囲をクイックパーツギャラリーに保存]をクリックして作成します。

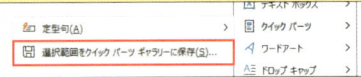

作成したクイックパーツを挿入するには、手順 **4** で[クイックパーツ]をクリックしたあと、挿入するクイックパーツをクリックします。

1 メールの作成画面で定型文として登録したい文章をドラッグして選択します。

2 [挿入]タブをクリックして、

3 […]をクリックし、

4 [クイックパーツ]をクリックし、

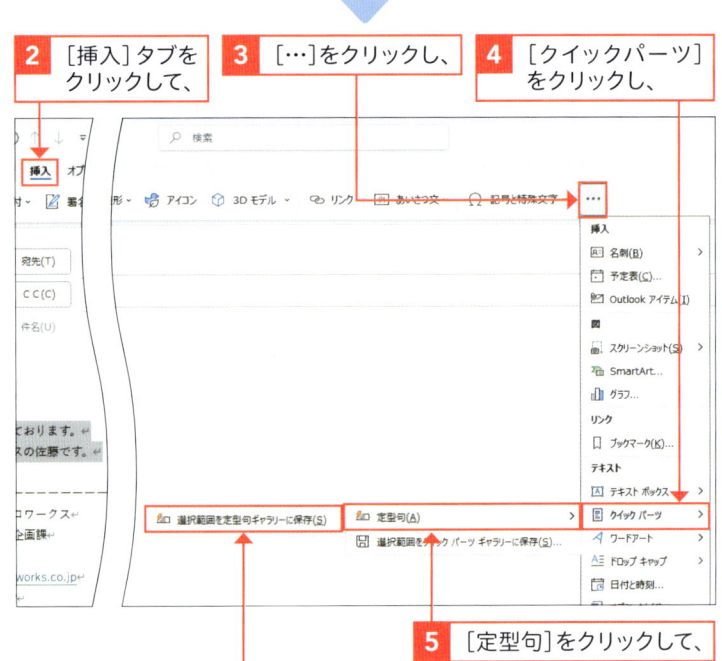

5 [定型句]をクリックして、

6 [選択範囲を定型句ギャラリーに保存]をクリックします。

7 作成する定型文の名前を入力して、

新しい文書パーツの作成　　　　　　？　×

名前(N):　　挨拶
ギャラリー(G):　定型句
分類(C):　　　全般
説明(D):
保存先(S):　　NormalEmail.dotm
オプション(O):　内容のみ挿入

OK　　　キャンセル

8 [OK]をクリックします。

② クイックパーツで定型文を挿入する

補足

クイックパーツを削除する

作成したクイックパーツを削除するには、クイックパーツを右クリックして[整理と削除]から[文書パーツオーガナイザー]ウィンドウを開きます。なお、[整理と削除]が表示されるのは、メールをHTML形式(140ページ参照)で作成しているときのみです。

126ページの手順 4 または 5 までを参考に、クイックパーツを表示します。

1 クイックパーツを右クリックし、[整理と削除]をクリックします。

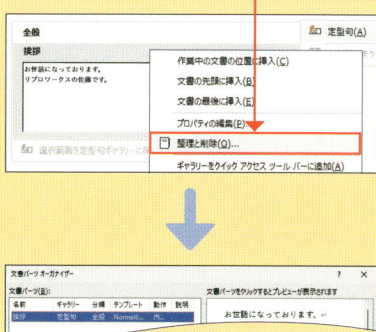

2 削除するクイックパーツを選択し、[削除]をクリックします。

1 メールの作成画面で保存した定型文の名前を入力し、

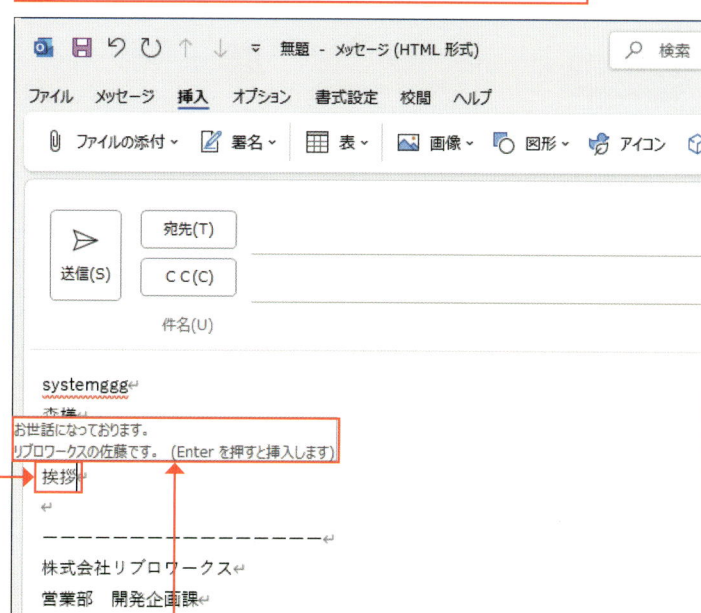

2 登録した定型文が表示されたら、 Enter を押します。

3 定型文が挿入されます。

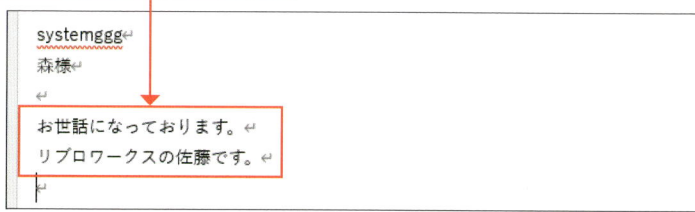

クイック操作で
お決まりの操作を行おう

ここで学ぶこと

・クイック操作
・メールの転送
・ショートカットキー

毎月行われる会議の報告メール作成など、**定期的に決まった操作**を行う場合は、**クイック操作**を設定して操作を登録しておくと便利です。定期的に送るメールを新規作成したり、特定の相手にメールを転送するなどといった操作がかんたんに行えるようになるため、手間の削減につながります。

① 転送のクイック操作を作成する

解説

クイック操作を使う

ここでは、メールの転送に「クイック操作」という機能を使います。転送先のメールアドレスの入力、追記する内容の入力、送信といった複数の操作手順をワンクリックで行うことができます。

注意

クイック操作が
表示されない場合

ウィンドウサイズが広い場合、手順**3**で[クイック操作]が表示されないことがあります。そのようなときには、ウィンドウサイズを狭くして操作をやり直してください。

1 [ホーム]タブをクリックし、

2 […]をクリックして、

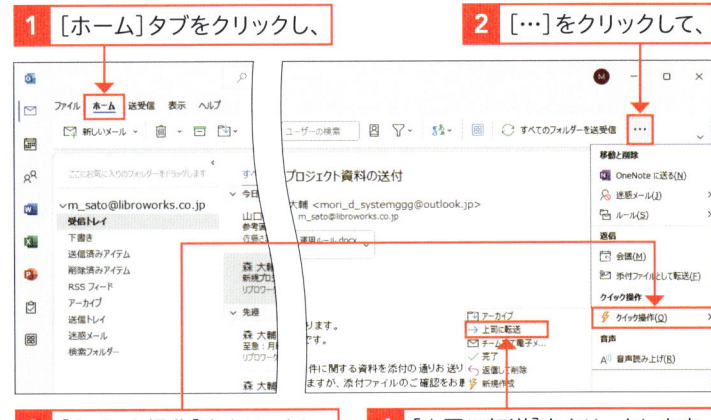

3 [クイック操作]をクリックし、

4 [上司に転送]をクリックします。

5 [初回使用時のセットアップ]ダイアログボックスが表示されるので、

6 操作の名前を入力し、

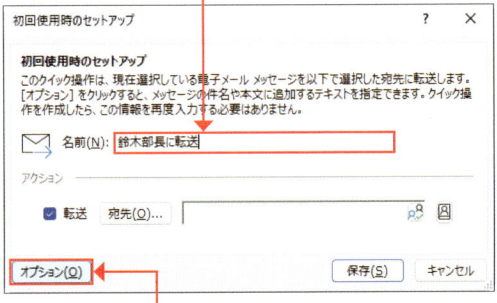

7 [オプション]をクリックします。

クイック操作の管理

クイック操作を編集したり削除したりするには、128ページ手順**2**のあと、[クイック操作の管理]をクリックします。

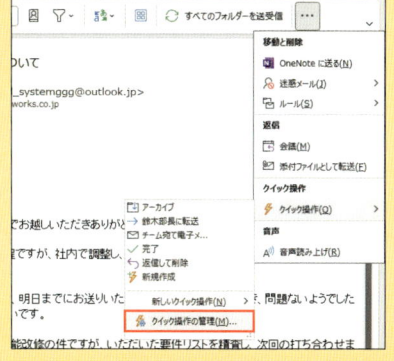

8 転送先のメールアドレスを入力し、

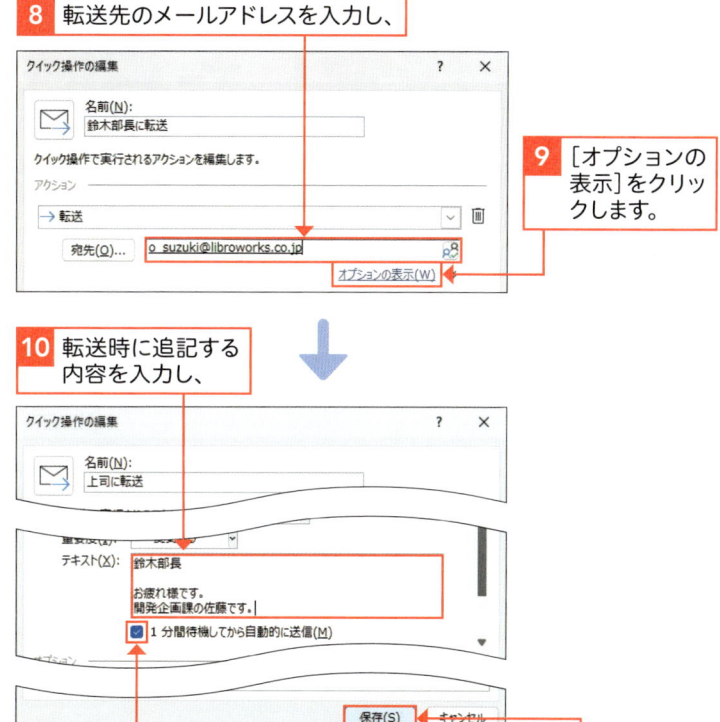

9 [オプションの表示]をクリックします。

10 転送時に追記する内容を入力し、

11 ここをクリックしてオンにして、

12 [保存]をクリックします。

クイック操作にショートカットキーを設定する

クイック操作にショートカットキーを設定することで、さらにすばやく特定の操作を行うことができます。クイック操作のショートカットキーは、[クイック操作の編集]ダイアログボックスで[ショートカットキー]を選択肢の中から設定します。

2 クイック操作でメールを転送する

1 転送するメールを選択して、

2 [ホーム]タブをクリックし、

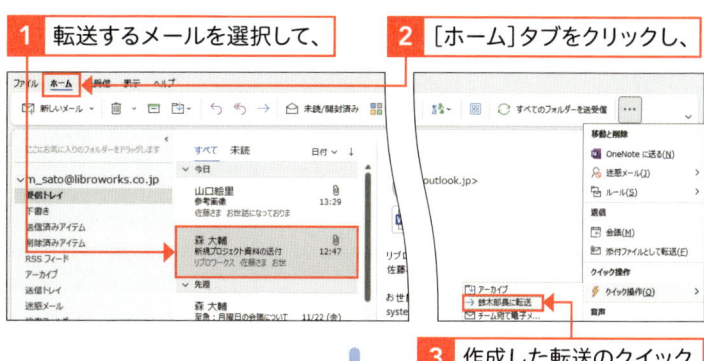

3 作成した転送のクイック操作をクリックすると、

4 1分後にメールが自動で転送されます。

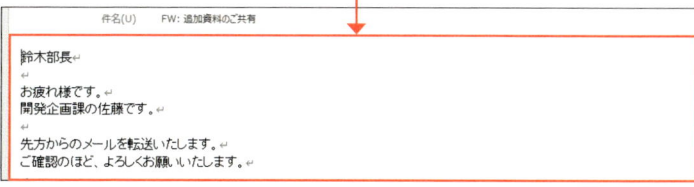

作名(U)　FW: 追加資料のご共有

鈴木部長

お疲れ様です。
開発企画課の佐藤です。

先方からのメールを転送いたします。
ご確認のほど、よろしくお願いいたします。

Section 39 | 指定した日時にメールを自動送信しよう

ここで学ぶこと

・自動送信
・指定日
・配信タイミング

旅行や出張でメールが利用できないときは、出発前にメールの**自動送信**を設定しておけば安心です。また、誕生日や会社の創立記念日など、あらかじめわかっている**予定日**に自動送信を設定しておけば、お祝いのメールを送信し忘れることもないでしょう。

① メールを送信する日時を設定する

⚠ 注意

指定した日時にメールを自動送信する際の注意

指定日時にメールを送信するよう設定した場合、実際に送信されるときにパソコンおよびクラシックOutlookが起動していて、さらに自動送受信が設定されている必要があります（124ページ参照）。クラシックOutlookが起動していなかった場合は、それ以後の起動時に送信されます。

1 ［新しいメール］をクリックします。

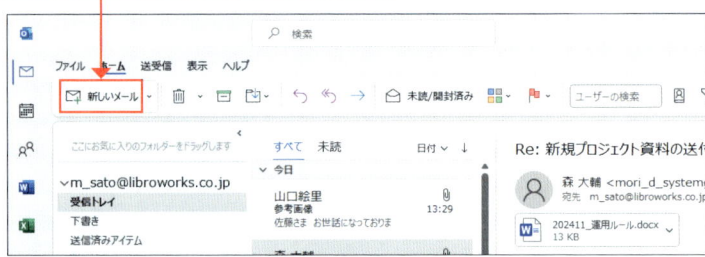

2 ［メッセージ］ウィンドウが表示されるので、

3 宛先と件名を入力し、

4 本文を入力します。

補足

送信前のメール

所定の日時に自動送信を設定したメールは、送信されるまで、[送信トレイ]にあります。送信を行うまでは、本文などの編集が可能です。

5 [オプション]タブをクリックし、

6 […]をクリックして、

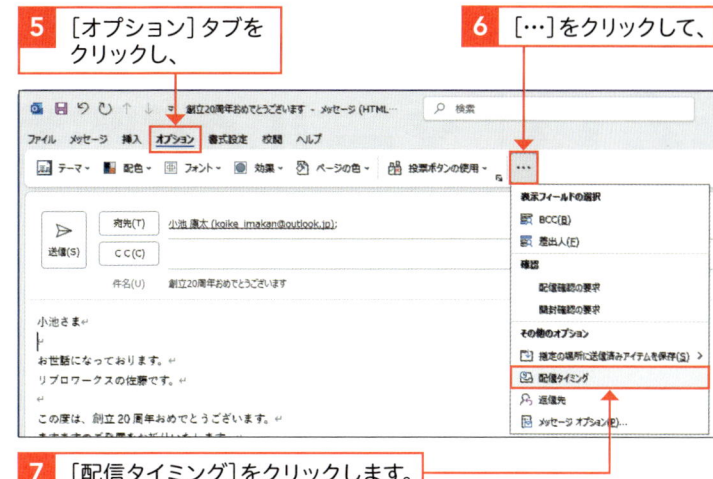

7 [配信タイミング]をクリックします。

8 [プロパティ]ダイアログボックスが表示されるので、

9 [指定日時以降に配信]がオンになっていることを確認し、

10 送信したい日時を入力します。

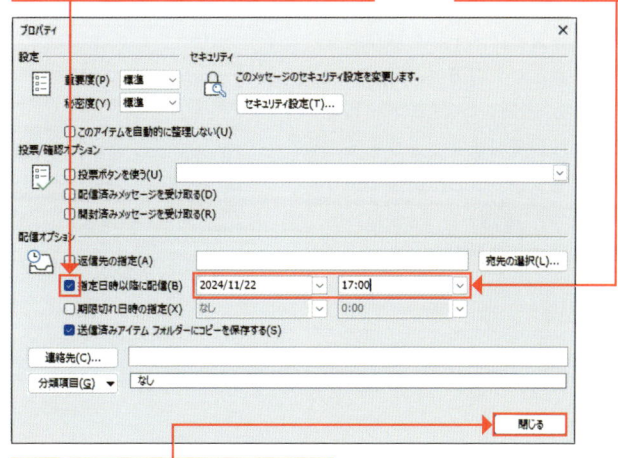

11 [閉じる]をクリックすると、

12 [メッセージ]ウィンドウが表示されるので、

13 [送信]をクリックします。

メールの誤送信を防ごう

ここで学ぶこと

・メールの誤送信
・送信トレイ
・定期的な送受信

初期設定では、送信操作を行うとすぐにメールが相手に送られます。そのため、送信後に宛先などが間違ったことに気付いても、キャンセルすることができません。そこで、**送信するタイミングを遅らせる**よう設定することで、**メールの誤送信**を防ぐことができます。

① メール送信時にいったん[送信トレイ]に保存する

解説

メールの送信を遅らせる

一度送信してしまったメールを取り消すことはできません。ここでは、即座に送信せずに、一度[送信トレイ]にメールを保存するようにしています。こうすることで、[送信]をクリックした直後に誤りに気付いた場合、[送信トレイ]からメールの内容を確認することができます。

1 [ファイル]タブの[オプション]をクリックして、[Outlookのオプション]ダイアログボックスを表示します。

2 [詳細設定]をクリックし、

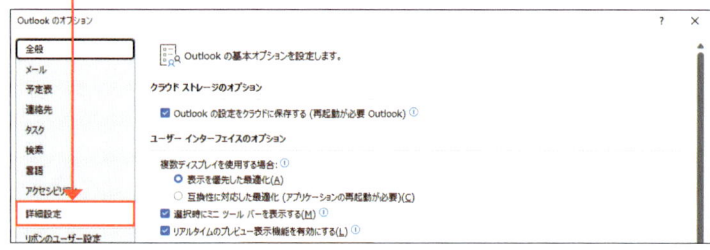

3 下方向にスクロールして、

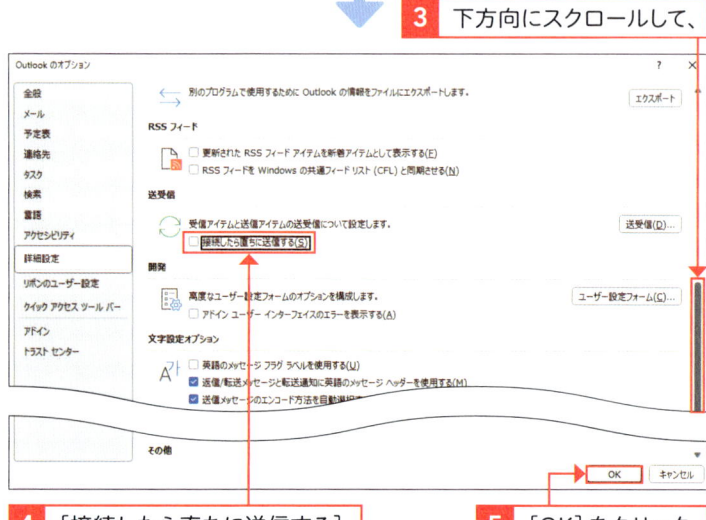

4 [接続したら直ちに送信する]をクリックしてオフにし、

5 [OK]をクリックします。

② ［送信トレイ］を確認する

補足

メールはいつ送信される？

［送信トレイ］に保存されたメールは、124ページで設定した自動で送受信されるタイミングで送信されます。または、［すべてのフォルダーを送受信］をクリックすることで直ちに送信できます（54ページ参照）。

1 左ページの設定後にメールを作成して、［送信］をクリックします。

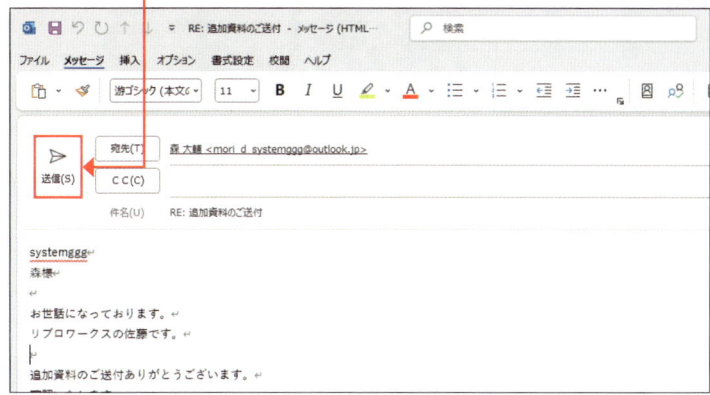

2 ［送信トレイ］を
クリックすると、

3 まだ送信されていないメールを確認
できます。ダブルクリックすると、

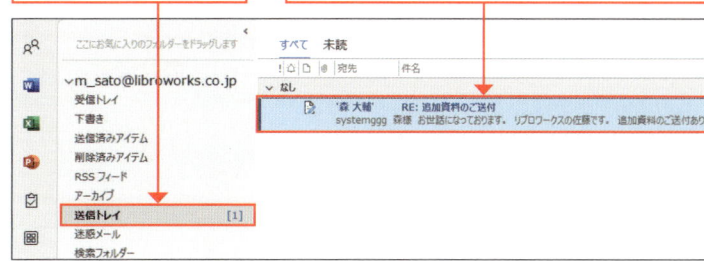

補足

［送信トレイ］の
メールを削除する

［送信トレイ］に保存されたメールを削除したい場合は、手順 **2** の画面でメールをクリックし、 Delete を押します。

4 ［メッセージ］ウィンドウが開き、本文などの修正が行えます。

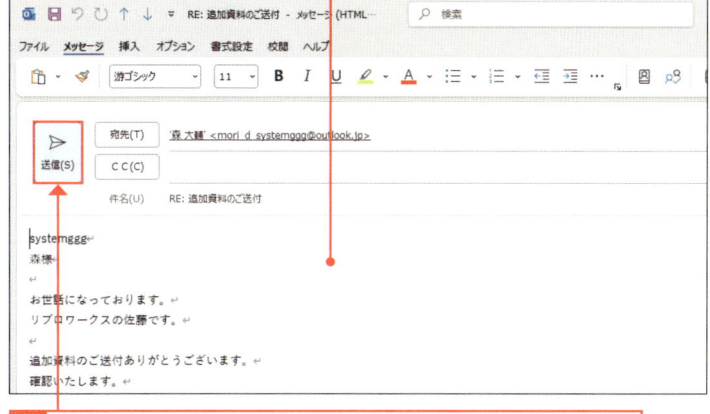

補足

修正後の操作

［送信トレイ］にあるメールの修正を行った場合、修正を反映してもよければ［送信］をクリックし、［すべてのフォルダーを送受信］をクリックして送信します。修正を反映したくない場合は［閉じる］→［いいえ］をクリックしてください。

5 ［送信］をクリックすると、再び［送信トレイ］に保存されます。

Section 41 メールの文字化けを解決しよう

ここで学ぶこと

・文字化け
・エンコード
・日本語（自動選択）

相手から届いたメールが、日本語ではない文字として表示されて読めないことがあります。これを**文字化け**といいます。Outlookでは、**エンコードの設定**を変更することで、文字を正しく表示させることができます。また、自分が送信するメールが文字化けしないように設定することも可能です。

1 受信メールの文字化けを直す

🔍 重要用語

文字化け

文字化けとは、テキストファイルを送受信する際に発生する、ひらがなや漢字などの全角文字がほかの記号に置きかえられて表示される現象のことです。文字化けは、正しい文字コードとは異なる文字コードでテキストファイルを読んでしまったことが主な原因で起こります。また、携帯電話などからのメールの場合、機種依存文字を使っていることでも文字化けが起こることがあります。

💡 ヒント

テキスト形式のメールで送信する

文字化けの原因はさまざまなものが考えられますが、HTML形式でメールを送信して文字化けしている場合、テキスト形式のメールで送信すると、文字化けが解消されることがあります。

1 文字化けしているメッセージをダブルクリックして開きます。

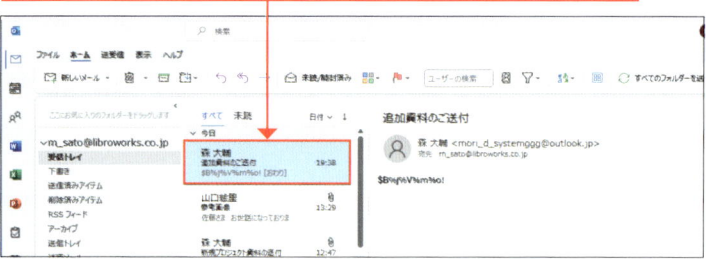

2 ［…］をクリックして、 **3** ［アクション］をクリックし、

4 ［その他のアクション］をクリックします。

5 [エンコード]をクリックし、

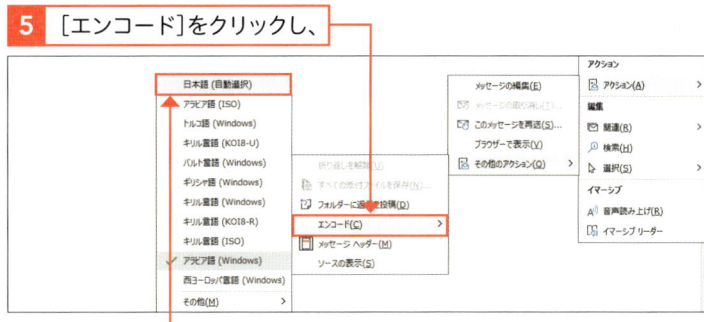

6 [日本語（自動選択）]をクリックします。

7 メールが読めるようになりました。

追加資料のご送付

森 大輔 <mori_d_systemggg@outlook.jp>
宛先　m_sato@libroworks.co.jp
　　　　　　　　　　　　　　　　　　　19:38

リブロワークス
佐藤様

お世話になっております。
systemgggの森です。

先日お送りした、新規プロジェクトの資料に関しまして、追加資料をお送りします。

ご査収のほどよろしくお願いいたします。

うまくいかない場合

Outlookでは、日本語を表示できるエンコードとして、EUC、シフトJIS、UTF-8が用意されています。自動選択で改善しない場合には、手順**6**で、これらのエンコードを指定して試してみましょう。エンコードが表示されていない場合は、[その他]をクリックすると表示されます。

② 送信メールを文字化けしないようにする

エンコード方法を指定するケース

通常は初期設定のままで問題ありませんが、メールの送り先から「メールがどうしても文字化けする」という理由でエンコード方法を指定される場合があります。そのときは、右の手順でエンコード方法を変更しましょう。

1 [ファイル]タブの[オプション]をクリックして、[Outlookのオプション]ダイアログボックスを表示します。

2 [詳細設定]をクリックします。

3 [送信メッセージのエンコード方法を自動選択する]をクリックしてオフにし、

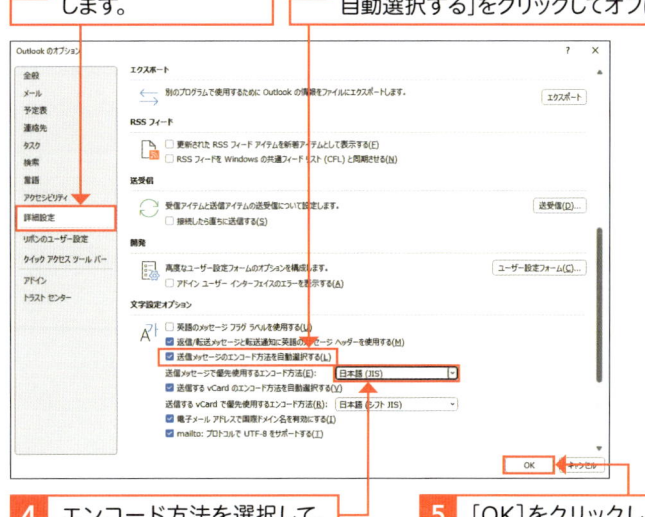

4 エンコード方法を選択して、

5 [OK]をクリックします。

Section 42 メール受信時の通知方法を変更しよう

ここで学ぶこと

・デスクトップ通知
・通知メッセージ
・通知の非表示

メールを受信すると、画面右下にメールの送信元や件名などを表示した**デスクトップ通知**が表示されます。デスクトップ通知は数秒経てば消えますが、作業の妨げになる場合は、クリックして閉じたり、あらかじめ**非表示**に設定したりすることができます。

① デスクトップ通知を閉じる

💬 解説

デスクトップ通知

メールを受信すると、デスクトップ通知が表示されます。ここでは、ウィンドウの ☒ をクリックして消しましたが、何もしなくても数秒経てばデスクトップから消えます。

💡 ヒント

デスクトップ通知からメッセージを開く

メールを受信した際、デスクトップ通知をクリックすると、そのメールが[メッセージ]ウィンドウで開きます。新着メールをすばやく確認したいときに便利です。

1 デスクトップ通知をクリックすると、

2 [メッセージ]ウィンドウが表示されます。

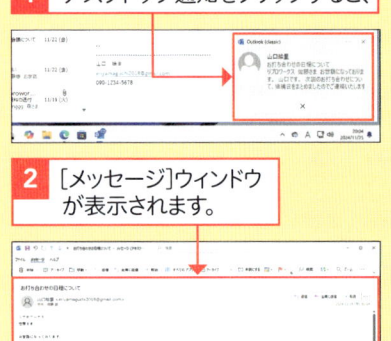

1 [送受信]タブをクリックし、

2 [すべてのフォルダーを送受信]をクリックします。

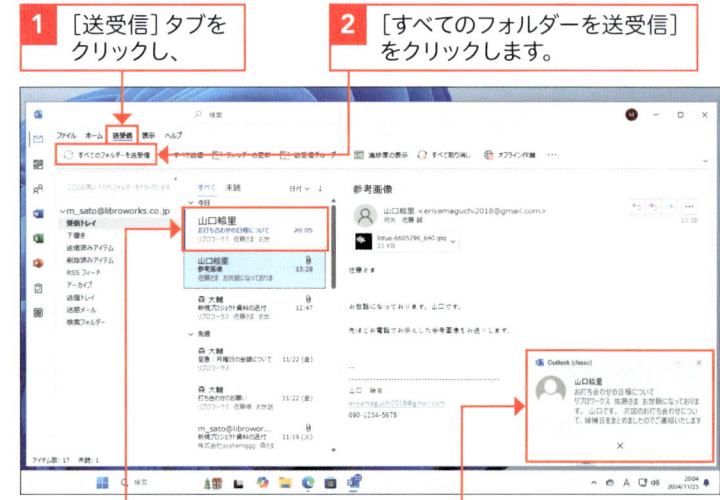

3 メールを受信すると、

4 デスクトップ通知が表示されます。

5 ☒をクリックすると、デスクトップ通知が閉じます。

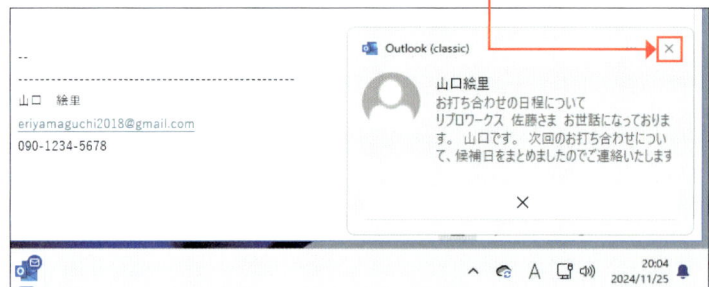

② デスクトップの通知を非表示にする

1 ［ファイル］タブの［オプション］をクリックして、［Outlookの
オプション］ダイアログボックスを表示します。

2 ［メール］をクリックし、

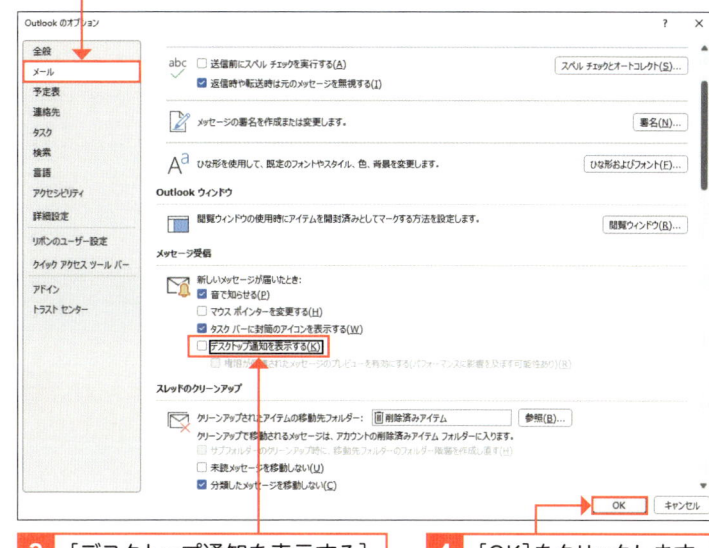

3 ［デスクトップ通知を表示する］
をクリックしてオフにして、

4 ［OK］をクリックします。

5 ［送受信］タブを
クリックし、

6 ［すべてのフォルダーを送受信］を
クリックします。

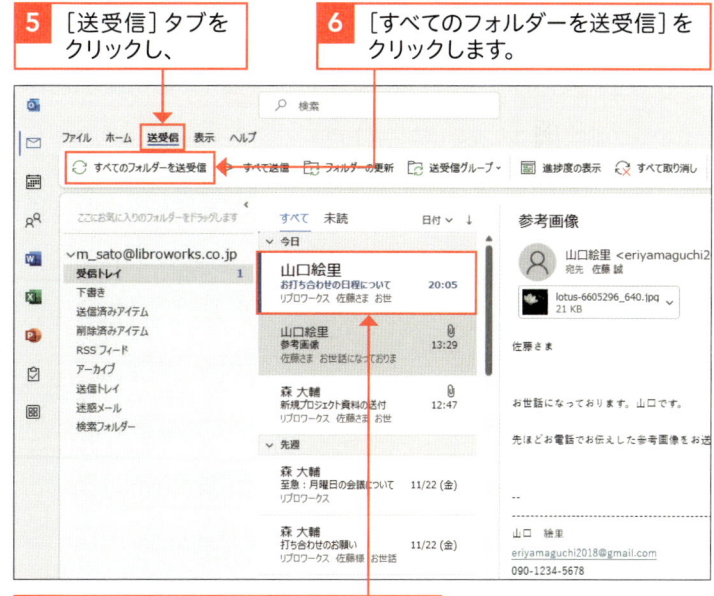

7 メールを受信しても、デスクトップに
通知が表示されません。

補足

デスクトップ通知が表示されない

仕分けルールによってフォルダーに移動
されたメールは、デスクトップ通知が表
示されません。このメールをデスクトッ
プ通知に表示したい場合は、［仕分けルー
ルの作成］ダイアログボックス（112ペー
ジ参照）で［詳細オプション］をクリック
し、処理の選択で［デスクトップ通知を
表示する］をクリックしてオンにしてく
ださい。

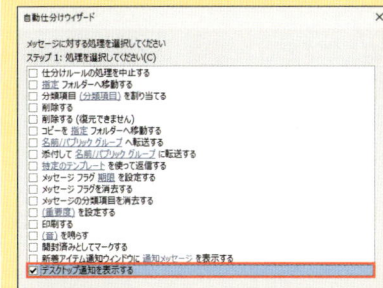

補足

タスクバーのアイコン表示

新着メールを受信すると、タスクバーの
Outlookアイコンに封筒のアイコンが
表示されます。アイコン表示が不要な場
合は、手順**2**の画面で［タスクバーに封
筒のアイコンを表示する］をクリックし
てオフにします。

ここで学ぶこと

・期限管理
・フラグ
・処理の完了

「明日までにこのメールに返信する」というように、メールの**期限管理**を行いたい場合は、**フラグ**を設定しておくと忘れずに処理することができます。フラグのアイコンは旗の形で表示され、［今日］、［明日］、［今週］、［来週］など、**期日ごと**に旗の色の濃さが異なります。

① フラグを設定する

🔍 **重要用語**

フラグ

フラグを付けたメールは、［To Do］のアイテムとして扱うことができます。詳しくは、第7章を参照してください。

✏️ **補足**

フラグの種類

手順**3**で表示されるメニューからそれぞれの項目をクリックすることで、以下の期限を設定することができます。

①［**今日**］
　開始日と期限が今日
②［**明日**］
　開始日と期限が明日
③［**今週**］
　開始日が2日以内、期限が今週中
④［**来週**］
　開始日が来週、期限が来週中
⑤［**日付なし**］
　開始日と期限の設定なし
⑥［**ユーザー設定**］
　開始日と期限を自分で設定

1 メールをクリックし、　**2** ［ホーム］タブをクリックします。　**3** ［フラグの設定］をクリックし、

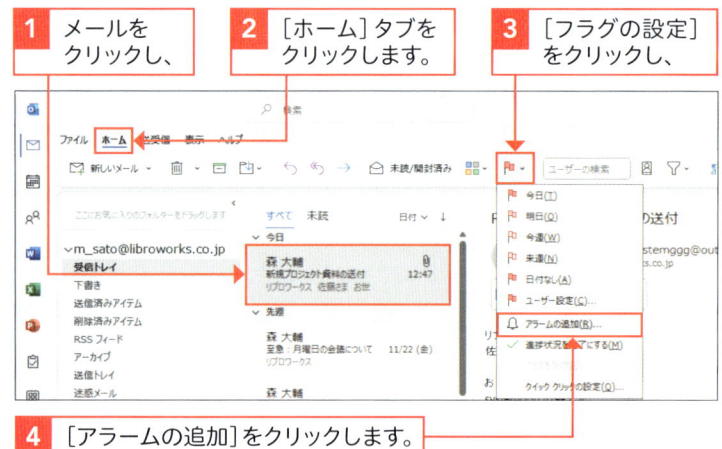

4 ［アラームの追加］をクリックします。

5 フラグの内容を入力し、　**6** 期限を選択し、

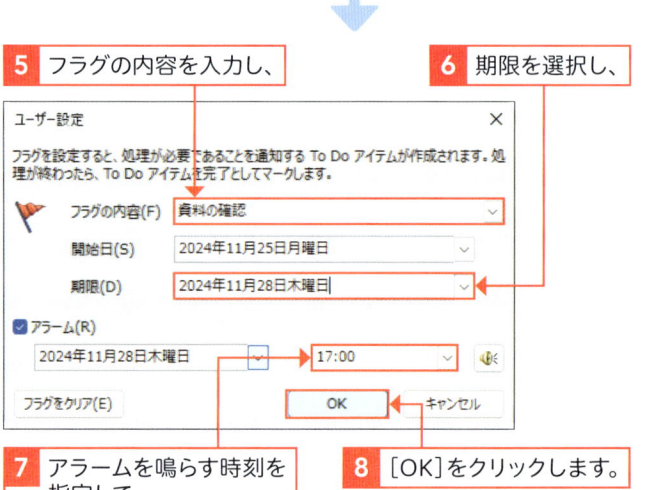

7 アラームを鳴らす時刻を指定して、　**8** ［OK］をクリックします。

補足

アラームの削除

指定した時刻になると、アラームが表示されます。この画面で[アラームを消す]をクリックすると、アラームを削除できます。

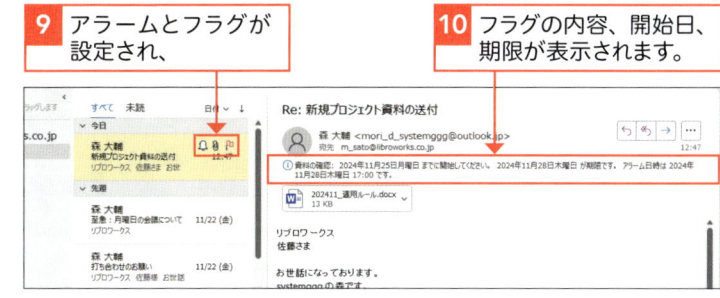

9 アラームとフラグが設定され、

10 フラグの内容、開始日、期限が表示されます。

② 処理を完了する

補足

フラグのクリア

間違えてフラグを付けてしまった場合は、138ページ手順**3**の[フラグの設定]→[フラグをクリア]で消去することができます。なお、処理を完了した場合もフラグは消えますが、完了マークが残るので、処理済みのメールとして区別することができます。

ヒント

処理の完了

右の手順のほかに、フラグアイコンをクリックして処理を完了することもできます。

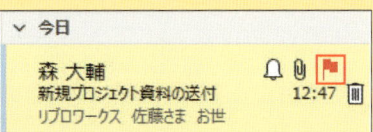

補足

一部のメールアカウントでは利用できない

Microsoft系のアカウント以外の「IMAP」で設定したメールアカウントでは、フラグを付けることはできますが、期限を設定できません。詳しくは31ページの「補足」を参照してください。

1 処理が完了したメールをクリックし、

2 [ホーム]タブをクリックします。

3 [フラグの設定]をクリックし、

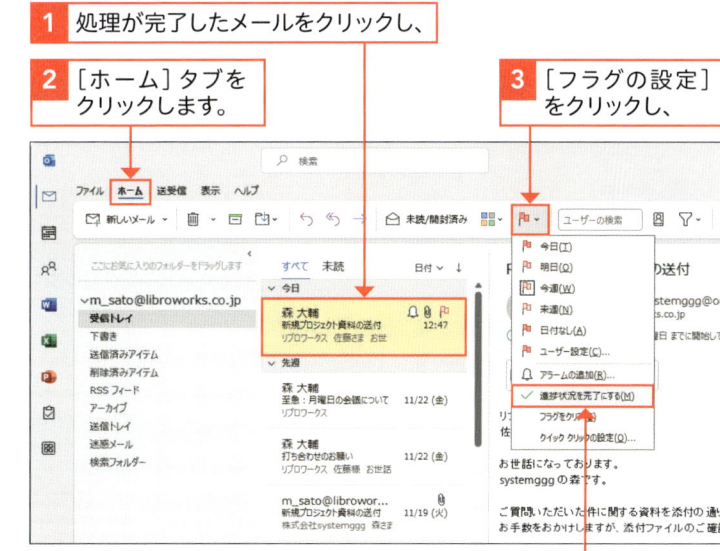

4 [進捗状況を完了にする]をクリックすると、

5 アイコンが完了マークに変わり、

6 完了日が表示されます。

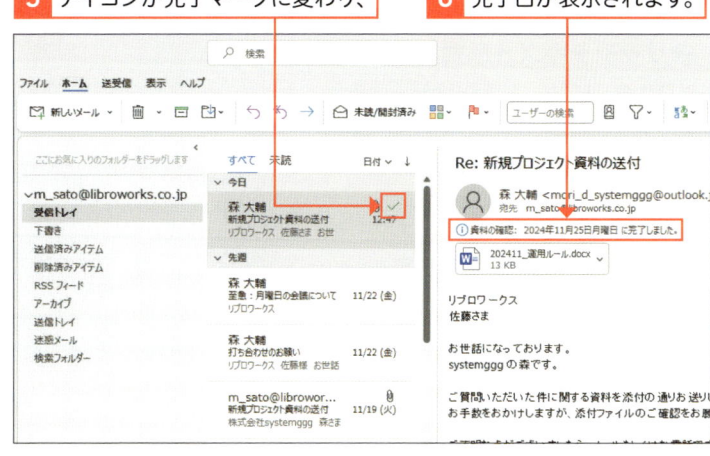

Section 44 作成するメールを常にテキスト形式にしよう

ここで学ぶこと

・HTML 形式
・テキスト形式
・折り返し位置

最近では**HTML形式**に対応したメールサービスが主流となっているため、HTML形式のメールがよく使われています。ただし、HTML形式は図や写真を使って装飾できる一方、相手の環境によっては受信してもらえない可能性があるため、ビジネスでは**テキスト形式**のメールが好まれることもあります。

① 作成するメールをテキスト形式にする

🗨 解説

Outlook のメール形式

クラシックOutlookで作成可能なメール形式には、以下の3つがあります。

● HTML 形式

Webサイトの作成に用いる、「HTML」を利用した形式です。文字の大きさや色を変えたり、図や写真をレイアウトしたりすることができますが、迷惑メールと判断されたり、文字化けしたりなど、相手に正しく受信してもらえない可能性があります。メールマガジンやダイレクトメールなどが、この形式で送られてくることがよくあります。

● リッチテキスト形式

HTML形式と同様、文字の装飾が行える形式です。こちらも相手に正しく受信されないことがあるため、あまり使用されていません。

● テキスト形式

テキスト（文字）のみで構成された形式です。クラシックOutlookの初期設定では、HTML形式のメールを作成するようになっていますので、テキスト形式でメールを送りたい場合は形式を変更する必要があります。

1 ［ファイル］タブの［オプション］をクリックして、［Outlookのオプション］ダイアログボックスを表示します。

2 ［メール］をクリックします。

3 ここをクリックして、

4 テキスト形式をクリックすると、

ヒント

メール作成時に メッセージ形式を変更する

メール作成時の［メッセージ］ウィンドウで、メッセージの形式を変更することができます。［書式設定］タブをクリックし、［…］をクリックして、［メッセージ形式］をクリックしてから、変更したい形式をクリックします。

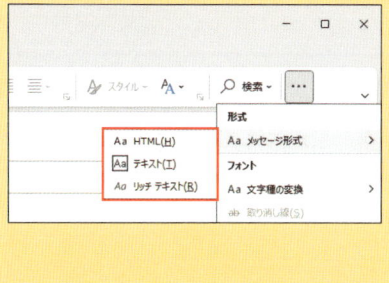

5 ［テキスト形式］に変更されます。

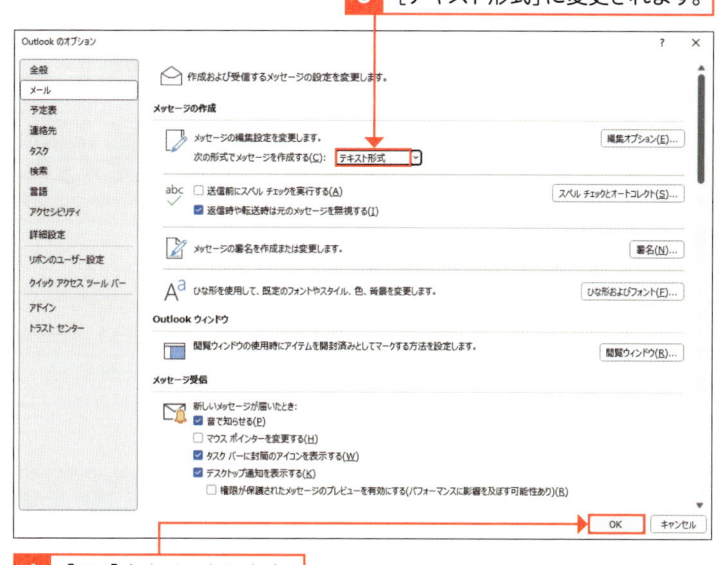

6 ［OK］をクリックします。

7 新しいメールを作成し、

8 ［書式設定］タブをクリックし、

9 ［…］をクリックして、

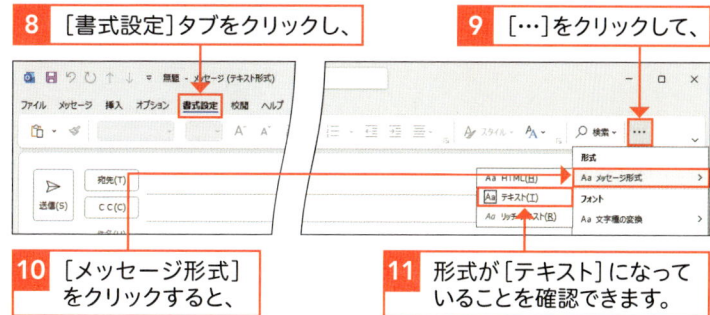

10 ［メッセージ形式］をクリックすると、

11 形式が［テキスト］になっていることを確認できます。

補足   折り返し位置の設定

メールを作成する際、1行あたりの文字数が設定した数値を超えると、送信時に自動的に文章が改行（折り返し）されます。設定する数値は、半角文字で1字分、全角文字で2文字分と数えます。初期設定では76文字となっていますので、全角文字38文字分となります。設定を変更したい場合は、手順**5**の画面を下方向にスクロールして下のほうにある「メッセージ形式」の［指定の文字数で自動的に文字列を折り返す］で数値を指定します。なお、メールの作成画面で改行が行われるわけではなく、送信時に自動的に改行が行われるため、実際にどこで改行されたかを自分で確認することはできません。

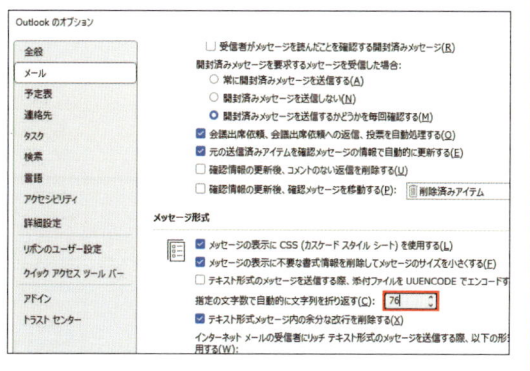

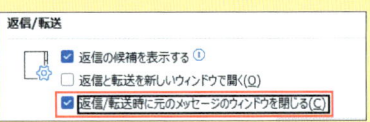

Section 45 メールを新しいウィンドウで開いて表示しよう

ここで学ぶこと

・閲覧ウィンドウ
・メッセージウィンドウ
・返信／転送

受信したメールや、返信／転送のメールを作成する際には、閲覧ウィンドウにメールが表示されますが、**新しいウィンドウ**で開くことでより大きく表示することもできます。一度に多くの行を表示することができるので、効率的にメールを読んだり返信を作成したりすることができます。

① 受信したメールを新しいウィンドウで開く

⌨ ショートカットキー

メールをウィンドウで開く

`Enter`

💡 ヒント

返信／転送時にもとのウィンドウを閉じる

[メッセージ]ウィンドウで表示したメールに対して返信や転送をする場合、もう1つ新しいウィンドウが開きます。その際、もとの[メッセージ]ウィンドウを閉じるには、[ファイル]タブを開いてから[オプション]をクリックし、[メール]をクリックしてから[返信/転送時に元のメッセージのウィンドウを閉じる]をオンにして設定します。

1 ウィンドウで開きたいメールをダブルクリックすると、

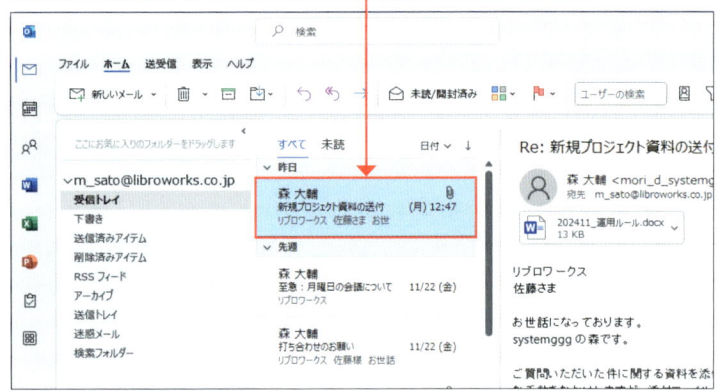

2 メールが[メッセージ]ウィンドウで表示されます。

② 返信／転送するメールを新しいウィンドウで開く

**返信／転送を常に
新しいウィンドウで開く**

返信や転送をする際に常に新しいウィンドウで開くようにすることもできます。[ファイル]タブを開いてから[オプション]をクリックし、[メール]をクリックしてから[返信と転送を新しいウィンドウで開く]をオンにして設定します。

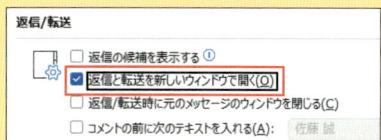

 ヒント

**もとのメッセージの処理を
選択できる**

[Outlookのオプション]ダイアログボックスの[メッセージに返信するとき]では、返信メール作成時にもとのメッセージをどのように処理するかを選択できます。初期状態では[元のメッセージを残す]になっているため、返信時に自動でもとのメッセージが本文の下に挿入されます。また、[メッセージを転送するとき]から転送時の処理方法を設定できます。

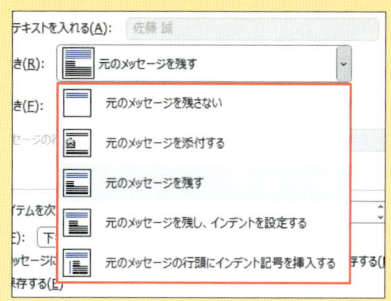

1 返信するメールを閲覧ウィンドウで表示し🔁をクリックします。

2 [ポップアウト]をクリックします。

3 返信するメールが[メッセージ]ウィンドウで表示されます。

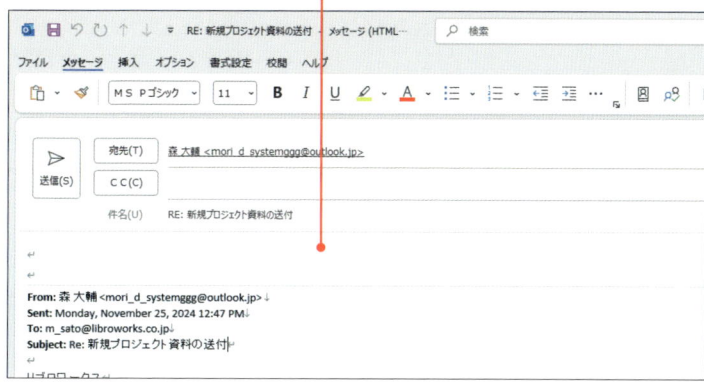

Section 46 受信メールの文字サイズを常に大きく表示しよう

ここで学ぶこと
- ひな形およびフォント
- 文字書式
- ズームスライダー

受信メールの**文字**が小さくて見づらく感じるときは、**文字サイズ**を変更できます。常に文字を大きく表示するよう変更する方法（テキスト形式のみ）と、一時的に文字を大きく表示する方法（テキスト形式／HTML形式）があります。必要に応じて設定するとよいでしょう。

① 受信メールの文字サイズを常に大きく表示する

 **補足**

HTML形式のメールには反映されない

右の方法で文字サイズが変わるのは、テキスト形式のメールのみです。HTML形式のメールは、送信元で文字サイズが指定されているため、この設定が反映されません。HTML形式のメールの文字サイズを変更したいときは、次ページの「ヒント」を参考に、手動で文字サイズを変更してください。

1 ［ファイル］タブの［オプション］をクリックして［Outlookのオプション］ダイアログボックスを表示します。

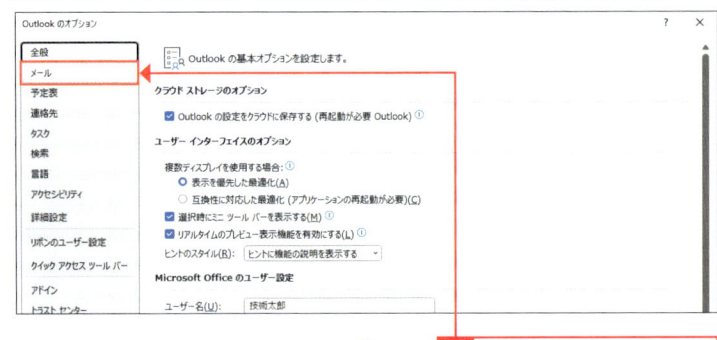

2 ［メール］をクリックし、

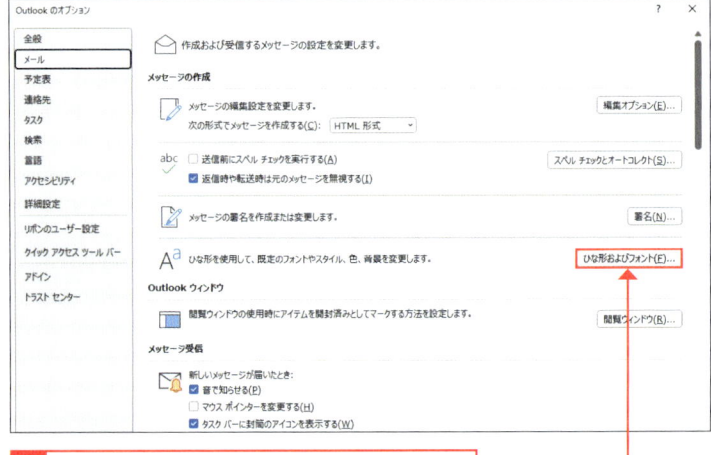

3 ［ひな形およびフォント］をクリックします。

一時的に文字サイズを変更する

一時的に文字サイズを変更するには、ステータスバー右端のズームスライダーを利用します。[＋]をクリックすると文字サイズが大きく、[－]をクリックすると文字サイズが小さくなります。

1 [＋]をクリックすると、

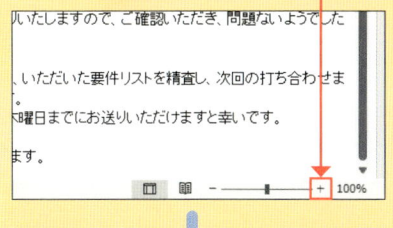

2 文字サイズが大きくなります。

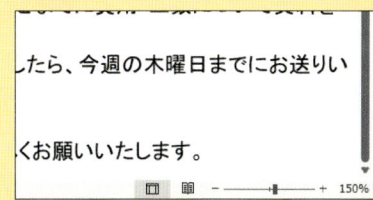

4 [署名とひな形]ダイアログボックスが表示されるので、

5 [ひな形]タブをクリックし、

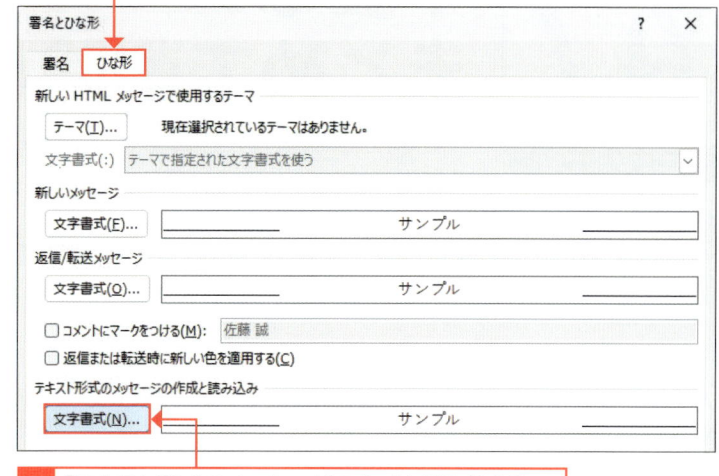

6 [テキスト形式のメッセージの作成と読み込み]の [文字書式]をクリックします。

7 [フォント]ダイアログボックスが表示されるので、

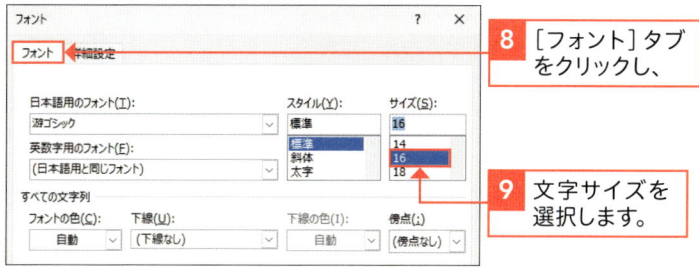

8 [フォント]タブをクリックし、

9 文字サイズを選択します。

10 [OK]を続けてクリックして設定を完了すると、

11 受信メールの文字サイズが変更されます。

不要なメールをまとめて削除しよう

ここで学ぶこと

・削除済みアイテム
・クリーンアップ
・フォルダーを空にする

受信トレイからメールを削除しても、メールは[削除済みアイテム]フォルダーに残っています。余計なメールが保存されているとOutlookの動作が重くなるため、不要になったら完全に削除しましょう。また、フォルダー内の不要なメールを一括で削除する**フォルダーのクリーンアップ**という便利な機能もあります。

① 削除済みメールをまとめて削除する

補足

フォルダーウィンドウからも削除できる

右の手順のほかに、フォルダーウィンドウ（36ページ参照）の[削除済みアイテム]を右クリックし、[フォルダーを空にする]をクリックして削除済みメールをまとめて削除することもできます。

応用技

[削除済みアイテム]を自動的に空にする

[削除済みアイテム]の中身は、クラシックOutlookの終了時に自動的に削除するよう設定することができます。

[Outlookのオプション]ダイアログボックスの[詳細設定]を表示します。

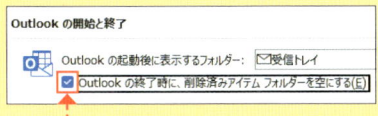

[Outlookの終了時に、削除済みアイテムフォルダーを空にする]をクリックしてオフにします。

1 [ファイル]タブをクリックし、Backstageビューを表示します。

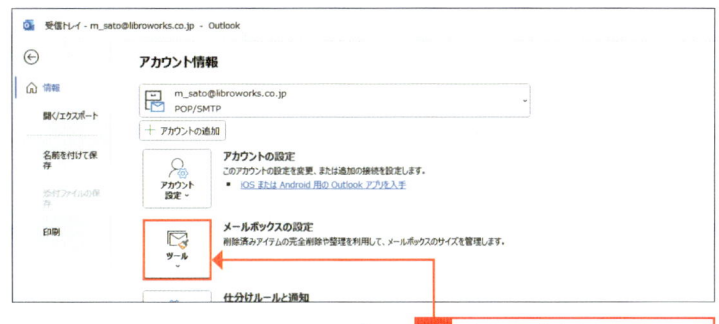

2 [ツール]をクリックして、

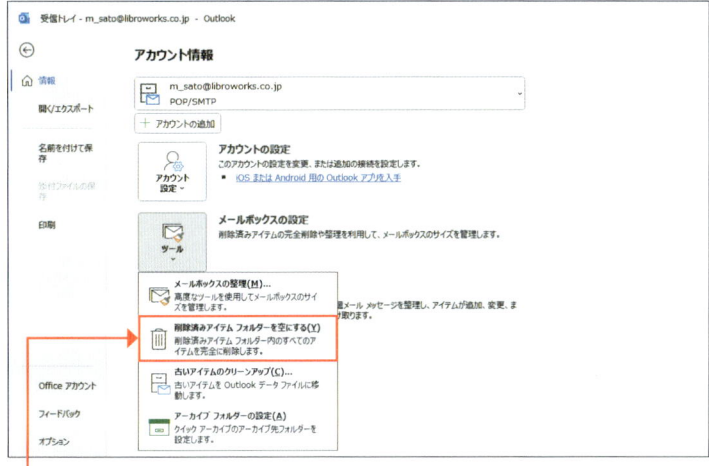

3 [削除済みアイテムフォルダーを空にする]をクリックします。

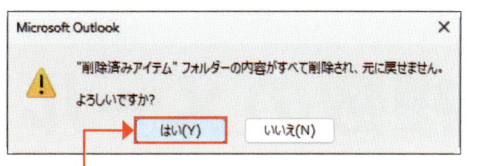

4 ［はい］をクリックすると、削除済みメールが完全に削除されます。

② フォルダー内の不要なメールをまとめて削除する

💬 解説

フォルダーのクリーンアップ

スレッドなどでやりとりしたメールの場合、1つ前のメールの内容が全文引用されていることが多く、過去のメールは不要になります。フォルダーのクリーンアップを行うことで、そのフォルダー内のすべてのスレッドの不要な過去メールを削除してくれます。

1 ［ホーム］タブをクリックし、

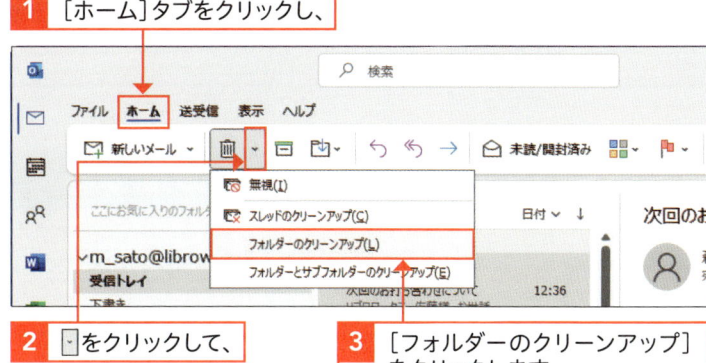

2 □をクリックして、

3 ［フォルダーのクリーンアップ］をクリックします。

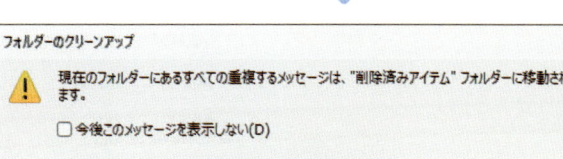

4 ［フォルダーのクリーンアップ］をクリックすると、

5 重複したメールがまとめて削除され、最後のメールのみ残ります。

💡 ヒント

**クリーンアップで削除した
メールの移動先**

右の手順で削除した重複メールは、［削除済みアイテム］フォルダーに入ります。［Outlookのオプション］ダイアログボックスの［メール］から、削除した重複メールの移動先のフォルダーを変更できます。

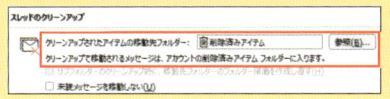

Section 48 複数のメールアカウントを使い分けよう

ここで学ぶこと

・アカウントの追加
・アカウントの表示
・アカウントの削除

ビジネス用とプライベート用など、用途に応じて、複数のメールアカウントを使い分けることができます。新しくメールアカウントを作成すると、フォルダーウィンドウに新しいメールアカウントの名前が表示され、個別に管理できるようになります。

① 新しいメールアカウントを追加する

🗨 解説

メールアカウントの追加

ここでは、Gmailのアカウントを追加します。他のアカウントでは手順 **8** 〜 **13** の画面や操作が異なります。

✏ 補足

複数アカウントの使い分け

クラシック Outlook では、複数のメールアカウントを管理することができます。それぞれ、アカウントごとにフォルダーが用意されるので、自分がどのアカウントを利用しているのかがひと目でわかり、直感的に操作することができます。また、メールアカウントごとに署名を使い分けることも可能です（85ページ参照）。

1 ［ファイル］タブをクリックしてBackstage ビューを表示します。

2 ここをクリックし、　　**3** ［アカウント設定］をクリックすると、

4 ［アカウント設定］ダイアログボックスが表示されます。

5 ［新規］をクリックします。

補足

アカウントが
自動設定できない場合

手順 **7** の操作後、メールアカウントが自動設定できない場合は、手動で設定する必要があります。詳しくは、34ページを参照してください。

補足

Googleアカウントの
ログイン

Gmailのアカウントを追加する場合、手順 **8** でWebブラウザーが表示され、Googleアカウントでのログインが必要になります。手順 **13** でログインが完了したあとは、Webブラウザーを閉じてください。また、事前に31ページの設定も行ってください。

---

6 追加したいメールアドレスを入力し、

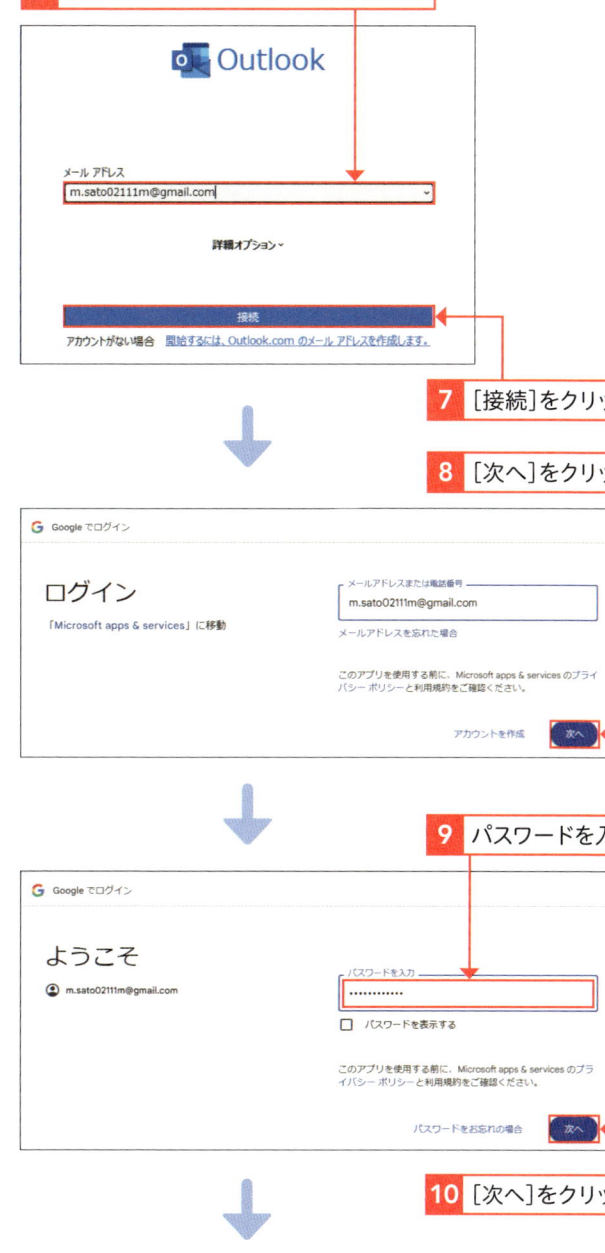

7 [接続]をクリックします。

8 [次へ]をクリックします。

9 パスワードを入力し、

10 [次へ]をクリックします。

11 [次へ]をクリックします。

メールアカウントの修復

設定済みのメールアカウントで何らかの不具合が生じた場合は、148ページの手順 **1**～**3** を参考に[アカウント設定]ダイアログボックスを表示してメールアカウントを選択し、[修復]をクリックします。

12 ここをクリックしてオンにし、

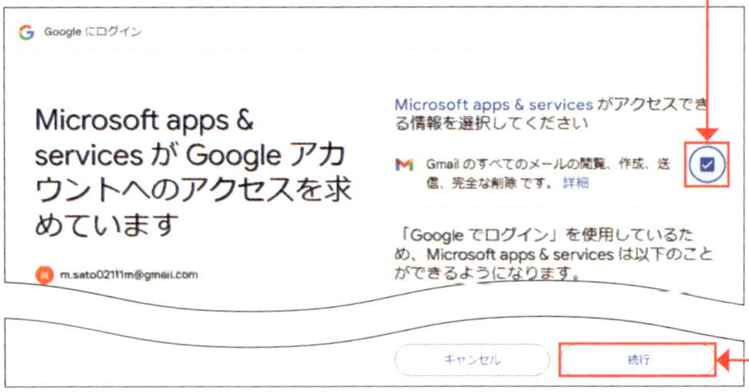

G Google にログイン

Microsoft apps & services が Google アカウントへのアクセスを求めています

m.sato02111m@gmail.com

Microsoft apps & services がアクセスできる情報を選択してください

M Gmail のすべてのメールの閲覧、作成、送信、完全な削除です。 詳細 ☑

「Google でログイン」を使用しているため、Microsoft apps & services は以下のことができるようになります。

キャンセル　　　続行

13 [続行]をクリックします。

14 [完了]をクリックします。

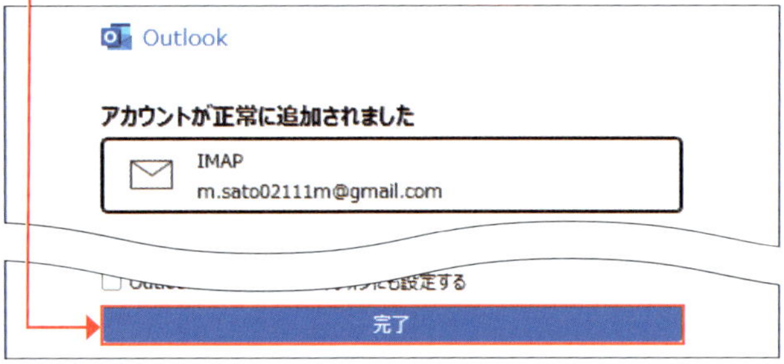

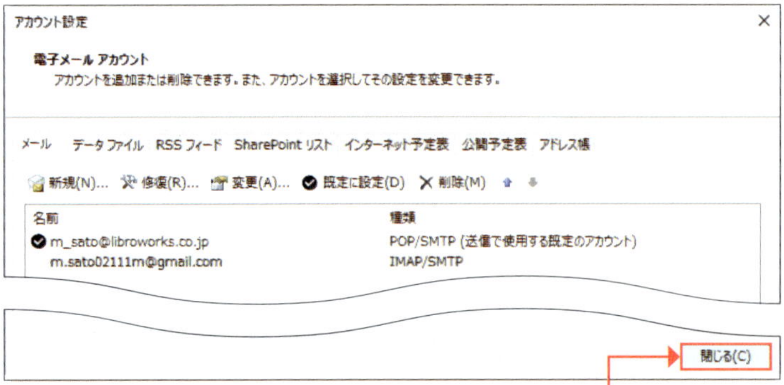

◯ Outlook

アカウントが正常に追加されました

✉ IMAP
m.sato02111m@gmail.com

□ Outlook ...... にも設定する

完了

アカウント設定 ✕

電子メール アカウント
アカウントを追加または削除できます。また、アカウントを選択してその設定を変更できます。

メール　データ ファイル　RSS フィード　SharePoint リスト　インターネット予定表　公開予定表　アドレス帳

🖅 新規(N)...　🛠 修復(R)...　🖅 変更(A)...　● 既定に設定(D)　✕ 削除(M)　🔺　🔻

名前	種類
● m_sato@libroworks.co.jp	POP/SMTP (送信で使用する既定のアカウント)
m.sato02111m@gmail.com	IMAP/SMTP

閉じる(C)

15 [閉じる]をクリックします。

16 フォルダーウィンドウに新しいメールアカウントが表示されます。

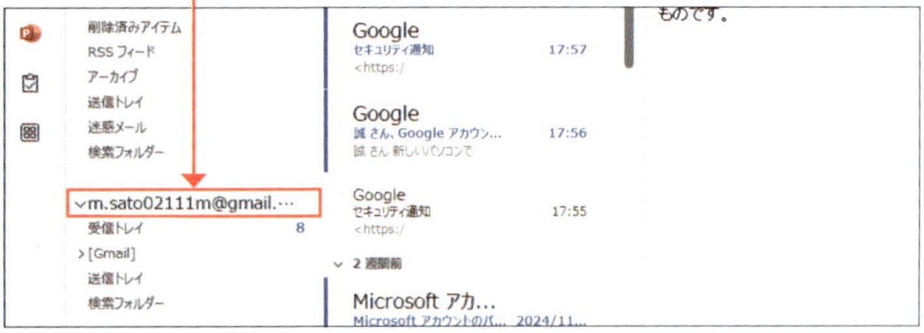

削除済みアイテム
RSS フィード
アーカイブ
送信トレイ
迷惑メール
検索フォルダー

∨ m.sato02111m@gmail.…
受信トレイ　　8
>[Gmail]
送信トレイ
検索フォルダー

ものです。

Google
セキュリティ通知　17:57
<https:/

Google
誠 さん、Google アカウン…　17:56
誠 さん 新しいパソコンで

Google
セキュリティ通知　17:55
<https:/

∨ 2 週間前

Microsoft アカ…
Microsoft アカウントのパ… 2024/11…

② 追加したメールアカウントを削除する

 **補足**

既定のメールアカウント

複数のメールアカウントを使う場合、最初に作成したメールアカウントが「既定のメールアカウント」となります。とくに指定せずにメールを作成する場合は、この「既定のメールアカウント」が［差出人］となります。「既定のメールアカウント」を変更するには、［アカウント設定］ダイアログボックスを表示して、アカウントをクリックしてから［既定に設定］をクリックします。

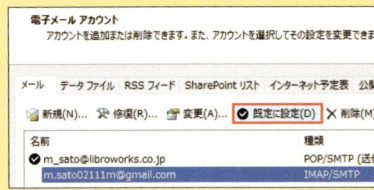

 **補足**

メールアカウント削除時のメール

右の手順でメールアカウントを削除した際、そのアカウントで受信したメールもクラシックOutlookから削除されます。サーバー上のメールは削除されません。

1 ［ファイル］タブをクリックしてBackstage ビューを表示します。

2 ここをクリックし、　　**3** ［アカウント設定］をクリックすると、

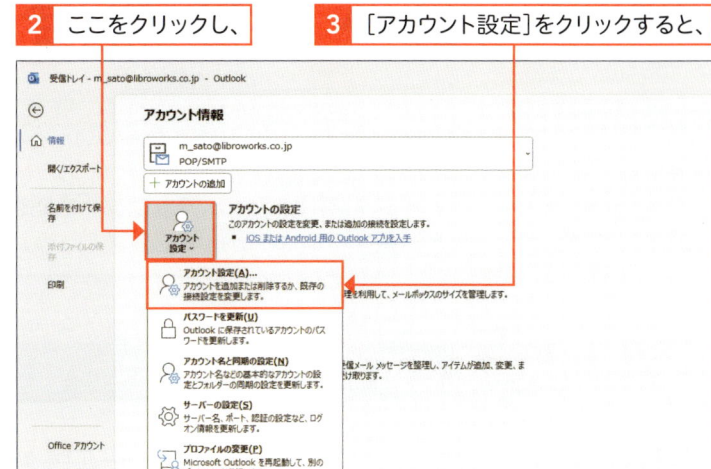

4 ［アカウント設定］ダイアログボックスが表示されます。

5 削除したいメールアカウントを選択し、

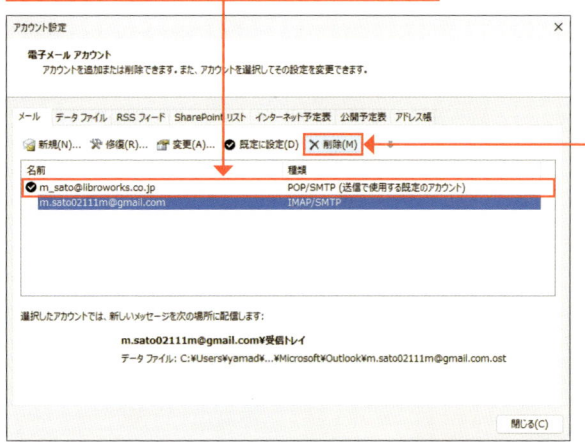

6 ［削除］をクリックして、

7 ［はい］をクリックします。

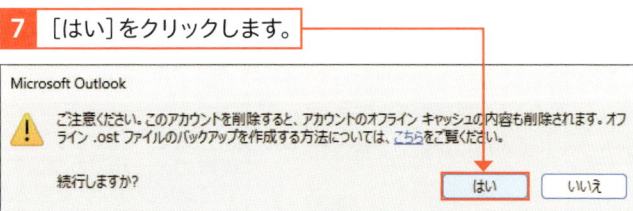

Section 49 差出人を変えてメールを送信しよう

ここで学ぶこと

・差出人
・差出人を変える
・差出人の確認

複数のメールアカウントを設定している場合、［メッセージ］ウィンドウの［差出人］から**送信するメールアカウントを選択**できます。うっかりプライベート用とビジネス用のメールアカウントを間違えて選んでしまう可能性もあるので、宛先を選択する際は十分に確認しましょう。

① ［差出人］を変更する

🗨 解説

［差出人］を間違えないようにするために

新しいメールを作成時に［差出人］に設定されるメールアカウントは、フォルダーウィンドウで選択していたメールアカウントです。［差出人］を間違えないようにするためには、先にフォルダーウィンドウで、送信したいメールアカウントの［受信トレイ］をクリックしてから、［新しいメール］をクリックする習慣を付けておくとよいでしょう。

✏ 補足

［差出人］を変更したときの署名

メールアカウントごとに署名を設定している場合、［差出人］を変更すると署名もそのアカウントのものに自動で変更されます。

1 ［新しいメール］をクリックします。

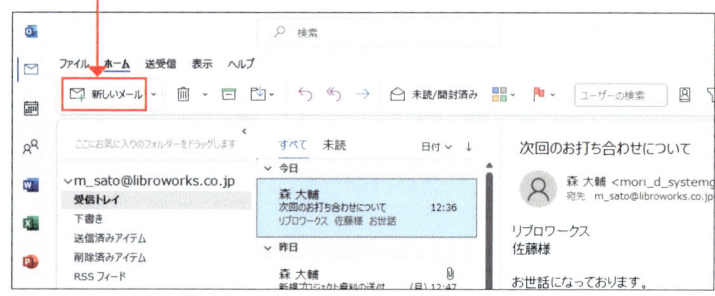

2 ［メッセージ］ウィンドウが表示されます。

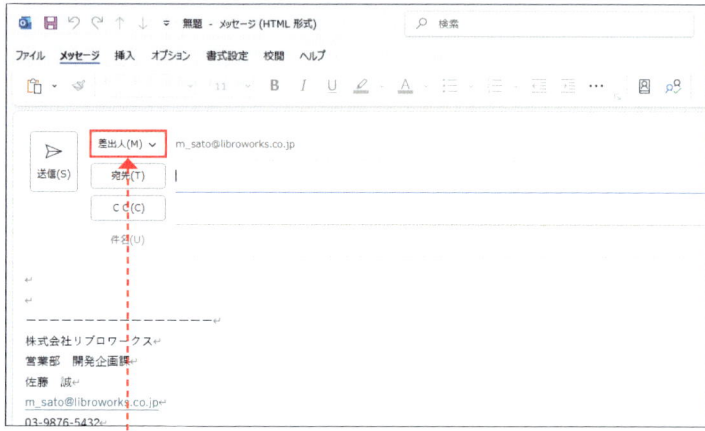

複数のメールアカウントを設定していると、［差出人］のボタンがクリックできるようになっています。

複数のメールアカウントを使う場合、以下の手順で特定のメールアカウントのみ送受信することができます。

1 ［送受信］タブをクリックし、

2 ［送受信グループ］をクリックします。

3 受信したいメールアカウントの［受信トレイ］をクリックすると、メールが送受信できます。

メールを新規作成して［送信］をクリックする際、必ず［差出人］のメールアカウントを再確認しましょう。急いでいる場合など、今はどちらのメールアカウントを使っているのか、ついつい見落としがちです。送信ミスをなくすためにも、意識して［差出人］を確認するようにしましょう。

3 宛先と件名、本文を入力し、

4 ［差出人］をクリックします。

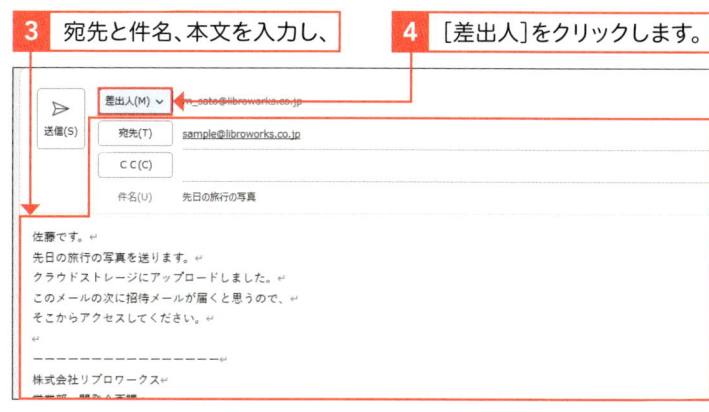

5 送信に使いたいメールアカウントをクリックすると、

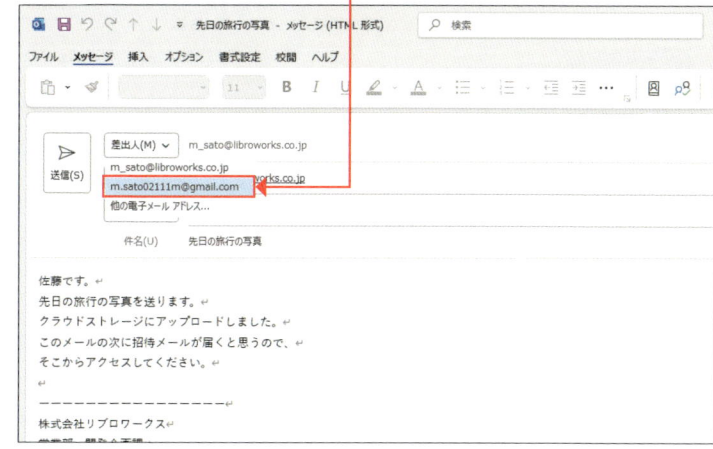

6 ［差出人］が変更されます。

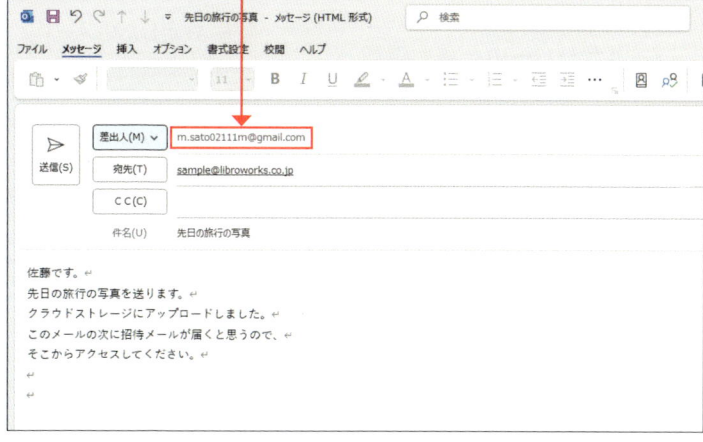

Section 50 | メールをサーバーに残す期間を変更しよう

ここで学ぶこと

・メールサーバー
・メールボックス
・メッセージのコピー

POPアカウントの自分宛のメールは、受信後も**サーバー**上のメールボックスに保管されています。そのままサーバー上にメールを残しておくこともできますが、保存容量に上限があるため、次第に容量を圧迫してしまいます。そうならないよう、一定期間後に**自動的に削除**するようにしましょう。

① サーバーにメールを残す期間を変更する

補足

メールをサーバーから削除する日数

サーバーから削除する日数が長くなるほど、サーバーにはメールのコピーが溜まっていきます。サーバーの容量が圧迫されると、メールの受信に時間がかかったり、場合によっては、相手のメールが受信できなかったりすることもあります。通常は1週間程度に設定しておいて、長期旅行などの際に、長めの日数とするのがよいでしょう。

注意

メールサーバーの仕様も確認

IMAPアカウントの場合、メールを削除するとサーバーのメールもすぐに削除されるので、期間の変更設定は行えません。また、POPアカウントでも利用しているメールのサービスによっては、手順**7**のような画面が表示されずそもそも設定ができないこともあります。詳しくは、お使いのプロバイダーの公式サイトなどを確認してください。

1 ［ファイル］タブをクリックしてBackstageビューを表示します。

2 ここをクリックし、

3 ［アカウント設定］をクリックすると、

4 ［アカウント設定］ダイアログボックスが表示されます。

5 設定したいメールアカウントをクリックし、

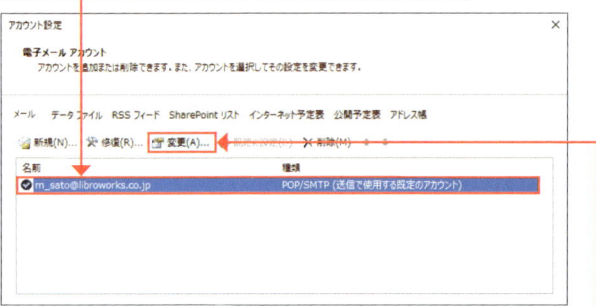

6 ［変更］をクリックすると、

補足

メールをサーバーから即座に削除する

手順7の画面で[サーバーにメッセージのコピーを残す]をクリックしてオフにすると、クラシックOutlookで受信後、サーバーのメールはすぐに削除されます。メールをサーバーに残す必要がない場合は、この設定でもよいでしょう。

ヒント

2台のパソコンでOutlookを使う場合

たとえば、自宅用と外出用の2台のパソコンでクラシックOutlookを使用している場合、片方のパソコンでサーバーのメールをすぐに削除するよう設定してしまうと、もう片方のパソコンでは削除したメールが見られなくなってしまいます。そのようなことを防ぐためにも、メールの削除は日数をおいて削除するようにしておくと便利です。

7 [POPアカウントの設定]ダイアログボックスが表示されます。

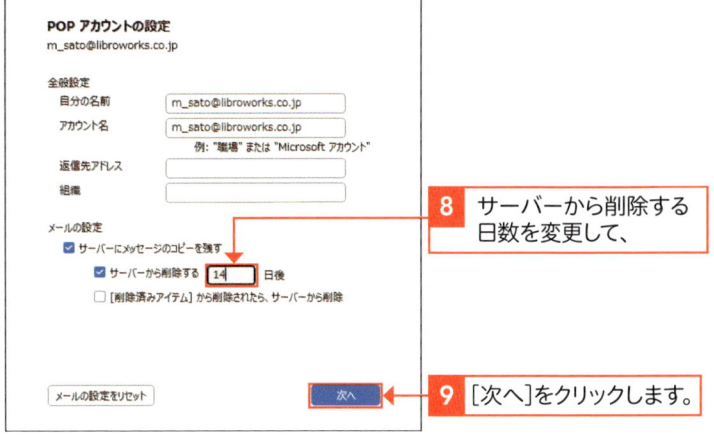

8 サーバーから削除する日数を変更して、

9 [次へ]をクリックします。

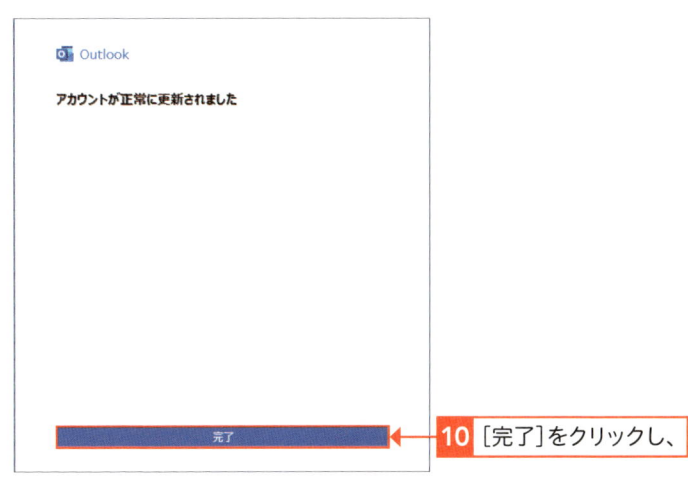

10 [完了]をクリックし、

11 最後に[閉じる]をクリックします。

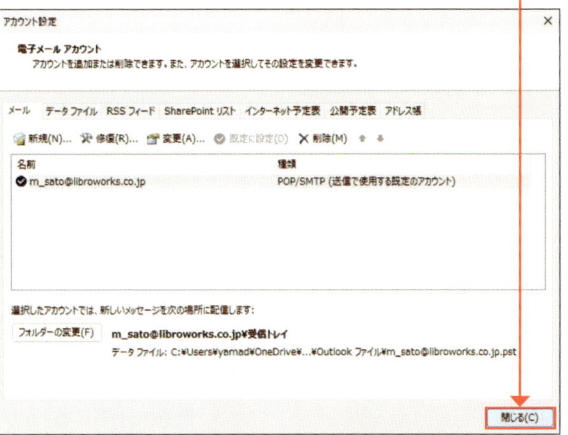

ここで学ぶこと

・ヘッダー情報
・インターネットヘッダー
・発信元の情報

メールの詳細を確認したい場合は、**ヘッダー情報**を確認します。ここには、メールの差出人、宛先、件名、送信日時、メールソフトなどの情報が記載されています。万が一、迷惑メールを受信した際は、このヘッダー情報を確認することで、**発信元の情報**をある程度探ることができます。

① メールのヘッダー情報を見る

 **補足**

ヘッダー情報の内容

ヘッダー情報には英字でさまざまな内容が含まれています。ここでは、いくつか代表的なものをかんたんに紹介します。

① **Received : from ～ by ～ for ～**

経由したサーバーや送信元のIPアドレスとドメイン名などが表示されます。fromからby宛に送信されており、Received:が複数ある場合は、下から上の順に送信されています。forは最終的に届く宛先で、そのあとに処理を行った時刻が表示されています。

② **Date : ～**

メールの受信日が表示されます。

③ **X-Mailer : ～**

送信した人のメールソフト名が表示されます。

---

1 メールをダブルクリックして、[メッセージ]ウィンドウを表示しておきます。

2 [ファイル]タブをクリックし、

3 [プロパティ]をクリックすると、

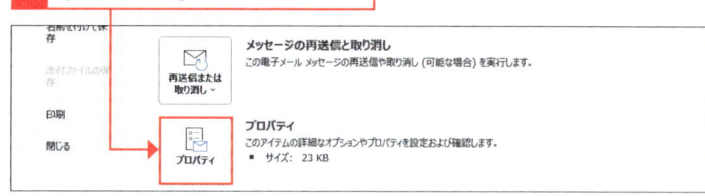

4 メールのヘッダー情報が表示されます。

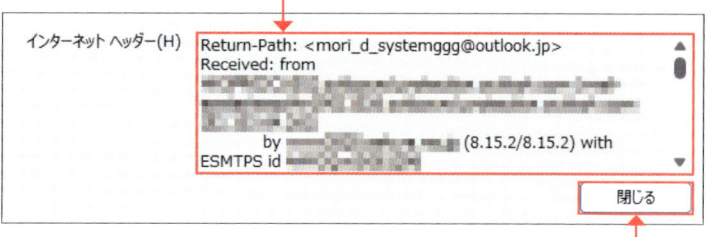

5 最後に[閉じる]をクリックします。

第 **5** 章

連絡先を管理しよう

この章で学ぶこと

連絡先を管理しよう

▶ 連絡先を登録する

多くの人とメールのやりとりをするビジネスシーンにおいて、日々増えていく連絡先の管理は課題の1つです。クラシックOutlookの連絡先機能では、名前やメールアドレス、電話番号といった連絡先情報を、メール機能と連携しながらスムーズに管理することができます。
登録した連絡先は、「アドレス帳」として利用することが可能です。アドレス帳からメールを送信したり、[メール]から呼び出したりすることができます。

●連絡先を登録する

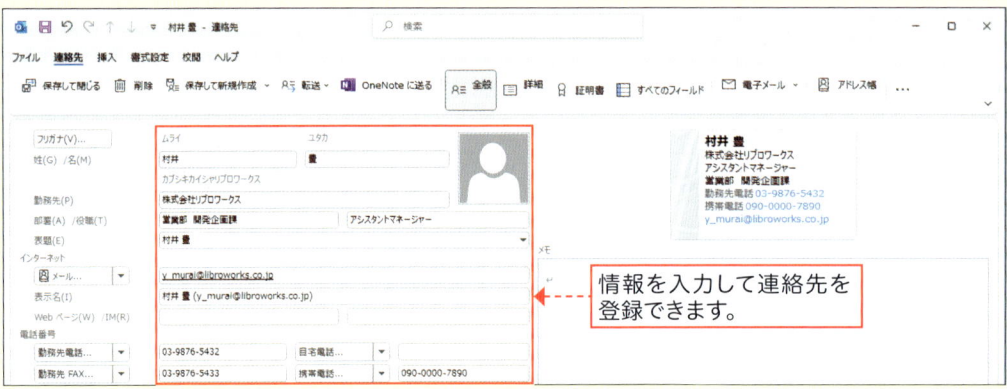

情報を入力して連絡先を
登録できます。

●アドレス帳を利用する

▶ 連絡先を整理する

連絡先の数が増えてくると、目的の連絡先を探すのに時間がかかってしまいます。クラシックOutlookでは、登録した連絡先を見やすい[名刺]形式で表示したり、勤務先の名前順に並べ替えたりと、わかりやすく一覧表示することが可能です。また、よく使う連絡先をお気に入りに登録しておけば、すぐに参照できるため便利です。

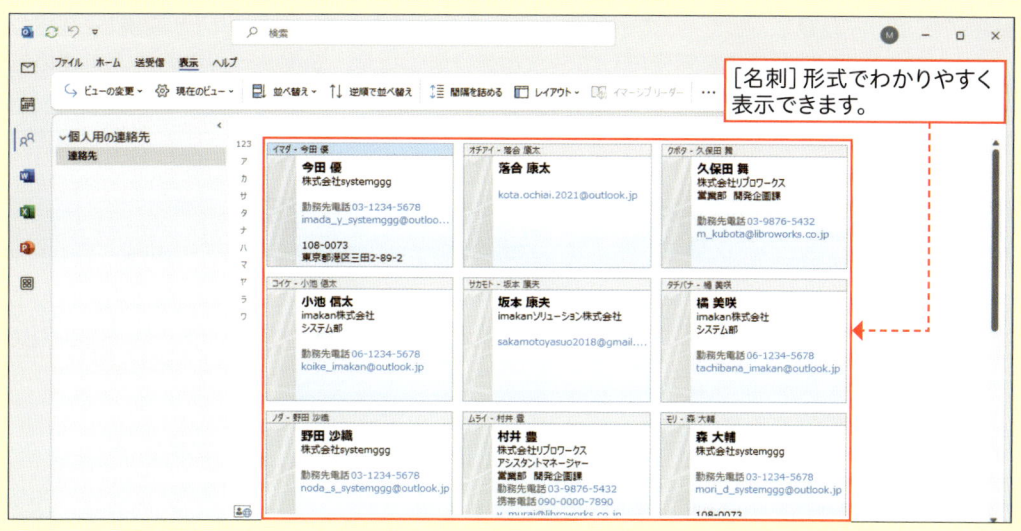

[名刺]形式でわかりやすく表示できます。

▶ 複数の連絡先をグループにまとめる

同じ部署のメンバーなど、特定のグループに頻繁にメールするのであれば、連絡先グループを作成しましょう。グループ宛に送信したメールは、グループに所属するメンバーに一斉送信されます。

複数のメンバーをグループにまとめることができます。

Section

52 連絡先の画面構成を知ろう

ここで学ぶこと

- 連絡先
- ビュー
- [連絡先]ウィンドウ

連絡先では、相手の名前や住所、電話番号、メールアドレス、勤務先などの情報を登録し、[ビュー]で一覧表示することができます。[メール]と連携し、登録したメールアドレスを宛先にしてメールを作成したり、受信メールの差出人を連絡先に登録したりすることも可能です。

① [連絡先] の基本的な画面構成

[連絡先]の一般的な作業は、以下の画面で行います。

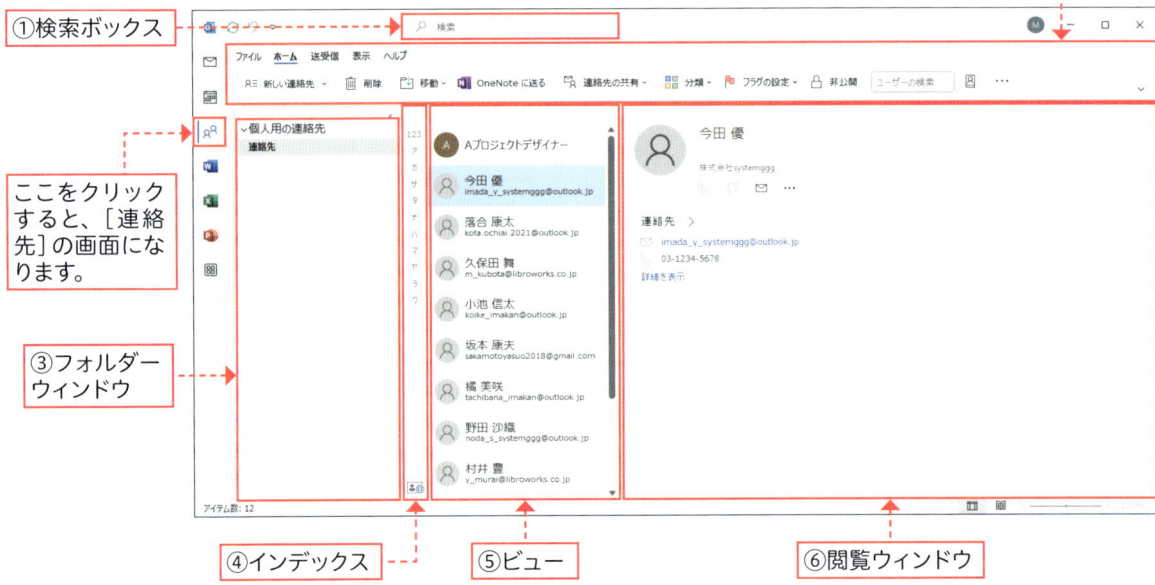

①検索ボックス

②タブとリボン

ここをクリックすると、[連絡先]の画面になります。

③フォルダーウィンドウ

④インデックス

⑤ビュー

⑥閲覧ウィンドウ

名称	機能
①検索ボックス	キーワードを入力して連絡先を検索します。
②タブとリボン	よく使う操作が目的別に分類されています。
③フォルダーウィンドウ	登録した連絡先のフォルダーが表示されます。フォルダーを新規作成して追加することもできます（183ページ参照）。
④インデックス	クリックすると、その文字から始まる姓の連絡先が表示されます。
⑤ビュー	登録した連絡先を表示します。全部で8種類の表示方法があります（168ページ参照）。
⑥閲覧ウィンドウ	登録した連絡先の主な情報が表示されます。

② ［連絡先］ウィンドウの画面構成

［連絡先］ウィンドウでは、名前や勤務先、複数のメールアドレスや電話番号、顔写真などを登録し、確認することができます。

③勤務先の情報　　　①名前　　　②顔写真　　　④名刺

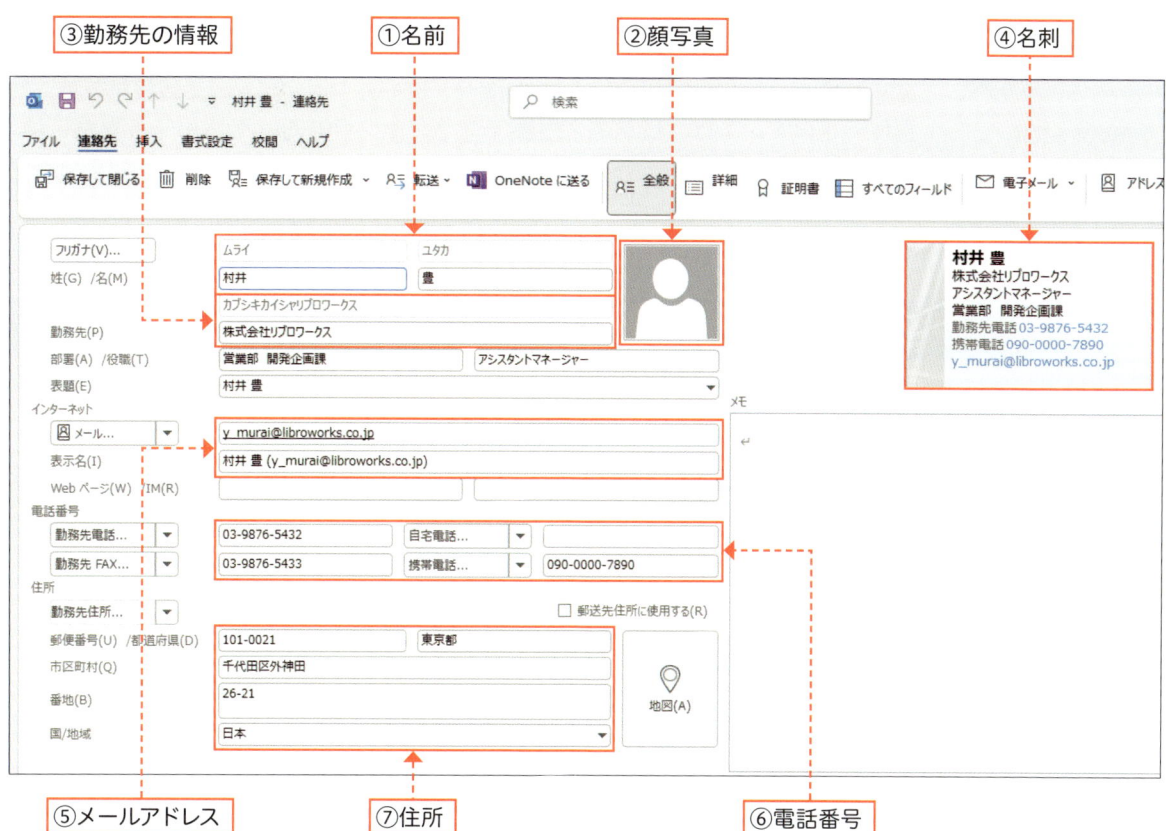

⑤メールアドレス　　　⑦住所　　　⑥電話番号

名称	機能
①名前	姓と名を入力します。フリガナは自動で登録され、あとから編集することも可能です。
②顔写真	本人を撮影した画像ファイルを登録できます。
③勤務先の情報	勤務先名、部署名、役職名を入力できます。個人の場合は、登録しなくても構いません。
④名刺	連絡先に登録した内容の一部が表示されます。
⑤メールアドレス	メールアドレスを最大3件まで登録できます。
⑥電話番号	自宅や勤務先、携帯電話やFAXなど、最大4件までの電話番号を登録できます。
⑦住所	自宅や勤務先など、最大3件までの住所を登録できます。

53 連絡先を登録しよう

ここで学ぶこと

・連絡先を登録
・[連絡先]ウィンドウ
・フリガナ

連絡先では、相手の名前や住所、電話番号、メールアドレスなどの情報を**登録**して管理できます。また、ビジネス用途でクラシックOutlookを活用する場合には、相手の会社名や部署名、役職、さらに勤務先の住所や電話番号などを登録することもできます。

① 新しい連絡先を登録する

💬 解説

連絡先の登録

連絡先に登録した情報は、あとから自由に追加や変更が可能です。大量に登録する場合は、名前とメールアドレスなど最低限必要な情報だけ登録しておくとよいでしょう。

⏰ 時短

同じ勤務先を登録する

登録したい人が、すでに登録している勤務先と同じ場合は、その勤務先情報が入力された状態で新規登録することが可能です。

1 もとの勤務先が入力された
アイテムをクリックします。

2 ここをクリックし、

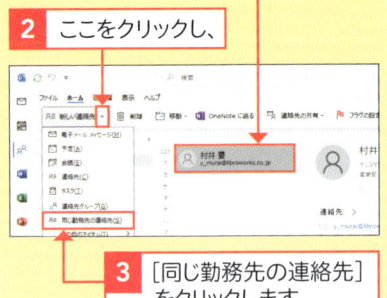

3 [同じ勤務先の連絡先]
をクリックします。

1 [ホーム]タブをクリックして、

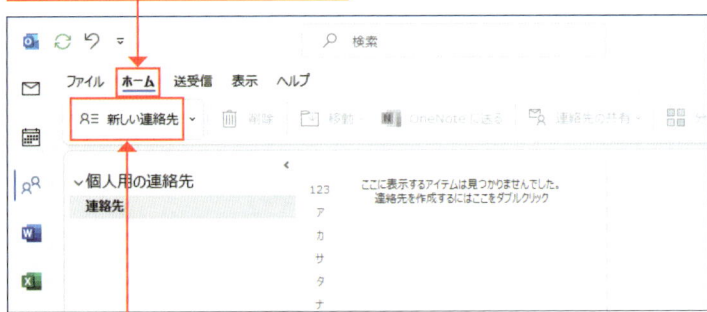

2 [新しい連絡先]をクリックすると、

3 [連絡先]ウィンドウが表示されます。

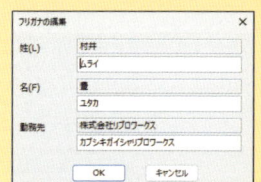
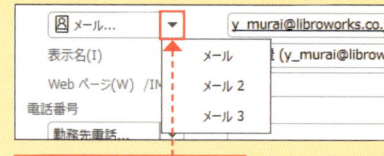
4 [姓]と[名]を入力すると、

5 [フリガナ]と[表題]が自動的に登録されます。

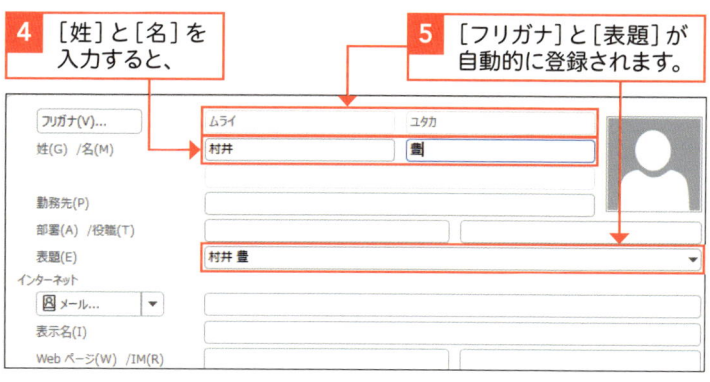

6 [勤務先]を入力し、

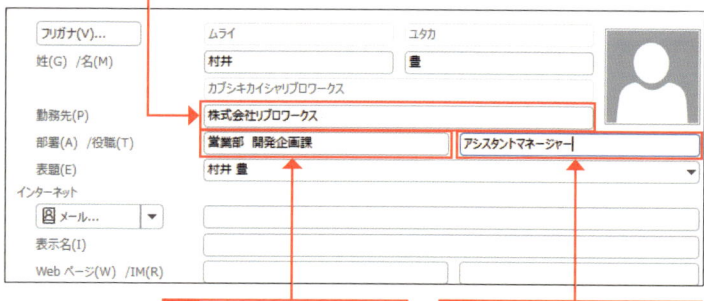

7 [部署]を入力して、

8 [役職]を入力します。

9 [メール]にメールアドレスを入力し、

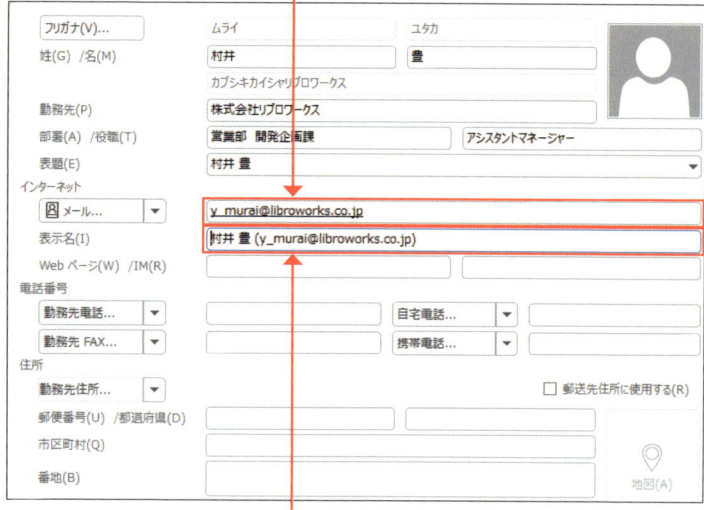

10 [表示名]をクリックすると自動的に入力されます。

✏ 補足

登録可能な電話番号

電話番号は最大4件まで登録可能です。登録項目名は、▾ ボタンをクリックして一覧から選択することができます。

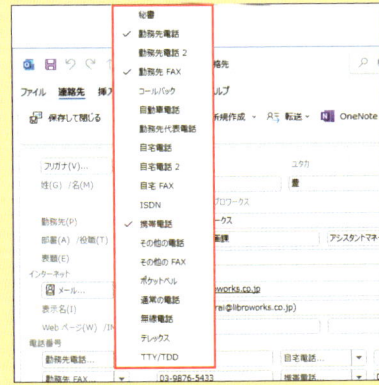

✏ 補足

登録可能な住所

登録可能な住所は［勤務先］のほか、［自宅住所］と［その他］が選択できます。このとき、［郵送先住所に使用する］をオンにした住所が［差し込み印刷］で使用されます。［差し込み印刷］とは、連絡先のデータを使って複数の連絡先に送信する手紙またはメールを作成できるWordの機能です。

11 電話番号を入力して、

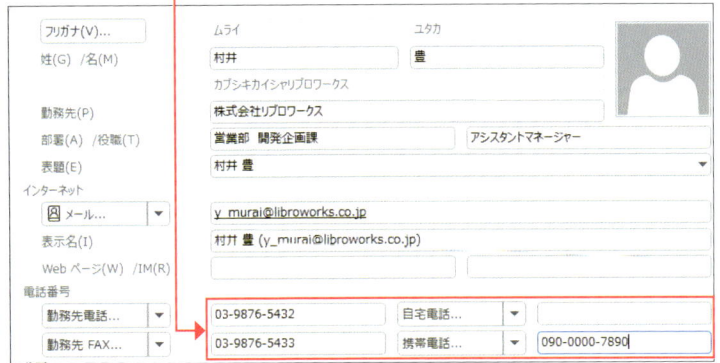

12 ［郵便番号］と［都道府県］、［市区町村］、［番地］を入力し、

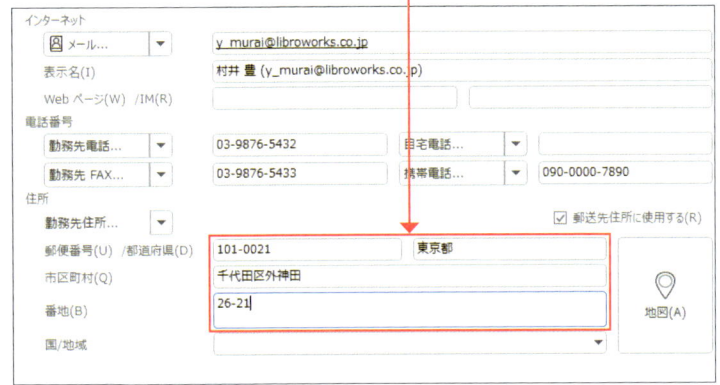

13 ここをクリックして、

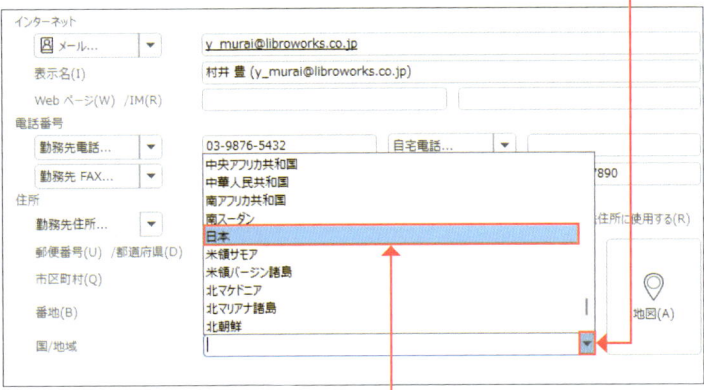

14 表示される一覧から［日本］を選択します。

15 入力した内容が名刺に表示されているので確認し、

16 [保存して閉じる]をクリックします。

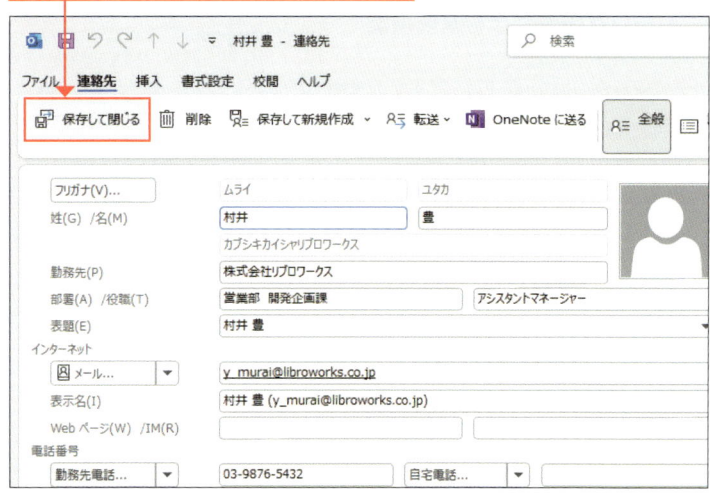

17 登録した連絡先が[ビュー]に表示されます。

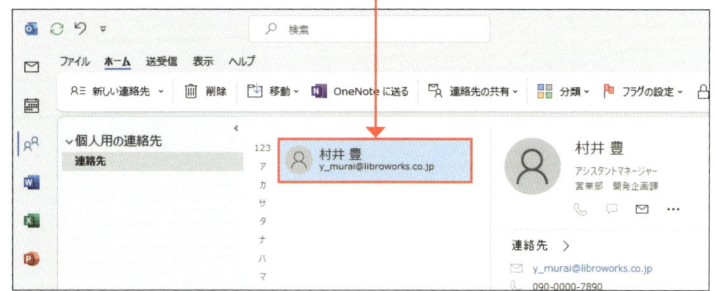

補足

入力した内容の確認

手順**15**で表示される内容は、入力した内容がすべて表示されるわけではありません。項目によっては表示されないものもあります。

応用技

顔写真を登録する

[連絡先]ウィンドウの画面では、顔写真を登録することもできます。相手の顔と名前を一度に登録しておけば、よりわかりやすくなるでしょう。

1 […]をクリックして、

2 [画像]をクリックし、

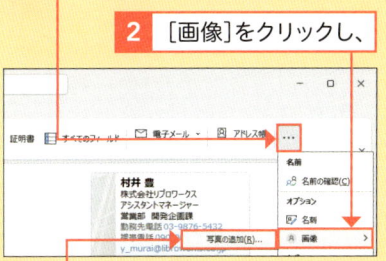

3 [写真の追加]をクリックします。

写真を登録すると、名刺にも表示されるようになります。

Section

54 | 受信したメールの差出人を連絡先に登録しよう

ここで学ぶこと

・連絡先の登録
・ドラッグ操作
・メモ

メールを受信したら、差出人を連絡先に登録しておきましょう。［メール］の画面を表示したあと、受信メールをドラッグするだけで、差出人の名前とメールアドレスをすばやく登録できます。直接入力する必要がないため、メールアドレスを間違えて入力する心配がありません。

1 メールの差出人を連絡先に登録する

補足

ドラッグ操作による連携機能

クラシックOutlookでは、アイテムを各機能にドラッグすることで、機能間を連携した操作を行うことができます。ここでは、メールのアイテムを［連絡先］のアイコンにドラッグして、連絡先への新規登録を行います。同様にして［予定表］のアイコンにドラッグすることで、予定表の新規登録も可能です（208ページ参照）。

1 ［メール］の画面で登録したい差出人のメールをクリックします。

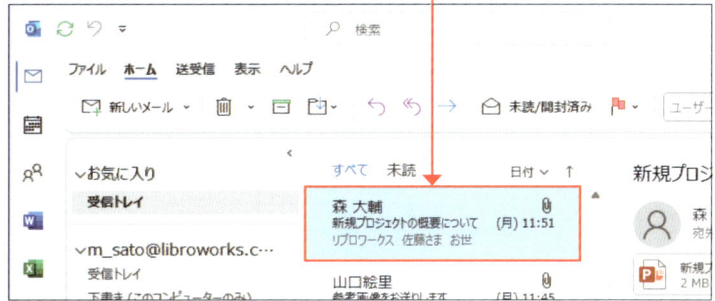

2 ［連絡先］のアイコンにドラッグすると、

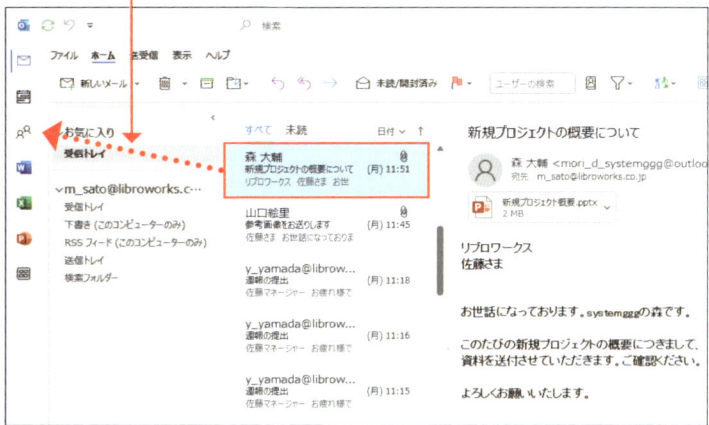

補足

姓名が分離していない場合

受信したメールによっては、姓と名が一緒になって登録されていることがあります。確認のうえ、きちんと修正しておきましょう。また、フリガナは登録されないので、自分で入力する必要があります。

3 ［連絡先］ウィンドウが表示されます。

差出人の名前とメールアドレスが登録されています。

メールの内容が表示されます。

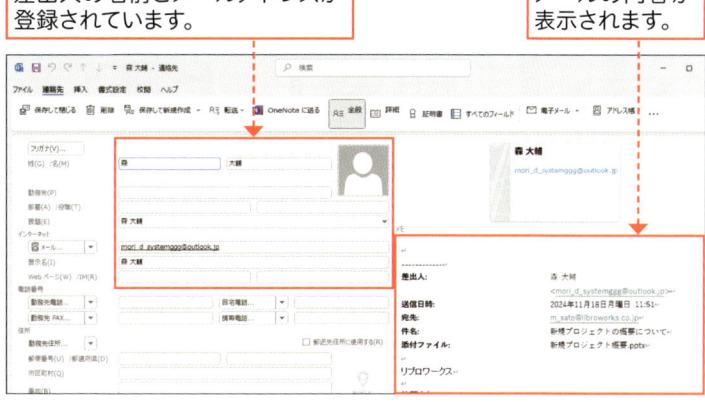

4 必要に応じて情報を修正し、

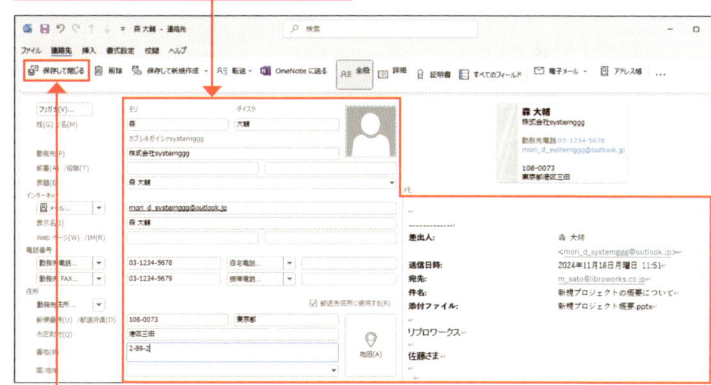

5 ［保存して閉じる］をクリックします。

6 ［連絡先］の画面を表示すると、

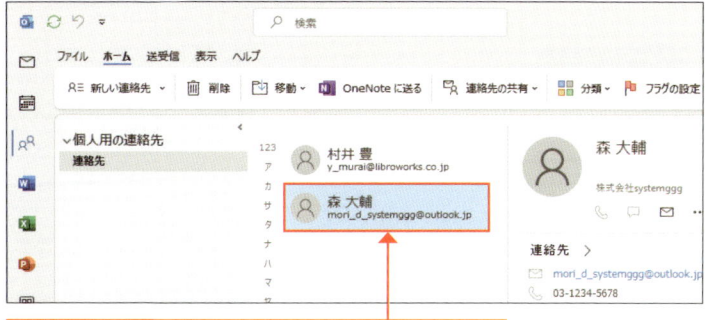

7 連絡先が登録されていることを確認できます。

補足

［メモ］の内容

この方法で連絡先を登録する場合、手順 3 の画面のように［メモ］にメールの内容が登録されています。とくに必要なければ削除しておきましょう。

55 | 登録した連絡先を閲覧しよう

ここで学ぶこと

- ビュー
- 表示形式
- 並べ替え

初期状態のビューは、[連絡先]形式で表示されています。ビューはこれ以外にも、[名刺]、[連絡先カード]、[電話]、[分類項目別]、[一覧]、[地域別]などの項目ごとに並べ替えることが可能です。それぞれ情報の表示方法が異なるので、見やすい形式を選びましょう。

① [名刺]形式で表示する

 **補足**

[連絡先]形式と[名刺]形式

初期状態では[連絡先]形式で表示されています。[連絡先]形式では、ビューに顔写真と名前が表示され、閲覧ウィンドウに登録情報が表示されます。[名刺]形式では、名前と登録情報が名刺のように表示され、格子状に並んで表示されます。

1 [表示]タブをクリックして、

2 [ビューの変更]をクリックして、

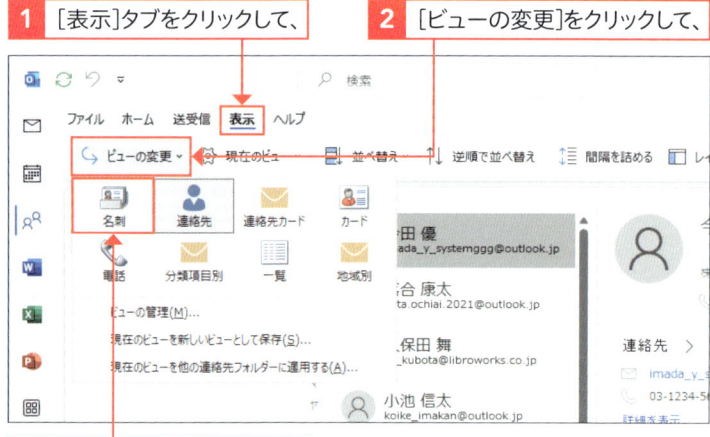

3 [名刺]をクリックすると、

 **ヒント**

分類項目によるグループ分け

[名刺]形式や[連絡先カード]形式では、分類項目別にグループ分けして表示することができません。分類項目を活用する場合は、[分類項目別]形式で表示するとよいでしょう。

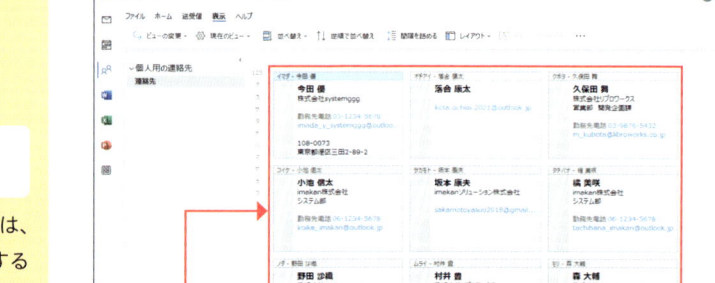

4 [名刺]形式で表示されます。

② [一覧] 形式で表示する

[一覧] 形式の並び順

[一覧] 形式では、勤務先のグループごとに連絡先が表示されています。グループ内では名前順に表示されていますが、フリガナ順にはなっておらず、漢字の文字コード順となっています。

[連絡先カード] 形式と [カード] 形式

ほかにも、よりコンパクトに表示できる[連絡先カード]形式や[カード]形式もあります。

●[連絡先カード] 形式

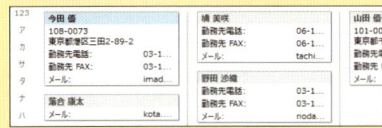

●[カード] 形式

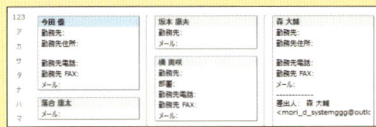

そのほかの表示形式

[一覧] 形式と似た表示形式で、[電話]形式、[分類項目別]形式、[地域別]形式があります。全体をフリガナ順に見たい場合は[電話]形式に、分類項目ごとに見たい場合は[分類項目別]形式に、国／地域ごとに見たい場合は[地域別]形式にすると便利です。

1 [表示]タブをクリックし、　**2** [ビューの変更]をクリックして、

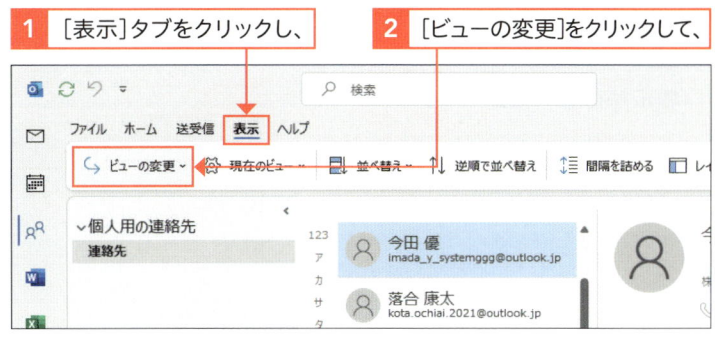

3 [一覧]をクリックすると、

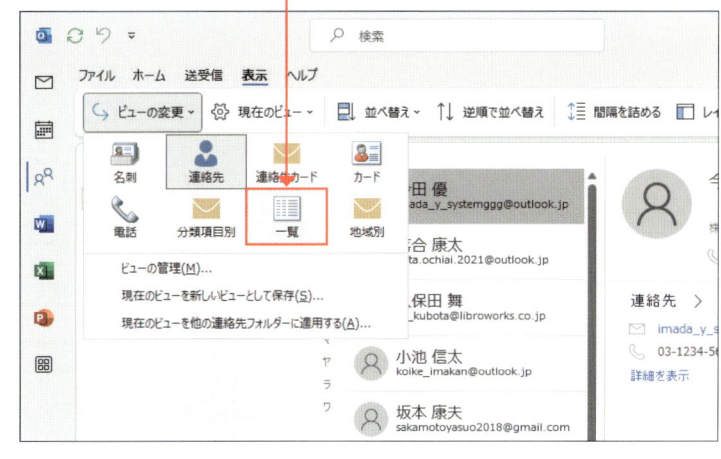

4 [一覧]形式で表示されます。

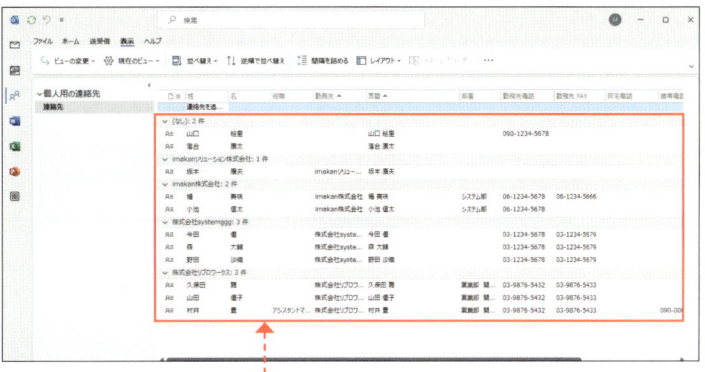

初期状態では、勤務先ごとの名前順で並んでいます。

③ 表示順を並べ替える

🗨 解説

表示順の並べ替え

ここでは、[名刺]形式を例に、名前順に並んでいるものを勤務先順に並べ替えます。

💡 ヒント

[一覧]形式の並び順

[一覧]形式では、各項目名をクリックすることで、その項目順に並べ替えることができます。項目が選択された状態で、もう一度その項目をクリックすると、並び順の昇順、降順が入れ替わります。ただし、[姓]、[名]は漢字の文字コード順に並んでいます。

クリックした項目順に並べ替えられます。

---

1 [名刺]形式の初期状態では、左上から右下にかけて名前のフリガナ順に並んで表示されています。

2 [表示]タブをクリックし、　**3** [現在のビュー]をクリックして、

4 [ビューの設定]をクリックします。

5 [ビューの詳細設定]ダイアログボックスが表示されるので、

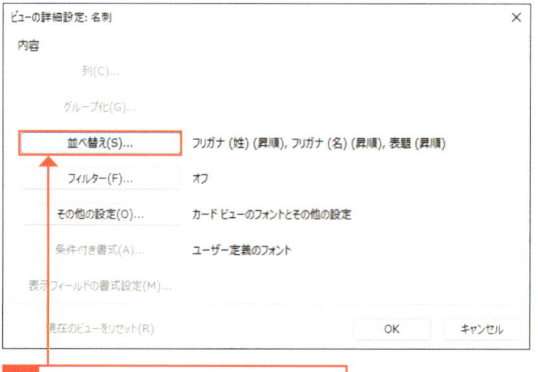

6 [並べ替え]をクリックします。

ビューのリセット

ビューの変更や並べ替えの変更操作をいろいろと行ってしまい、もとの状態がわからなくなってしまった場合は、[表示]タブの[ビューのリセット]をクリックすると初期状態に戻ります。

1 [表示]タブをクリックして、

2 [現在のビュー]をクリックし、

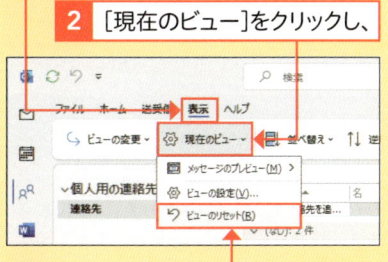

3 [ビューのリセット]をクリックします。

7 [並べ替え]ダイアログボックスが表示されたら、

8 ここをクリックして、

9 [勤務先]を選択し、

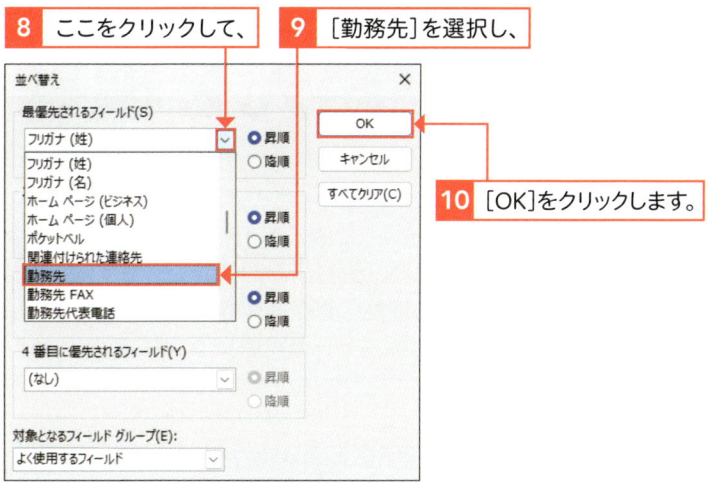

10 [OK]をクリックします。

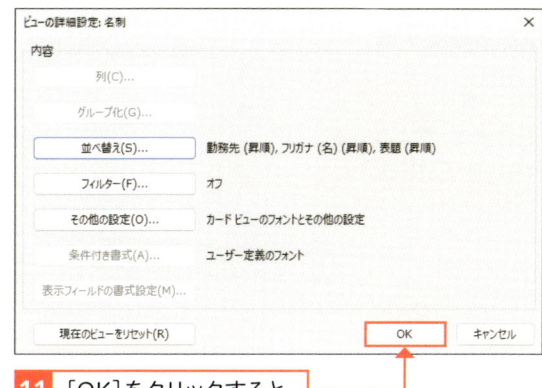

11 [OK]をクリックすると、

12 勤務先の名前順に並びます。

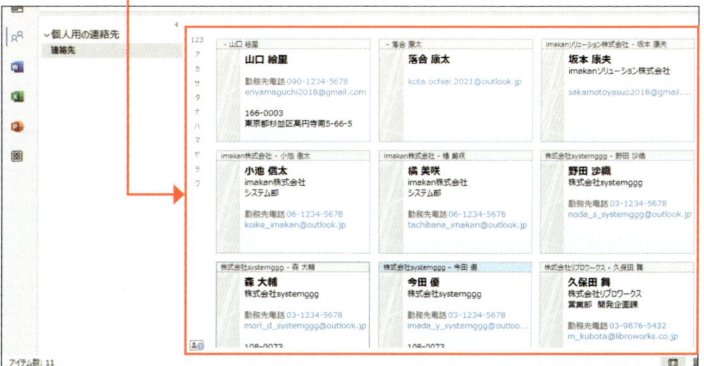

Section

56 連絡先を編集しよう

ここで学ぶこと

・連絡先の編集
・[連絡先]ウィンドウ
・Outlookの連絡先の編集

[ビュー]に表示された連絡先をダブルクリックすると、[連絡先]ウィンドウが表示され、登録済みの情報を編集することができます。相手の状況などに応じて、最新の情報に書き換えるなどの変更をするとよいでしょう。登録や修正の方法は162〜165ページを参照してください。

① 連絡先を編集する

 補足

閲覧ウィンドウから編集する

閲覧ウィンドウの … をクリックし、[Outlookの連絡先の編集]をクリックすることでも、連絡先の編集が可能です。

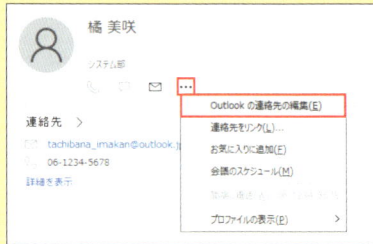

1 編集したい連絡先をダブルクリックすると、

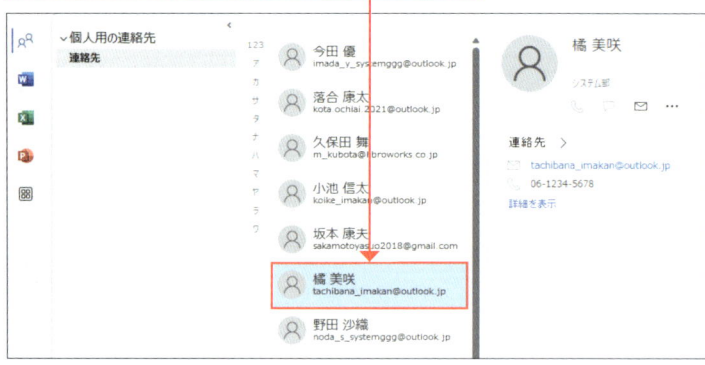

2 [連絡先]ウィンドウが表示されます。

**[連絡先] ビュー以外の
編集画面**

ビューを[連絡先] 以外にしている場合
も、連絡先をダブルクリックすると[連
絡先] ウィンドウが表示され、編集する
ことができます。

3 情報を編集して、

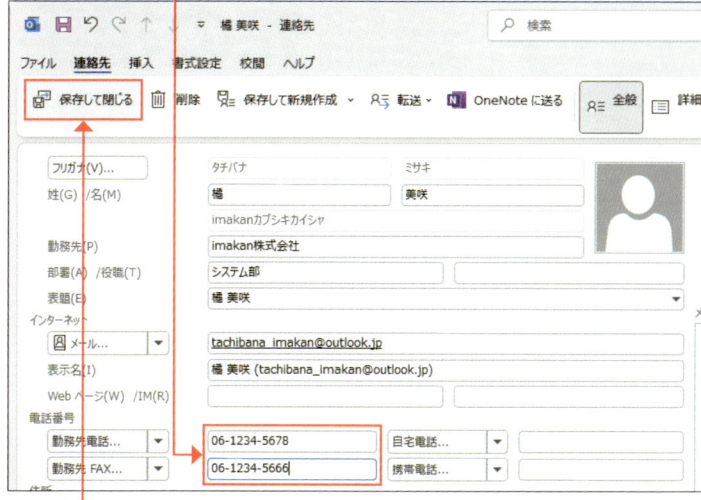

4 [保存して閉じる]をクリックし、

5 ここをクリックすると、

6 編集した連絡先が詳細に表示されます。

57 連絡先の相手にメールを送信しよう

ここで学ぶこと

- ・メールの送信
- ・宛先を選択
- ・アドレス帳

連絡先に登録した相手には、かんたんにメールを送ることができます。メールの作成方法は、大きく分けて2つあります。[連絡先]の画面からメールを作成するか、あるいは、メール作成時に[メッセージ]ウィンドウの宛先からアドレス帳を呼び出して作成します。

① 連絡先から相手を選択する

📝 補足

そのほかのメール送信方法

[連絡先]ビューの場合、右の方法のほかに、閲覧ウィンドウに表示されているアイコンやメールアドレスをクリックすることでも[メッセージ]ウィンドウを表示することができます。

1 [連絡先]の画面で送信したい相手の連絡先をクリックし、

2 [メール]のアイコンにドラッグすると、

3 [メッセージ]ウィンドウが表示されます。

[宛先]が自動的に入力されています。　**4** [件名]、[本文]を入力し、

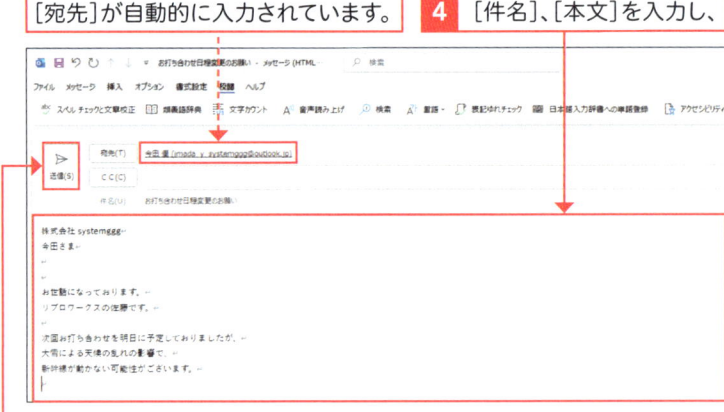

💡 ヒント

複数の宛先を選択

手順 **1** で複数の宛先を選択した場合、それらの宛先がすべて[メッセージ]ウィンドウの[宛先]に入力されます。

5 [送信]をクリックしてメールを送信します。

② メール作成時に相手を選択する

 **補足**

複数の宛先を指定

画面で複数の宛先を指定したい場合は、手順**7**のあとに、再度手順**5**〜**6**の操作を繰り返します。また、[名前の選択]ダイアログボックスを閉じたあとに、再度手順**3**から始めて追加することもできます。

 **補足**

宛先が表示されない場合

手順**5**の操作時に宛先が表示されていない場合は、[アドレス帳]のドロップダウンメニューをクリックして、別の連絡先を1つずつクリックしてみてください。それでも表示されない場合は、フォルダーの設定が異なっていることがあります。183ページの「ヒント」を参考に設定の変更を行ってください。

 **ヒント**

CCやBCCの追加

手順**6**で、[CC]や[BCC]をクリックすることで、CCやBCCにも連絡先の相手を追加することができます。

1 [メール]の画面で[新しいメール]をクリックします。

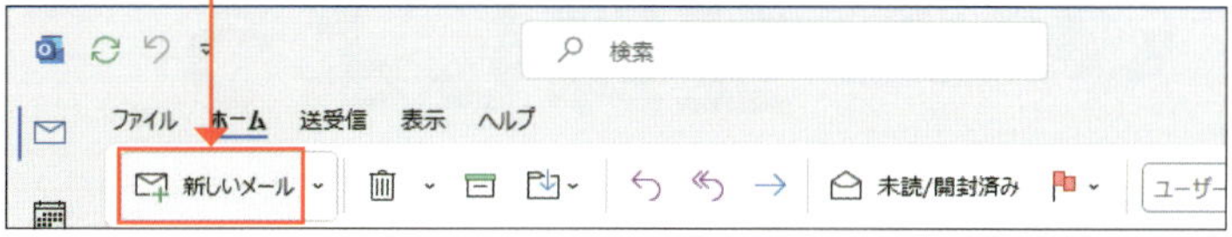

2 [メッセージ]ウィンドウが表示されます。

3 [宛先]をクリックします。

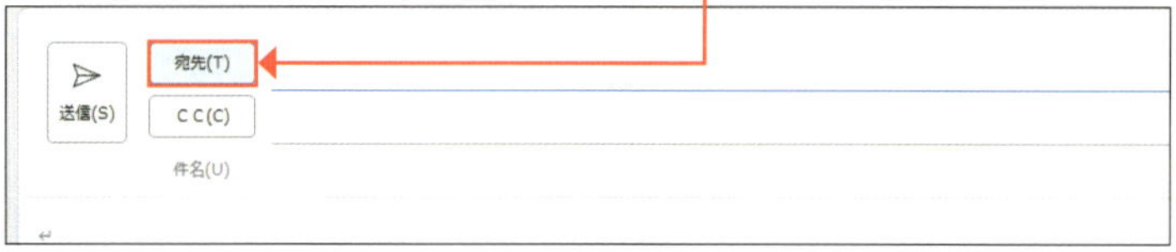

4 アドレス帳が表示されます。

5 送信する相手の宛先をクリックして、

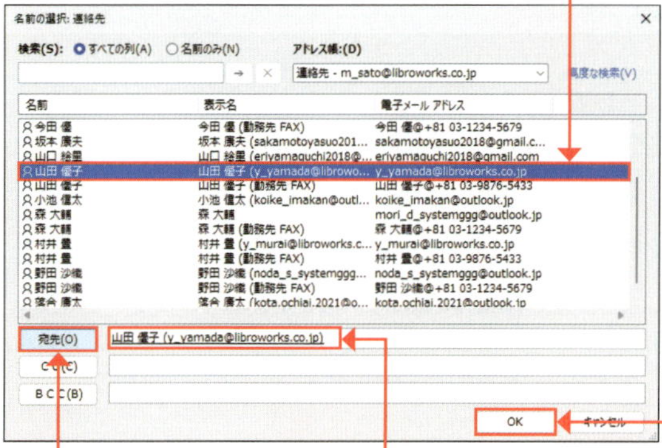

6 [宛先]をクリックすると、

7 送信する相手が表示されます。

8 [OK]をクリックします。

9 [宛先]が入力されました。

10 件名と本文を入力し、

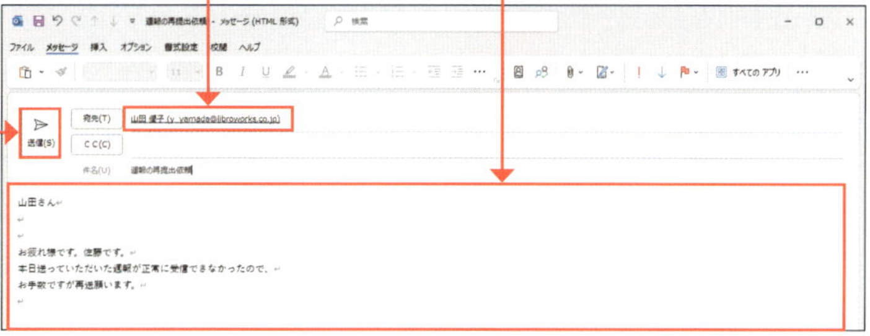

11 [送信]をクリックしてメールを送信します。

58 連絡先を「お気に入り」に登録しよう

ここで学ぶこと

・お気に入り
・プレビュー
・To Do バー

連絡先の数が増えてくると、目的の連絡先にたどり着くまでに時間がかかってしまいます。よく使う連絡先は**お気に入り**に登録して、すばやく参照できるようにしましょう。お気に入りに登録した連絡先は、ナビゲーションバーの**プレビュー**や[**To Do バー**]からすばやく確認することができるので便利です。

① 連絡先をお気に入りに登録する

補足

プレビュー機能

ナビゲーションバーをポイントしたままにすると、各機能を簡易的に表示するプレビュー機能が利用できます。詳しくは37ページの「ヒント」を参照してください。

1 連絡先を右クリックして、

2 [お気に入りに追加]をクリックします。

ヒント

連絡先の検索

連絡先をプレビューや[To Doバー]で表示した際、お気に入りを確認するほかに、連絡先を検索することができます。検索ボックスに文字を入力して Enter キーを押すと、検索結果が表示されます。

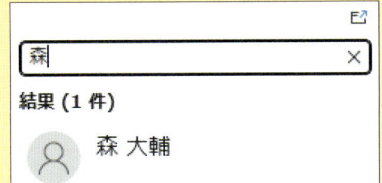

3 ここをポイントしたままにすると、

4 連絡先のプレビューが表示され、お気に入りに登録した連絡先が確認できます。

② 連絡先をお気に入りから削除する

補足

[To Do バー] とは

手順3で表示した画面右端の領域のことを、[To Do バー] といいます。連絡先のほかにも、予定表やタスクを表示することができます。[To Do バー] に表示する内容は、[表示] タブの [レイアウト] から設定できます。[To Do バー] の表示は各機能ごとに管理されるため、[メール] や [予定表] に切り替えると [To Do バー] の表示はオフになります。それらの画面でも表示したい場合は再度表示設定を行ってください。

1 [表示] タブの [レイアウト] をクリックして、

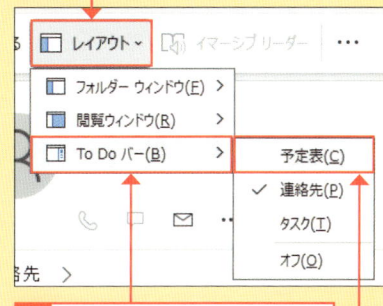

2 [To Do バー] をクリックし、

3 [予定表] をクリックします。

4 [To Do バー] に予定表が表示されます。

1 ここをポイントしたままにして、 **2** ここをクリックすると、

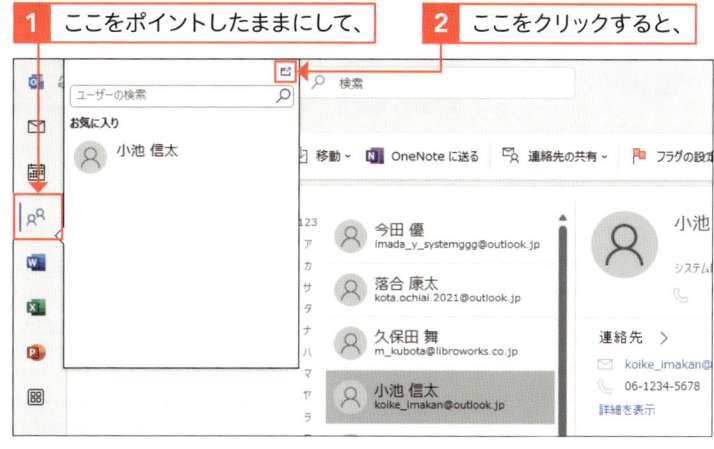

3 [To Do バー] にお気に入りの連絡先が表示されます。

4 連絡先を右クリックして、

5 [お気に入りから削除] をクリックします。

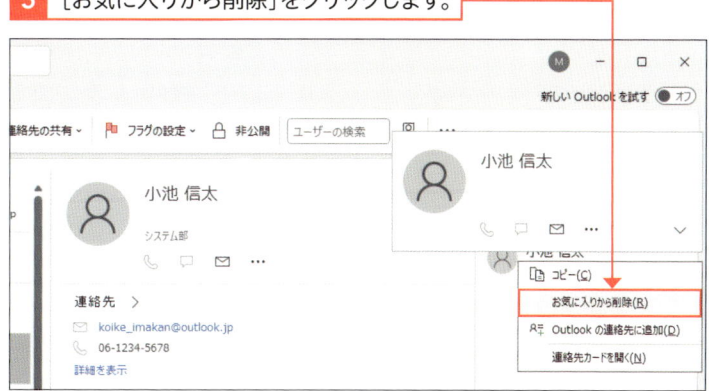

59 | 複数の宛先を１つのグループにまとめて送信しよう

ここで学ぶこと

・連絡先グループ
・メンバーの追加
・一斉送信

同じ部署やサークルのメンバーに対して、まとめてメールを送りたい場合、**連絡先グループ**を作成しておくと便利です。**複数のメールアドレス**を１つのグループにまとめることで、グループのメンバー全員に同じ内容のメールを**一斉送信**することができます。

① 連絡先グループを作成する

補足

メールアドレスのグループ化のメリット

よく送信する複数の相手をグループ化することで、毎回メールアドレスを選択する手間が省けます。部署内のメンバーに一斉送信したい場合や、プライベートで連絡をよく取り合う仲間たちにまとめて送りたい場合、あらかじめメールアドレスをグループ化しておくと便利でしょう。

1 ここをクリックし、

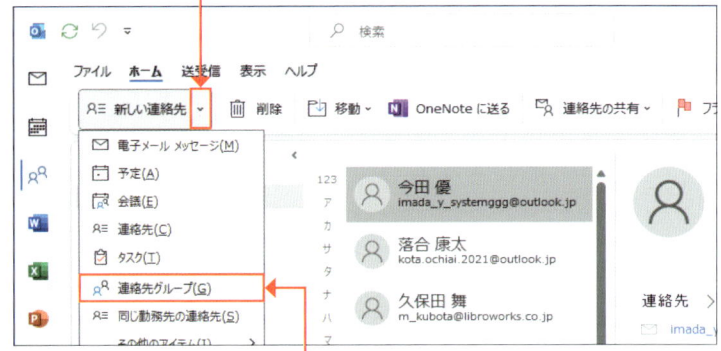

2 ［連絡先グループ］をクリックします。

3 ［連絡先グループ］ダイアログボックスが表示されるので、

4 グループの名前を入力し、

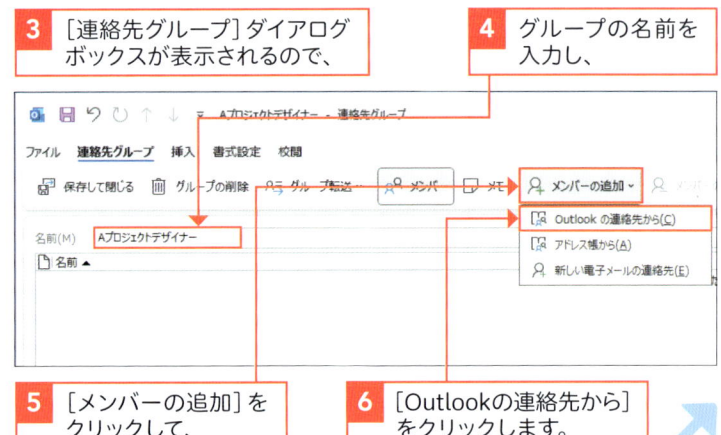

5 ［メンバーの追加］をクリックして、

6 ［Outlookの連絡先から］をクリックします。

補足

複数のメンバーを選択

手順**7**では、Ctrl を押しながらクリックすることで、複数のメンバーを一度に選択することができます。メンバーの追加を終えたあとも、再度手順**5**からの操作でさらにメンバーを追加することができます。

7 グループのメンバーを Ctrl を押しながらクリックし、

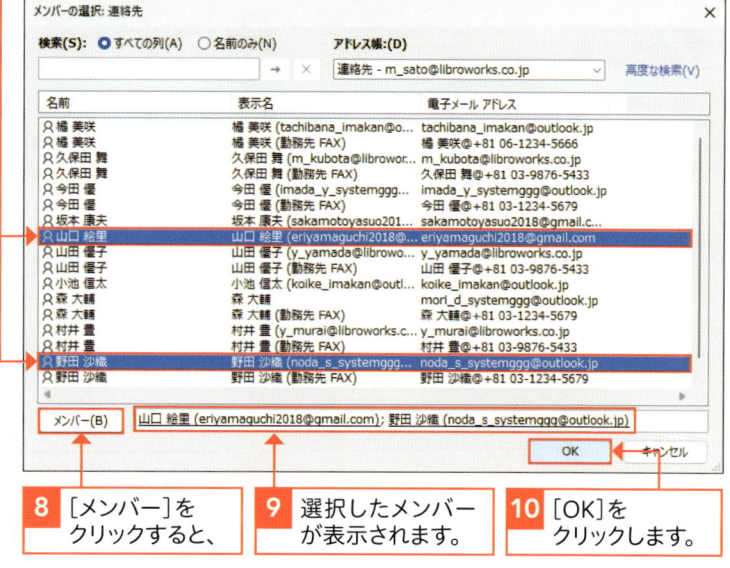

8 [メンバー]をクリックすると、

9 選択したメンバーが表示されます。

10 [OK]をクリックします。

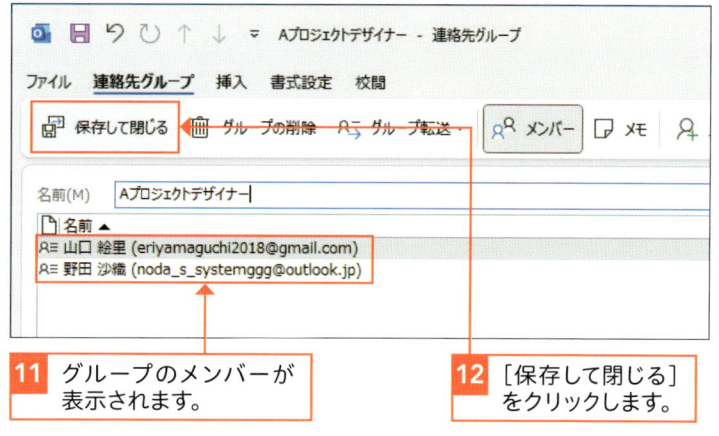

11 グループのメンバーが表示されます。

12 [保存して閉じる]をクリックします。

13 連絡先グループが作成されます。

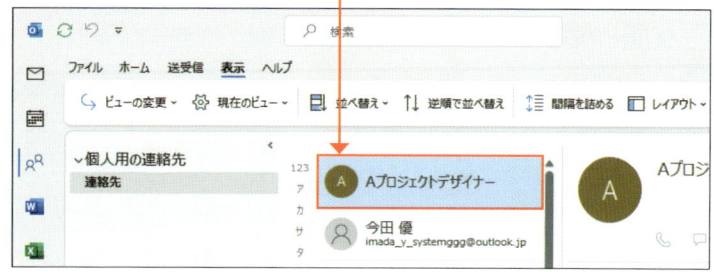

② 連絡先グループを宛先にしてメールを一斉送信する

 **補足**

グループの削除

登録した連絡先グループを削除するには、181ページの手順 **2** の画面で、画面上部の［グループの削除］をクリックします。

5

連絡先を管理しよう

1 メールの作成画面で［宛先］をクリックすると、

2 ［名前の選択］ダイアログボックスが表示されます。

3 連絡先グループをクリックし、

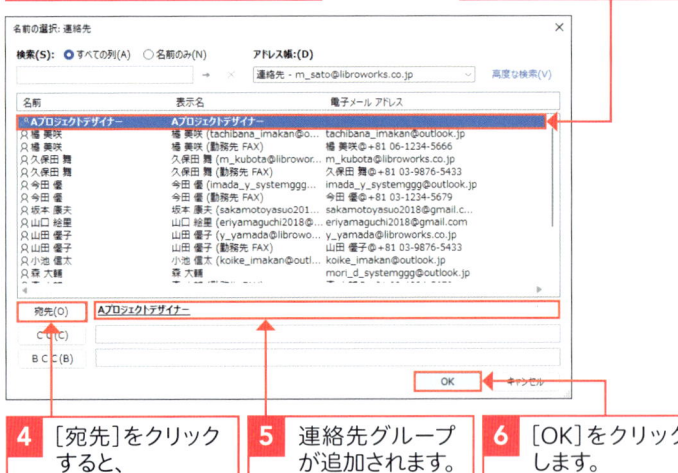

4 ［宛先］をクリックすると、

5 連絡先グループが追加されます。

6 ［OK］をクリックします。

［宛先］に連絡先グループが自動的に入力されています。

7 ［件名］や［本文］を入力し、［送信］をクリックします。

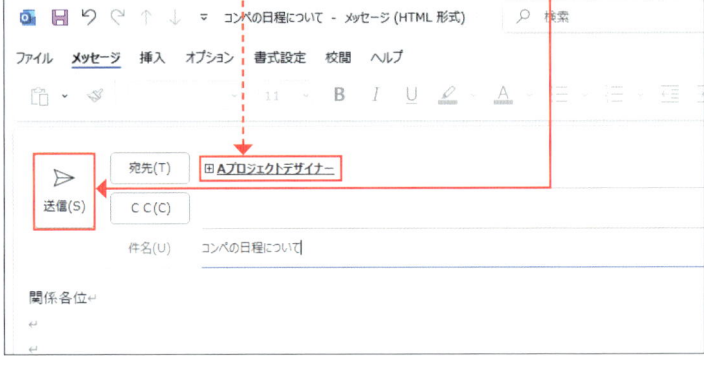

 **補足**

グループの展開

宛先に入力された連絡先グループの左側にある［+］をクリックすると、グループが展開され、連絡先グループに含まれているメールアドレスを個別に表示できます。

③ 連絡先グループからメンバーを削除する

 ヒント

メンバーの追加

手順 2 で[メンバーの追加]をクリック
し、179ページと同様の手順を行うこと
で、連絡先グループにメンバーを追加す
ることができます。

1 [連絡先]の画面で連絡先グループをダブルクリックすると、

2 [連絡先グループ]ダイアログボックスが表示されるので、

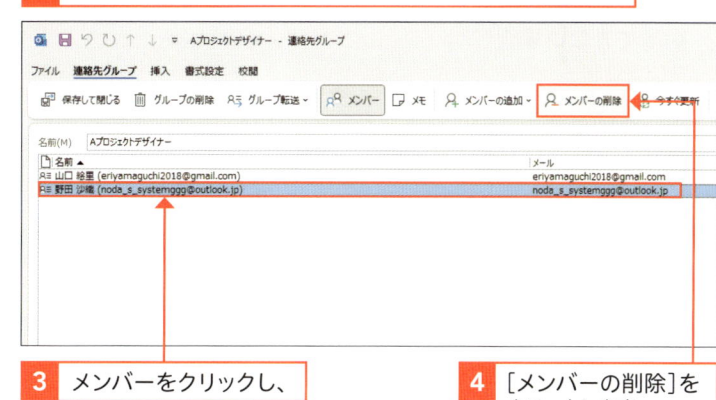

3 メンバーをクリックし、

4 [メンバーの削除]を
クリックします。

5 [保存して閉じる]をクリックします。

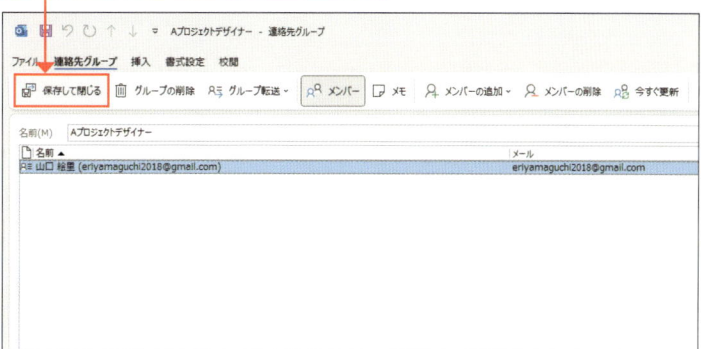

60 登録した連絡先を削除／整理しよう

ここで学ぶこと

・連絡先の削除
・新しいフォルダーの作成
・連絡先の移動

連絡先の数が多くなりすぎた場合は、不要になった**連絡先を削除**してもよいでしょう。さらに、グループごとに新しくフォルダーを作成して連絡先を**移動**し、**整理**しておけば、必要な連絡先がより探しやすくなります。連絡先を削除／整理して、スムーズに使用できるようにしましょう。

① 連絡先を削除する

補足

エラーが出て連絡先が削除できない場合

[ファイル]タブから[アカウント設定]をクリックし、対象のメールアドレスを選択すると[IMAPのアカウント設定]ダイアログボックスが表示されます。そこから[ルートフォルダーのパス]に「INBOX」と設定しましょう。アカウントが正常に更新されれば連絡先が削除できるようになります。

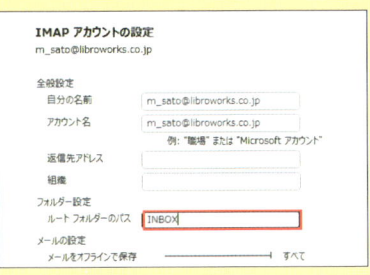

ヒント

削除した連絡先

削除した連絡先は、[削除済みアイテム]に移動します。メールと同様、もとに戻したり、完全に削除したりすることができます。

1 連絡先をクリックし、 **2** [ホーム]タブをクリックして、 **3** [削除]をクリックすると、

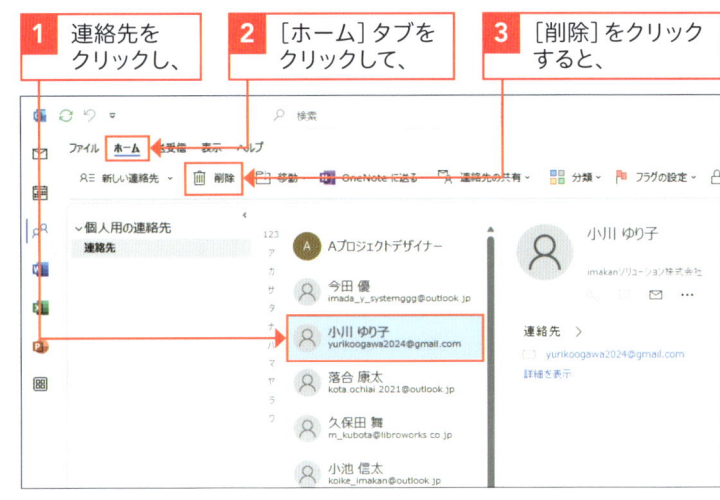

4 連絡先が削除されます。

② 連絡先をフォルダーで管理する

 **補足**

新規アイテムを 作成するときの注意

新しい連絡先や連絡先グループを登録する場合、フォルダーウィンドウで選択しているフォルダー内に新規アイテムが作成されます。誤って別のフォルダー内に作成してしまった場合は、手順**9**の方法で移動してください。

 **ヒント**

アドレス帳にフォルダーを 表示させる

新しく作成したフォルダー内の連絡先は、メールの宛先選択時や、グループ作成でのメンバー追加時に表示されないことがあります。これを表示させるには、フォルダーのプロパティ画面から設定の変更を行います。

1 新規作成したフォルダーを右クリックし、

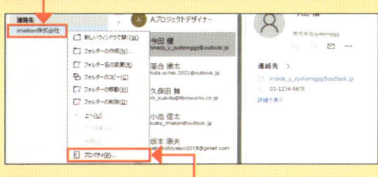

2 [プロパティ]をクリックします。

3 [Outlook アドレス帳]タブをクリックし、

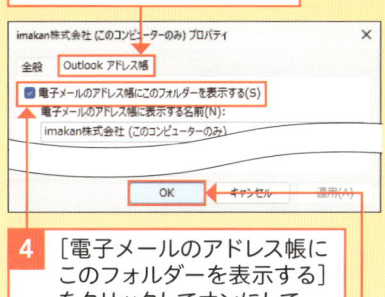

4 [電子メールのアドレス帳にこのフォルダーを表示する]をクリックしてオンにして、

5 [OK]をクリックします。

1 [連絡先]を右クリックし、

2 [フォルダーの作成]をクリックします。

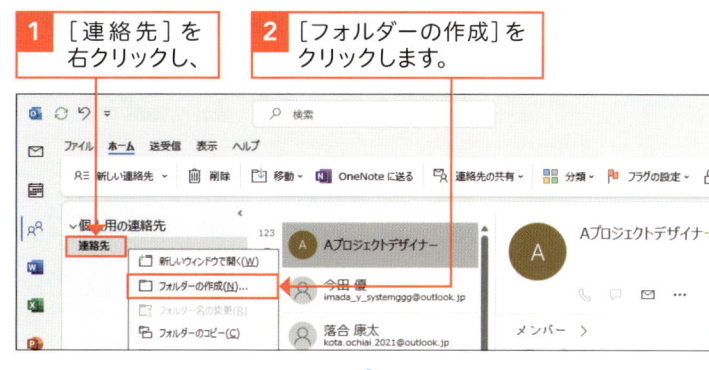

3 [新しいフォルダーの作成]ダイアログボックスが表示されます。

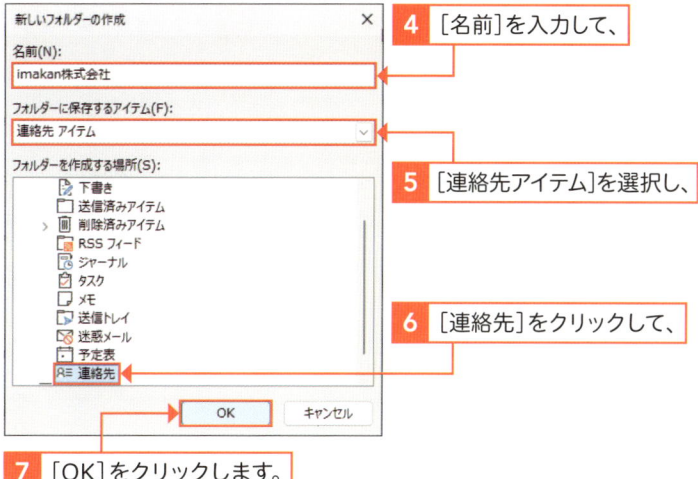

4 [名前]を入力して、

5 [連絡先アイテム]を選択し、

6 [連絡先]をクリックして、

7 [OK]をクリックします。

8 フォルダーが作成されるので、

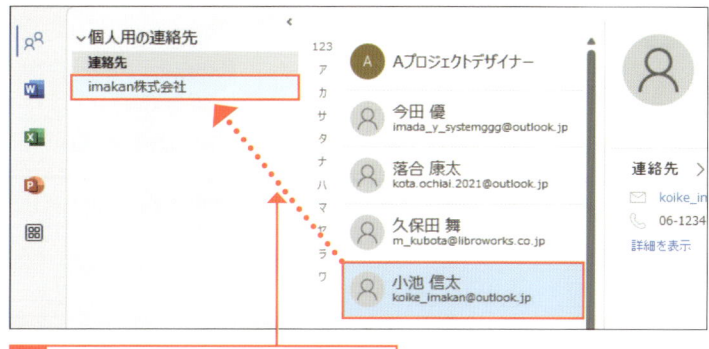

9 連絡先をドラッグして移動します。

Section

61 連絡先をCSV形式で書き出そう

ここで学ぶこと

・CSVファイルの書き出し
・エクスポート
・バックアップ

登録した連絡先は、**CSVファイル**として**書き出す**ことができます。この作業は**エクスポート**と呼ばれます。エクスポートしたCSVファイルは、ほかのメールソフトや年賀状ソフトなどに活用できるほか、万が一の事態に備えたバックアップにもなります。

① 連絡先をCSV形式で書き出す

💬 解説

連絡先のバックアップ

連絡先のデータをバックアップしておくことで、不意にパソコンが故障したり、新しいパソコンに買い換えたりしたときでも、安心して連絡先をもとに戻すことができます。

💡 ヒント

**バックアップした
連絡先のインポート**

バックアップした連絡先をインポートするには、手順 **5** で [他のプログラムまたはファイルからのインポート] を選び、[テキストファイル(コンマ区切り)]を選択し、インポートするファイルを選択して、画面の指示に従って操作してください (245ページの「ヒント」参照)。

1 [ファイル]タブをクリックしてBackstageビューを表示します。

2 [開く/エクスポート]をクリックし、

3 [インポート/エクスポート]をクリックすると、

4 [インポート/エクスポート ウィザード]ダイアログボックスが表示されます。

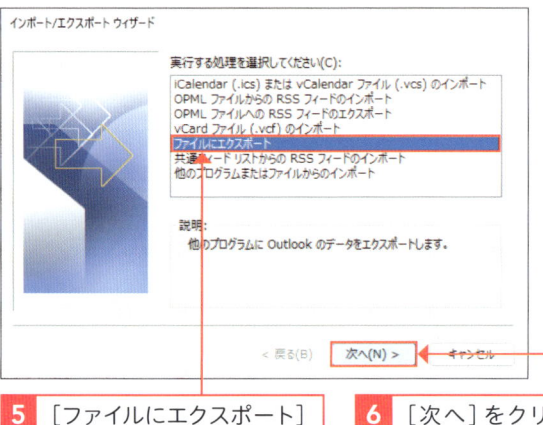

5 [ファイルにエクスポート]をクリックし、

6 [次へ]をクリックすると、

補足

CSV形式で保存

ここでは、連絡先のみをエクスポートするため、[テキストファイル（コンマ区切り）]で保存しています。このファイルのことをCSV形式と呼びます。CSV形式のファイルはOutlookのほか、年賀状ソフトやExcelなどの表計算ソフトでも使用することができます。

補足

連絡先フォルダーの指定

連絡先内にフォルダーを作成している場合、エクスポートしたいフォルダーのみを指定することができます。

エクスポートしたいフォルダーを選択します。

---

7 ［ファイルのエクスポート］ダイアログボックスが表示されます。

8 ［テキストファイル（コンマ区切り）］をクリックし、

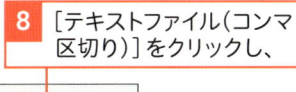

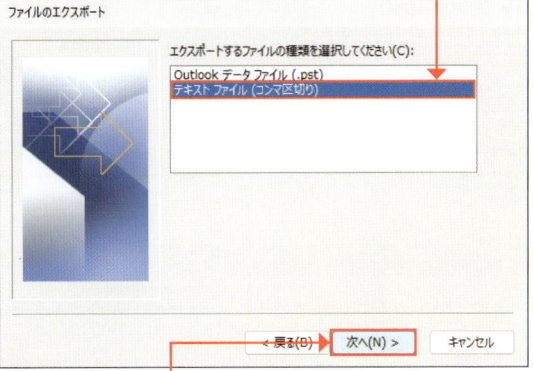

9 ［次へ］をクリックします。

10 書き出したいフォルダーとして［連絡先］をクリックし、

11 ［次へ］をクリックします。

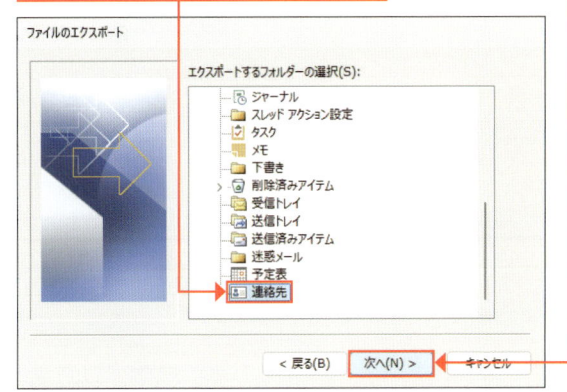

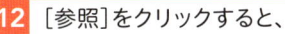

12 ［参照］をクリックすると、

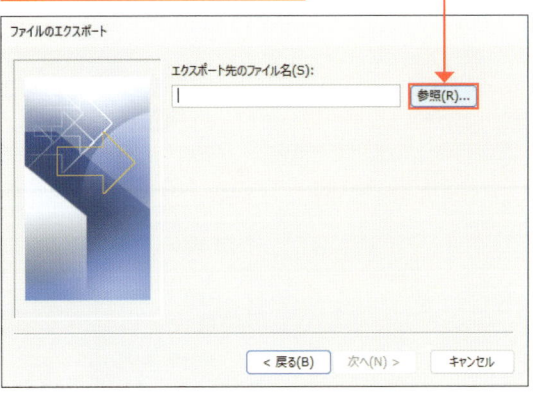

補足

書き出したCSVファイルの保存場所

ここでは、書き出したCSVファイルをデスクトップに保存しています。USBメモリーや外付けハードディスクなどに保存してもかまいません。

5

連絡先を管理しよう

---

13 ［参照］ダイアログボックスが表示されます。

14 保存先（ここではデスクトップ）をクリックし、

15 ファイル名を入力して、

16 ［OK］をクリックします。

17 ［次へ］をクリックします。

18 ここをクリックしてオンにし、

19 ［完了］をクリックします。

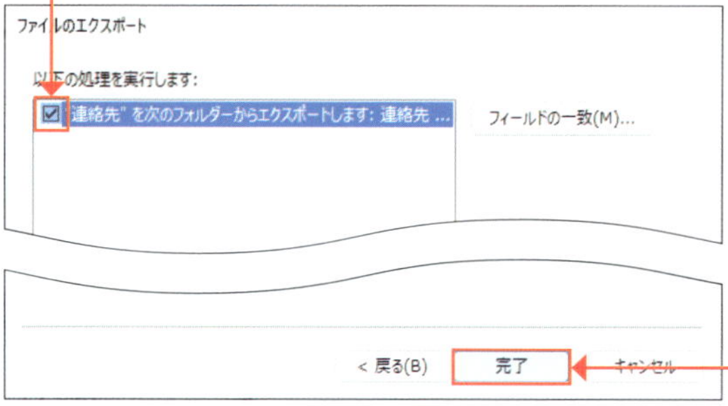

20 保存先を表示すると、書き出したファイルを確認できます。

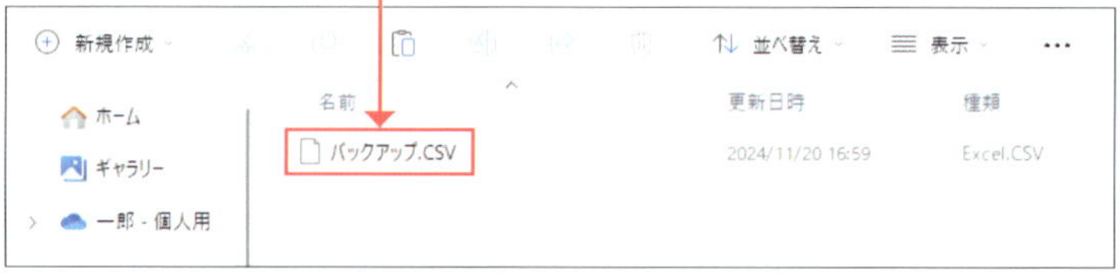

第 **6** 章

予定を管理しよう

予定を管理しよう

▶ 予定を管理する

[予定表]では、[ホーム]タブのコマンドから表示形式を切り替えることができます。1日の予定を詳細に確認したいときは[日]、直近の予定を確認したいときは[週]、月全体の予定を大まかに確認したいときは[月]など、確認したい予定に合わせて表示を切り替えます。

● 予定を週単位で表示する

週単位の予定を確認できます。

● 予定を月単位で表示する

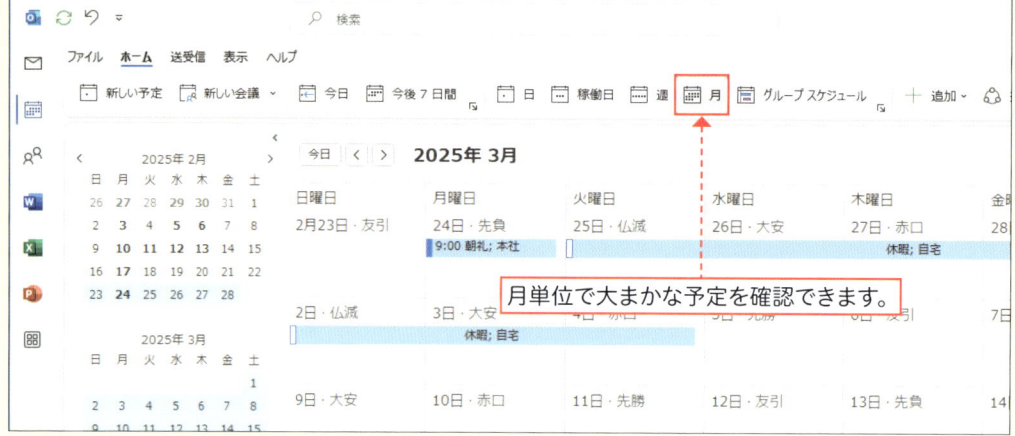

月単位で大まかな予定を確認できます。

▶ 予定を登録する

予定はタイトルと開始時刻・終了時刻、場所などを入力して作成します。一度きりの予定ではなく、「毎週月曜日の13:30～16:00」といった定期的な予定を作成することもできるので、繰り返す予定がある場合に毎回予定を作成する手間が省けます。

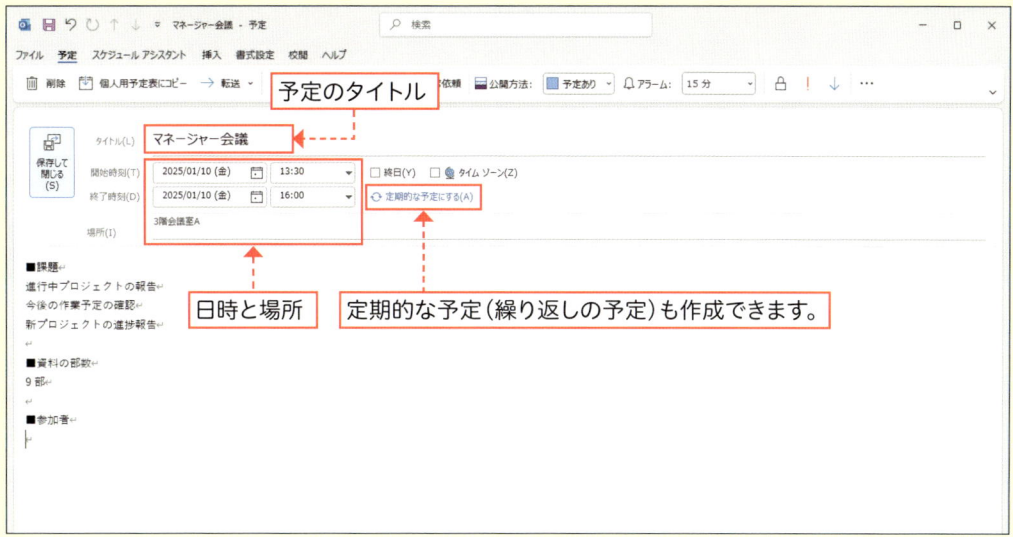

予定のタイトル

日時と場所

定期的な予定（繰り返しの予定）も作成できます。

▶ 予定を色で分類する

予定に「色分類項目」を割り当てると、予定に色を付けて分類できます。分類の名前は自由に設定できるので、「重要」などわかりやすい名前に変更しておくとよいでしょう。予定が多いときにとくに便利な機能です。

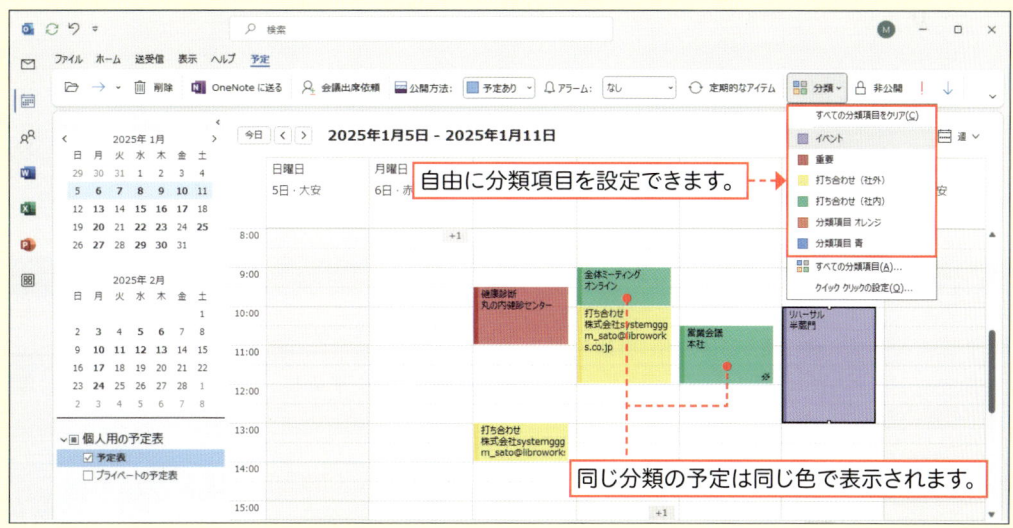

自由に分類項目を設定できます。

同じ分類の予定は同じ色で表示されます。

Section

62 予定表の画面構成を知ろう

ここで学ぶこと

・予定表
・[予定]ウィンドウ
・表示形式

[予定表]には、開始／終了時刻、タイトル、場所などの情報を登録できます。1日単位、1週間単位、1カ月単位などの期間を指定して、スケジュールを表示することも可能です。また、[予定]には[メモ]を書き込むスペースがあるので、詳細な情報を記入しておくとよいでしょう。

1 [予定表]の基本的な画面構成

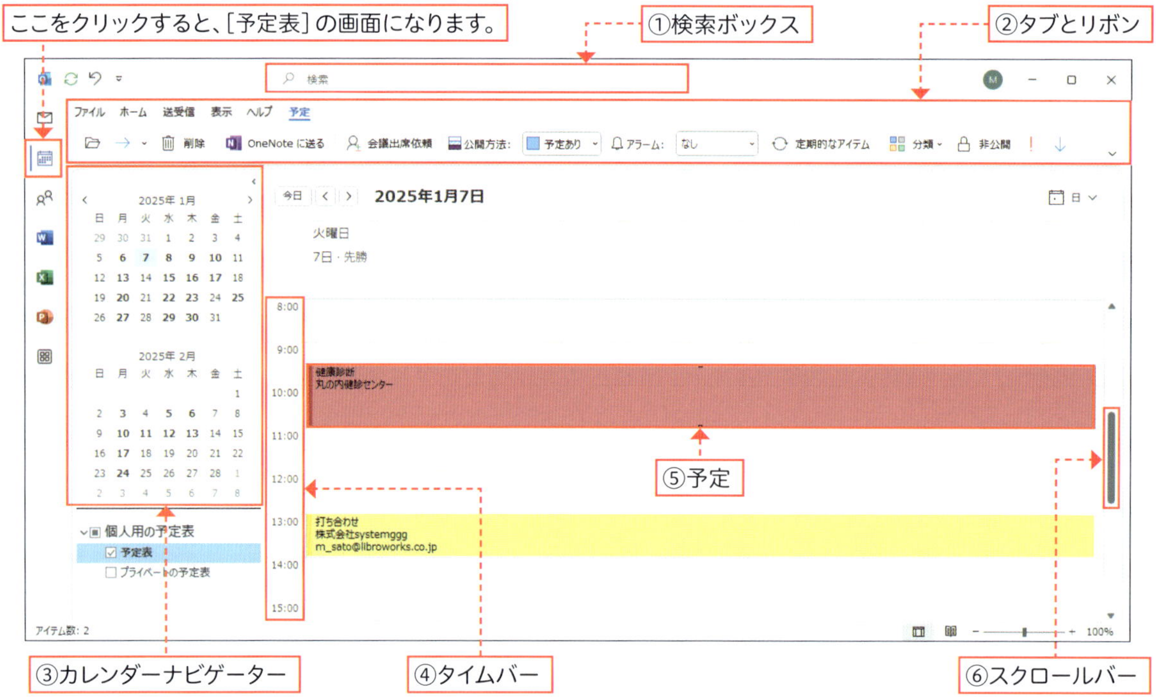

名称	機能
①検索ボックス	キーワードを入力して予定を検索します。
②タブとリボン	よく使う操作が目的別に表示されています。
③カレンダーナビゲーター	2カ月分のカレンダーが表示されます。日付をクリックすると、その日の予定をすばやく確認できます。
④タイムバー	時刻を表示します。
⑤予定	登録した予定が表示されます。ダブルクリックすると、[予定]ウィンドウが開きます。
⑥スクロールバー	スクロールすると、[日]、[稼働日]、[週]では前後の時間帯、[月]では前後の月を表示できます。

② ［予定］ウィンドウの画面構成

②開始時刻　　①タイトル　　④終日

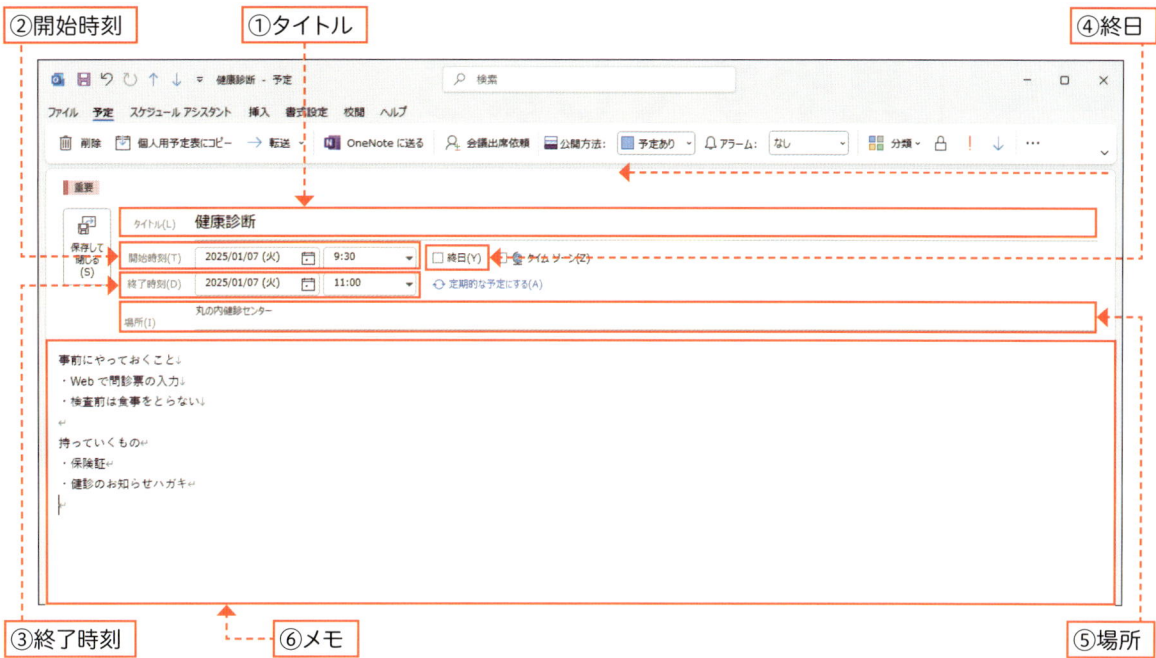

③終了時刻　　⑥メモ　　⑤場所

名称	機能
①タイトル	予定の名前を表示します。
②開始時刻	予定の開始日と時刻を表示します。
③終了時刻	予定の終了日と時刻を表示します。
④終日	終日（一日中）の予定があるときは、ここをオンにして登録します。
⑤場所	予定が行われる場所を表示します。
⑥メモ	予定の内容の詳細を登録します。

③ さまざまな表示形式

今日の日付から7日間の予定が
表示されます。

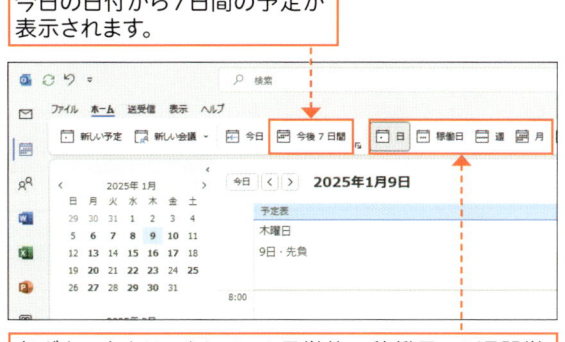

各ボタンをクリックして、1日単位、稼働日、1週間単
位、1カ月単位の表示形式に切り替えられます。

複数の予定表を使い分け、同じ画面に並べて
表示することができます。

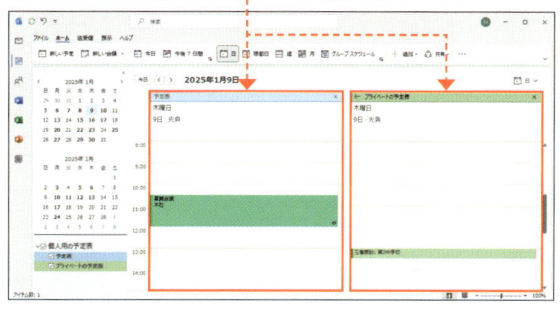

予定表の表示を見やすくしよう

ここで学ぶこと

・フォルダーウィンドウ
・プレビューの固定
・新しいウィンドウ

予定表の画面左側に表示されている**フォルダーウィンドウ**を非表示にすると、スケジュールの表示エリアが広がり、見やすくなります。直近7日間の予定が一覧で表示される**プレビュー**の固定方法や、予定表を**新しいウィンドウ**で開く方法も覚えておくと役立つでしょう。

① 予定の表示エリアを広くする

ヒント

フォルダーウィンドウを固定する

手順**3**でフォルダーウィンドウを再度表示した際、カレンダーの右上に表示されるピンのアイコンをクリックすると、フォルダーウィンドウを固定できます。

ここをクリックすると、フォルダーウィンドウを固定できます。

1 予定表を開き、ここをクリックします。

2 フォルダーウィンドウが折りたたまれ、予定の表示エリアが広くなります。

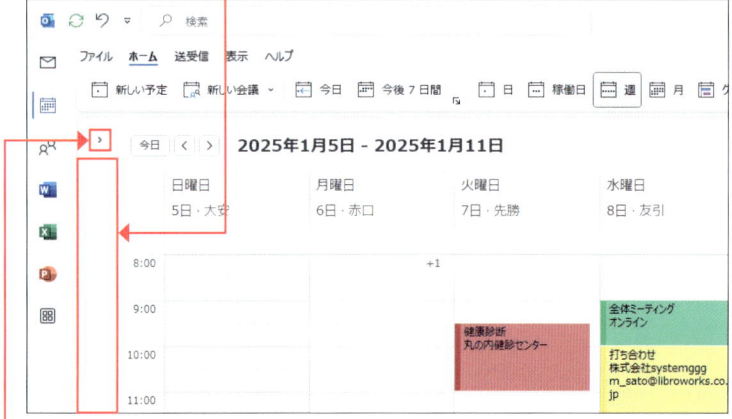

3 ここをクリックすると、フォルダーウィンドウが再度表示されます。

② プレビューを固定する

💡 ヒント

プレビューの固定

右の手順のほか、[予定表]アイコンにマウスをポイントすると表示される[プレビューの固定]アイコンをクリックしてプレビューを固定することもできます。

ここをクリックしてプレビューを固定できます。

---

1 [予定表]のアイコンを右クリックし、

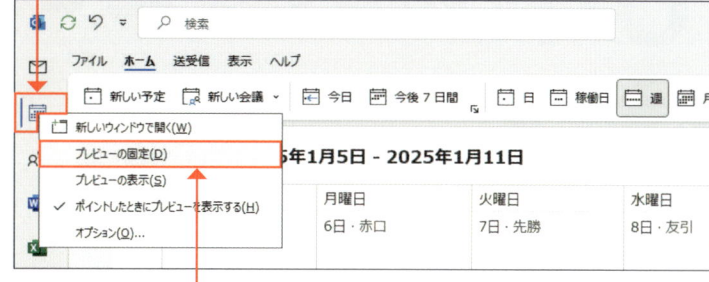

2 [プレビューの固定]をクリックします。

3 予定表のプレビューが表示され、直近7日間の予定が一覧で確認できます。

---

③ 予定表を新しいウィンドウで開く

1 [予定表]のアイコンを右クリックし、

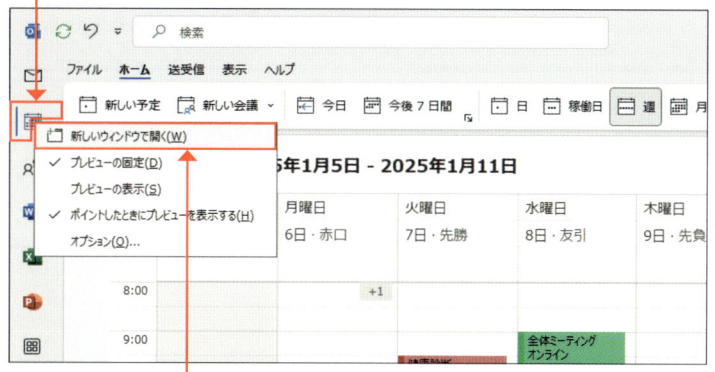

2 [新しいウィンドウで開く]をクリックすると、現在開いているウィンドウとは別に新しく予定表ウィンドウが表示されます。

ここで学ぶこと

- 新しい予定
- [予定]ウィンドウ
- 保存して閉じる

新しい予定の登録は、[予定]ウィンドウから行います。ここに登録できる情報は、[タイトル]、[場所]、[日付]、[開始時刻]、[終了時刻] などです。さらにメモを書き込めるスペースがあるので、状況に応じて、予定の詳細な情報などを登録しておくとよいでしょう。

① 新しい予定を登録する

💡 ヒント

日時をダブルクリックして予定を登録

予定表の日付や日時を直接ダブルクリックすると、その日付および時間が入力された状態の[予定]ウィンドウを開くことができます。

1 予定表の日付をダブルクリックすると、

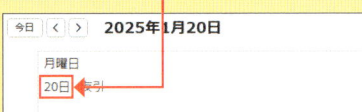

2 日付が入力された状態で[予定]ウィンドウが表示されます。

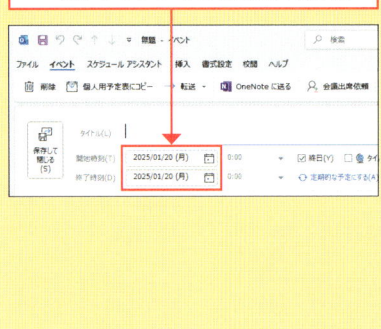

1 予定を登録する日付をクリックして、

2 [ホーム]タブをクリックし、

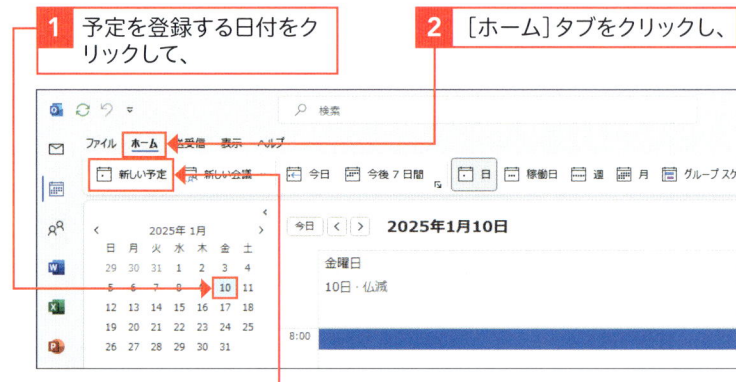

3 [新しい予定]をクリックすると、

4 [予定]ウィンドウが表示されます。

5 タイトルと場所を入力し、

6 ここをクリックして、

7 開始時刻を選択します。

補足

開始／終了時刻を手入力する

[予定]ウィンドウで[開始時刻]や[終了時刻]を選択する際、キーボードから直接時刻を入力して設定することも可能です。

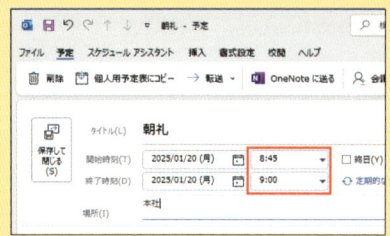

補足

予定の時刻にアラームを鳴らす

[予定]ウィンドウを開きアラームのボタンをクリックすると、開始時刻前にアラームを鳴らす時間を設定できます。任意の時間を設定したら[保存して閉じる]をクリックしましょう。ポップアップにアラームが表示されていれば設定完了です（197ページ参照）。

1 ここをクリックして、

2 開始時刻前にアラームを鳴らす時間を設定し、[保存して閉じる]をクリックします。

補足

登録する日付を変更する

[予定]ウィンドウを表示したあとに日付を変更したい場合は、[開始時刻]および[終了時刻]のカレンダーアイコンをクリックし、変更したい日付をクリックします。

8 ここをクリックして、　　**9** 終了時刻を選択します。

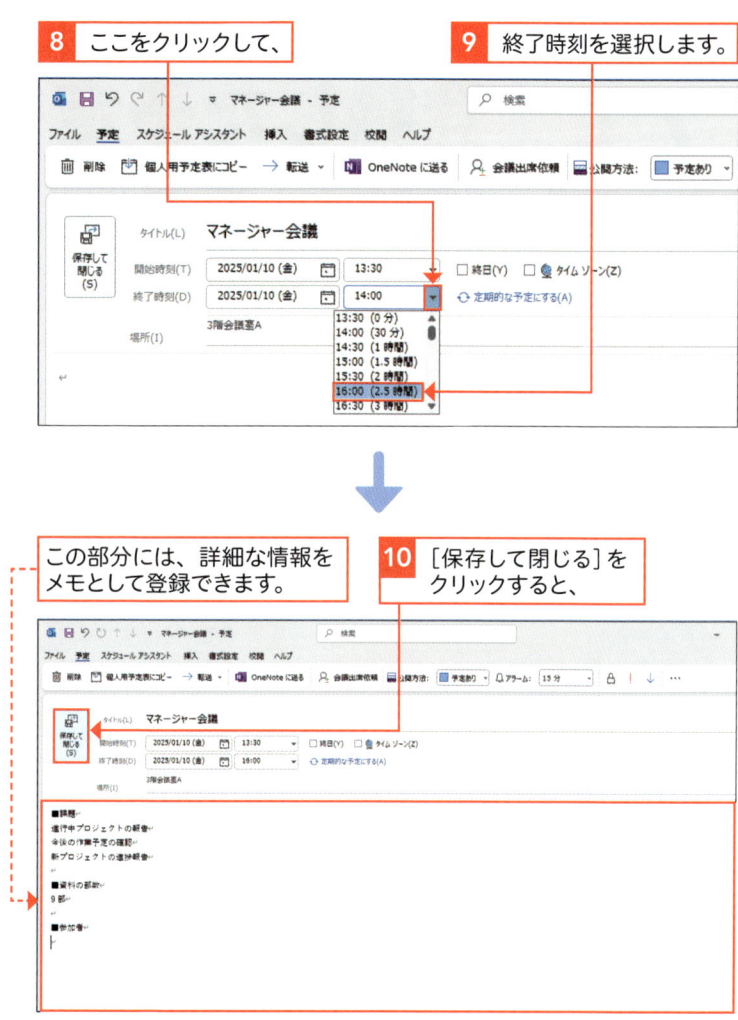

この部分には、詳細な情報をメモとして登録できます。　　**10** [保存して閉じる]をクリックすると、

11 新しい予定が登録されます。

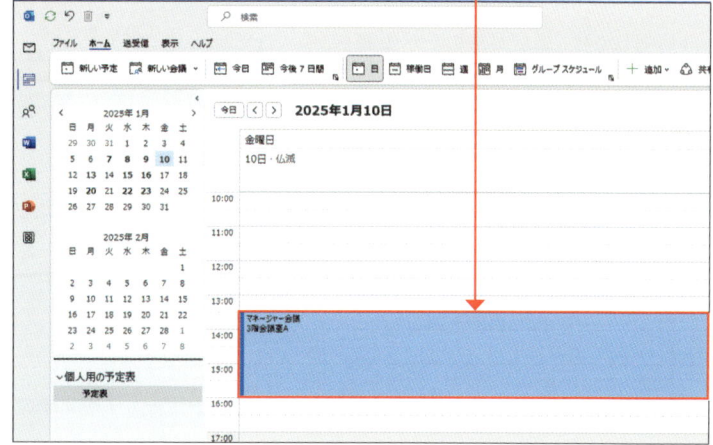

Section

65 | 登録した予定を確認しよう

ここで学ぶこと

・1日単位
・1週間単位
・1カ月単位

登録した予定表は、1日の予定が詳しくわかる**1日単位**表示、1週間分の予定を通しで表示する**1週間単位**表示、1カ月の予定をおおまかに表示する**1カ月単位**表示など、表示形式を切り替えて確認できます。用途に応じて使い分けて閲覧するとよいでしょう。

① 予定表の表示形式を切り替える

6

予定を管理しよう

✎ **補足**

表示月を切り替える

[カレンダーナビゲーター]の表示月の左右にある矢印をクリックすることで、表示月を切り替えることができます。

> 2024年 10月
> 日 月 火 水 木 金 土
> 29 30 1 2 3 4 5

✦ **応用技**

複数の日付を選択して表示する

1日もしくは1週間単位の表示画面で、[Shift]を押しながら[カレンダーナビゲーター]の日付をクリックすると、選択した日付の予定が追加で表示されます。

> [Shift]を押しながら複数の日付を選択することで、特定日のみの表示が可能です。

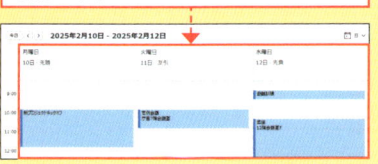

1 ［ホーム］タブをクリックし、

2 ［日］をクリックすると、

3 予定表が1日単位で表示されます。

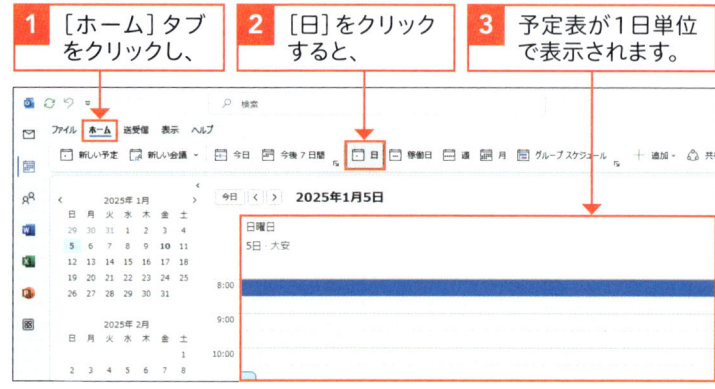

4 ［週］をクリックすると、

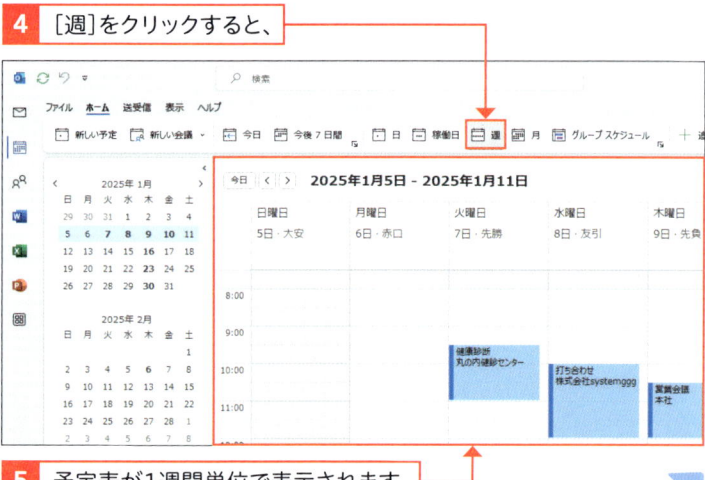

5 予定表が1週間単位で表示されます。

6

予定を管理しよう

週の始まりの曜日を変更する

予定表の初期設定では、日曜日から週が始まっていますが、これは自由に変更することができます。まず、[ファイル]タブの[オプション]をクリックし、[Outlookのオプション]ダイアログボックスを表示します。続いて[予定表]の「週の最初の曜日」で週の始まりの曜日を設定します。

6 [月]をクリックすると、

7 予定表が1カ月単位で表示されます。

2 予定をポップアップで表示する

予定の詳細を表示する

右の手順では、メモに登録した予定の詳細は表示されません。詳細を確認するには、予定をダブルクリックします。

1 予定をダブルクリックすると、

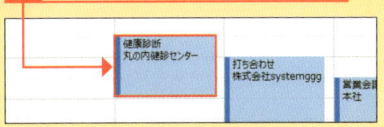

2 [予定]ウィンドウが表示され、

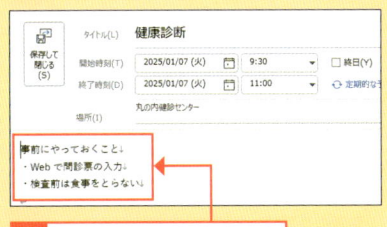

3 登録した詳細情報が表示されます。

1 予定の上にマウスをポイントしたままにすると、

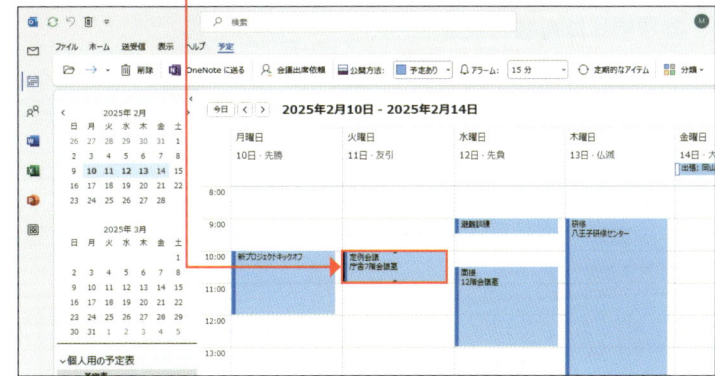

2 予定のタイトル、日時、場所、アラームがポップアップ表示されます。

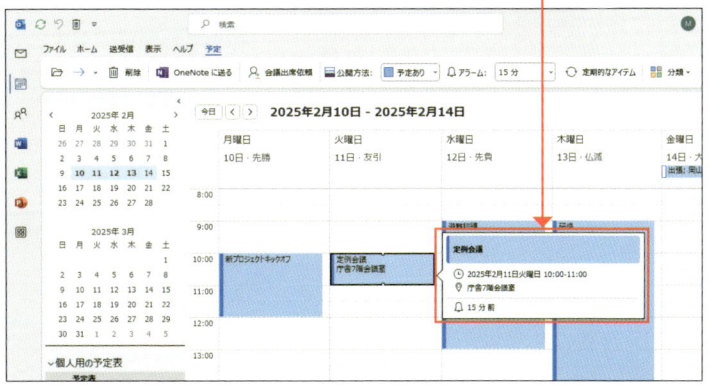

ここで学ぶこと

- 予定の分類
- 分類項目
- 色

登録した予定が多くなってくると、予定表が見づらくなります。それぞれの予定に**分類項目**で**色**を付ければ、一目で予定の分類がわかります。分類項目ごとに予定を並べ替えることもできます。分類項目の名前や色は自由に設定できるので、わかりやすいものに設定するとよいでしょう。

① 予定を分類する

解説

分類項目は各機能共通

分類項目は[メール]、[連絡先]、[予定表]、[タスク]の各機能で共通して利用することができます。そのため、すでに設定された分類項目の名前を変更すると、他の機能で使う場合に影響が出ることがあります。

ヒント

分類項目ごとに予定を並べ替える

ビューを[一覧]または[アクティブ]に変更し、[分類項目]をクリックすると、分類項目ごとに予定を並べ替えることができます。

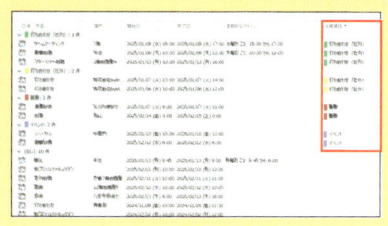

1 分類を設定したい予定を選択し、　**2** [分類]をクリックして、

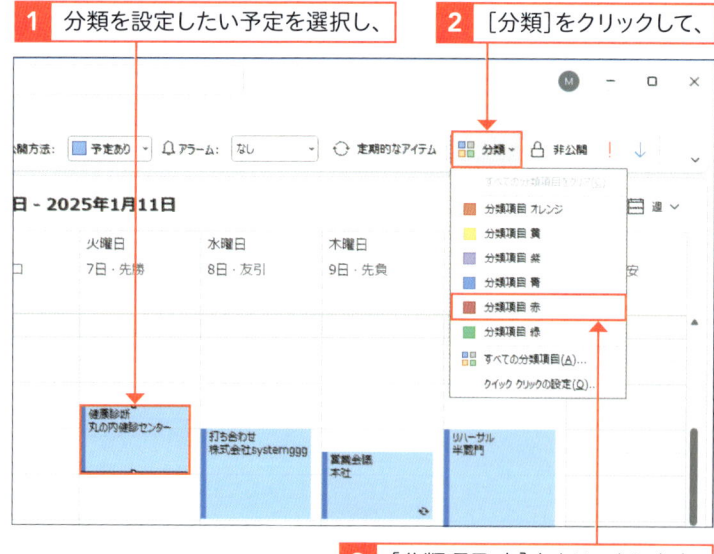

3 [分類項目 赤]をクリックします。

初めて分類を使用する場合は、[分類項目の名前の変更]ダイアログボックスが表示されます。

4 [名前]を入力し、　**5** [はい]をクリックします。

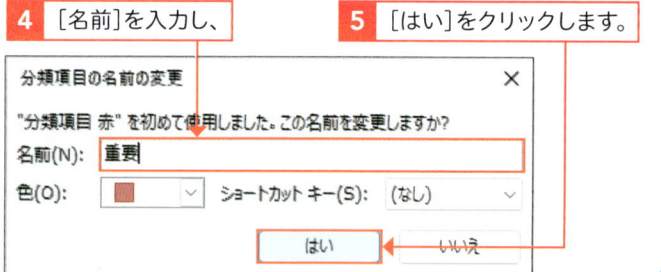

補足

分類を削除する

予定の分類を削除するには、予定を右クリックして[分類]をクリックし、設定した分類名をクリックします。

1 予定を右クリックし、

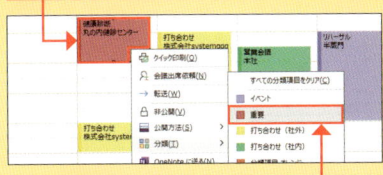

2 分類名をクリックすると、分類を削除できます。

---

6 予定に分類が設定され色も変更されます。

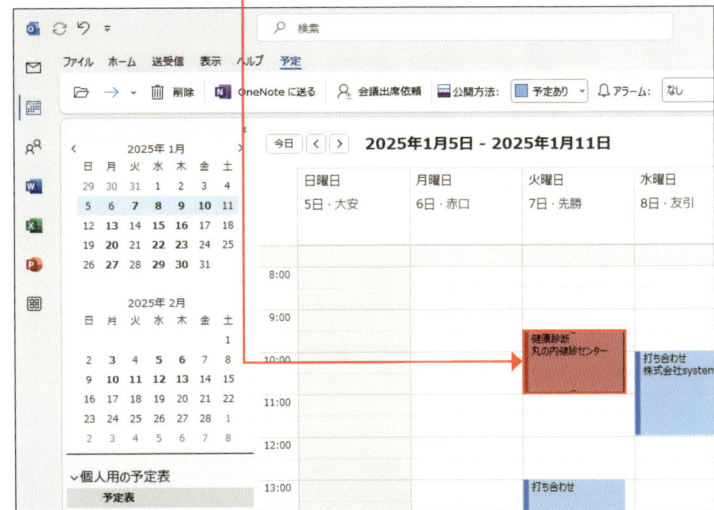

---

② 分類の色や名前を変更する

応用技

ショートカットキーで分類を変更する

手順**3**の画面で「ショートカットキー」の[（なし）]をクリックして割り当てたいショートカットキーを設定すると、マウスを使わずにキーボードだけですばやく分類を変更できます。

1 [分類]をクリックし、

2 [すべての分類項目]をクリックします。

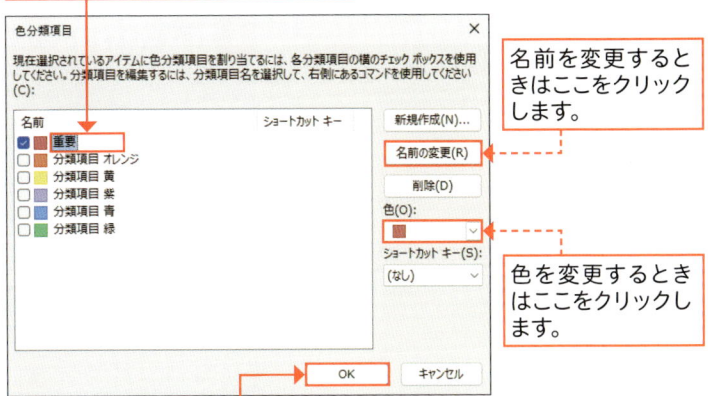

3 変更したい分類をクリックし、

名前を変更するときはここをクリックします。

色を変更するときはここをクリックします。

4 変更が完了したら[OK]をクリックします。

67 予定を変更／削除しよう

ここで学ぶこと

・予定の変更
・予定の削除
・ドラッグ操作による変更

登録した予定はあとから変更することができます。［予定］ウィンドウを表示し、日時や場所などを修正して、［保存して閉じる］をクリックすると、修正した予定が予定表に反映されます。また、予定がキャンセルになった場合は、登録した予定そのものを削除することもできます。

① 予定を変更する

予定をダブルクリック

予定をダブルクリックすることでも、［予定］ウィンドウを表示することができます。

1 変更したい予定をクリックし、

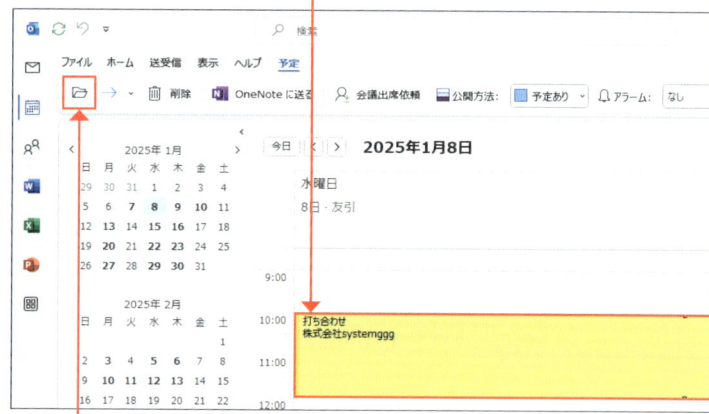

2 ［開く］をクリックします。

3 ［予定］ウィンドウが表示されるので、　**4** 予定の内容を変更し、

5 ［保存して閉じる］をクリックします。

② 予定を削除する

💡 ヒント

**右クリックメニューから
予定を削除する**

予定を右クリックすると、操作メニューが表示されます。その中にある[削除]をクリックすることでも、予定を削除できます。

1 予定を右クリックし、

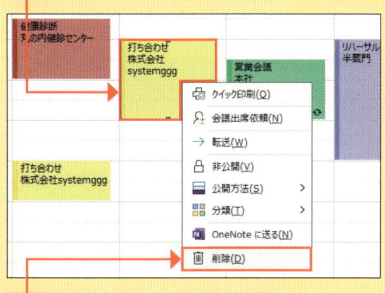

2 [削除]を選択します。

---

1 予定をクリックし、

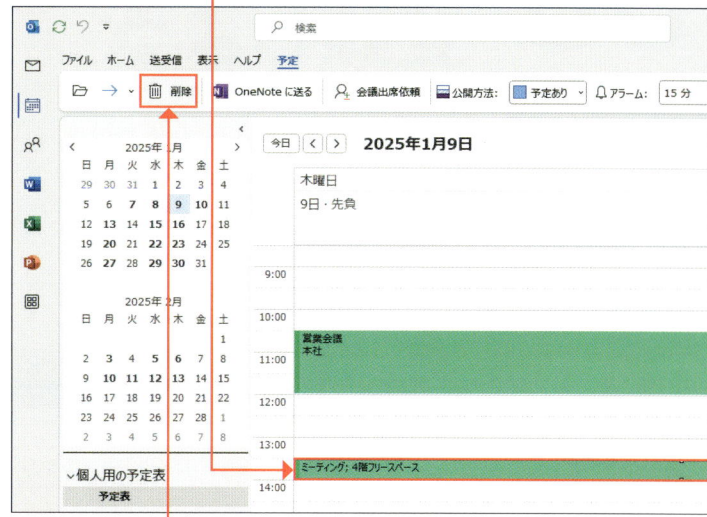

2 [削除]をクリックすると、

3 予定が削除されます。

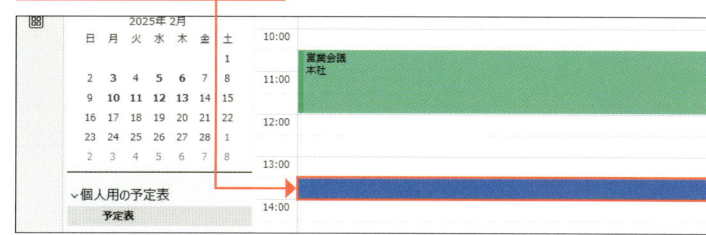

✨ 応用技　ドラッグ操作による日付や時刻の変更

予定のアイテムをドラッグしたり、範囲を変更したりすることでも、日付や時刻を変更することができます。

上下の枠をドラッグして、開始時刻や終了時刻を変更することができます（1カ月単位表示以外）。

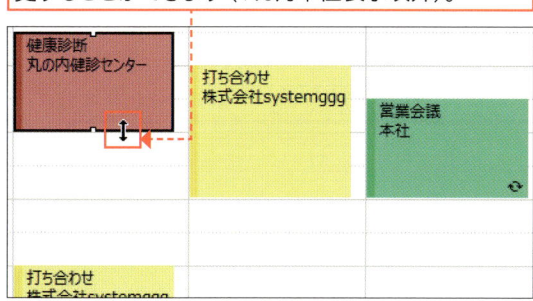

アイテム全体をドラッグして移動すると、日付や時間を変更することができます。

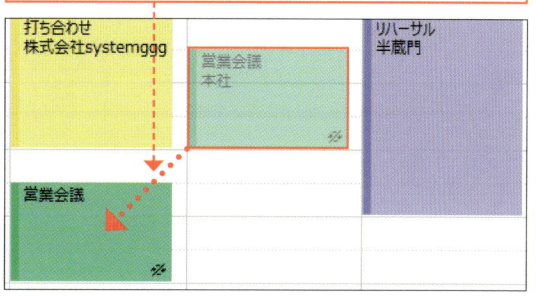

Section

68 定期的な予定を登録しよう

ここで学ぶこと

・定期的な予定
・定期的なアイテム
・パターンの設定

「毎週月曜日、朝9時から30分間は朝礼」というように、同じ**パターン**で予定がある場合は、**定期的な予定**として設定することができます。定期的に開催される予定が事前にわかっている場合、あらかじめ登録しておくと、毎回予定を登録する手間が省けて便利です。

① 定期的な予定を登録する

解説

定期的な予定の登録

ここでは、「毎週月曜日の朝9時から9時30分まで、本社で朝礼を実施する」という予定を登録します。

1 ［ホーム］タブをクリックし、 **2** ［新しい予定］をクリックすると、

3 ［予定］ウィンドウが表示されます。

4 定期的な予定の開始日時と予定内容を入力し、

5 ［定期的な予定にする］をクリックします。

パターンの設定

[定期的な予定の設定]ダイアログボックスでは、[パターンの設定]で[日]、[週]、[月]、[年]を選択した場合、それぞれ次のような設定が可能です。

[日]	何日ごとにするかの設定、もしくは、平日のみの設定
[週]	何週ごとの何曜日にするか設定
[月]	何カ月ごとの何日にするかの設定、もしくは、何カ月ごとの第何週の何曜日にするかの設定
[年]	何年ごとの何月何曜日にするかの設定、もしくは、何年ごとの何月の第何週の何曜日にするかの設定

期間の設定

[定期的な予定の設定]ダイアログボックスでは、[期間]で定期的な予定の期間を設定することができます。

[開始日]	期間の開始日を設定
[終了日]	期間の終了日を設定
[反復回数]	予定を何回繰り返すかの設定
[終了日未定]	期間の終了日を設定しない

定期的な予定のアイコン

定期的な予定を登録すると、1カ月単位表示以外の表示形式では、下図のようなアイコンが表示されます。

---

6 [定期的な予定の設定]ダイアログボックスが表示されます。

7 [週]をクリックし、 **8** 「1」を入力して、 **9** [月曜日]をクリックします。

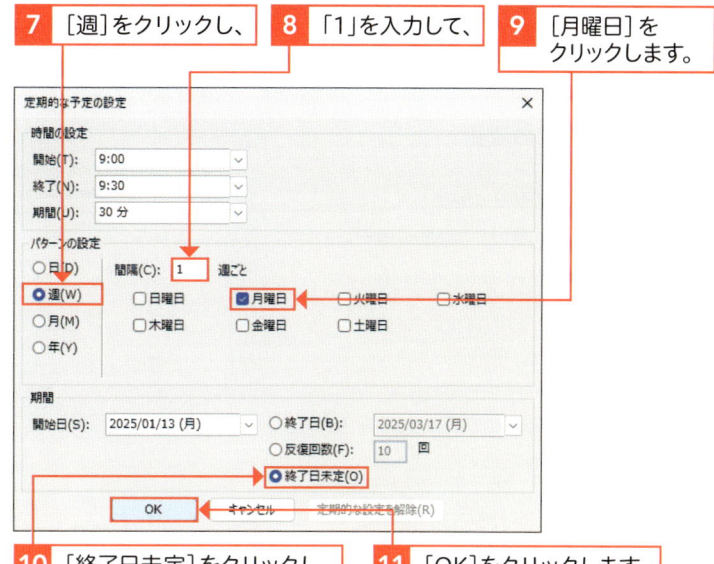

10 [終了日未定]をクリックし、 **11** [OK]をクリックします。

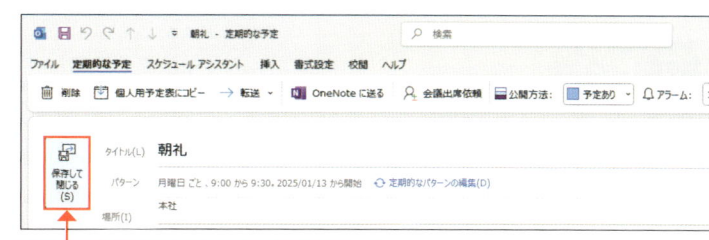

12 [保存して閉じる]をクリックすると、

13 毎週月曜日に、定期的な予定が登録されます。

② 定期的な予定を変更する

解説

定期的な予定の変更

ここでは、「毎週月曜日に実施していた朝礼」を「毎月第2月曜日」に変更します。

---

1 定期的な予定をクリックし、

2 [定期的なアイテム]をクリックします。

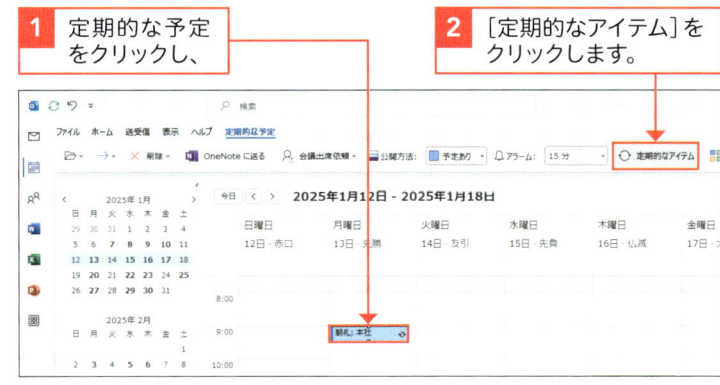

3 [定期的な予定の設定]ダイアログボックスが表示されます。

4 [月]をクリックし、

5 [曜日]をクリックして、

6 「1」を入力します。

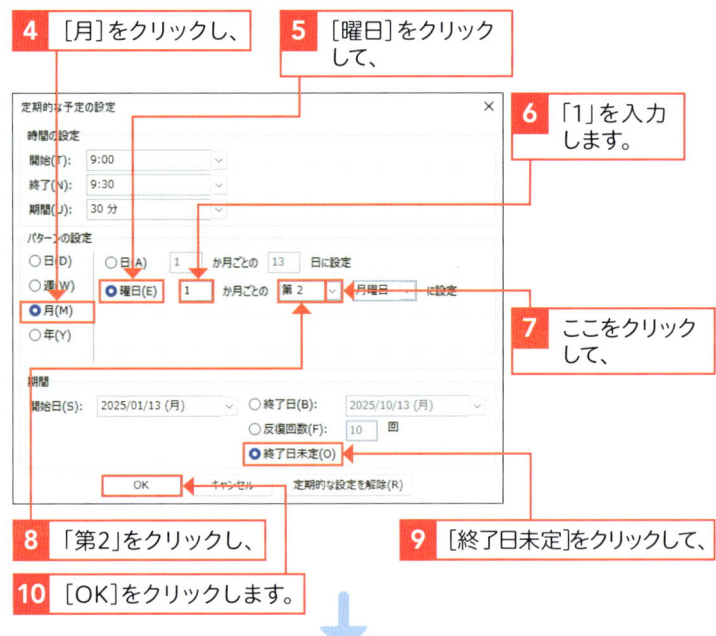

7 ここをクリックして、

8 「第2」をクリックし、

9 [終了日未定]をクリックして、

10 [OK]をクリックします。

11 定期的な予定が、毎月第2月曜日に変更されます。

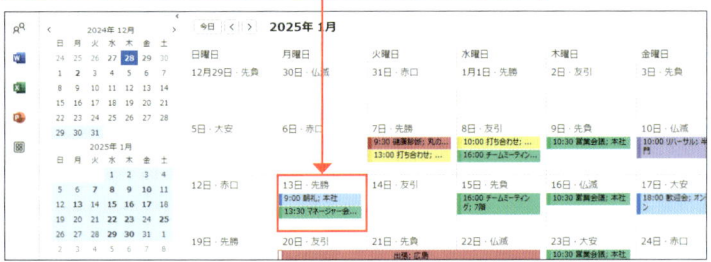

ヒント

特定日の予定のみの変更

「定期的な予定を登録しているが、この日だけは予定を変更したい」という場合、定期的な予定をダブルクリックすると、[定期的なアイテムを開く]ダイアログボックスが表示されます。[この回のみ]をクリックし、[OK]をクリックすることでその日の予定のみ変更できます。定期的な予定全体を変更するには、[定期的な予定全体]をクリックし、[OK]をクリックします。

その日の内容のみを変更できます。

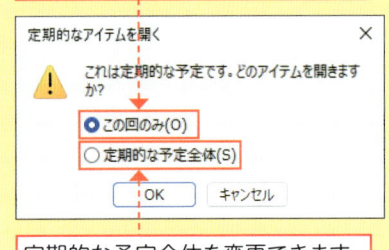

定期的な予定全体を変更できます。

③ 定期的な予定を解除する

定期的な予定の解除

ここでは、「毎週月曜日に実施していた朝礼」を解除します。

特定日の予定のみの削除

「定期的な予定を登録しているが、この日だけは予定を削除したい」という場合、予定をクリックし、[削除]をクリックすると下図のようなメニューが表示されます。[選択した回を削除]をクリックすることで、その日の予定のみ削除することができます。定期的な予定そのものを削除する場合は、[定期的なアイテムを削除]をクリックします。

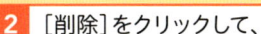

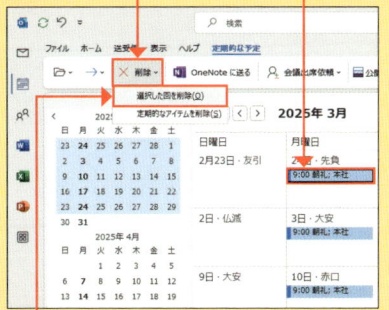

1 定期的な予定をクリックし、

2 [定期的なアイテム]をクリックします。

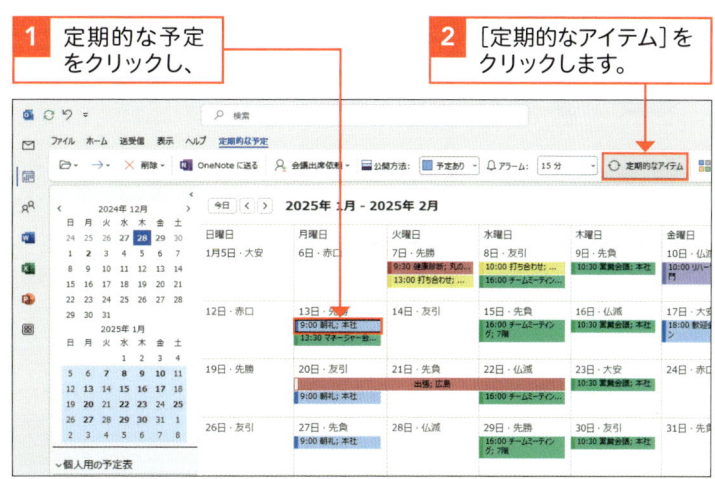

3 [定期的な設定を解除]をクリックすると、

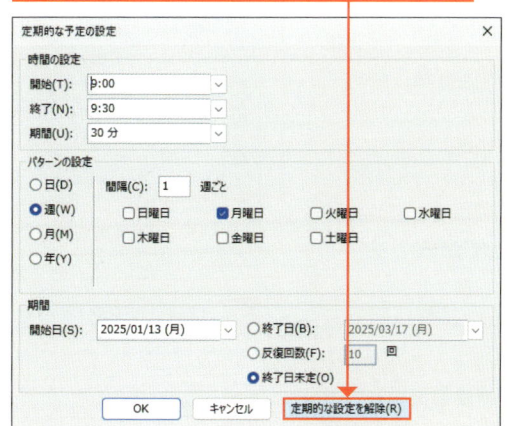

4 定期的な予定が解除され、開始日の予定のみが残ります。

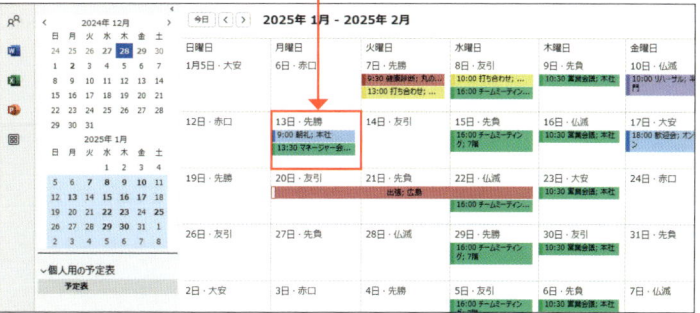

6

予定を管理しよう

Section

69 終日の予定を登録しよう

ここで学ぶこと

・終日の予定
・複数日
・範囲指定

朝から夜まで、丸一日かけて行われる予定は終日として登録できます。社員旅行や長期休暇のように、複数日に渡る日をすべて「終日」で登録することも可能です。また、「毎年10月の最終木曜日から土曜日は社員旅行」というように、恒例になっている定期的な予定も「終日」に設定できます。

① 終日の予定を登録する

解説

終日の予定の登録

ここでは、「2月25日から3月4日に休暇を取得する」という予定を登録します。

ヒント

複数の日を選択してから予定を作成

右の手順では開始日を選択してから終日の予定を作成していますが、あらかじめ開始日から終了日を範囲選択することで、複数日に渡る終日の予定が設定された状態で[予定]ウィンドウを開くことができます。

1 Shift を押しながら開始日と終了日をクリックし、

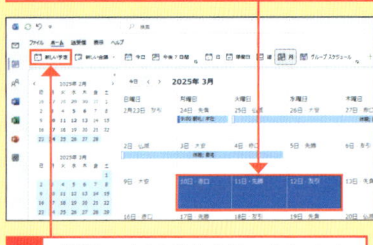

2 [新しい予定]をクリックします。

1 開始日をクリックし、 **2** [ホーム]タブをクリックして、

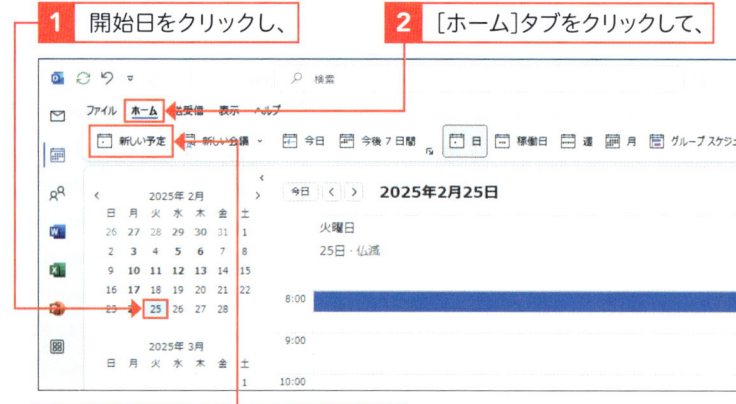

3 [新しい予定]をクリックします。

4 [予定]ウィンドウが表示されるので、

5 タイトルと場所を入力し、 **6** [終日]をクリックしてオンにします。

1カ月単位表示の場合

1カ月単位表示の場合、選択した日をクリックすると、そのまま終日の予定のタイトルを入力することができます。

開始日はすでに設定されています。

7 ここをクリックして、

8 終了日をクリックします。

9 ［保存して閉じる］をクリックすると、

6

予定を管理しよう

10 終日の予定が登録されます。

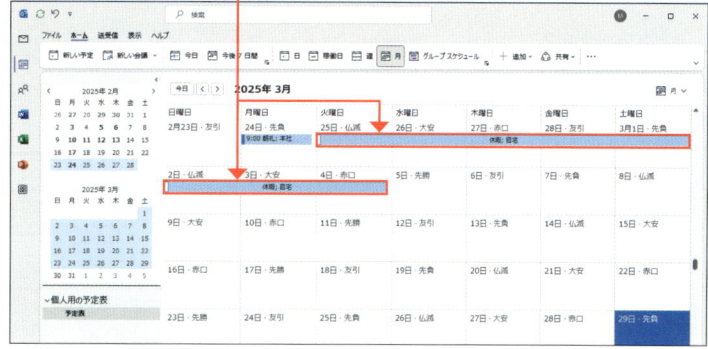

ほかの表示形式での 終日予定の表示

1日単位表示では終日の予定はタイムバーの上に表示されます。

今日	<	>	**2025年2月14日**
			金曜日
			14日・大安
			出張; 岡山
8:00			

Section

70 | メールの内容を
予定に登録しよう

ここで学ぶこと

・予定表に登録
・ドラッグ
・[予定] ウィンドウ

受信したメールを [予定表] のアイコンに**ドラッグ**することで、予定として登録することができます。ただし、[予定] ウィンドウに登録されている [タイトル] [開始時刻]、[終了時刻] はメールをもとにした情報となっているため、必要に応じて、内容を適宜修正する必要があります。

① メールの内容を[予定表] に登録する

補足

ドラッグ操作で登録される内容

メールを[予定表]のアイコンにドラッグすると、自動的に以下の項目が登録されます。適切な内容に修正してから登録してください。

[タイトル]	メールの件名
[開始時刻]	今日の日付でもっとも直近の30分単位の時刻
[終了時刻]	今日の日付で開始時刻の30分後
メモ	メールの内容

ヒント

予定の内容をメールで送る

ここではメールの内容を予定に登録する方法を解説していますが、予定をナビゲーションバーの [メール] のアイコンにドラッグすると、件名と予定の内容が入力されたメールを作成することができます。

1 [メール]画面でメールをクリックし、

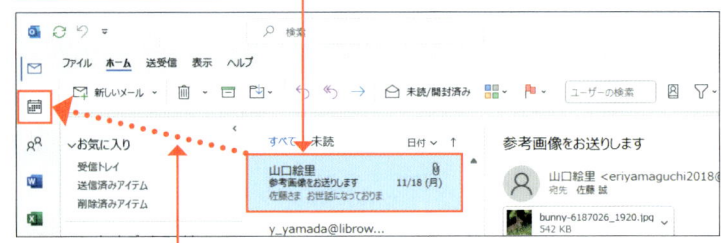

2 [予定表]のアイコンにドラッグすると、

3 [予定]ウィンドウが表示されます。

メールの内容が反映されています。

補足

[メモ]の内容

[予定]ウィンドウの[メモ]には、メールの本文が登録されています。予定の具体的な内容が参照できるので、消さずに保存したままにしておくことで、わざわざもとのメールを確認する必要がなくなります。

4 内容を修正し、

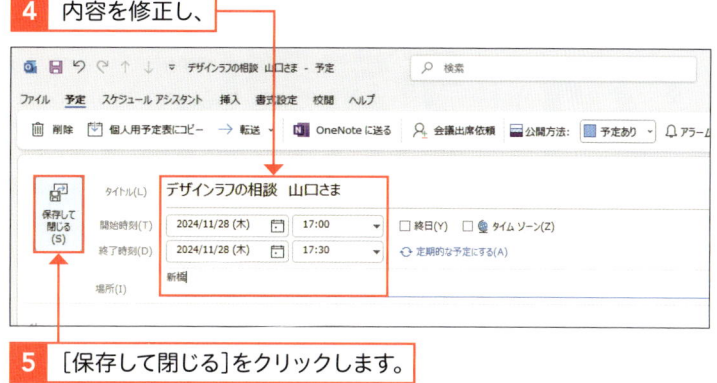

5 [保存して閉じる]をクリックします。

② 登録した予定を確認する

ヒント

分類項目の反映

メールに分類項目が設定されている場合、ドラッグした予定にも同じ分類項目が反映されます。

1 分類項目が設定されているメールを予定に登録すると、

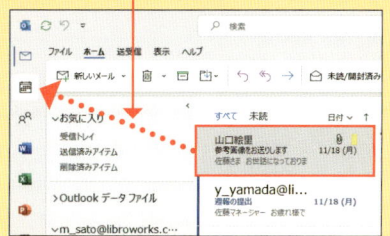

2 予定にも同じ分類項目が反映されます。

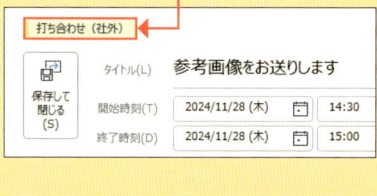

1 登録した予定をダブルクリックすると、

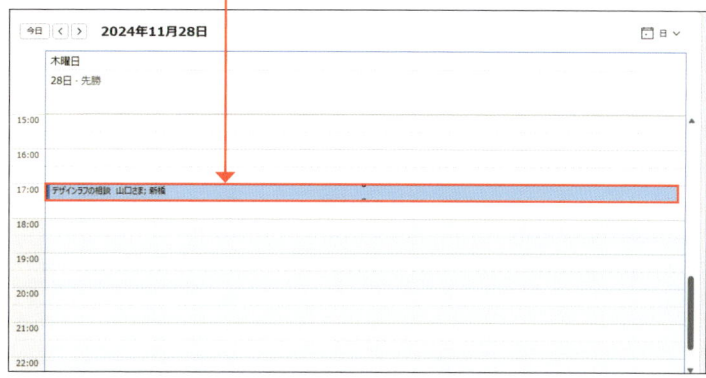

2 [予定]ウィンドウが表示され、登録した内容が確認できます。

Section 71 予定表に祝日を設定しよう

・祝日
・祝日を追加
・六曜

クラシックOutlookの初期設定では、[予定表]に祝日が表示されていません。[予定表]をカレンダー代わりに利用したい場合は、祝日を表示するように設定しておくと便利です。また、祝日以外にも、初期状態で表示される六曜を非表示にすることもできます。

① 予定表に祝日を設定する

💬 解説

祝日の設定

Outlookの初期設定では、祝日が表示されていません。ここで解説している操作を行うことで、祝日が終日の予定項目として表示されるようになります（206ページ参照）。

● 1日単位表示の場合

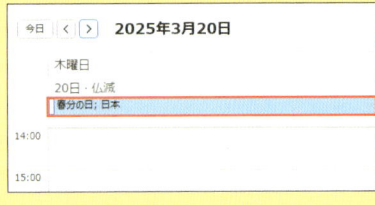

● 1カ月単位表示の場合

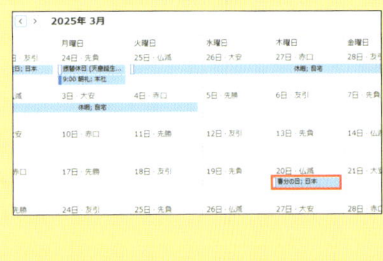

1 [ファイル]タブの[オプション]をクリックし、[Outlookのオプション]ダイアログボックスを表示します。

2 [予定表]をクリックし、

3 [祝日の追加]をクリックすると、

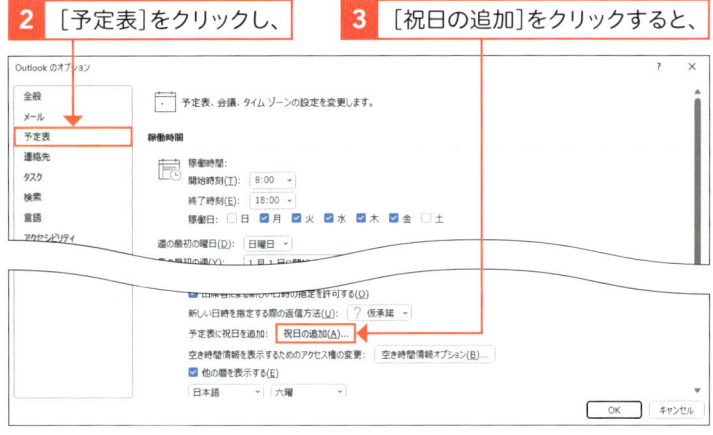

4 [予定表に祝日を追加]ダイアログボックスが表示されます。

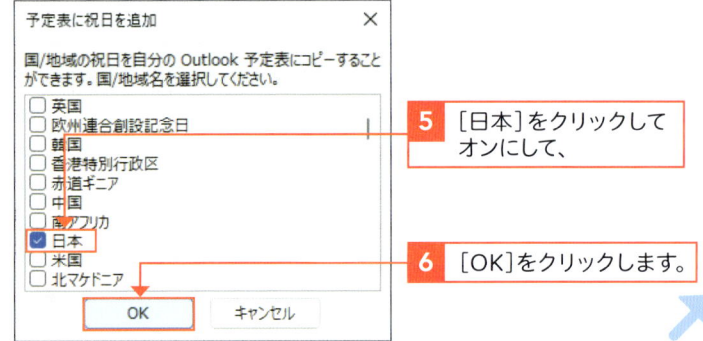

5 [日本]をクリックしてオンにして、

6 [OK]をクリックします。

ヒント

祝日を変更したい場合

祝日の名称や日付が変わってしまった場合、[予定表]から変更／削除することができます。祝日は予定として登録されているので、ダブルクリックすることで[予定]ウィンドウが開き、変更／削除が行えます。詳しくは、200ページを参照してください。

補足

六曜を非表示にする

クラシックOutlookでは、初期設定で大安や仏滅などの六曜が表示されます。これを非表示にするには、210ページの手順**3**で[他の暦を表示する]をクリックしてオフにします。

> [他の暦を表示する]をクリックしてオフにします。

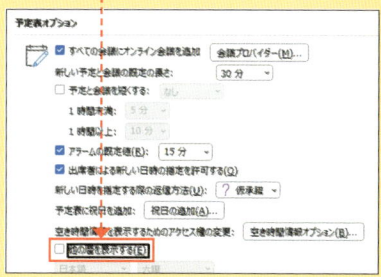

---

7 祝日の追加が行われます。

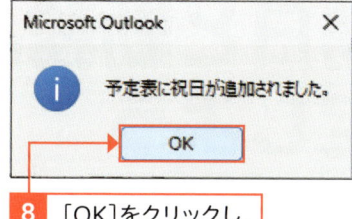

8 [OK]をクリックし、

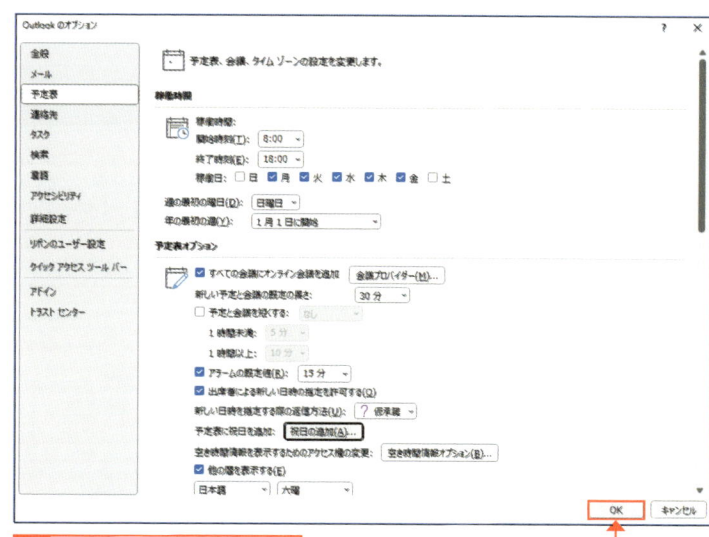

9 [OK]をクリックすると、

10 祝日が設定されていることが確認できます。

勤務日と勤務時間を設定しよう

ここで学ぶこと

・稼働日
・稼働時間
・タイムスケール

クラシックOutlookでは、就業日を**稼働日**、就業時間を**稼働時間**と呼んでいます。たとえば、平日の8～17時に仕事をしている場合は、平日が「稼働日」、8～17時が「稼働時間」となります。あらかじめ「稼働日」と「稼働時間」を設定しておけば、仕事がない日の表示が省略され、見た目がわかりやすくなります。

① 稼働日と稼働時間を設定する

💬 解説

稼働日と稼働時間の設定

ここでは、月曜日から金曜日を稼働日に、8時から17時を稼働時間に設定します。

✏️ 補足

稼働日の設定

稼働日は曜日単位で設定することができます。ここでは、一般的な月曜日から金曜日で設定していますが、「火曜日から土曜まで」といった設定や、「日曜日から火曜日までと、木曜日から土曜日まで」といった設定も可能です。その際、週の最初に表示される曜日も変更できます。

稼働日を「日曜日から火曜日までと、木曜日から土曜日まで」に設定し、「木曜日開始」で表示します。

1 [ファイル]タブの[オプション]をクリックし、[Outlookのオプション]ダイアログボックスを表示します。

2 [予定表]をクリックし、

3 稼働日をクリックしてオンにします。

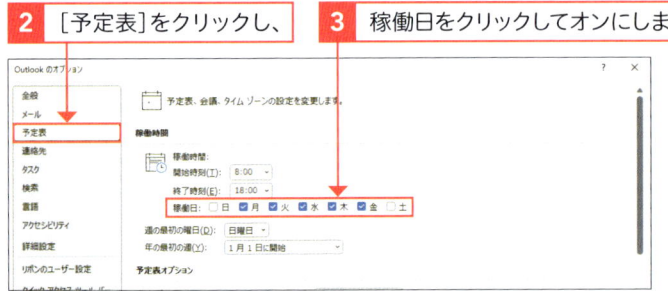

4 稼働時間を設定し、

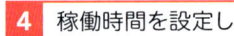

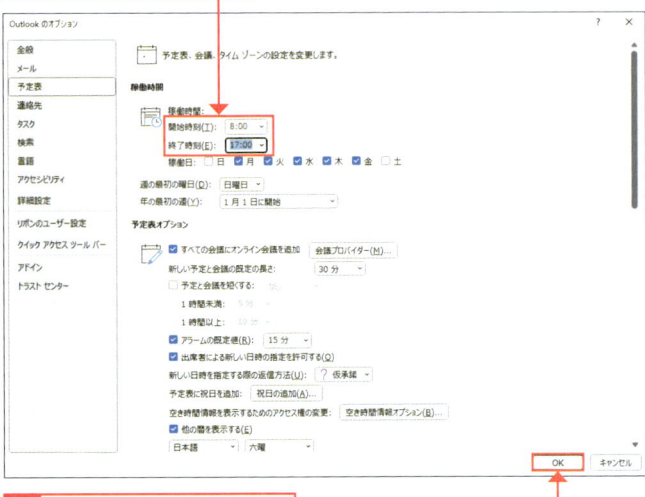

5 [OK]をクリックします。

② 稼働日だけを表示する

補足

稼働時間の変更

稼働時間の開始時刻と終了時刻の変更は、212ページの手順4で直接数値を入力するか、一覧から選択することができます。選択できる時刻は30分単位なので、一覧から選べない時刻の場合は直接入力しましょう。

ヒント

タイムバーの表示単位を変更する

初期設定では、タイムバーの表示単位は30分となっていますが、5分から60分まで6段階の間隔で変更することができます。

1 [表示]タブをクリックし、

2 [タイムスケール]をクリックして、

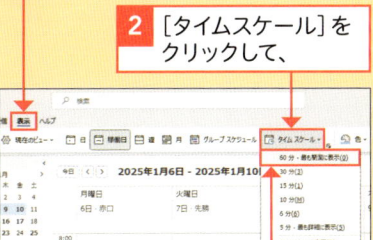

3 [60分]をクリックすると、

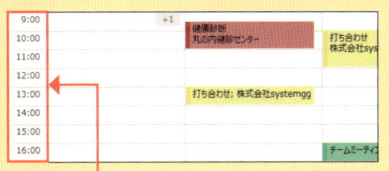

4 タイムバーの表示間隔が60分に変更されます。

1 予定表を1週間単位で表示すると、日曜から土曜までの予定が表示され、稼働時間（8時から17時）以外は背景が灰色で表示されています。

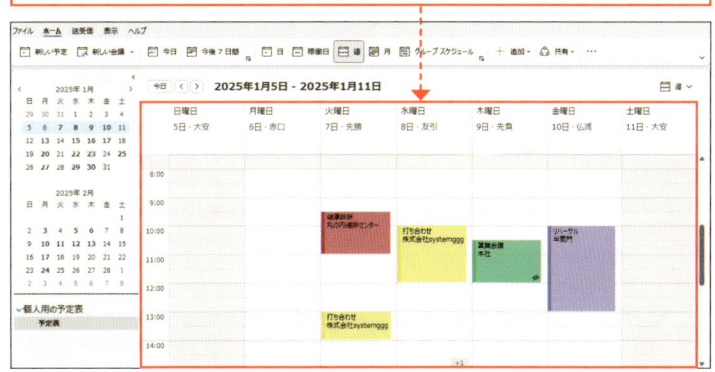

2 [稼働日]をクリックすると、

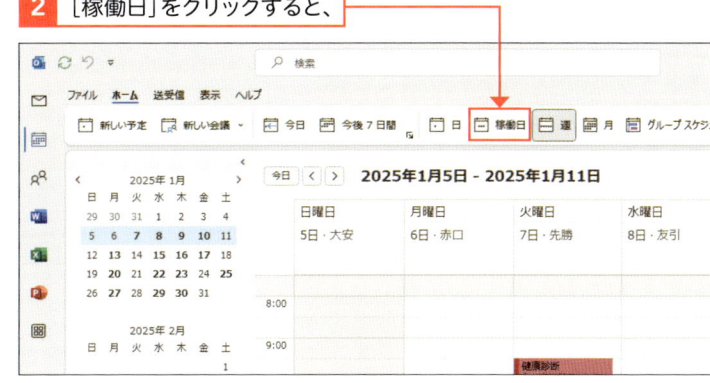

3 稼働日に設定した曜日（月曜日から金曜日）のみ表示されます。

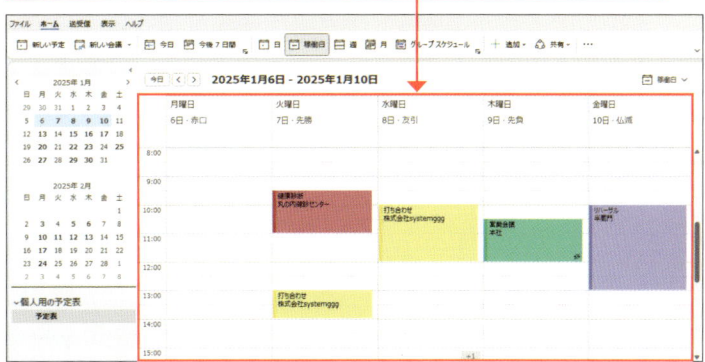

Section header

Section

73 | 予定への出席を依頼しよう

ここで学ぶこと

・会議出席依頼
・必須出席者
・任意出席者

クラシック Outlook の**会議出席依頼**の機能を使えば、会議に出席してほしい人へ予定への出席依頼を送ることができます。受信した人は参加の可否を選択でき、参加を選択した場合はその人のカレンダーに予定が追加されるしくみです。会議をキャンセルしたときに知らせることもできます。

① 会議出席依頼を送信する

解説

会議出席依頼

会議出席依頼とは、会議などの予定情報をメールで送信し、相手が承諾するとその予定が相手の人にも登録される機能です。相手が承諾したかどうかは返答されたメールや[会議]ウィンドウで確認できます。なお、相手のメールソフトが会議出席依頼機能に対応している必要があり、OutlookのほかWeb版のOutlook.com、Exchange、Gmail（およびGoogleカレンダー）でも利用できます。

1 出席を依頼したい予定をクリックし、

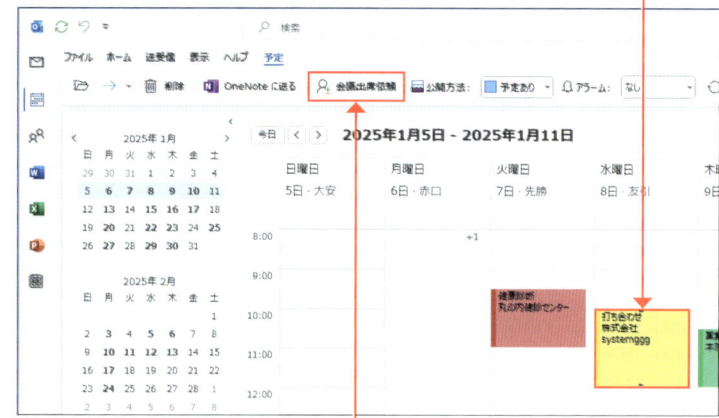

2 [会議出席依頼]をクリックします。

3 [会議]ウィンドウが表示されるので、

4 [必須]をクリックします。

補足

予定をキャンセルする

出席を依頼した予定をキャンセルするには、予定を右クリックして[会議のキャンセル]をクリックし、[キャンセル通知を送信]をクリックします。

1 予定を右クリックして、

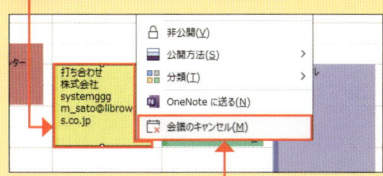

2 [会議のキャンセル]をクリックし、

3 [キャンセル通知を送信]をクリックします。

解説

出席依頼に返信する

出席依頼をメールで受信したら、「承諾」や「辞退」などをクリックすると、自動で送信者宛にメールが送られ、出欠を知らせることができます。また「承諾」「辞退」の中にも種類があり、コメントを付けて返信できるものなどがあります。

5 必ず参加してほしい人をクリックして、

6 [必須出席者]をクリックします。

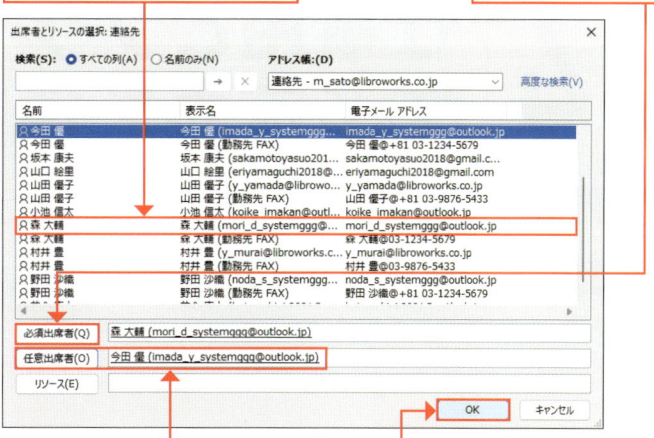

7 同様に任意の出席者も選択し、

8 [OK]をクリックします。

9 [送信]をクリックすると、

10 必須出席者と任意出席者にメールで会議出席依頼が送信されます。

仕事用とプライベート用とで予定表を使い分けよう

ここで学ぶこと

・予定表の作成
・背景色の変更
・重ねて表示

クラシック Outlook では、**仕事用**と**プライベート用**など、複数の予定表を使い分けることができます。複数の予定表を同じ画面に並べて表示したり、重ねて表示したりすることが可能です。また、それぞれの予定表の色を変更することもできるので、見た目がわかりやすくなります。

① 新しい予定表を作成する

💬 **解説**

新しい予定表の作成

クラシック Outlook では、複数の予定表を持つことができるため、用途に合わせて予定表を使い分けることができます。新しく作成した予定表は、もとの予定表と同じ操作で利用することができます。

1 予定表を右クリックして、

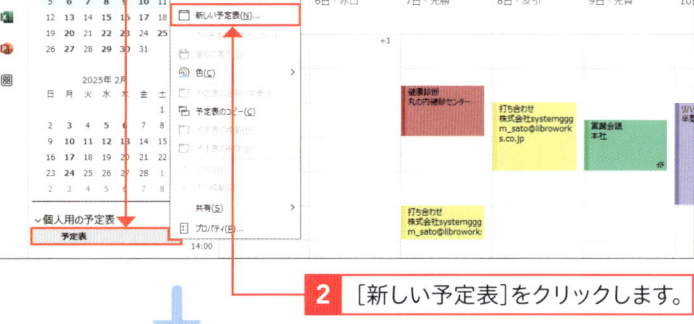

2 [新しい予定表]をクリックします。

3 [新しいフォルダーの作成]ダイアログボックスが表示されます。

4 予定表の名前を入力し、

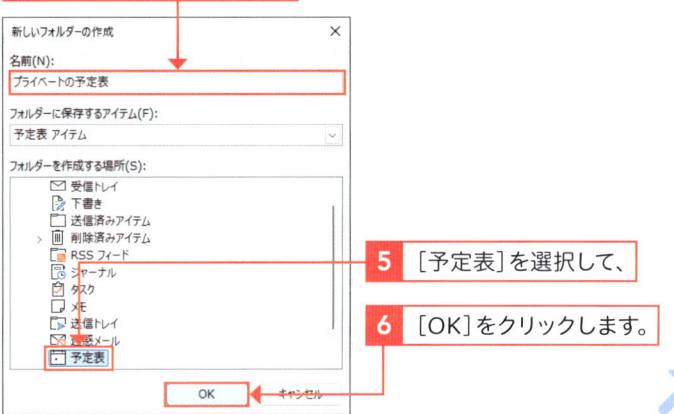

5 [予定表]を選択して、

6 [OK]をクリックします。

💬 **解説**

新しい予定表とフォルダー

作成した新しい予定表は、もとの予定表とは別のフォルダーとして扱うことができます。

解説

予定表は並んで表示される

新しい予定表は、もとの予定表と並んで表示されます。右の手順のようにして、表示する予定表を切り替えることもできます。並べて表示する場合は、表示幅が狭くなってしまうので、とくに1カ月単位表示の場合は切り替えて使用したほうがよいでしょう。

ヒント

予定表の並べ替え

手順 **8** で予定表を選択してドラッグすると、予定表の表示順を並べ替えられます。

ヒント

予定表間でのアイテムのコピー

予定表間でアイテムをドラッグすると、そのアイテムをコピーすることができます。

7 ナビゲーションウィンドウに新しい予定表が追加されます。

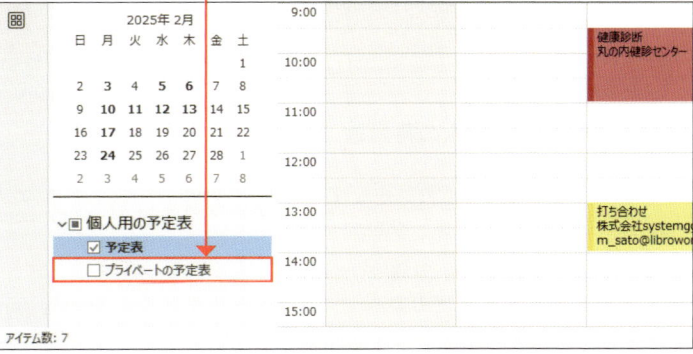

8 新しい予定表をクリックしてオンにすると、

9 もとの予定表の横に表示されます。

10 ［予定表］をクリックしてオフにすると、

11 ［プライベートの予定表］のみが表示されます。

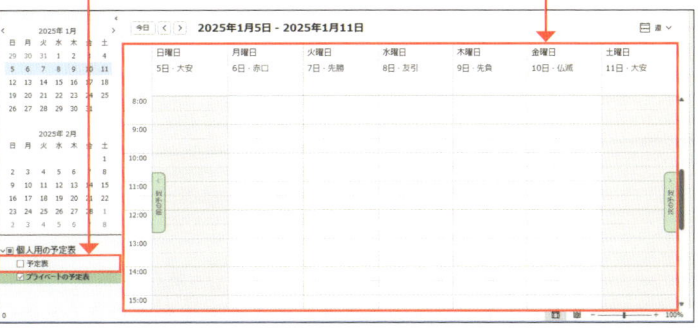

② 予定表の背景色を変更する

補足

クラシックOutlookの背景色

クラシックOutlookで選択可能な背景色は9色です。また、実際に変更される色はタブや曜日の見出し、分類項目を設定していない予定の色などです。

1 背景色を変更したい予定表をクリックします。

2 ［表示］タブをクリックして、

3 ［色］をクリックし、

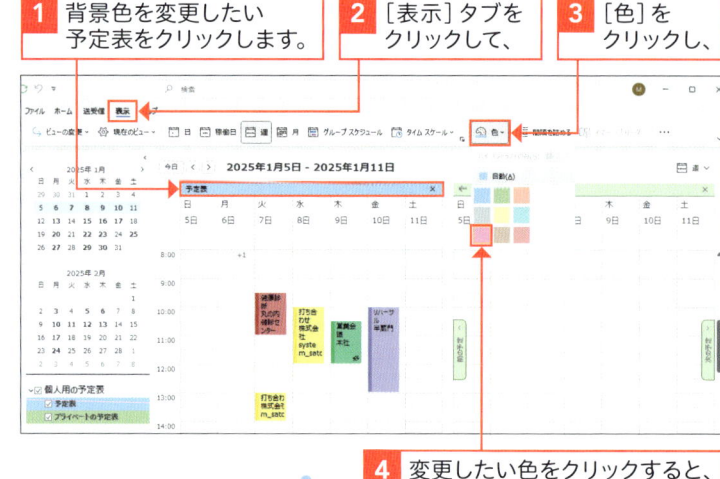

4 変更したい色をクリックすると、

5 予定表の背景色が変更されます。

③ 予定表を重ねて表示する

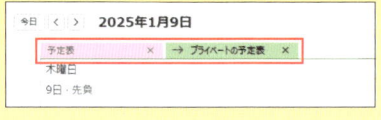補足

タブをクリックして切り替える

予定表を重ねて表示する場合、オンになっている予定表がタブとして表示されます。タブをクリックすることで、クリックした予定表に登録されている予定が強調して表示されます。

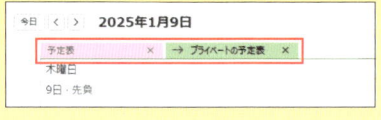

1 ［表示］タブをクリックし、

2 ［…］をクリックして、

3 ［重ねて表示］をクリックすると、

4 2つの予定表が重なって表示されます。

第 **7** 章

タスクを管理しよう

タスクを管理しよう

▶ タスクを確認する

Outlookでは、これから取り組む仕事のことをタスクと呼びます。[To Do]でのタスクの表示方法は初期設定では6種類あり、期限や重要度別に並べ替えることができます。[タスク]では最近登録したものから順にタスクが並びます。[今日の予定]では、今日期限を迎えるタスクが確認できます。

●スマートリスト

最近登録した順に表示されています。
並べ替えの順番は変更できます。

初期設定では、6種類のスマートリストから表示を選択できます。

●今日の予定

今日やるべきタスクが表示されます。

7

タスクを管理しよう

▶ タスクを管理する

●定期的なタスクを登録する

仕事の中には、定期的に発生するものもあります。[繰り返し]機能を使うことで、毎週や毎月など決められた頻度で繰り返しタスクを作成することができるようになります。

繰り返しの頻度を設定できます。毎日や毎週のほか、
[ユーザー設定]から2日ごとなどのタスクも作成できます。

●タスクにアラームを設定する

タスクを作成しても、忘れてしまっては意味がありません。アラームを設定し、期限前に通知されるようにしましょう。自動でアラームが設定されるようにすることもできます。

日時を指定してアラームが設定できます。

To Doの画面構成を知ろう

ここで学ぶこと

・タスク
・画面構成
・詳細ビュー

Outlookでは、これから取り組む**仕事**のことを**タスク**と呼びます。[To Do]画面では、タスクを管理することができます。[To Do]には、仕事の[件名]、[期限]などの基本情報のほか、[重要度]といった詳細情報を登録できます。現在の仕事の状況が、画面を見てすぐに把握できます。

1 [To Do]の画面構成

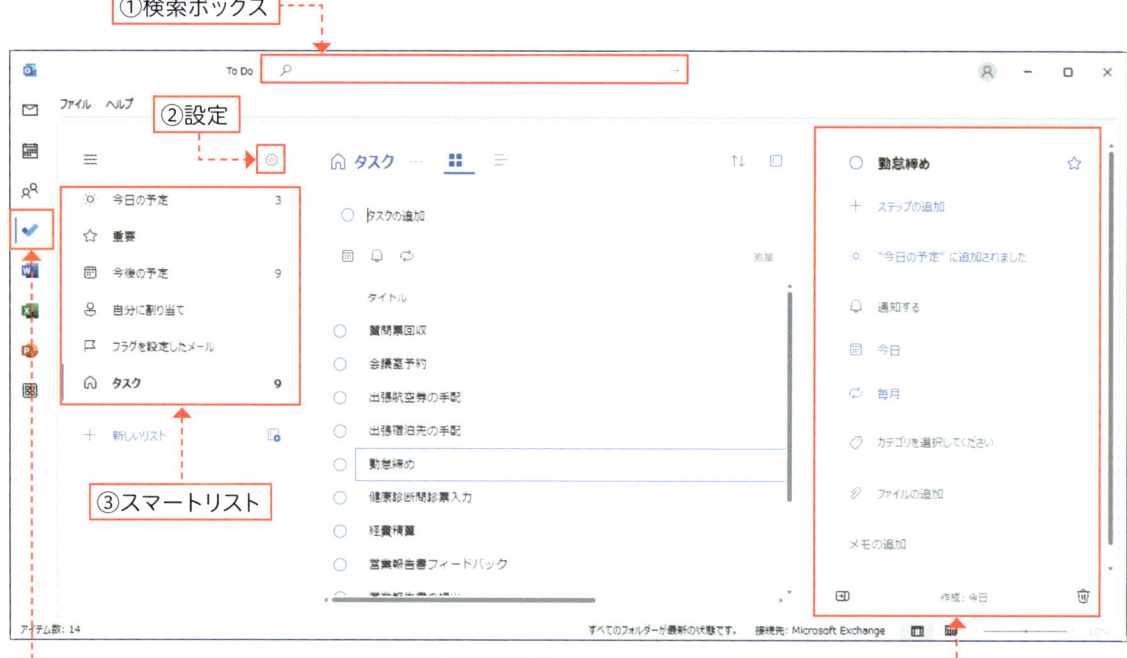

①検索ボックス
②設定
③スマートリスト
④詳細ビュー

ここをクリックすると、[To Do]の画面に切り替わります(Microsoft 365では、[タスク]を一度クリックしないと[To Do]が表示されないことがあります。[タスク]については、236ページを参照してください)。

名称	機能
①検索ボックス	キーワードを入力してタスクを検索します。
②設定	[To Do]に関する設定を確認／変更できます。
③スマートリスト	表示するスマートリストを変更できます。
④詳細ビュー	タスクの一覧から選択したタスクの内容を表示します。クリックすることでタスクの内容を変更できます。

② タスクの一覧表示画面

[タスク]を選択しています。

タスクの期限を表示します。

タスクの重要度を表示します。

選択したリストに登録したタスクが一覧で表示されます。完了したタスクには取り消し線が引かれています。

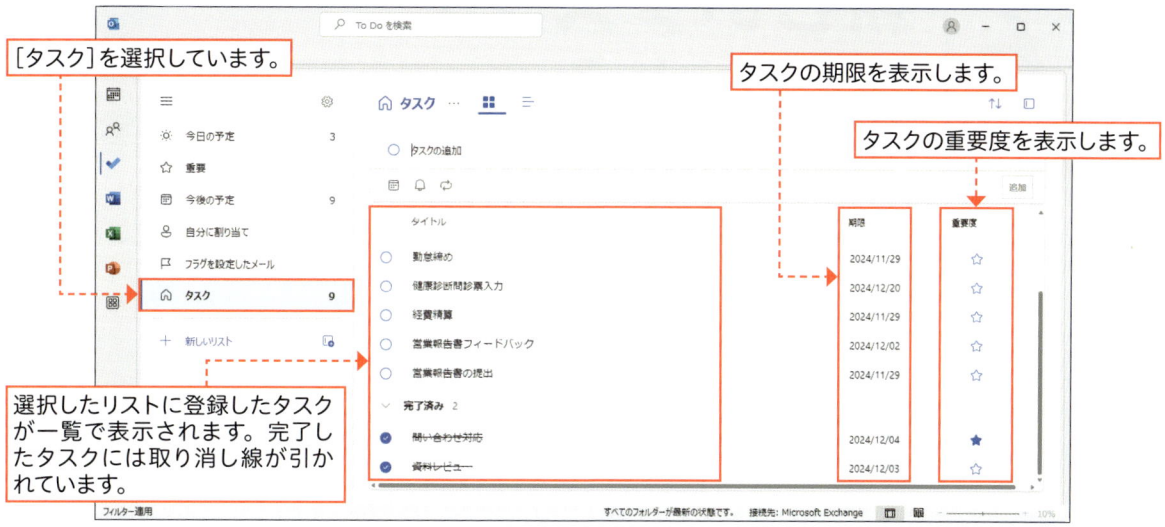

③ [詳細ビュー]の画面構成

①件名

②重要度

③アラーム

④期限

⑤繰り返し

⑥ファイル

⑦メモ

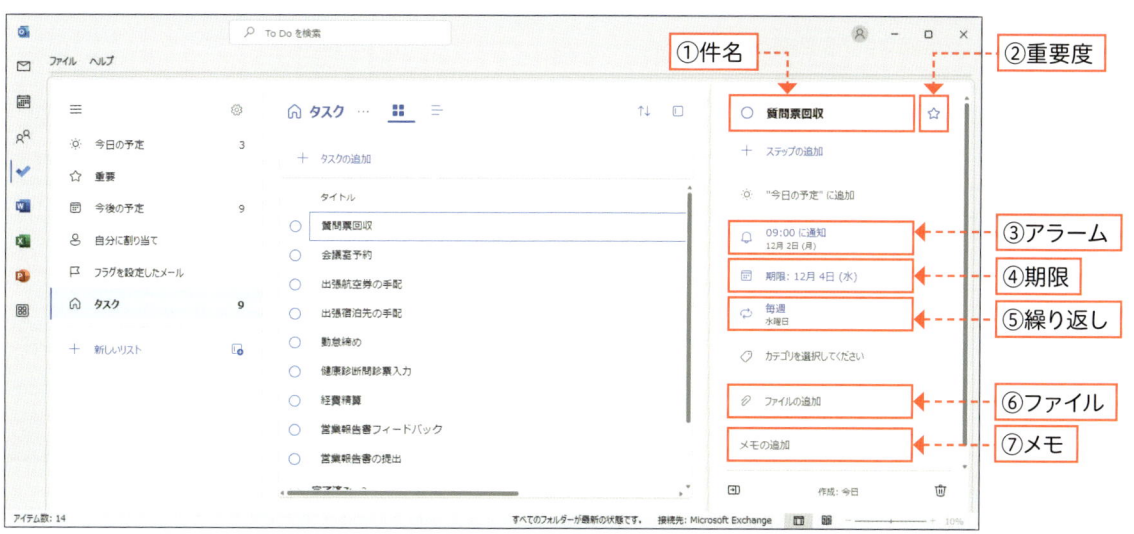

名称	機能
①件名	タスクの件名を登録します。
②重要度	タスクの重要度を登録します。
③アラーム	指定した時刻にアラームを鳴らします。
④期限	タスクの期限を登録します。
⑤繰り返し	タスクに繰り返しを登録します。
⑥ファイル	タスクに関係のあるファイルを登録できます。
⑦メモ	タスクに関するメモを登録できます。

Section

76 | 新しいタスクを登録しよう

ここで学ぶこと

・タスクの登録
・件名
・期限

新しくタスクを登録するには、[タスクの追加]をクリックして、必要な項目を入力します。ここでは、タスクの[件名]、[期限]などの情報を登録することができます。その後、スマートリストの[タスク]を表示すると、登録したタスクが一覧で表示されます。

① 新しいタスクを登録する

💬 解説

To Doと予定表の違い

[To Do]と[予定表]は、どちらもスケジュール管理を行う機能です。予定表は今後の予定をカレンダーで管理し、To Doは期限を仕事単位で管理します。通常の予定は予定表に、仕事の締め切りのみをタスクに登録するなどの使い分けをするとよいでしょう。

✏️ 補足

期限の候補

本書では手順**4**で[日付を選択]をクリックして期限を設定していますが、その上に表示されている[今日][明日][来週]といった期限の候補を利用して期限を設定することもできます。

1 [タスク]をクリックして、　**2** [タスクの追加]をクリックします。

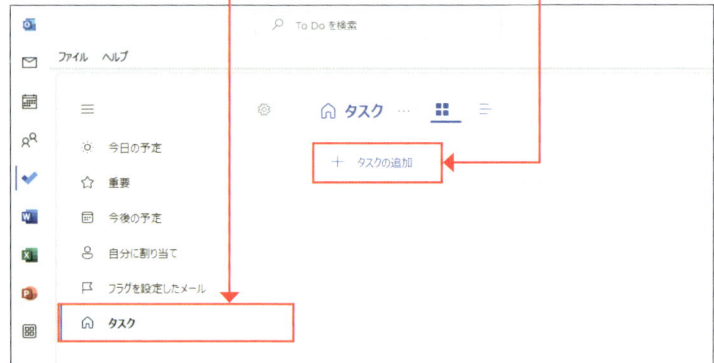

3 タスクの件名を入力し、　**4** 📅 をクリックして、

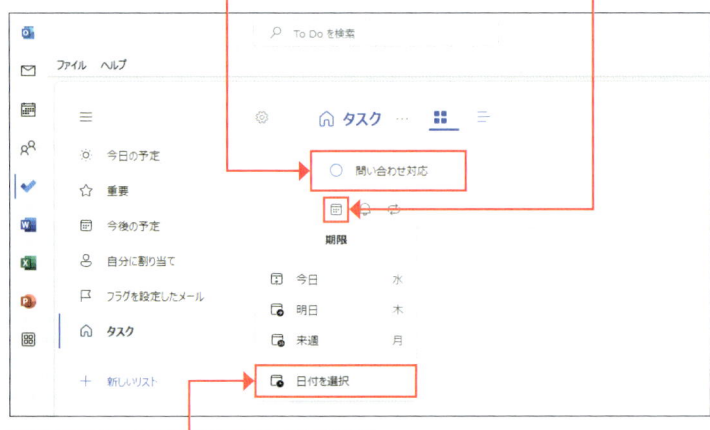

5 [日付を選択]をクリックします。

ヒント

期限のないタスク

新規タスクの登録では、期限を省略することもできます。その場合は、期限のないタスクとして管理されます。内容のみが決まっているタスクの場合は、件名のみ登録しておいて、あとから期限を変更してもよいでしょう（234ページ参照）。

6 期限として設定したい日付をクリックして、

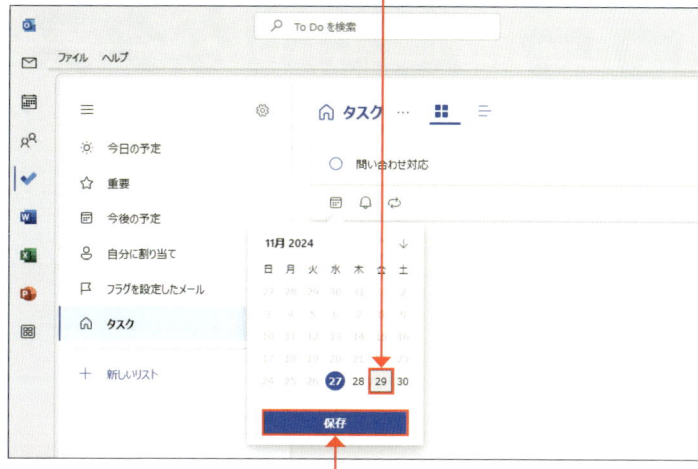

7 [保存]をクリックします。

8 [期限]が設定されました。

7

タスクを管理しよう

9 [追加]をクリックすると、

10 タスクが登録されます。

補足

スマートリスト右側の数字

スマートリストの右側に表示されている数字は、そのスマートリストに含まれているタスクの中でまだ完了済みになっていないタスクの数を示しています。

定期的なタスクを登録しよう

ここで学ぶこと

- 定期的なタスク
- ［繰り返し］
- パターンの設定

「毎週金曜日に営業報告書を提出する」というように、一定の間隔で締め切りがあるタスクは、**定期的なタスク**として登録しておくと便利です。タスクの情報を入力したあと、［**繰り返し**］をクリックして、**タスクの間隔**（毎週、毎月など）を選択すると、登録が完了します。

① 定期的なタスクを登録する

💬 解説

定期的なタスクの登録

ここでは、「毎週金曜日に営業報告書を提出する」というタスクを登録します。タスクを完了させると、次のタスクが自動的に作成されます。

1 224〜225ページの手順 **1**〜**6** と同様の操作で、タスクの件名と期限を設定し、

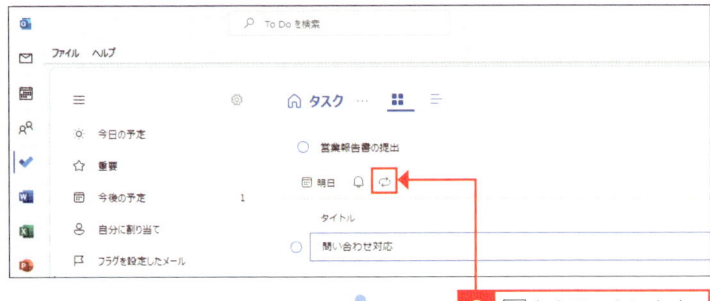

2 🔁 をクリックします。

3 繰り返しの設定が表示されるので、

4 ［ユーザー設定］をクリックします。

補足

パターンの設定

手順3の画面で選択できる定期的なタスクのパターンとしては、毎日、平日、毎週、毎月、毎年、ユーザー設定が選択できます。平日を選択した場合、土曜日と日曜日を除いた平日に繰り返しタスクが設定されます。毎週や毎月、毎年を選択した場合、そのタスクを作成した日を基準にパターンが設定されます。たとえば、12月1日金曜日にタスクを作成した場合、毎週を選択すると毎週金曜日に、毎月を選択すると毎月1日に、毎年を選択すると毎年12月1日に設定されます。細かく設定したい場合は、ユーザー設定を利用しましょう。

補足

定期的なタスクに表示される期限日

定期的なタスクには直近の期限日が表示されています。また、定期的なタスクを完了させると、次の期限日が表示されたタスクが自動的に作成されます。

5 「1」と入力し、　**6** ［週間］を選択し、

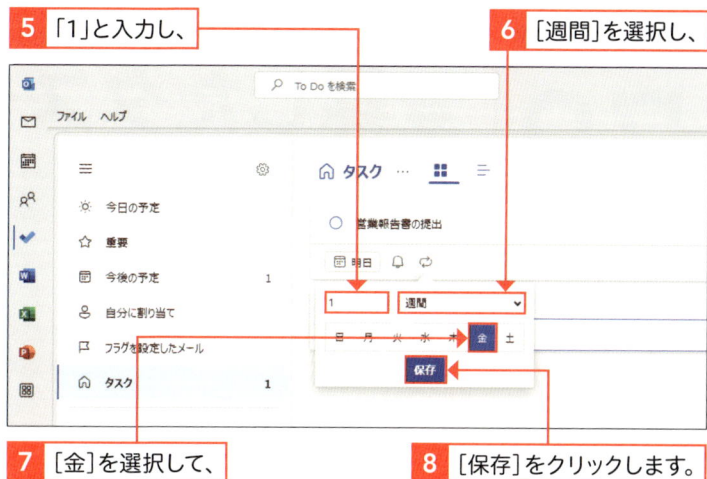

7 ［金］を選択して、　**8** ［保存］をクリックします。

9 定期的なタスクのパターンが表示されます。

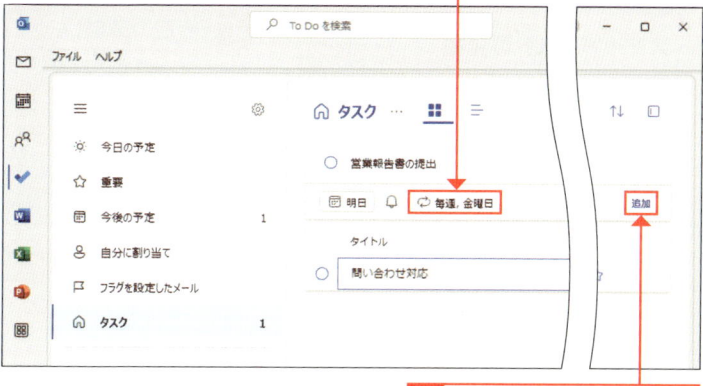

10 ［追加］をクリックします。

11 定期的なタスクが登録されます。

78 登録したタスクを確認しよう

ここで学ぶこと

・タスクの確認
・スマートリスト
・並べ替え

登録したタスクを目的に応じて分類するリストをスマートリストと呼びます。表示するスマートリストを変更することで、今日やるべきタスク、重要なタスクなどを抽出して表示できます。また、重要度順や期限日順などに並べ替えることも可能です。用途に応じて、表示方法を変更してみましょう。

① 表示するスマートリストを変更する

補足

スマートリストの変更

画面左側のスマートリストの一覧から、表示するスマートリストをクリックして変更することができます。以下に、[今日]以外の、主なものを紹介します。

① [重要]
　[重要]としてマークしたタスクを一覧表示

② [今後の予定]
　タスクを期限日ごとにグループ分けして一覧表示

③ [自分に割り当て]
　自分に割り当てられたタスクを一覧表示

④ [フラグを設定したメール]
　[メール]画面でフラグを設定したメールをタスクとして一覧表示

⑤ [タスク]
　全てのタスクを一覧表示

初期設定でスマートリストの[タスク]が表示されています。

1 [今日の予定]をクリックします。

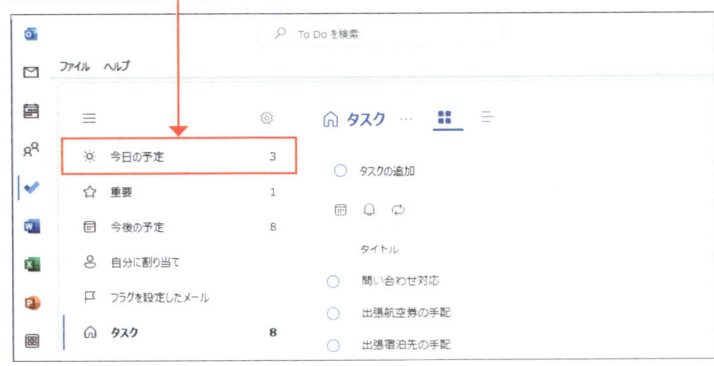

2 期限が今日のタスクが表示されます。

並べ替え方法の変更

タスクの並べ替え方法は、[重要度]と[期限日]以外に[あいうえお順]や[作成日]があります。

タスクの重要度

タスクには、重要度を設定することができます。タスクの右側に表示されている☆をクリックして★にすることで、スマートリストの[重要]に表示されるようになります。もう一度クリックすることで、もとの状態に戻すことができます。

[今日は何をする？]画面

スマートリストの[今日の予定]を表示した状態で画面右上の[今日は何をする？]をクリックすると、[今日は何をする？]画面が表示されます。この画面では、直近のタスクや最近追加したタスクを確認することができます。

初期設定では作成日順に並べられています。

1　⇅をクリックします。

2　[期限日]をクリックします。

3　タスクが期限別に並べ替えられて表示されます。

Section
79 | タスクを完了しよう

ここで学ぶこと

・タスクの完了
・タスクの確認
・完了の取り消し

仕事を終えたタスクは、**チェックマーク**を付けて完了にします。完了したタスクはタスクの一覧画面上部から下部の[**完了済み**]へ移動され、取り消し線が引かれる形で表示されます。これにより、完了したタスクを履歴として確認することができます。

① タスクを完了状態にする

補足

タスクの完了と削除の違い

完了したタスクは削除することもできますが、どのようなタスクをいつこなしたのかがわからなくなってしまいます。タスクの履歴を残す意味でも、完了操作を行うことをおすすめします。なお、タスクの削除方法は、235ページを参照してください。

1 完了させるタスクの左側をクリックしてチェックをオンにし、

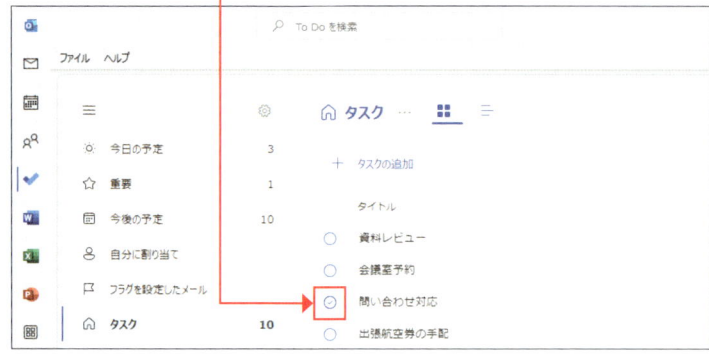

2 完了したタスクが一覧の上部から消えます。

補足

**期限を過ぎた
未完了のタスク**

期限を過ぎても完了していないタスクは、期限日が赤字で表示されます。

② 完了したタスクを確認する

補足

[完了済み]がたたまれている場合

[完了済み]がたたまれて表示されている場合、▷を展開して表示してください。

1 ▷をクリックして展開する。

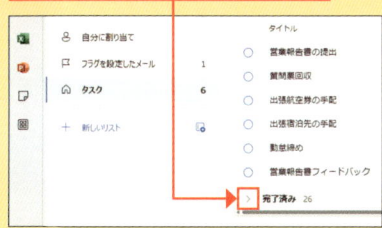

1 スマートリストの[タスク]で下方向にスクロールすると、

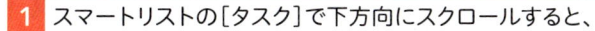

2 [完了済み]で完了したタスクを確認できます。

完了したタスクに取り消し線が引かれています。

③ タスクの完了を取り消す

応用技

完了したタスクのみをすばやく確認する

スマートリストの[終了]を表示すると、完了したタスクのみを確認することができます。[終了]は初期設定では表示されていないため、[設定]から表示します。

1 ⚙をクリックし、

2 下方向にスクロールして、

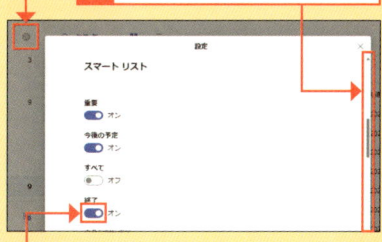

3 [終了]の左のボタンをクリックしてオンにします。

1 完了しているタスクのチェックをオフにすると、

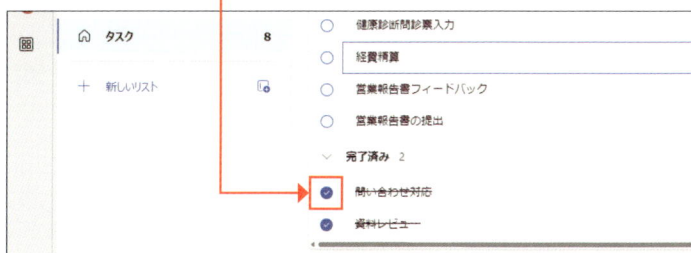

2 タスクの完了が取り消され、一覧の上部に戻ります。

取り消し線も削除されます。

タスクの期限日にアラームを鳴らそう

ここで学ぶこと

・アラーム
・ダイアログボックス
・再通知

重要なタスクを登録する場合は、**アラーム**を設定しておきましょう。Outlookには、指定した時間になると、**アラーム音**や**ダイアログボックス**で知らせてくれる機能が備わっています。指定する時間は、タスクの期限が迫っている数時間前などに設定しておくとよいでしょう。

① アラームを設定する

解説

**タスクの期限日に
アラームを鳴らす**

ここでは、タスク期限日の午後3時にアラームを設定します。

補足

アラームの日付／時刻の候補

本書では手順 **4** で[日付と時刻を選択]をクリックして期限を設定していますが、その上に表示されている候補を利用して期限を設定することもできます。[数時間後]をクリックするとアラームを設定している現在時刻から2～3時間後のキリのよい時間、[明日]をクリックすると翌日の朝9時、[来週]をクリックすると翌週月曜日の朝9時にアラームが設定されます。

1 タスクをクリックします。

2 詳細ビューが表示されます。　**3** [通知する]をクリックして、

4 [日付と時刻を選択]をクリックします。

補足

時刻を細かく設定する

手順 **7** で選択できる時刻は30分刻みとなっています。それより細かく設定したい場合、時刻欄をクリックして時刻を直接入力してください。

5 アラームを鳴らす日付を選択し、

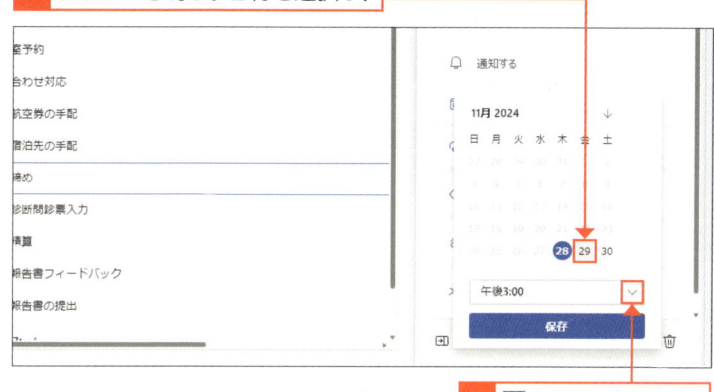

6 ⌄ をクリックします。

7 アラームを鳴らす時刻を選択し、

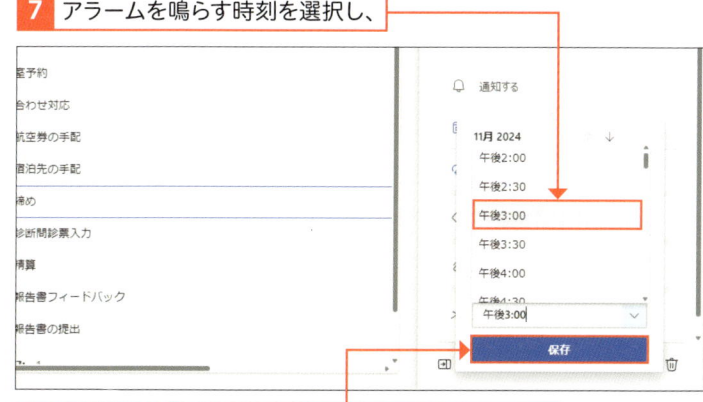

8 [保存]をクリックすると、アラームが設定されます。

② アラームを確認する

ヒント

アラームの再通知

右の画面でアラームの再通知をする場合、再通知する時間を指定することができます。初期設定では、5分後に設定されています。

1 設定した時刻になると、[アラーム]ダイアログボックスが表示され、アラーム音が鳴ります。

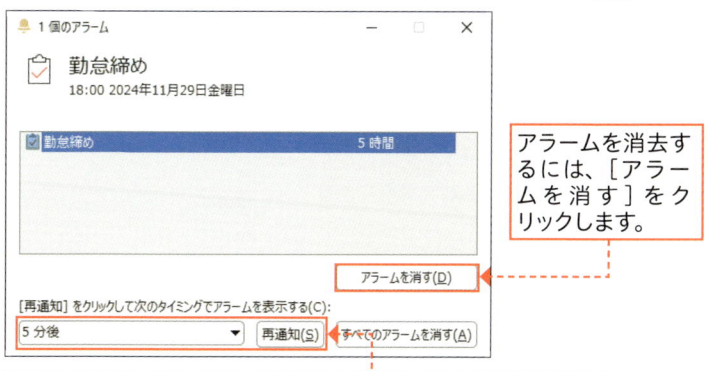

アラームを消去するには、[アラームを消す]をクリックします。

再通知するには、時間を設定して[再通知]をクリックします。

81 | タスクを 変更／削除しよう

ここで学ぶこと

・タスクの変更
・タスクの削除
・期限が過ぎたタスク

タスクを登録したあと、期限日が変更になったり、タスク自体がキャンセルになったりするケースは少なくありません。変更したい場合は、タスクを選択して詳細ビューを表示し、**期限日を修正**します。タスクがキャンセルになった場合は、**一覧から削除**します。

① タスクを変更する

解説

タスクを変更する

ここでは、タスクの期限を12月13日から12月20日に変更します。

補足

タスクの名前を変更する

タスクの名前を変更するだけであれば、詳細ビューを表示する必要はありません。タスクの名前をクリックすることでカーソルが表示され、名前を変更できるようになります。

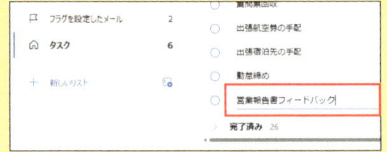

1 変更したいタスクをクリックします。

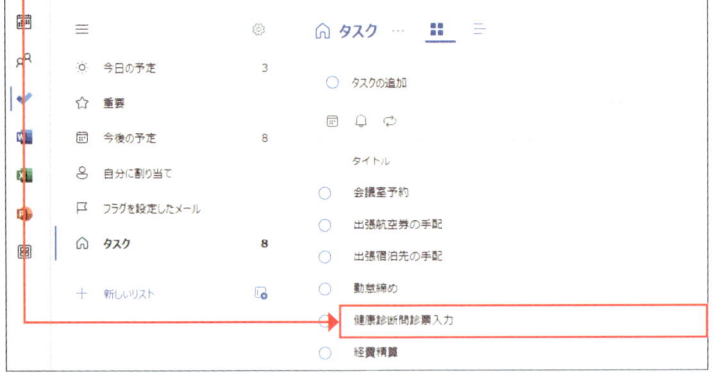

2 詳細ビューが表示されるので、

3 ［期限］をクリックして、

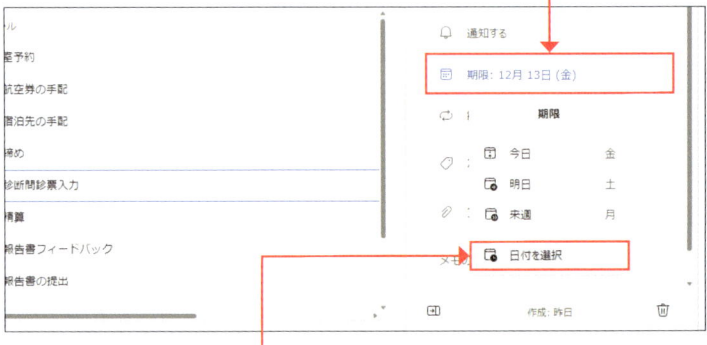

4 ［日付を選択］をクリックします。

5 変更する日付を選択し、

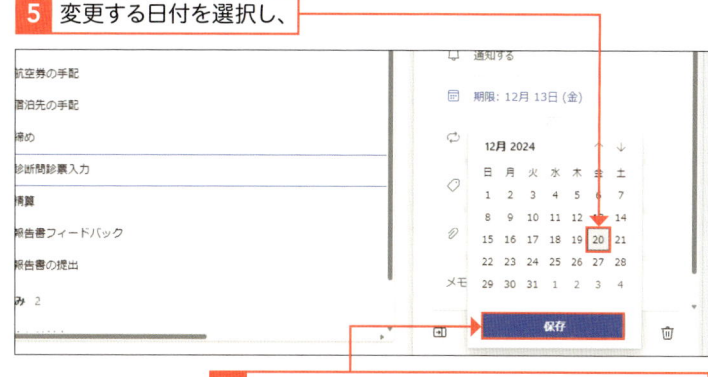

6 ［保存］をクリックすると、変更が保存されます。

② タスクを削除する

解説

タスクの削除

タスクを削除すると、完了操作と違って完了したかどうかの履歴が残りません。キャンセルになったタスクや不要になったタスクは削除を、完了したタスクは230ページの方法で完了操作を行う習慣を付けておきましょう。

補足

期限が過ぎたタスクの変更

期限が過ぎて赤字で表示されているタスクを期限日内に変更した場合は、黒字に変更されて表示されます。

---

1 削除したいタスクをクリックして、

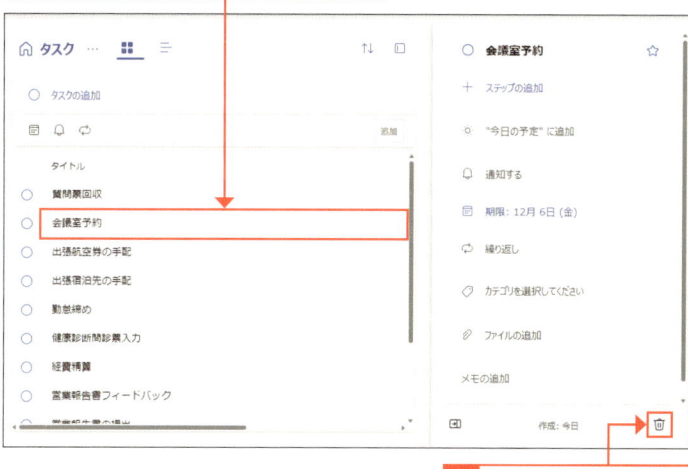

2 🗑をクリックします。

3 ［タスクの削除］をクリックすると、タスクが削除されます。

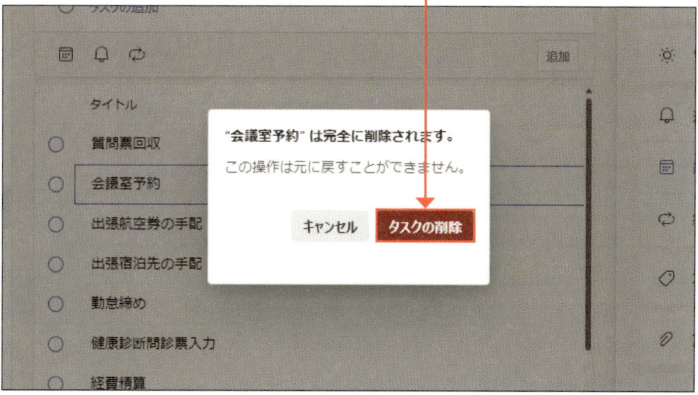

7

タスクを管理しよう

補足　[To Do]と[タスク]って何が違うの？

本書では紹介していませんが、クラシックOutlookには、[To Do]と同じような機能をもつ[タスク]も存在しています。実は[To Do]はOutlook 2024やMicrosoft 365で新しく追加された機能で、それまでのOutlookでは[タスク]でタスク管理を行なっていました。

[To Do]と[タスク]では見た目が大きく異なります。[To Do]は「新しいOutlook」のようなシンプルな画面でリボンもなく直感的に操作ができます。一方、[タスク]はOutlookの他の機能と共通のUIなのでリボンもあり、[メール]画面と同じ感覚で操作ができる点に魅力があります。データは共通して使えるのでどちらを使用しても問題ありませんが、[To Do]は新しいOutlookにも搭載されている機能であり、今後機能や画面に変更があるかもしれない点には注意してください。昔からOutlookを利用しており、[タスク]のほうが使い慣れている場合は、[タスク]を使ってみてもよいかもしれません。なお、他の機能との連携などで、[To Do]ではなく[タスク]が表示されることがあります。その場合は、Outlookのオプションの[タスク]内の[To Doアプリでタスクを開く]にチェックを入れると、[To Do]を標準で使用できます。また、Outlookのオプション内に表示される項目は[タスク]に関する設定です。[To Do]の設定を変更する場合は、◎をクリックして設定画面を開いてください（222ページ参照）。

1 クラシックOutlookで▦をクリックし、

2 [タスク]をクリックすると、

3 [タスク]の画面が表示されます。

第 **8** 章

Outlookを
さらに活用しよう

ここで学ぶこと

・クイックアクセスツールバー
・コマンド
・コマンドの追加

頻繁に利用する操作（**コマンド**）は、**クイックアクセスツールバー**に追加しておきましょう。追加したコマンドはボタンとして表示され、クリック1つで操作が行えます。自分が頻繁に利用するコマンドを追加することで、クラシックOutlookをより便利に操作できるようになります。

① クイックアクセスツールバーにコマンドを追加する

 **重要用語**

クイックアクセスツールバー

クイックアクセスツールバーは、どの機能を使用していても、常に画面の左上にボタンが表示されます。そのため、[予定表]を使用中でも画面を切り替えずに[すべてのフォルダーを送受信]といった操作が可能になります。

補足

初期状態のコマンド

初期状態では、クイックアクセスツールバーに[すべてのフォルダーを送受信]と[元に戻す]のコマンドが登録されています。これらに加えて、[印刷]、[返信]、[削除]といったよく使うコマンドを登録しておくと便利でしょう。

1 ここをクリックすると、

2 追加可能なコマンドのリストが表示されます。

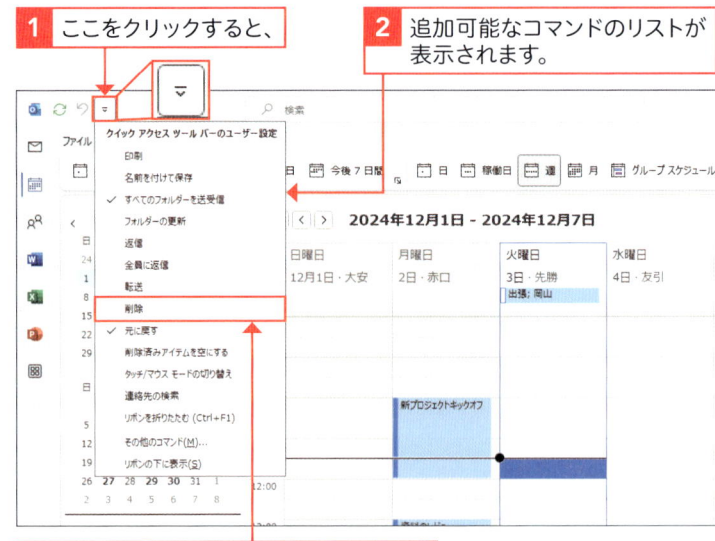

3 追加したいコマンドをクリックすると、
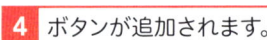

4 ボタンが追加されます。

② 表示されていないコマンドを追加する

 ヒント

コマンドの削除

登録したコマンドを削除するには、コマンドのボタンを右クリックして［クイックアクセスツールバーから削除］をクリックします。

コマンドを右クリックして、

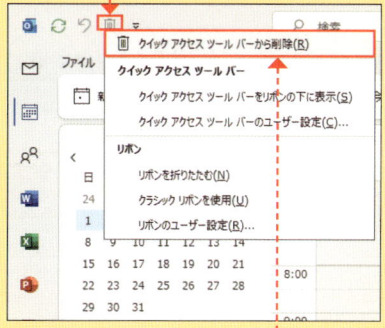

［クイックアクセスツールバーから削除］をクリックします。

補足

クイックアクセスツールバーの位置を変更する

クイックアクセスツールバーは、画面の左上だけでなくリボンの下に表示することもできます。表示位置を変更するには、手順**1**の画面で［リボンの下に表示］をクリックします。

1 ここをクリックして、

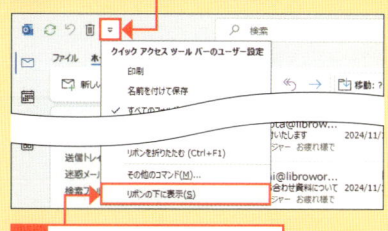

2 ［リボンの下に表示］をクリックします。

1 ここをクリックし、

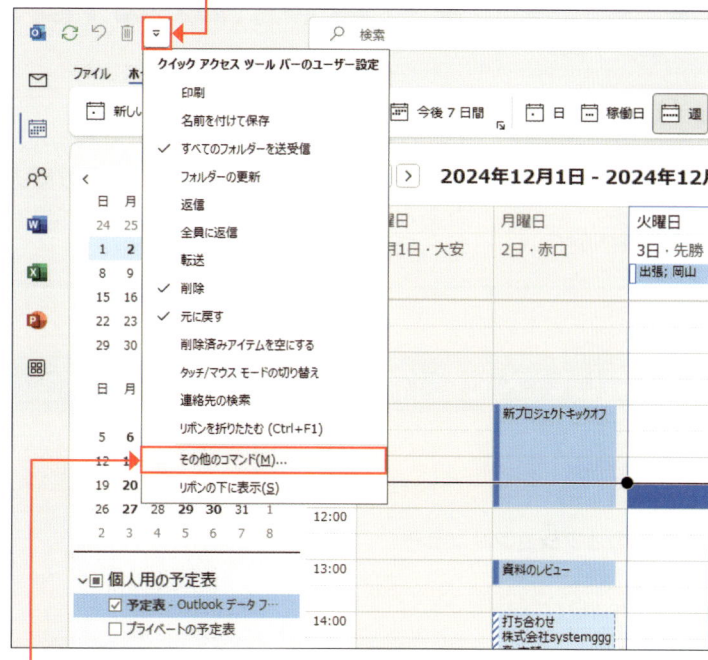

2 ［その他のコマンド］をクリックすると、

3 ［Outlookのオプション］ダイアログボックスが表示されます。

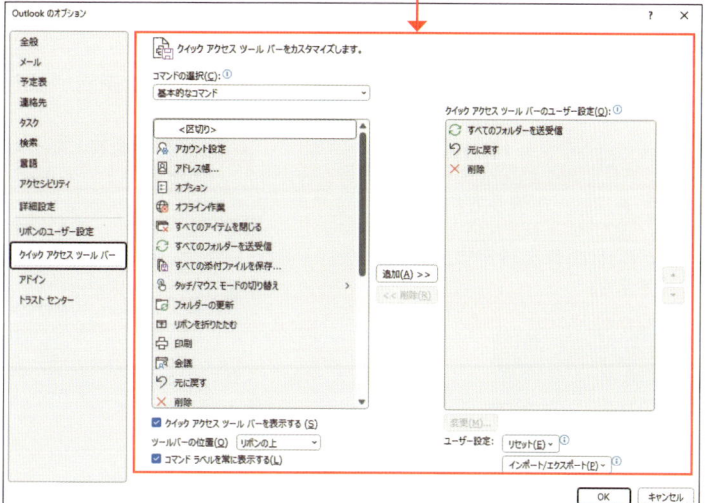

4 いろいろなコマンドを登録できます。

8

Outlookをさらに活用しよう

Section
83 メモ機能を活用しよう

ここで学ぶこと

- メモ
- 最小化
- 分類項目の色

[To Do]や[予定]に登録するほどでもない内容は、[**メモ**]に書き込みましょう。[メモ]はデスクトップ上に表示できるのが特徴です。クラシックOutlookを**最小化**したあとも、デスクトップ上に[メモ]が残るため、ほかのソフトで作業をしながら[メモ]を確認できます。

① 新しいメモを作成する

✏️ 補足

メモのオプションメニュー

メモの左上のアイコンをクリックすることで、オプションメニューが表示できます。削除する場合には[削除]を、色を変更する場合は[分類]から色を選択します。

1 ここをクリックすると、

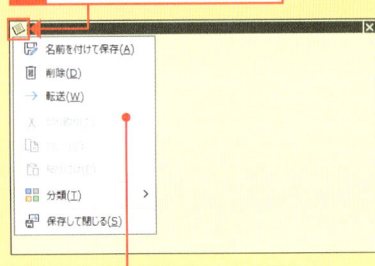

2 メニューが表示されます。

分類項目の色を設定することができます。

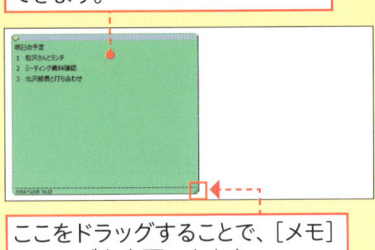

ここをドラッグすることで、[メモ]のサイズを変更できます。

1 ここをクリックし、　　**2** [メモ]をクリックします。

3 [メモ]の画面が表示されます。

4 [新しいメモ]をクリックすると、

5 メモが表示されるので、内容を記入し、

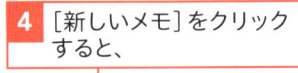
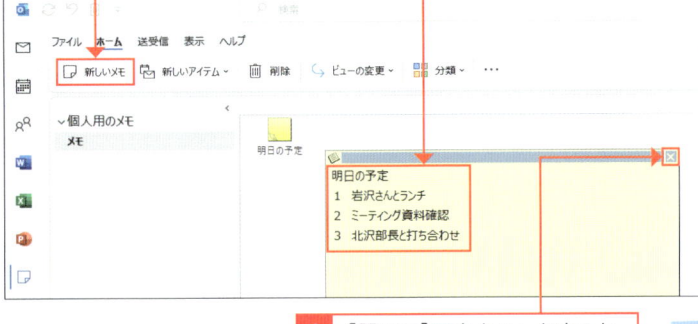

6 [閉じる]❌をクリックすると、

補足

保存されたメモ

保存されたメモはアイコン化されて表示されます。タイトルは、入力したメモの1行目の内容が表示されます。

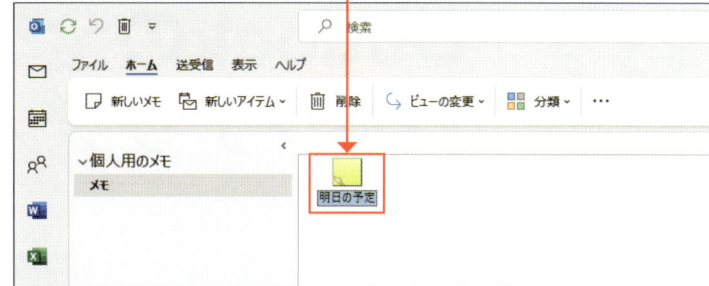

7 メモが保存され、アイコンで表示されます。

② 作成したメモを表示する

注意

**Outlookを終了すると
メモも消える**

メモはOutlookのウィンドウとは別に表示されています。そのため、クラシックOutlookを最小化してもメモはデスクトップに残ったままとなります。ただし、Outlookを終了すると、デスクトップに表示されているメモも消えてしまいますので注意してください。

1 メモアイコンをダブルクリックすると、

2 [メモ]ウィンドウが表示されます。

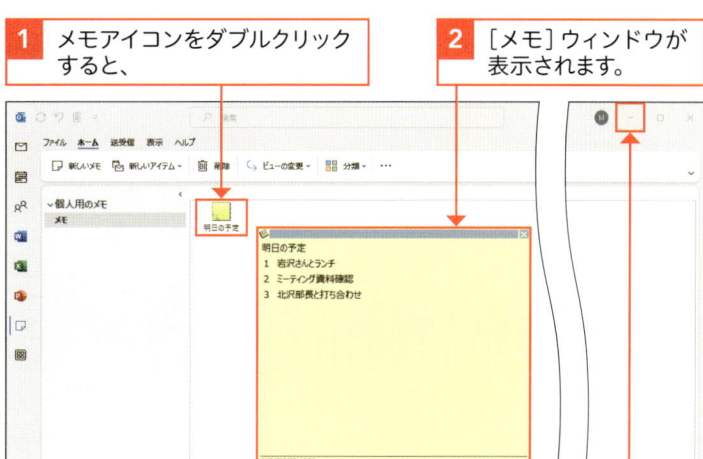

3 [最小化]をクリックすると、

4 クラシックOutlookのウィンドウが最小化されます。

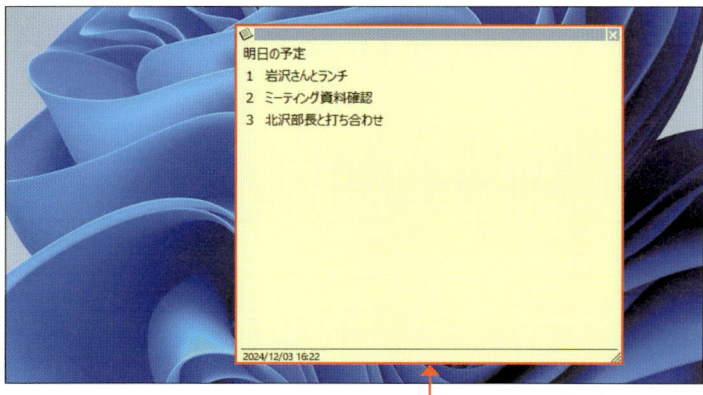

5 デスクトップ上に[メモ]ウィンドウのみが表示されます。

ヒント

メモにURLを記入

メモにURLを記入すると、そのURLがリンクになります。リンクをクリックすることでMicrosoft Edgeが起動し、そのWebページを開くことができます。

84 Outlookの全データを バックアップ／復元しよう

ここで学ぶこと

・バックアップ
・復元
・Outlookのデータファイル

パソコンの故障など、万が一のトラブルに備えて、クラシックOutlookのデータをあらかじめハードディスクやUSBメモリなどに保存しておきましょう。保存したデータを再度**インポート**すれば、データをもとに戻すことができます。これらの作業は、すべて[**インポート／エクスポート ウィザード**]の画面で行います。

① データをバックアップする

解説

データのバックアップ

クラシックOutlookには、メールや連絡先など重要な情報がたくさん保存されています。何らかのトラブルですべて失ってしまうことがないよう、定期的にバックアップを保存しておきましょう。

1 [ファイル]タブをクリックしてBackstageビューを表示します。

2 [開く／エクスポート]をクリックし、

3 [インポート／エクスポート]をクリックします。

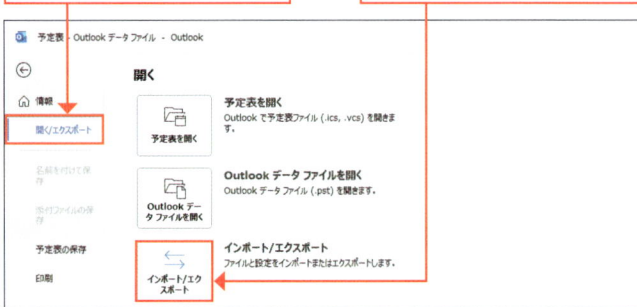

4 [インポート／エクスポート ウィザード]が表示されます。

5 [ファイルにエクスポート]をクリックし、

6 [次へ]をクリックします。

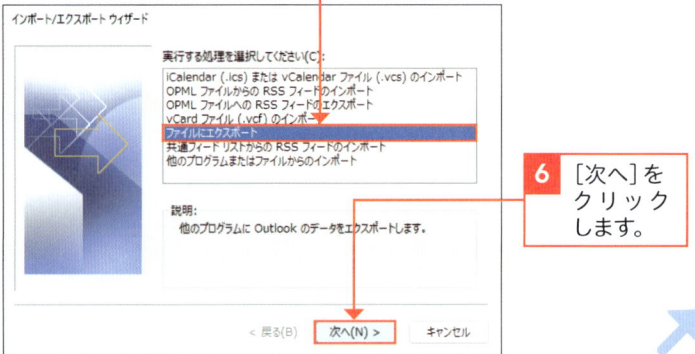

データファイルの拡張子

Outlookのデータファイルの拡張子は
.pstです。データファイルはアカウント
ごとに作成されます。

---

7 ［Outlookデータファイル］をクリックし、

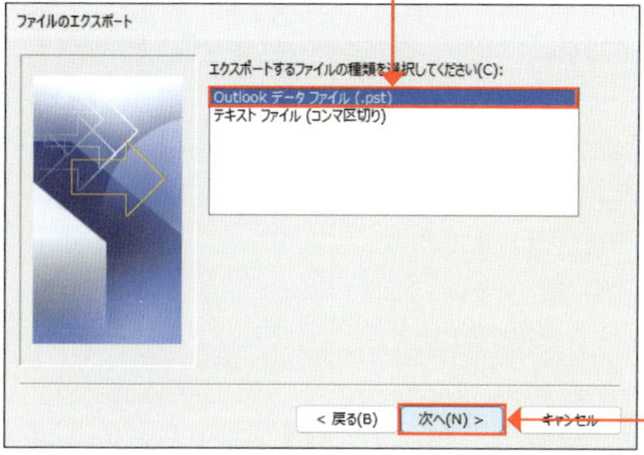

ファイルのエクスポート

エクスポートするファイルの種類を選択してください(C):

Outlook データ ファイル (.pst)
テキスト ファイル (コンマ区切り)

< 戻る(B)　次へ(N) >　キャンセル

8 ［次へ］をクリックします。

---

9 アカウントを選択し、

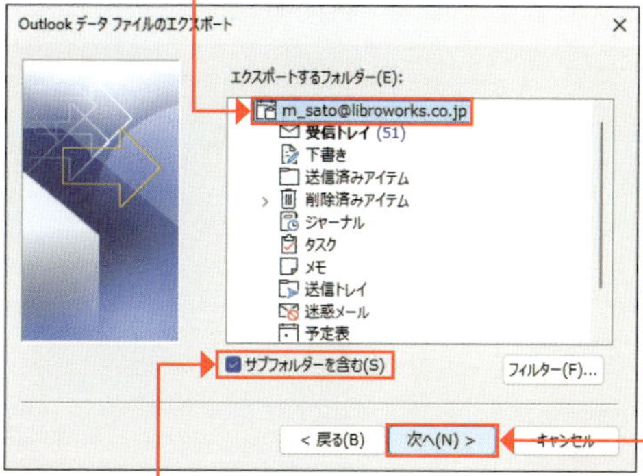

Outlook データ ファイルのエクスポート　　×

エクスポートするフォルダー(E):

m_sato@libroworks.co.jp
　受信トレイ (51)
　下書き
　送信済みアイテム
＞　削除済みアイテム
　ジャーナル
　タスク
　メモ
　送信トレイ
　迷惑メール
　予定表

☑ サブフォルダーを含む(S)　　フィルター(F)...

< 戻る(B)　次へ(N) >　キャンセル

10 ［サブフォルダーを含む］を
クリックしてオンにして、

11 ［次へ］をクリックします。

---

12 ［Outlook データファイルのエクスポート］
ダイアログボックスが表示されます。

13 ［参照］をクリック
します。

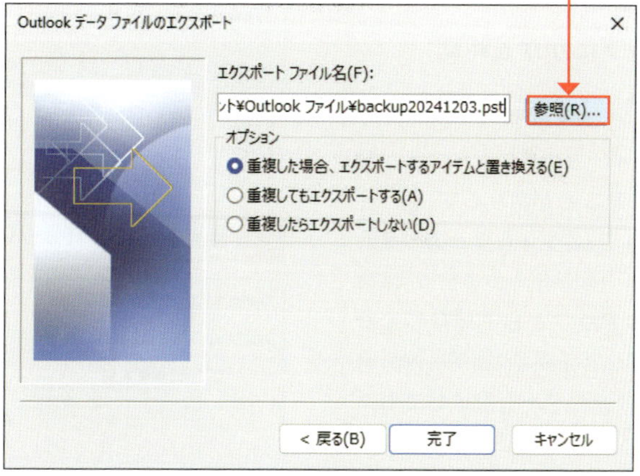

Outlook データ ファイルのエクスポート　　×

エクスポート ファイル名(F):

ント¥Outlook ファイル¥backup20241203.pst　参照(R)...

オプション
● 重複した場合、エクスポートするアイテムと置き換える(E)
○ 重複してもエクスポートする(A)
○ 重複したらエクスポートしない(D)

< 戻る(B)　完了　キャンセル

8

Outlookをさらに活用しよう

バックアップファイルの保存先

ここでは、デスクトップにデータを保存しています。なお、いつバックアップを取ったかすぐわかるように、ファイル名に日付を入れておくとよいでしょう。

バックアップにかかる時間

Outlook全体のデータをバックアップする場合、アイテムの量によってはかなり時間がかかることがあります。また、[削除済みアイテム]フォルダーの中身も保存されます。[削除済みアイテム]は念のためバックアップとして保存しておき、バックアップを終えてから[削除済みアイテム]フォルダーを空にしてもよいでしょう。

14 保存先（ここではデスクトップ）をクリックし、

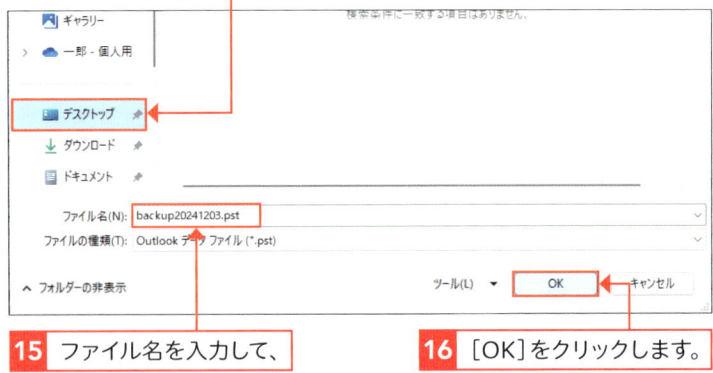

15 ファイル名を入力して、

16 [OK]をクリックします。

17 保存先を確認し、

18 [完了]をクリックします。

19 [Outlook データファイルの作成]ダイアログボックスが表示されます。

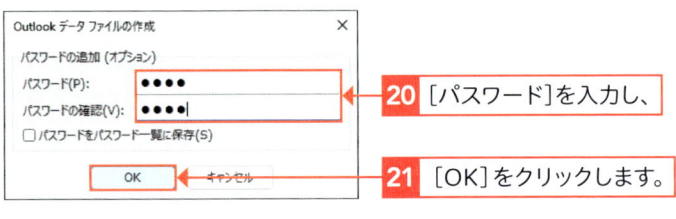

20 [パスワード]を入力し、

21 [OK]をクリックします。

22 手順 **20** で入力したパスワードを入力し、

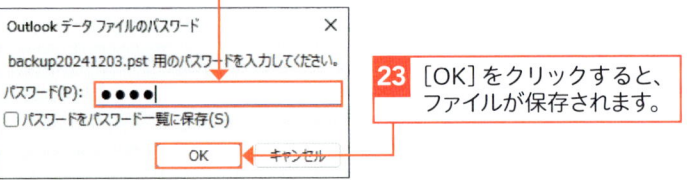

23 [OK]をクリックすると、ファイルが保存されます。

② バックアップデータを復元する

💬 解説

バックアップデータの復元

ここでは、保存したバックアップデータをクラシックOutlookに上書きして戻します。

1 ［ファイル］タブをクリックしてBackstageビューを表示します。

2 ［開く／エクスポート］をクリックし、　**3** ［インポート／エクスポート］をクリックします。

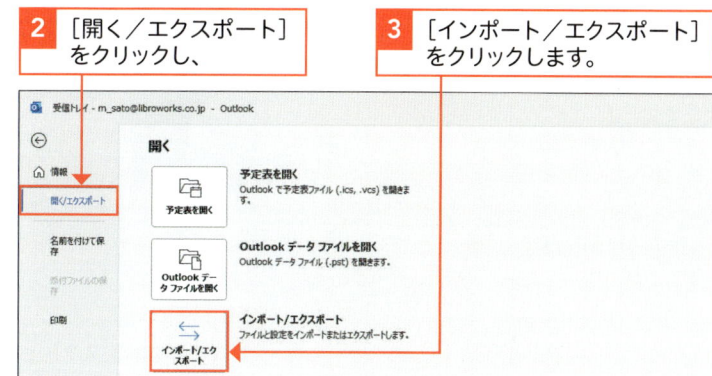

4 ［他のプログラムまたはファイルからのインポート］をクリックし、

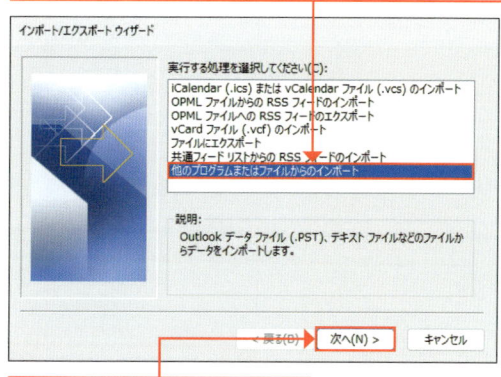

5 ［次へ］をクリックします。

6 ［Outlook データファイル］をクリックし、

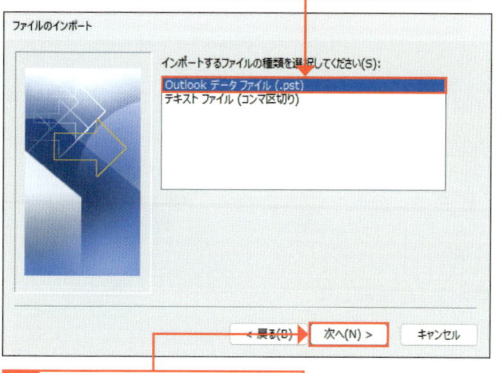

7 ［次へ］をクリックします。

💡 ヒント

インポートするファイルの種類

ここではOutlook全体のバックアップデータから復元するので、手順 **6** で［Outlookデータファイル（.pst）］をクリックしています。184ページのように連絡先をCSV形式で書き出した場合は、［テキストファイル（コンマ区切り）］をクリックしましょう。

8

Outlookをさらに活用しよう

8 [Outlook データファイルのインポート]
ダイアログボックスが表示されます。

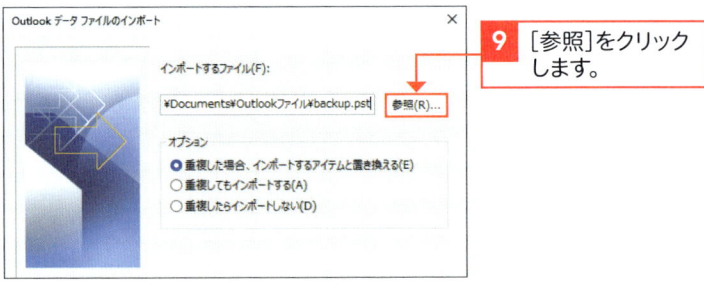

9 [参照]をクリック
します。

10 バックアップファイルの保存先
（ここではデスクトップ）をクリックし、

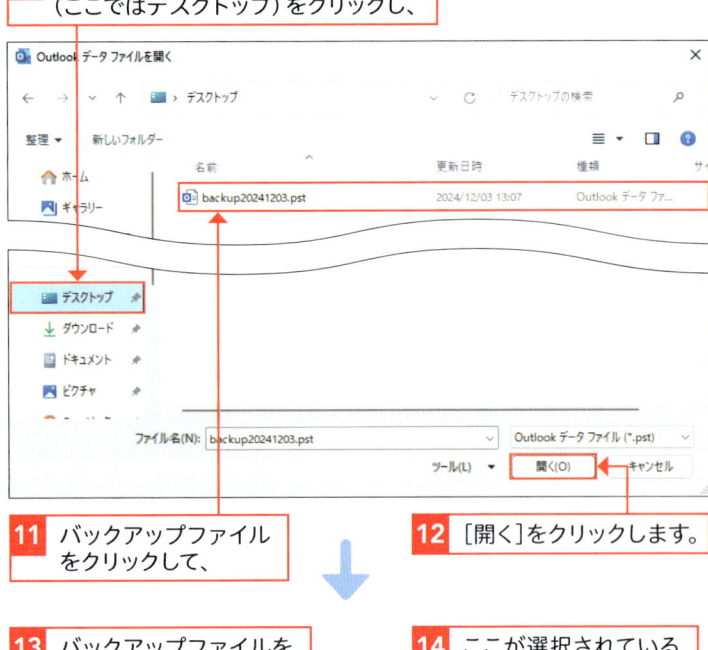

11 バックアップファイル
をクリックして、

12 [開く]をクリックします。

13 バックアップファイルを
確認し、

14 ここが選択されている
ことを確認して、

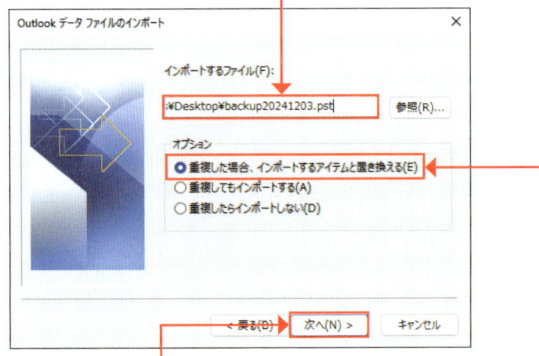

15 [次へ]をクリックします。

補足

インポートのオプション

手順**14**では、[重複した場合、インポート
するアイテムと置き換える]を選択して
います。同じデータがある場合、インポ
ートしたデータによってもとのデータが
すべて上書きされます。

補足

バックアップデータの パスワード

ここでは、バックアップファイルの保存時にパスワードを設定しました。何も入力しないことでパスワードを省略することもできますが、Outlookのデータにはたくさんの個人情報が記録されているので、必ずパスワードをかけておくようにしましょう。

ヒント

インポート先を選択する

メールアカウントが複数ある場合は、インポート先を選択することができます。手順20の［以下のフォルダーにアイテムをインポートする］をクリックすると、登録したアカウントが選択できるので、その中から目的のアカウントをクリックします。

16 保存時に設定したパスワードを入力し、

17 ［OK］をクリックします。

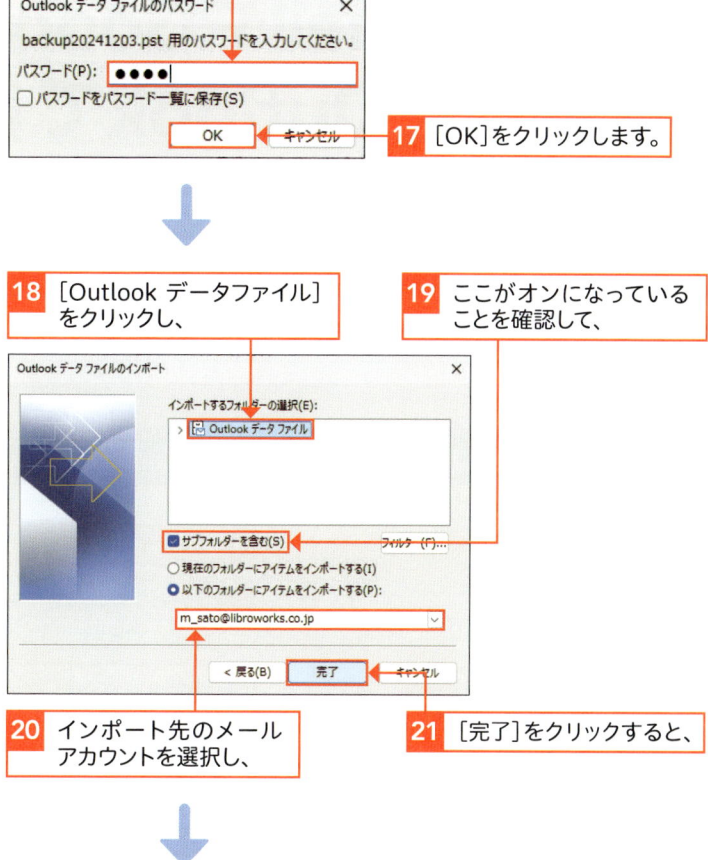

18 ［Outlook データファイル］をクリックし、

19 ここがオンになっていることを確認して、

20 インポート先のメールアカウントを選択し、

21 ［完了］をクリックすると、

22 インポートが完了します。

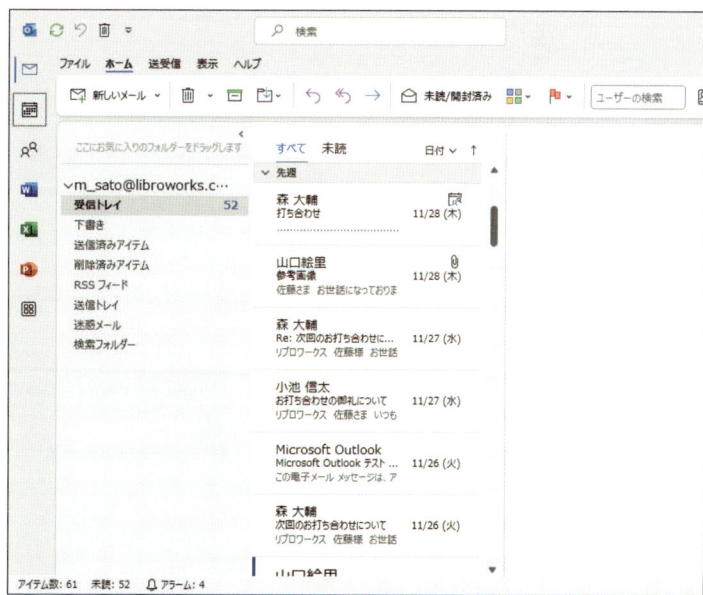

ここで学ぶこと

・Gmail
・Google カレンダー
・予定表の追加

Outlookでは、メールアカウントに **Google アカウント** を設定するだけで **Gmail** が利用できます。複数のアプリを起動する必要がなくなるため、仕事用とプライベート用のようにアカウントを使い分けている場合に重宝するでしょう。また、**Google カレンダー** の閲覧も可能です。

① Gmail を Outlook で使う

解説

データの同期

Outlookに Gmailを設定すると、データや行った操作が同期されます。たとえば、Outlook 上の Gmailのメールを開封すると、Gmail上でも既読のメールとして表示されます。また、Outlookでメールにフラグを付ける（138ページ参照）と、Gmail上ではメールにスターが付きます。

Outlookでフラグを付けると、

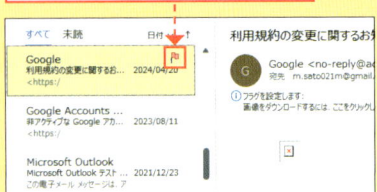

Gmailでスターが付きます。

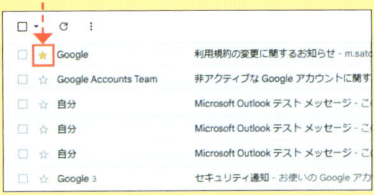

1 ［ファイル］タブをクリックしてBackstageビューを表示します。

2 ［アカウント設定］をクリックし、

3 ［アカウント設定］をクリックします。

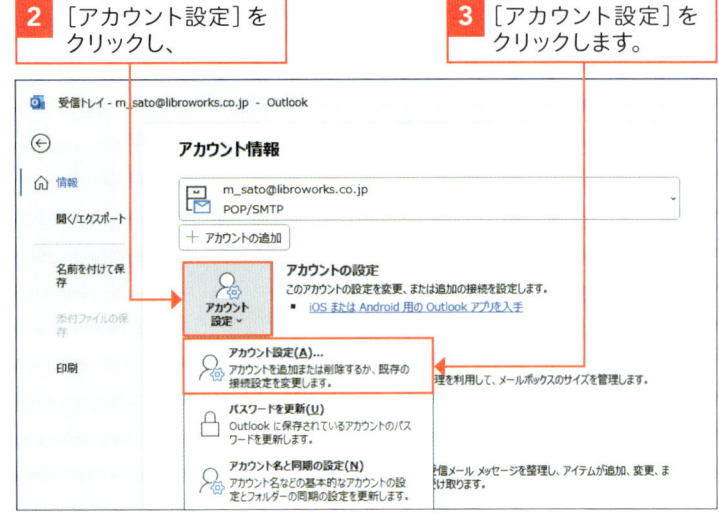

4 ［新規］をクリックし、

注意

フォルダーは正確には
同期されない

フォルダーウィンドウでは、［受信トレイ］はそのまま同期されますが、［下書き］など同期されないフォルダーもあります。［Gmail］をクリックすると、Gmail内の［下書き］や［送信済メール］などが確認できます。また、Gmailで設定したラベルはOutlook側でフォルダーとして表示されます。

5 ［メールアドレス］にGmailのアドレスを入力して、

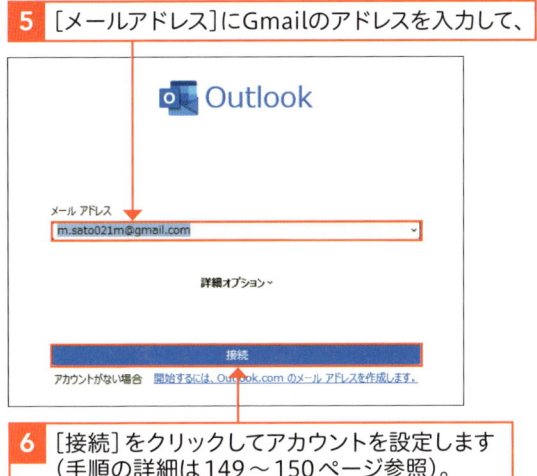

6 ［接続］をクリックしてアカウントを設定します（手順の詳細は149～150ページ参照）。

7 フォルダーウィンドウにGmailが追加されます。

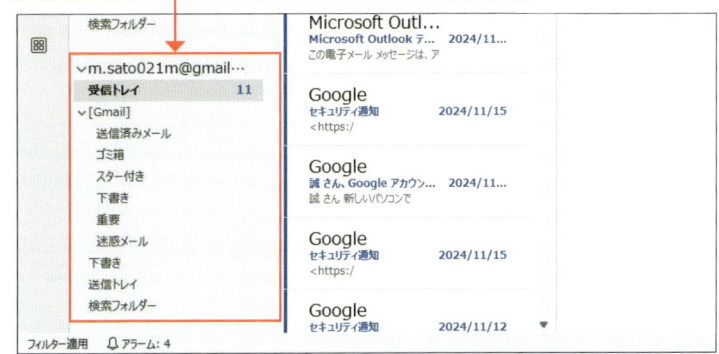

---

② Google カレンダーを Outlook で表示する

解説

Google カレンダー

Google カレンダーは、Google が提供する無料のスケジュール管理ツールです。パソコンのWeb ブラウザーから操作できるほか、スマートフォン・タブレット向けのアプリも提供されています。OutlookでGoogle カレンダーを利用するには、右の手順のようにまずWeb ブラウザーのGoogle カレンダーでカレンダーのURLをコピーする必要があります。

1 Web ブラウザーでGoogle アカウントにログインし、Google カレンダーを開きます。

2 ここをクリックして、　　　　　　　**3** ［設定］をクリックします。

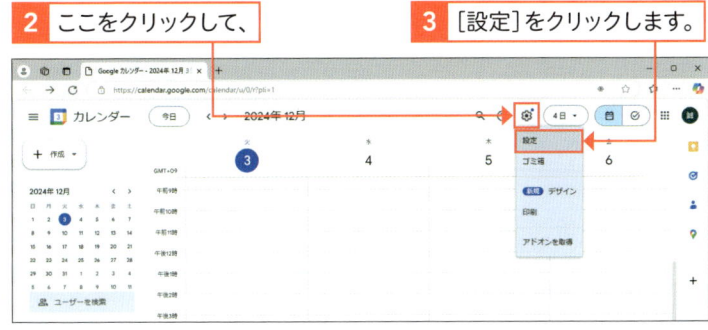

 **注意**

行えるのは Google カレンダー の閲覧のみ

この方法で行えるのは、Outlook 上での Google カレンダーの閲覧のみです。Outlook から Google カレンダーに予定を追加しても Google カレンダーには登録されません。Google カレンダーへの予定の登録は Web ブラウザーなどから行ってください。

---

4 ［設定］画面が表示されるので、表示したいカレンダーをクリックして、［カレンダーの統合］をクリックします。

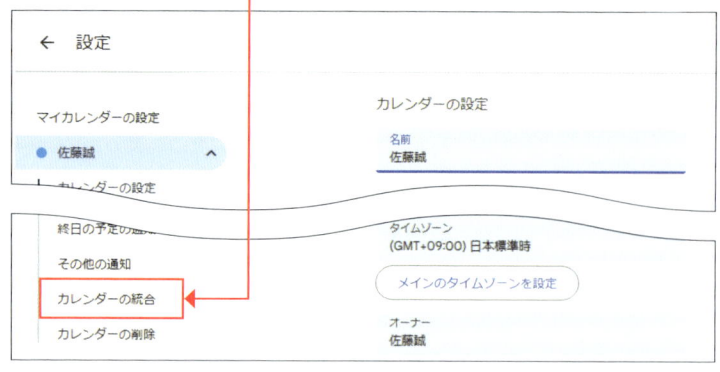

5 ［iCal形式の非公開URL］のここをクリックすると、

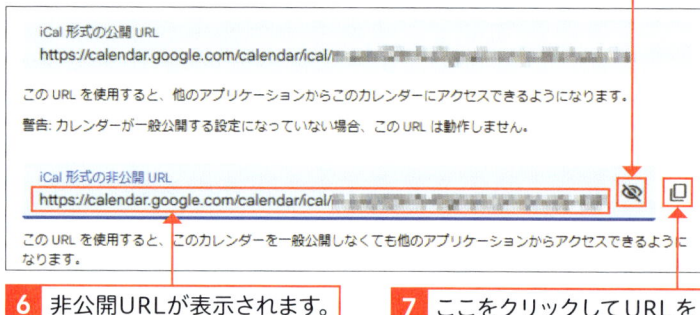

6 非公開URLが表示されます。

7 ここをクリックして URL を コピーします。

8 クラシックOutlookで［個人の予定表］を右クリックし、

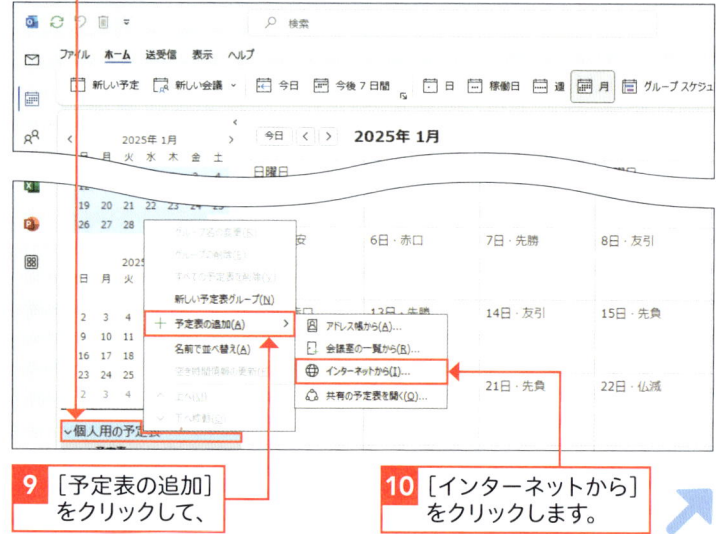

9 ［予定表の追加］ をクリックして、

10 ［インターネットから］ をクリックします。

解説

iCal 形式の 公開 URL ／非公開 URL

OutlookでGoogleカレンダーを表示するには、iCal形式の公開 URL または非公開URLをコピーする必要があります。公開 URLは、カレンダーを一般公開している場合に有効なURLです。カレンダーを非公開にして、自分だけ利用する場合は、右の手順のようにiCal形式の非公開URLをコピーしましょう。なお、非公開URLを知られると、Googleカレンダーが第三者から盗み見されてしまうため、URLはほかの人に教えないようにしましょう。

11 ［新しいインターネット予定表購読］ダイアログボックスが表示されるので、

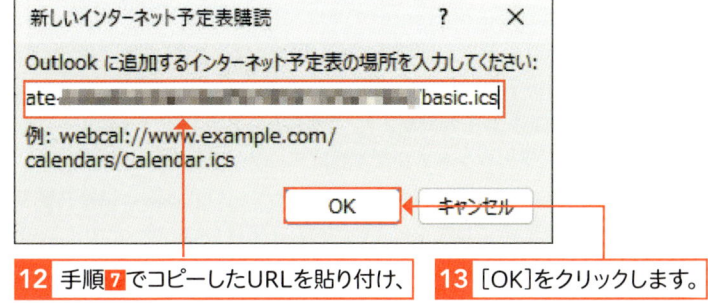

12 手順 **7** でコピーしたURLを貼り付け、

13 ［OK］をクリックします。

14 ［Microsoft Outlook］ダイアログボックスが表示されるので、［はい］をクリックします。

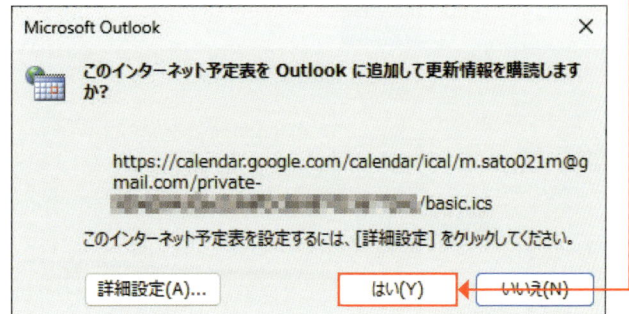

15 Googleカレンダーが追加され、Outlookの予定表と並んで表示されます。

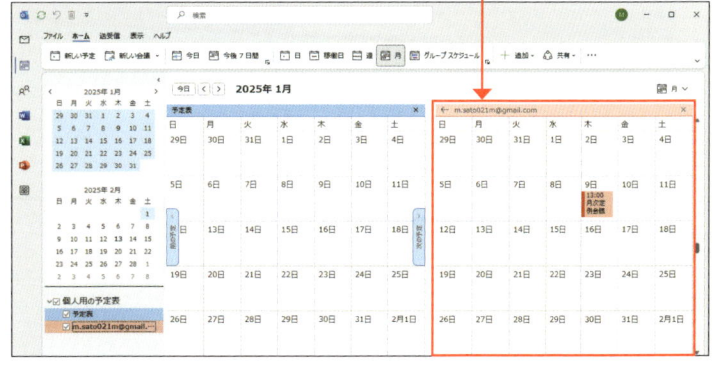

解説

複数の予定表の表示

右の手順のように2つ以上の予定表を並べて表示すると、1つの予定表の幅が狭くなります。［ホーム］タブで［日］または［稼働日］を選択すると、1つひとつの予定が大きく表示され見やすくなります。

補足 クラシック Outlook と Outlook on the web を同期する

クラシック Outlook に Microsoft アカウントを設定することで、マイクロソフトのクラウドサービス（Outlook on the web）と Outlook のデータが同期されるようになります。たとえば、クラシック Outlook のカレンダーに登録した予定は Outlook on the web のカレンダーでも確認することが可能です。そのほかにも、Microsoft アカウントのメール、連絡先、タスク（To Do）、メモが同期され、どちらからでも利用できるようになります。また、ほかのパソコンの Outlook でも、同じ Microsoft アカウントを設定すればデータが同期されます。

Outlook on the web の画面表示や機能は新しい Outlook とほぼ共通です。Outlook on the web のカレンダーを使う際には、第9章を参考にしてください。なお、メモは Outlook on the web ではメールのフォルダーとして表示されます。

1 Microsoft アカウントを設定したクラシック Outlook に予定を登録すると、

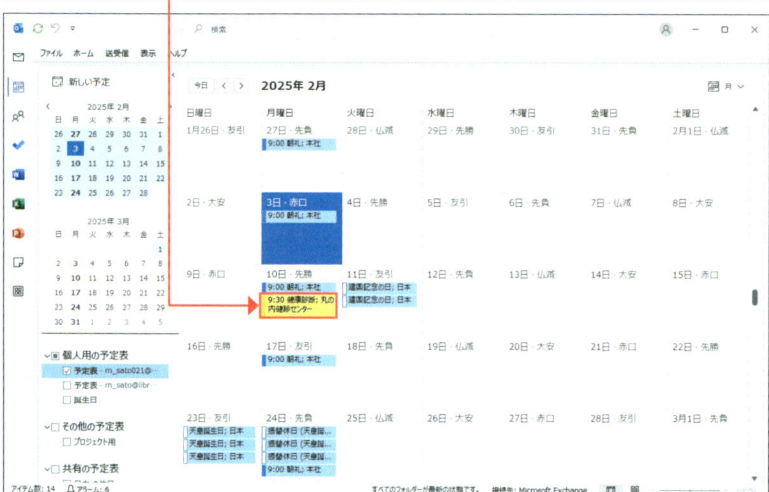

2 Outlook on the web のカレンダーでも同じ予定が確認できます。

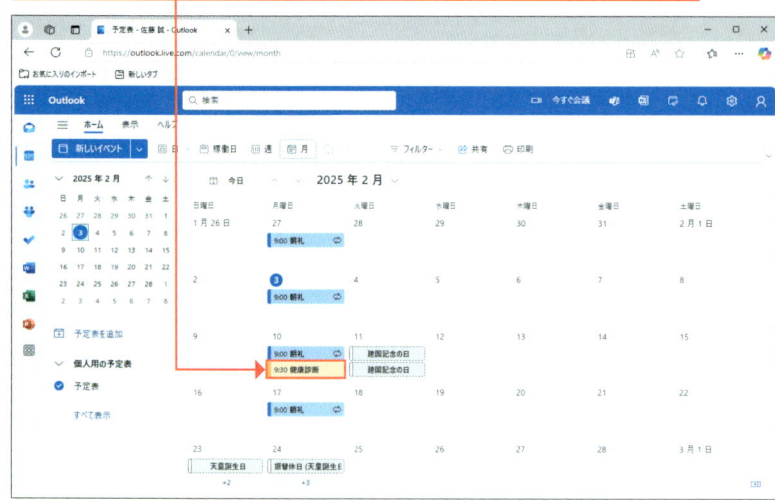

第 **9** 章

「新しいOutlook」の使い方を知ろう

「新しいOutlook」の使い方を知ろう

▶ 新しいOutlookとは

新しいOutlookとは、クラシックOutlookを刷新して置き換わった新しいバージョンのOutlookで、Windowsのバージョン23H2以降では、標準で搭載されるようになりました。クラシックOutlookに比べ、シンプルなデザインが特徴です。

メールの送受信に加え、メールの検索やフォルダ分け、期限を設定するためのフラグなど、クラシックOutlookと同様、メールを便利に利用するための機能が数多く用意されています。

なお、新しいOutlookでは、新機能の追加などが随時行われているため、本書とは機能や画面表示が異なる場合があります。クラシックOutlookで利用できた機能が使えないこともあるため、注意してください。

また、新しいOutlookはWebサービス版のOutlookであるOutlook on the webをベースに作られているので、デザインや機能はほぼ同じです。Outlook on the webを使う場合も本章を参照してください。

●[メール]画面

▶ 新しいOutlookを利用する

新しいOutlookでも、連絡先／予定表／タスク（To Do）の管理を行うことができます。それ
ぞれの機能は画面左端のアイコンをクリックして切り替えます。
［メール］画面と同様に、［連絡先］画面や［予定表］画面でも、表示や機能は本書とは異なる場
合があるので注意してください。
［To Do］画面に関しては画面／機能ともにクラシックOutlookと同じです。そのため、新し
いOutlookで［To Do］画面を利用する場合は第7章を参照してください。

●[連絡先] 画面

●[予定表] 画面

●[To DO] 画面

9

「新しいOutlook」の使い方を知ろう

86 | 「新しいOutlook」とは

ここで学ぶこと

・新しいOutlook
・Outlook on the web
・Webメール

新しいOutlook では、メールの送受信を行う [メール]、氏名やメールアドレスなどの個人情報を管理する [連絡先]、スケジュールを管理する [予定表] など、さまざまな機能を利用できます。また、新しいOutlook と画面や機能が近い Web サービス版の Outlook である **Outlook on the web** についても見ていきましょう。

① 新しいOutlookとは

🗨 解説

新しいOutlookとは

新しいOutlookとは、Windowsに標準で搭載されるようになったメールアプリです。これまでの「メール」「カレンダー」「People」のアプリのサポートが終了して、新しいOutlookに統合されました。また、クラシックOutlookも段階を経て新しいOutlookに置き換わります。クラシックOutlookに比べ、新しいOutlookはシンプルなデザインになっており、直感的に操作ができます。基本的な機能はクラシックOutlookと変わりませんが、一部利用できない機能がありますので注意してください。

[メール] の画面では、受信したメールを一覧で表示します。画面を見やすく調整したり、フォルダーごとにメールを管理したりできます。

[連絡先] の画面では、登録した相手の情報を整理し、すばやく探し出すことができます。複数の連絡先を1つのグループにまとめて管理することもできます。

[予定表]の画面では、毎日のスケジュールをカレンダーのように表示できます。

 補足 **Outlook on the web とは**

Outlook on the web とは、マイクロソフトが提供しているWebサービス版のOutlookです。Webブラウザー上で利用できるため、パソコンにインストールする手間がなく、外出先などでもメールが手軽に確認できます。

デザインや機能は、新しいOutlookとほぼ同様ですが、Microsoftアカウント以外のメールが使えない、連絡先のインポートがないなど、一部利用できない機能もあります。

1 Webブラウザーを起動し、

2 アドレスバーに「https://outlook.live.com/mail/0/」と入力します。

3 MicrosoftアカウントでサインインするとOutlook on the webが開きます。

Outlook on the webでは、新しいOutlookとほぼ同様の機能が利用できます。

Section

87 | 「新しいOutlook」を使おう

ここで学ぶこと

・起動
・画面の切り替え
・今日の予定

新しいOutlook は、スタートメニューにあるアイコンをクリックすると起動できます。作業が終わったら、終了操作を行って新しいOutlook を終了させましょう。また、画面の切り替え方法や[今日の予定]の表示、設定画面の表示についても紹介します。

① 新しいOutlookを起動／終了する

🖉 補足

「Outlook(new)」が見つからない場合

新しいOutlookはWindowsに標準でインストールされていますが、環境によってはインストールされていない場合もあります。そのような際には、以下の手順でインストールしてください。

1 「Microsoft Store」アプリを起動し、

2 「Outlook for Windows」と入力して、

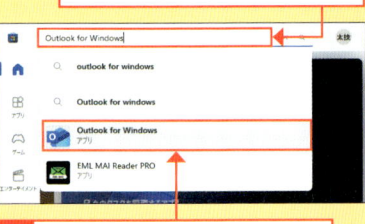

3 [Outlook for Windows]をクリックします。

4 [インストール]をクリックします。

1 Windows 11を起動して[スタート]をクリックし、

2 [すべて]をクリックします。

3 [Outlook(new)]をクリックします。

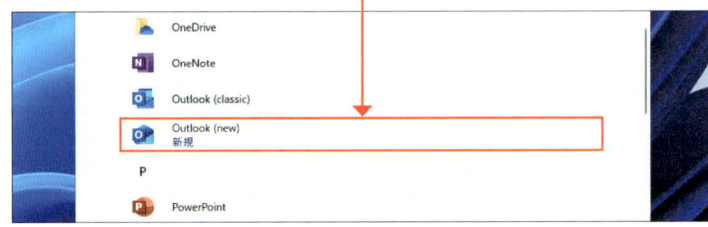

4 新しいOutlookが起動します。

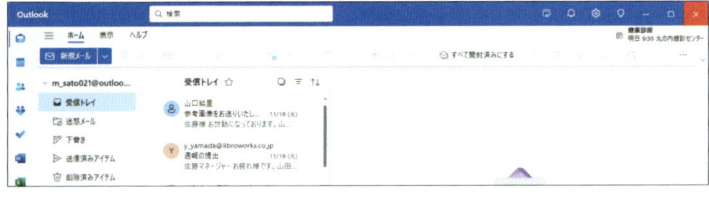

5 をクリックすると、新しいOutlookが終了します。

② 画面を切り替える

補足

クラシックOutlookとの違い

新しいOutlookでもクラシックOutlook
と同様に画面左端のナビゲーションバー
から機能を切り替えることができます。
ただし、新しいOutlookとクラシック
Outlookでは各機能のアイコンが異な
りますので、注意してください。

1  をクリックすると、

2 ［予定表］画面に切り替わります。

3 をクリックすると、

4 ［連絡先］画面に切り替わります。

③ ［今日の予定］を表示する

 **補足**

［今日の予定］画面

［今日の予定］画面では、その日や翌日の予定、直近のタスクなどを確認することができます。また、その日を期限日としてタスクを追加することもできます。［今日の予定］画面は、画面右上のをクリックすることで表示できます。

1 をクリックすると、

2 ［今日の予定］が表示されます。

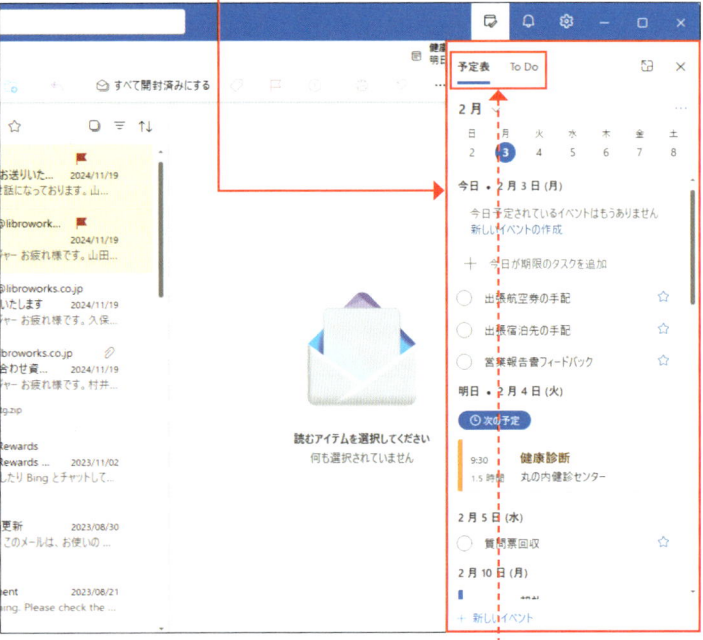

クリックすることで予定とTo Doを切り替えることができます。

④ 設定画面を表示する

 補足

設定画面

設定画面では、新しいOutlookのさまざまな設定を確認・変更することができます。画面右上に表示されている⚙をクリックすることで表示されます。

設定画面では、言語設定など新しいOutlook全体に関わる設定のほか、[メール][予定表][連絡先]のそれぞれの設定項目を変更できます。ただし、Microsoftアカウント以外のアカウントでは一部設定が表示されなかったり、変更できなかったりする場合があります。

1 ⚙をクリックすると、

2 設定画面が表示されます。

3 [予定表]をクリックすると、

4 予定表に関する設定項目が表示されます。

9

「新しいOutlook」の使い方を知ろう

Section 88 メールの画面構成を知ろう

ここで学ぶこと

・画面構成
・閲覧ウィンドウ
・メール作成画面

新しいOutlookの[メール]の画面では、これまで送受信したメールが[ビュー]に一覧表示されます。目的のメールをクリックすると、[閲覧ウィンドウ]に内容が表示されるしくみになっています。また、[閲覧ウィンドウ]からメールの返信や転送が行える**インライン返信機能**も利用できます。

① [メール] の基本的な画面構成

名称	機能
①検索ボックス	キーワードを入力してメールを検索します。
②タブとリボン	よく使う操作が目的別に表示されています。
③ナビゲーションウィンドウ	目的のフォルダーやアカウントにすばやくアクセスできます。
④ビュー	選択したフォルダーに格納されたメールが表示されます。
⑤閲覧ウィンドウ	選択したメールの内容が表示されます。

② メール作成画面の画面構成

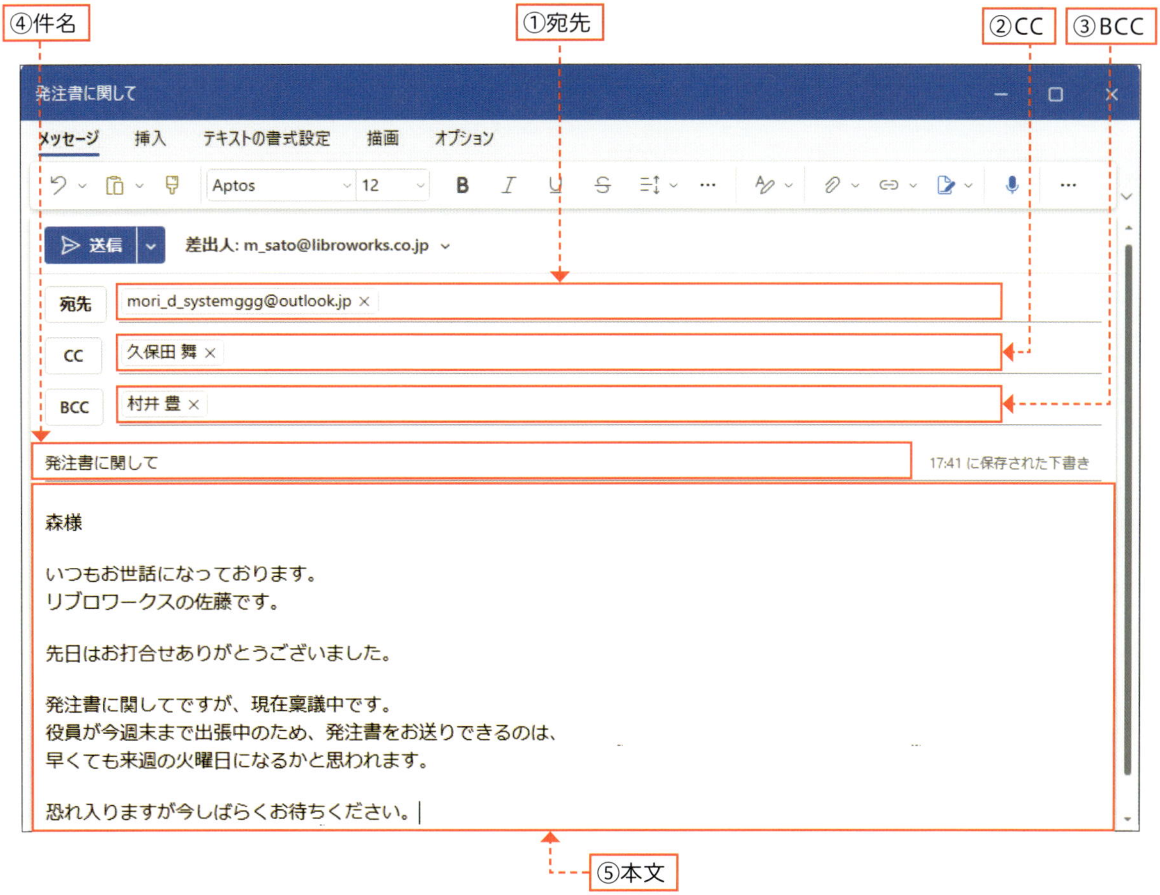

④件名　①宛先　②CC　③BCC

発注書に関して

| メッセージ | 挿入 | テキストの書式設定 | 描画 | オプション |

Aptos　12　**B**　*I*　U̲　S̶　⋯　⋯

▷ 送信 ∨　差出人: m_sato@libroworks.co.jp ∨

宛先	mori_d_systemggg@outlook.jp ×
CC	久保田 舞 ×
BCC	村井 豊 ×

発注書に関して　　　　　　　　　　　　　17:41 に保存された下書き

森様

いつもお世話になっております。
リブロワークスの佐藤です。

先日はお打合せありがとうございました。

発注書に関してですが、現在稟議中です。
役員が今週末まで出張中のため、発注書をお送りできるのは、
早くても来週の火曜日になるかと思われます。

恐れ入りますが今しばらくお待ちください。|

⑤本文

名称	機能
①宛先	送信先のメールアドレスを入力します。
②CC	メールのコピーを送りたい相手の宛先を入力します。
③BCC	ほかの受信者にメールアドレスを知らせずに、メールのコピーを送りたい相手の宛先を入力します。
④件名	メールの件名を入力します。
⑤本文	メールの本文を入力します。

9

「新しいOutlook」の使い方を知ろう

 **補足　インライン返信機能**

新しいOutlookでは、[メール]の返信／転送画面がインライン表示となり、ウィンドウでは表示されません。なお、ビューに表示されたメールをダブルクリックすると、ウィンドウで表示することができます。

Section

89 | メールアカウントを設定しよう

ここで学ぶこと

・メールアカウント
・パスワード
・メールサーバー情報

新しいOutlookを初めて起動すると、**メールアカウント**の設定画面が表示されます。メールを利用するには、**メールアドレス、アカウント名、パスワード、メールサーバー情報**などが必要です。あらかじめ、これらの情報が記載された書類やメールなどを用意しておきましょう。

① 自動でメールアカウントを設定する

解説

メールアカウントの設定

新しいOutlookを初めて起動すると、メールアカウントの設定画面が表示されます。メールアカウントの設定は、パソコンをインターネットに接続した状態で行ってください。ここでは、Outlook.comのアカウントを設定する手順を紹介します。

補足

クラシックOutlookから切り替えた場合

26ページの操作でクラシックOutlookから切り替えた場合、そちらで設定したアカウントが反映されているので再設定は不要です。

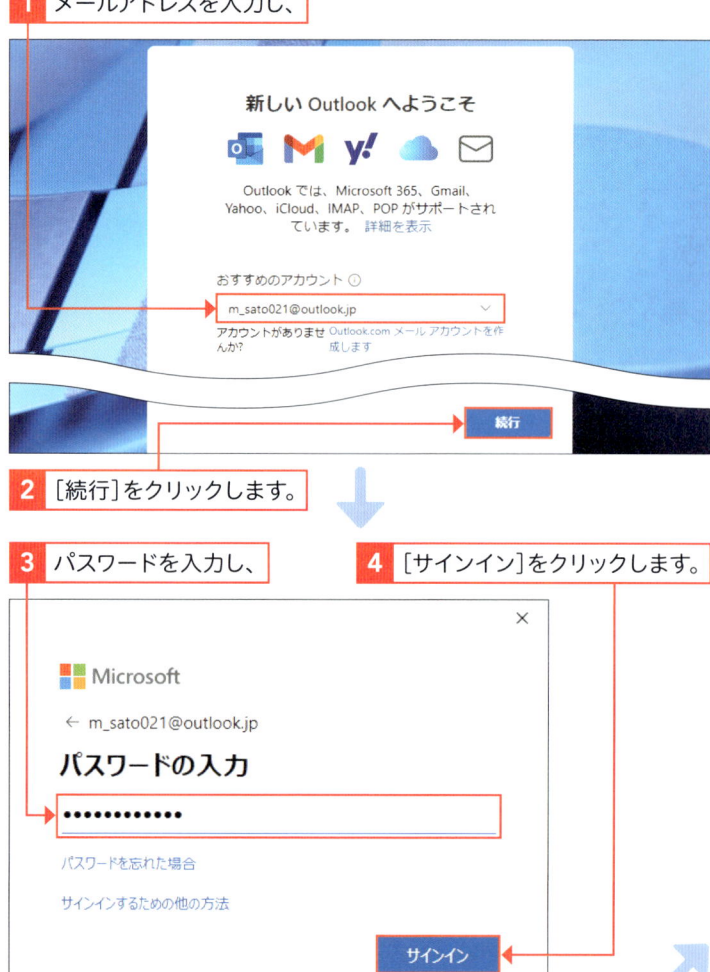

1 メールアドレスを入力し、

2 [続行]をクリックします。

3 パスワードを入力し、

4 [サインイン]をクリックします。

重要用語

メールアドレス

メールアドレスとは、メールを送受信するために必要な自分の「住所」です。半角の英数字で表記されています。

注意

Yahoo! メールが自動設定できない場合

日本のYahoo! メールのアカウントは自動設定できないことがあるので、266ページを参考に手動で設定してください。

5 ［次へ］をクリックします。

6 アカウントによって表示される画面が異なるので、画面の指示に従って指示を行うと、メールアカウントが設定されます。

注意　Gmailアカウントを設定する場合

Gmailアカウントを設定する場合、手順**2**で続行をクリックしたあとに手順**3**の画面が表示されずWebブラウザーが起動します。ログイン画面が表示されるのでメールアドレスを入力し、次の画面でパスワードを入力してください（149ページ参照）。

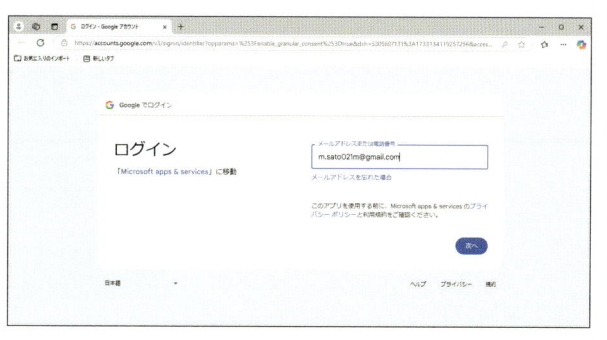

② 手動でメールアカウントを設定する

補足

IMAPで設定できない場合

IMAPで設定した際に手順**7**の画面が表示されず、設定に失敗した場合、POPでの設定を試してみてください。

1 [高度なセットアップ]をクリックし、

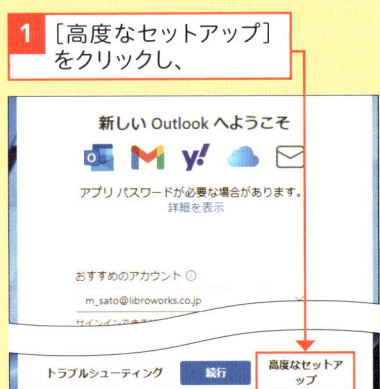

2 [POP]をクリックします。

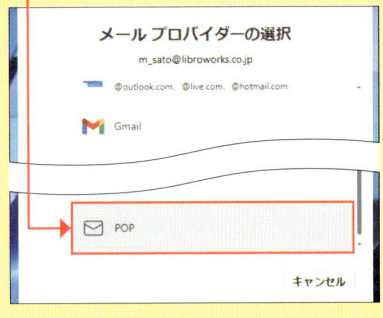

1 メールアドレスを入力し、

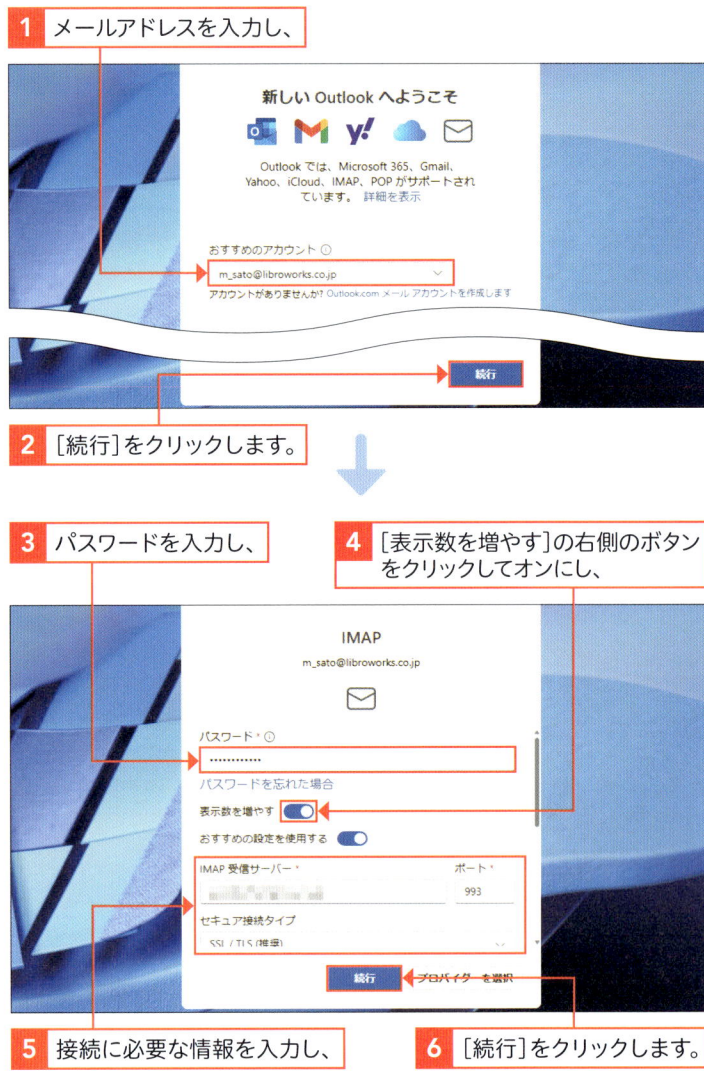

2 [続行]をクリックします。

3 パスワードを入力し、

4 [表示数を増やす]の右側のボタンをクリックしてオンにし、

5 接続に必要な情報を入力し、

6 [続行]をクリックします。

7 [続行]をクリックします。

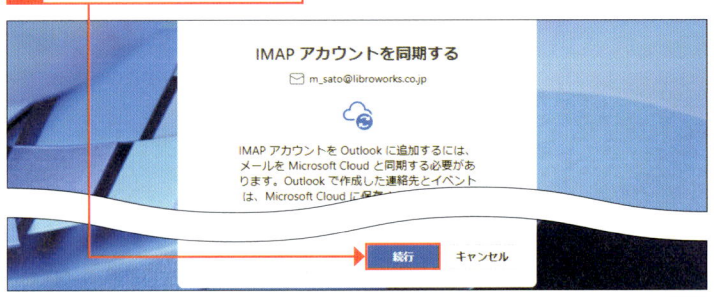

解説

POPとIMAPの使い分け

プロバイダーのメールアカウントが「POP」と「IMAP」の両方に対応している場合は、自分の用途に応じて最適な方を選ぶとよいでしょう。一般的には、自分のパソコン1台のみでメールを利用するのであれば「POP」を、複数のパソコンやスマートフォンでメールを利用するのであれば「IMAP」を使うと便利です。

8 ［次へ］をクリックします。

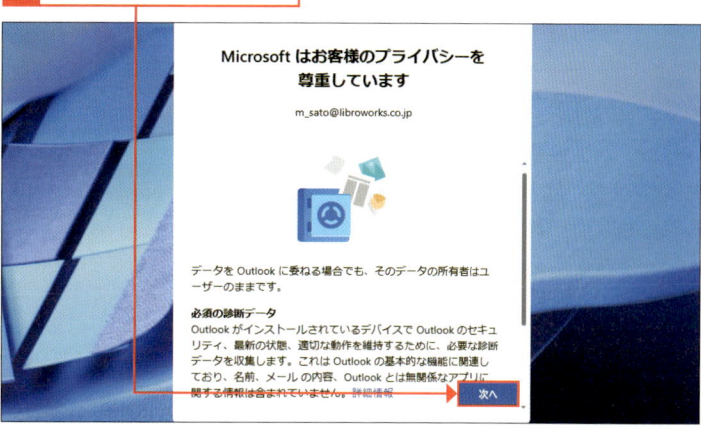

9 ラジオボタンをクリックしてオンにし、

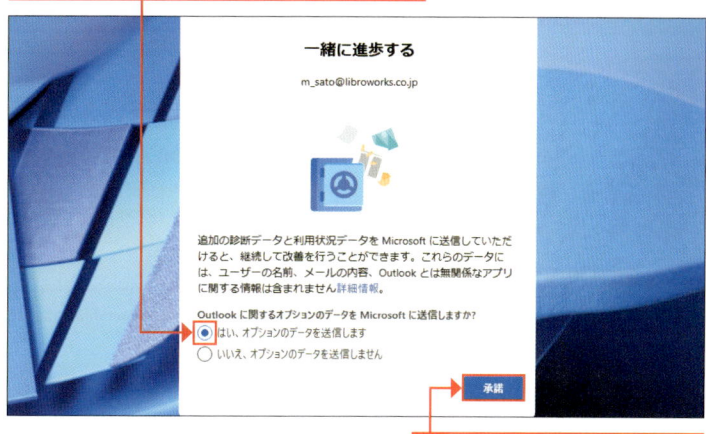

10 ［承諾］をクリックします。

11 ［続行］をクリックします。

ここで学ぶこと

・ビュー
・表示範囲
・表示間隔

Outlookでは、メールの画面をカスタマイズして見やすく表示することができます。ここではかんたんに変更できる方法として、ビューの**表示範囲**や**表示間隔**の変更、ナビゲーションウィンドウの非表示、メッセージのプレビューの非表示などについて紹介します。

① ビューの表示範囲を変更する

🔍 **重要用語**

ビュー

新しいOutlookでは、さまざまな表示方法（ビュー）が用意されています。どの画面が見やすいかは人によって異なるので、いろいろと試しながら自分に合った表示方法を探してみましょう。

✏️ **補足**

ナビゲーションウィンドウを表示／非表示する

≡をクリックすることで、ナビゲーションウィンドウを表示／非表示することができます。

1 ここをクリックすると、

2 ナビゲーションウィンドウを表示／非表示することができます。

1 ここをドラッグすると、

2 ビューの表示範囲が変更され、見やすい大きさに調整可能です。

② メッセージのプレビューを非表示にする

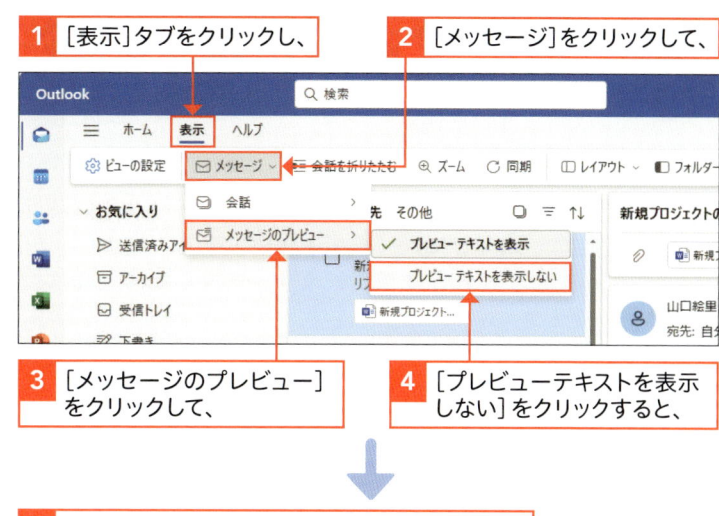

🔍 重要用語

メッセージのプレビュー

初期設定では、メールの本文の一部がビューに表示されています。メールを探す際に便利な機能ですが、非表示にすることでビューにより多くのメールが表示されます。

1 [表示]タブをクリックし、

2 [メッセージ]をクリックして、

3 [メッセージのプレビュー]をクリックして、

4 [プレビューテキストを表示しない]をクリックすると、

5 ビューにメールの本文が表示されなくなります。

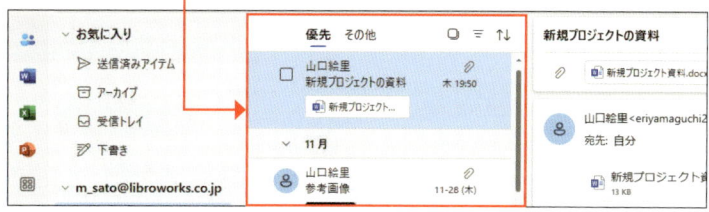

③ ビューの表示間隔を変更する

✏ 補足

フォルダーの間隔も変更される

右の手順でビューの表示間隔を変更すると、フォルダーの間隔も合わせて変更されます。

1 [表示]タブをクリックし、

2 [間隔]をクリックして、

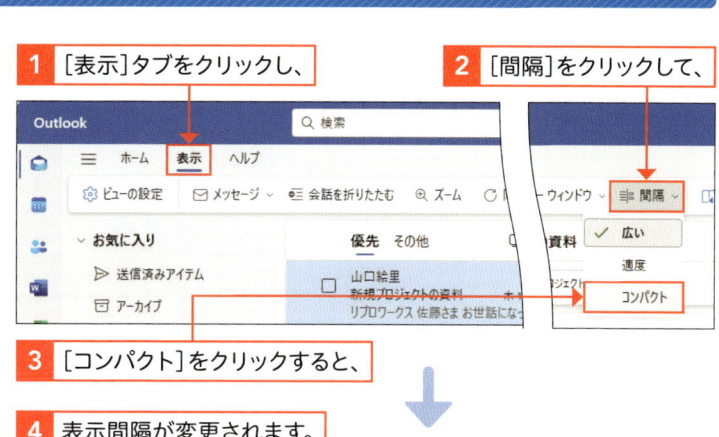

3 [コンパクト]をクリックすると、

4 表示間隔が変更されます。

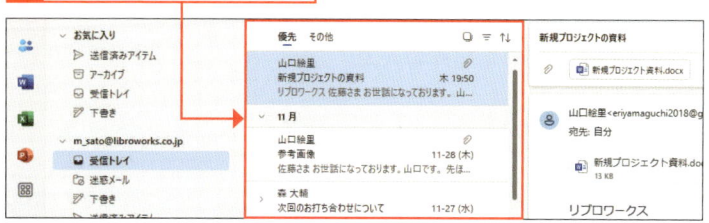

Section
91 | メールを作成／送信しよう

ここで学ぶこと

・メールの作成
・メールの送信
・送信済みアイテム

メールを送信するには、**メール作成画面**を開き、[宛先]、[件名]、[本文]を入力して、メールを作成します。最後に**[送信]**をクリックすると、すぐに相手にメールが送信されます。送信したメールは、**[送信済みアイテム]**から確認することができます。

① メールを作成する

💡 ヒント

一度入力したメールアドレスの簡易入力

一度入力したメールアドレスや[連絡先]に登録されているメールアドレスは、途中まで入力した時点で宛先候補として表示されます。複数の候補がある場合は、↑ または ↓ を押して選択し、Enter を押すことで入力できます。

⏰ 時短

連絡先を利用した宛先の入力

[連絡先]に登録したメールアドレスを[宛先]に入力することもできます。詳しくは、314ページを参照してください。

1 [ホーム]タブの[新規メール]をクリックすると、

2 メール作成画面が表示されます。

3 [宛先]にメールアドレスを入力し、

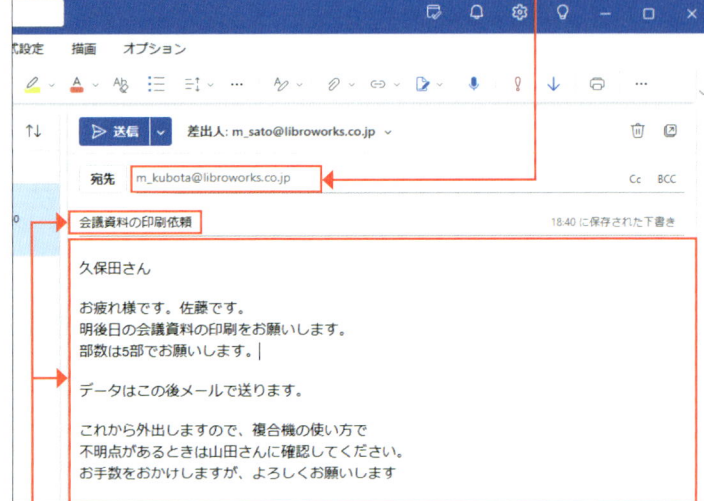

宛先 m_kubota@libroworks.co.jp　　Cc　BCC

会議資料の印刷依頼　　　　　　　18:40 に保存された下書き

久保田さん

お疲れ様です。佐藤です。
明後日の会議資料の印刷をお願いします。
部数は5部でお願いします。|

データはこの後メールで送ります。

これから外出しますので、複合機の使い方で
不明点があるときは山田さんに確認してください。
お手数をおかけしますが、よろしくお願いします

4 件名と本文を入力します。

② メールを送信する

補足

件名を入力し忘れた場合

件名を入力せずに送信すると、図のような画面が表示されます。[送信]をクリックして送信することもできますが、相手に失礼なので、[送信しない]をクリックして、再度件名を入力したほうがよいでしょう。

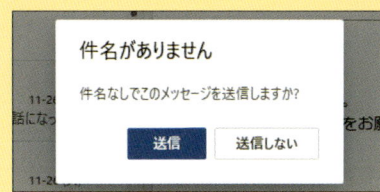

1 メール作成画面で、メールの宛先、件名、本文が正しく入力されているか確認します。

2 [送信]をクリックすると、

3 メール送信画面が閉じてメールが送信され、[メール]の画面が表示されます。

補足

メールの作成を中断する

メールの作成中に画面下部の ⊠ をクリックすることで、メールの作成を中断することができます。再開するには、[下書き]からメールをダブルクリックします。

1 ここをクリックすると、メール作成画面が閉じます。

4 [送信済みアイテム]をクリックすると、

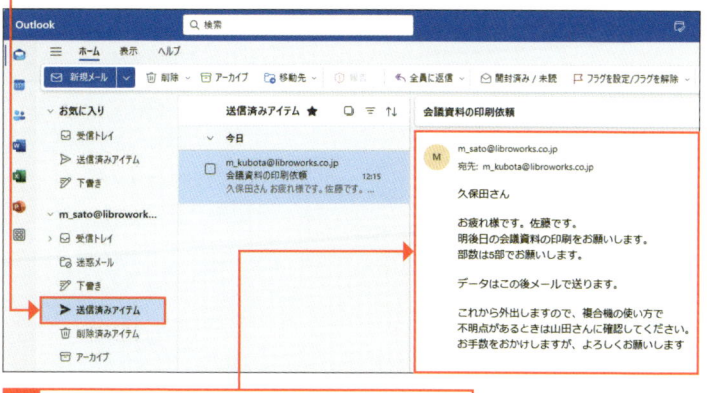

5 送信したメールを確認することができます。

Section

92 メールを受信／閲覧しよう

ここで学ぶこと

- メールの受信
- メールの閲覧
- デスクトップ通知

[表示]タブにある[同期]をクリックすると、メールの受信が始まります。初期設定では、メールは自動受信されるように設定されていますが、ここでは手動ですぐに受信する方法を紹介します。また、受信したメールの文字サイズが小さい場合は[ズーム]をクリックすることで拡大できます。

① メールを受信する

💬 解説

未読メールと既読メール

未読メールはメールの件名と受信日時が青色で表示され、既読メールと区別できるようになっています。

未読メール

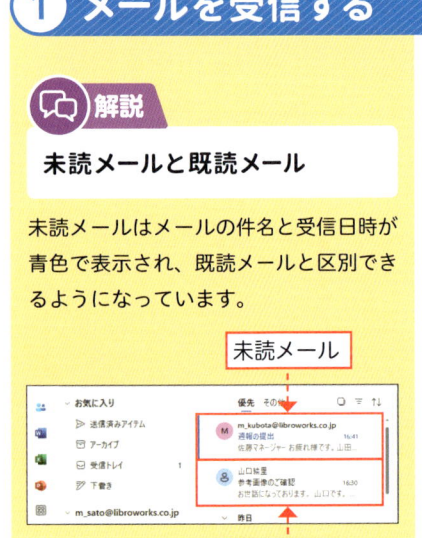

既読メール

1 [表示]タブをクリックし、

2 [同期]をクリックすると、

3 メールの送受信が行われます。

4 メールを受信すると、[受信トレイ]に新着メールの数が表示され、

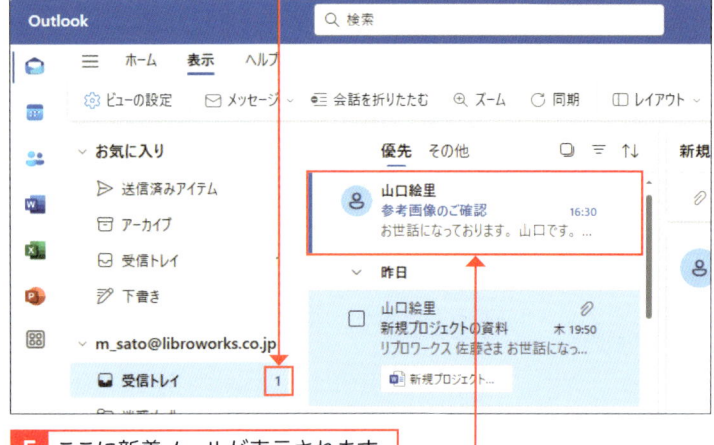

5 ここに新着メールが表示されます。

② メールを閲覧する

補足

デスクトップ通知

メールを受信すると、デスクトップの右下に［デスクトップ通知］が表示されます。送信者名や件名、本文の一部などが確認できます。デスクトップ通知は表示されないようにすることもできます（301ページ 参照）。

補足

メールを印刷する

受け取ったメールは印刷することもできます。［ホーム］タブで［…］をクリックし、［印刷］をクリックします。

1 ［ホーム］タブをクリックし、

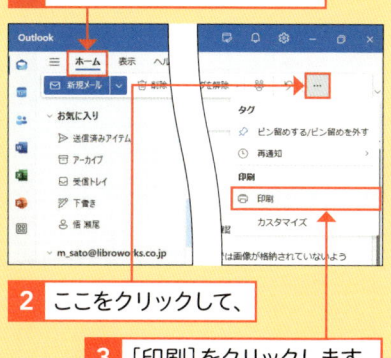

2 ここをクリックして、

3 ［印刷］をクリックします。

1 読みたいメールをクリックすると、

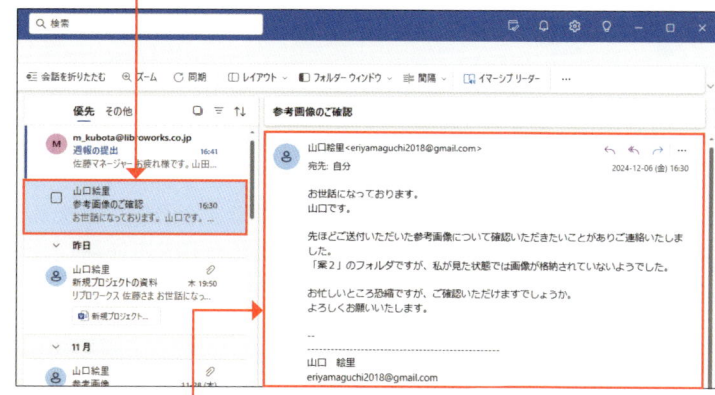

2 閲覧ウィンドウにメールの本文が表示されます。

3 ［表示］タブをクリックし、

4 ［ズーム］をクリックし、

5 ＋をクリックすると、

6 閲覧ウィンドウの文字が大きくなります。

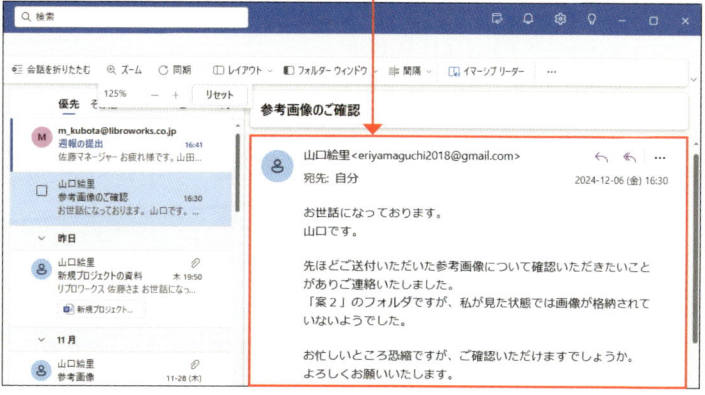

Section 93 スレッドについて知ろう

ここで学ぶこと

- ・スレッド
- ・スレッドの展開
- ・スレッドを閉じる

新しいOutlook には、件名が同じメールを1つにまとめて表示する**スレッド**という機能があります。スレッドで表示することで1つの話題に関連するメールをまとめて閲覧することができる便利な機能ですが、理解していないと届いたメールを見落としてしまうこともあるので注意してください。

① スレッドで表示されたメールを閲覧する

💬 解説

スレッド

スレッドは同じ件名のメールを1つにまとめて表示する機能です。初期状態ではオンになっています。ここでは、スレッドがオンになっている場合の閲覧方法を紹介します。

✏️ 補足

スレッドがオンになっているか確認する

スレッド表示がオンになっているかを確認したい場合は、[表示]タブ→[メッセージ]→[会話]をクリックして、[会話をグループ化する]がオンになっているかを確認します。スレッド表示にしたくない場合は[メッセージを個別に表示する]をオンにしましょう。

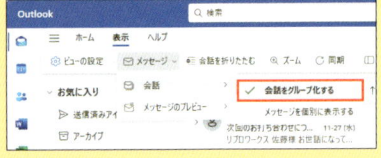

1 スレッド表示がオンになっている場合、1つの話題について送受信されたメールがまとめられ、〉のマークが表示されます。

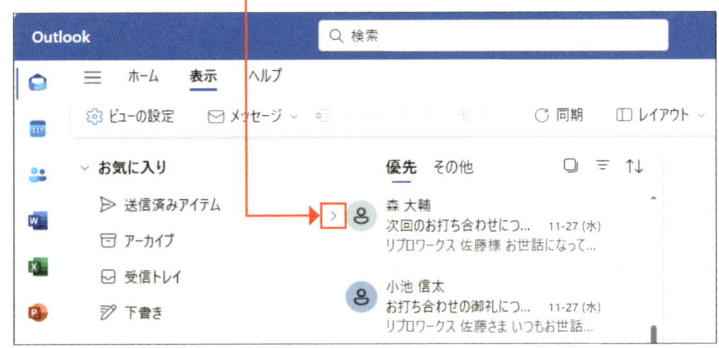

2 まとめられたメールをクリックして表示し、

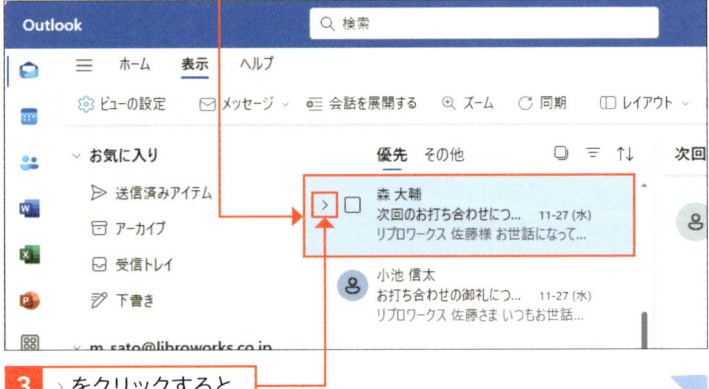

3 〉をクリックすると、

注意

スレッドの注意点

スレッドは1つの話題についてすばやく確認できる便利な機能ですが、件名が変わったメールがスレッドに含まれなかったり、内容の違う同じ件名のメールがスレッドに含まれたりすることがあります。また、スレッドに大量のメールが届くと一部のメールを見落としてしまうこともよくあります。スレッドは自分の利用目的に応じてオン／オフを切り替えましょう。

補足

メールが折りたたまれている場合

ビューに表示されているメールをスクロールしたときに、メールが折りたたまれていることがあります。そうした場合には、［会話を展開する］をクリックすることでスレッドを展開することができます。

1 ［会話を展開する］をクリックする

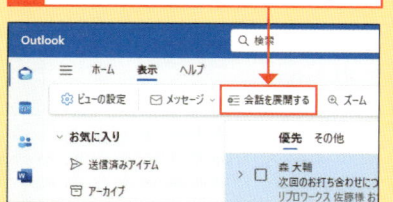

4 まとめられたメールが展開されて表示されます。

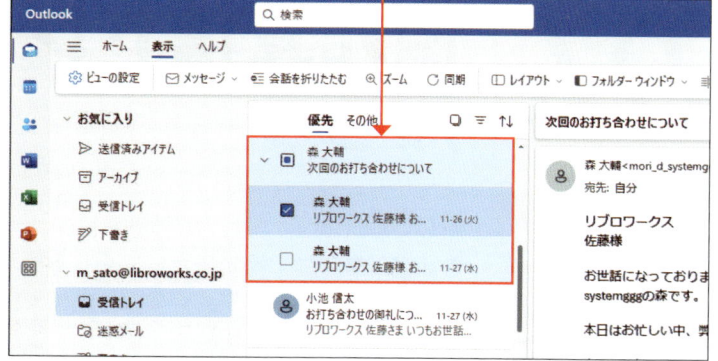

5 スクロールすることで、1つの話題についてのメールを確認することができます。

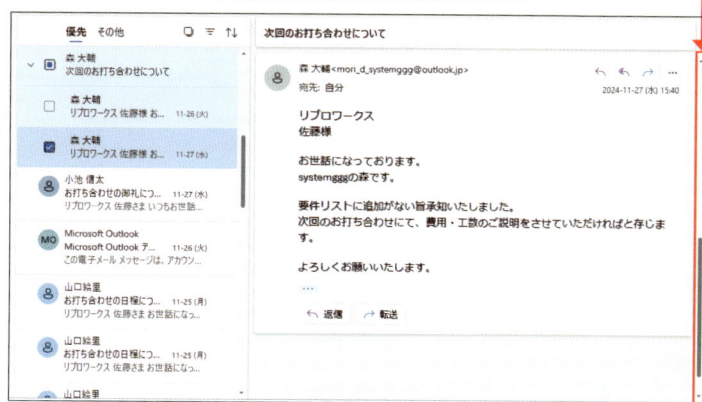

6 ほかのメールをクリックすると、開いていたスレッドは閉じられます。

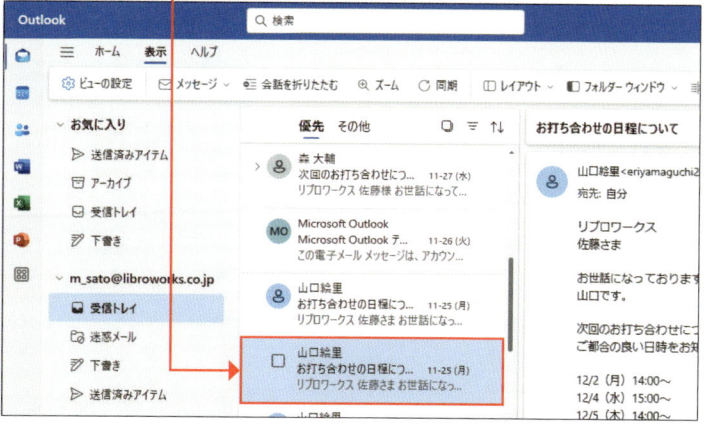

94 優先受信トレイについて知ろう

ここで学ぶこと

- 優先受信トレイ
- [優先]タブ
- [その他]タブ

新しいOutlook では、**優先受信トレイ**が使用できます。Outlookが重要と判断したメールを**自動**で優先表示してくれる機能ですが、優先してほしいメールが表示されないこともあります。その際、優先受信トレイに表示されていないメールを閲覧する方法を解説します。

① 優先受信トレイに表示されていないメールを閲覧する

✏ 補足

必要なメールが見つからない場合

優先受信トレイに表示するかどうかは、Outlookが自動で判断しています。必要なメールが[その他]タブに入ってしまう可能性もあるので、右の手順で[その他]タブを確認してみましょう。

✏ 補足

クラシックOutlookとの違い

クラシックOutlookでは優先受信トレイはOutlook.comのアカウント以外では利用できませんでしたが、新しいOutlookではどのアカウントでも使えます。

1 優先受信トレイが表示されている状態で、[その他]タブをクリックします。

2 優先受信トレイに表示されていないメールを閲覧することができます。

② 優先受信トレイ機能をオフにする

⚠️ **注意**

[その他] タブから[優先] タブにメールを移動する

[その他] タブに表示されたメールを [優先] タブに移動させたい場合は、ビューの中の移動させたいメールを右クリックし、[移動] → [優先受信トレイに移動] をクリックします。また、同じ送信元からのメールを常に[優先]タブに移動させたい場合は、[移動] → [常に優先受信トレイに移動] をクリックします。

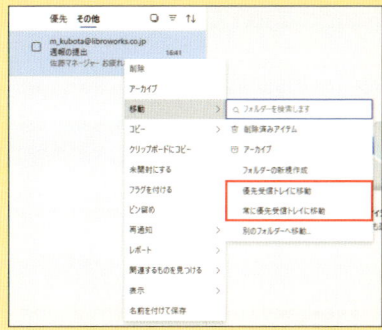

1 [表示]タブをクリックし、

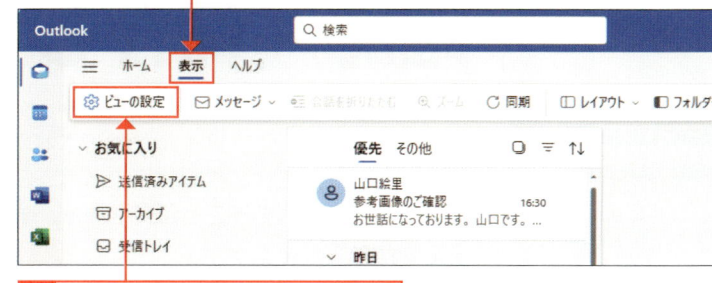

2 [ビューの設定]をクリックします。

3 [メッセージを分類しない]の左のラジオボタンをオンにし、

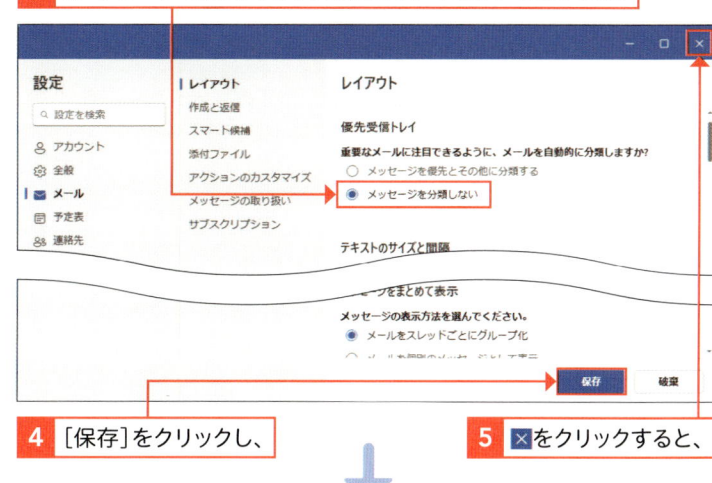

4 [保存]をクリックし、

5 ✕をクリックすると、

6 [優先][その他]タブが表示されなくなります。

Section 95 受信した添付ファイルを確認／保存しよう

ここで学ぶこと

・添付ファイル
・プレビュー表示
・添付ファイルの保存

文書ファイルや**画像ファイル**が添付されたメールを受信した際は、**プレビュー機能**を使うと便利です。これを利用すれば、アプリケーションを起動せずに、**添付ファイル**の内容を確認することができます。また、添付ファイルをパソコンに保存することも可能です。

① 添付ファイルをプレビュー表示する

解説

プレビュー可能な添付ファイル

Outlook でプレビュー可能な添付ファイルは、WordやExcelで作成された Officeファイル、画像ファイル、テキストファイル、PDFファイル、HTMLファイルです。なお、Officeファイルをプレビューするには、そのアプリケーションがパソコンにインストールされている必要があります。

補足

ファイルが添付されていない?

Outlook では、コンピューターウイルスを含む可能性のあるファイル（拡張子が bat、exe、vbs、jsなどのファイル）をブロックする機能を備えています。そのため、それらのファイルが添付されても表示されず、保存することもできません。

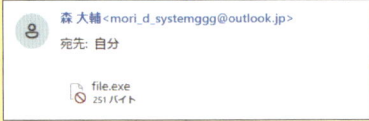

1 添付ファイルがあるメールをクリックします。

ファイルが添付されたメールには が表示されます。

2 添付ファイルのここをクリックして、

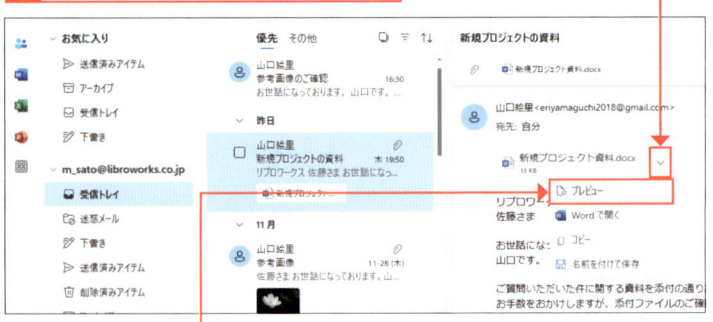

3 ［プレビュー］をクリックすると、

補足

プレビュー時の制限

Wordファイルや Excel ファイルをプレビューする場合、悪意のあるマクロなどが実行されないよう、マクロ機能やスクリプト機能などは無効になっています。そのため、実際にアプリケーションで閲覧する場合とは、内容が異なって表示されることもあります。

4 添付ファイルのプレビューが表示されます。

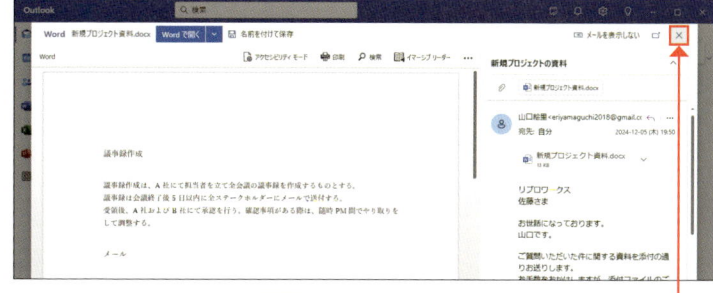

5 × をクリックすると、本文表示に戻ります。

② 添付ファイルを保存する

注意

添付ファイルを保存するときの注意

見知らぬ人から届いた添付ファイルには、パソコンの動作を不安定にさせたり、個人情報を盗み取ったりするようなコンピューターウイルスが潜んでいる可能性があります。怪しい添付ファイルは不用意に保存しないようにしましょう。

1 添付ファイルのここをクリックして、

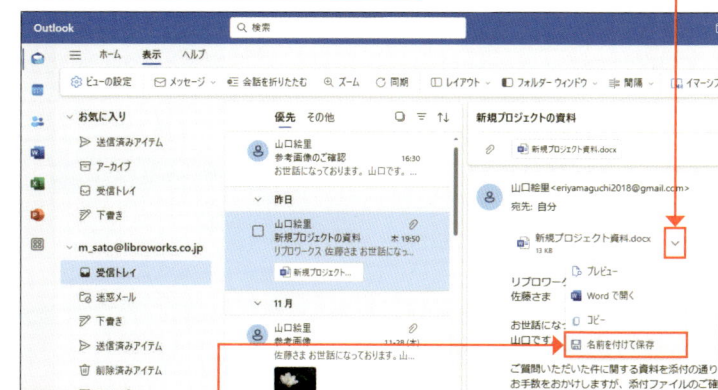

2 [名前を付けて保存]をクリックします。

3 添付ファイルを保存する場所を指定して、

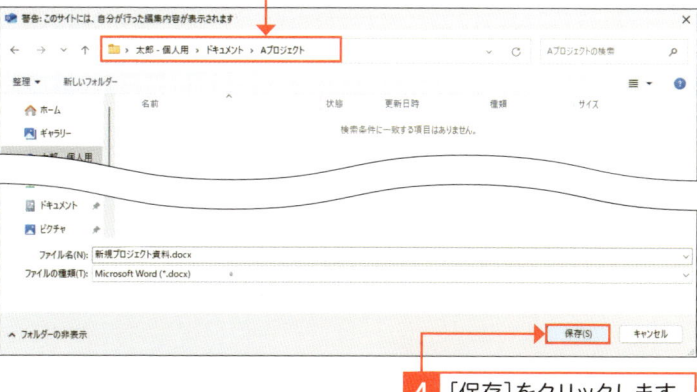

4 [保存]をクリックします。

Section 96 ファイルを添付して送信しよう

ここで学ぶこと

・添付ファイル
・添付ファイルの送信
・ファイルの圧縮

メールは文字以外にも、デジタルカメラで撮影した写真や、WordやExcelなどの**文書ファイル**を添付して送信することができます。**添付ファイル**のサイズが大きい場合、相手が受信にかかる時間が長くなったり、相手が受信できなかったりする可能性があるので注意しましょう。

① メールにファイルを添付して送信する

⚠ **注意**

添付ファイルを送るときの注意

添付ファイルのサイズが大きいと、送信自体ができなかったり、相手が受信するときに時間がかかったりすることがあります。添付ファイルの目安は「3MB以内」です。大容量のファイルを送りたいときは、「ギガファイル便」(https://gigafile.nu/)などのファイル転送サービスが便利です。ファイルをインターネット上のサーバーに保存し、保存場所を示すURLをメールで相手に送るだけです。

1 270ページを参考にメール作成画面を開き、宛先と件名、本文を入力しておきます。

2 [メッセージ]タブをクリックし、

3 📎 をクリックして、

4 [このコンピューターから選択]をクリックします。

5 添付したいファイルの保存場所を開き、

6 添付したいファイルをクリックして、

7 [開く]をクリックします。

補足

ファイルの圧縮

フォルダーなど複数のファイルを送信したい場合、66ページを参考にファイルを圧縮してから送信してください。

8 ファイルが添付されました。

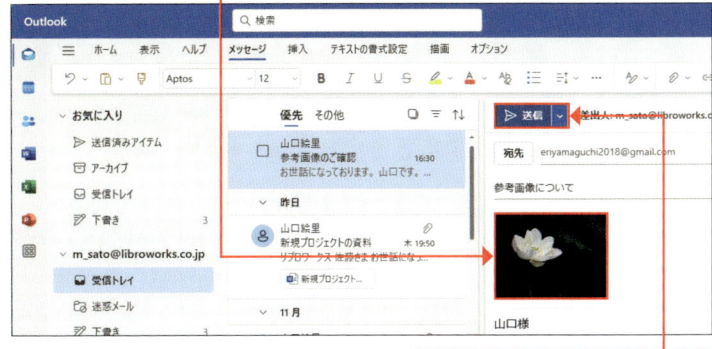

9 ［送信］をクリックします。

---

② ドラッグ操作で画像を添付して送信する

ヒント

OneDrive のファイルを送信する

MicrosoftアカウントでOutlookを利用している場合、Microsoftのクラウドサービス「OneDrive」に保存されたファイルを、送信することも可能です。280ページの手順 **4** で［OneDrive］をクリックして添付したいファイルを選択します。その後［リンクを共有］をクリックすると、添付ファイルではなくファイルの共有リンクが送信されるので大きなサイズのファイルを気にせず送ることができます。

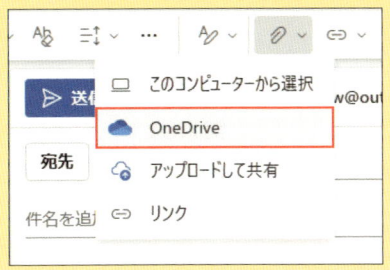

1 270ページを参考にメール作成画面を開き、宛先と件名、本文を入力しておきます。

2 エクスプローラーを開いて、添付したい画像を選択し、

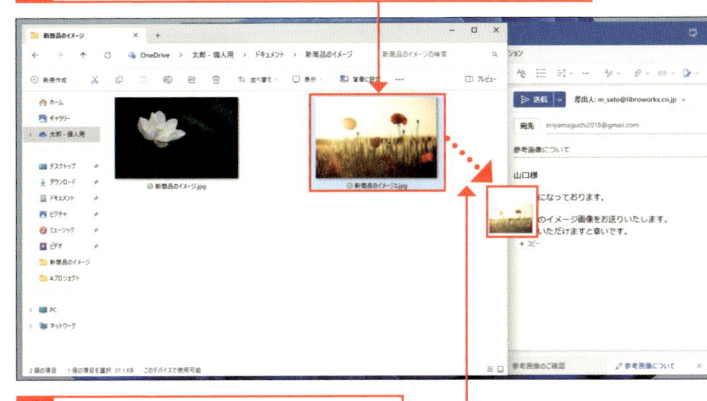

3 メール作成画面にドラッグします。

4 ファイルが添付されました。

5 ［送信］をクリックします。

ここで学ぶこと

・同報メール
・CC
・BCC

メールは一人に対してだけではなく、複数の人にまとめて送ることもできます。複数人にメールを送信するには、①[宛先]にメールアドレスを追加する、②[CC]を使う、③[BCC]を使うという3つの方法があります。それぞれ異なる役割があるため、状況に応じて使い分けましょう。

1 複数の宛先にメールを送信する

重要用語

同報メール

同じ内容の文面を、複数のメールアドレスに対して一斉に送信するメールのことを、「同報メール」といいます。

1 270ページを参考にメール作成画面を開き、宛先と件名、本文を入力しておきます。

2 [宛先]に1人目のメールアドレスを入力して、

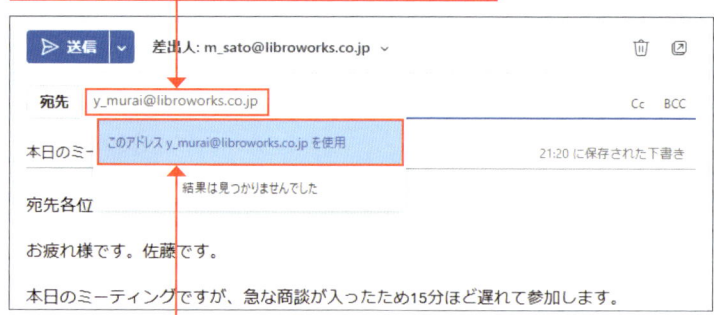

3 [このアドレスを使用]をクリックします。

4 2人目のメールアドレスを入力して、 **5** [このアドレスを使用]をクリックします。

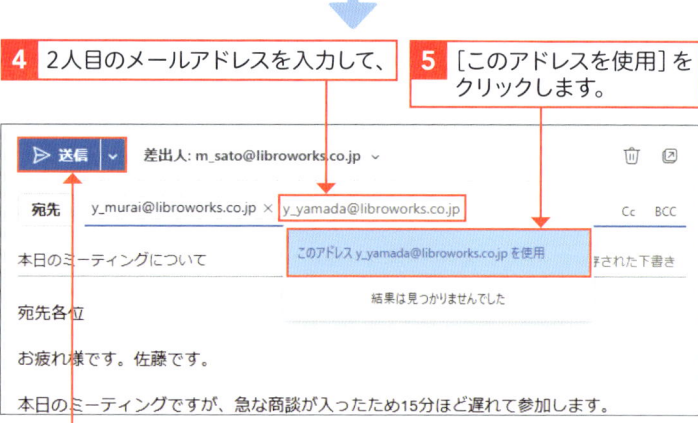

6 [送信]をクリックします。

補足

入力したことのあるメールアドレスの場合

一度入力したことのあるメールアドレスを入力する場合、手順**2**の画面で候補として表示されます。

② 別の宛先にメールのコピーを送信する

重要用語

CC

[CC]とは、[宛先]の人に対して送るメールを、ほかの人にも確認してほしいときに使う機能です。[CC]に入力した相手には、[宛先]に送ったメールと同じ内容のメールが届きます。たとえば、メールの内容を相手だけでなくその上司にも確認してもらいたい場合などに使います。[CC]に入力したメールアドレスは、受信したすべての人に通知されます。

1 メール作成画面を開き、宛先と件名、本文を入力しておきます。

2 [CC]をクリックして、

3 メールアドレスを入力して、

4 [このアドレスを使用]をクリックします。

5 [送信]をクリックします。

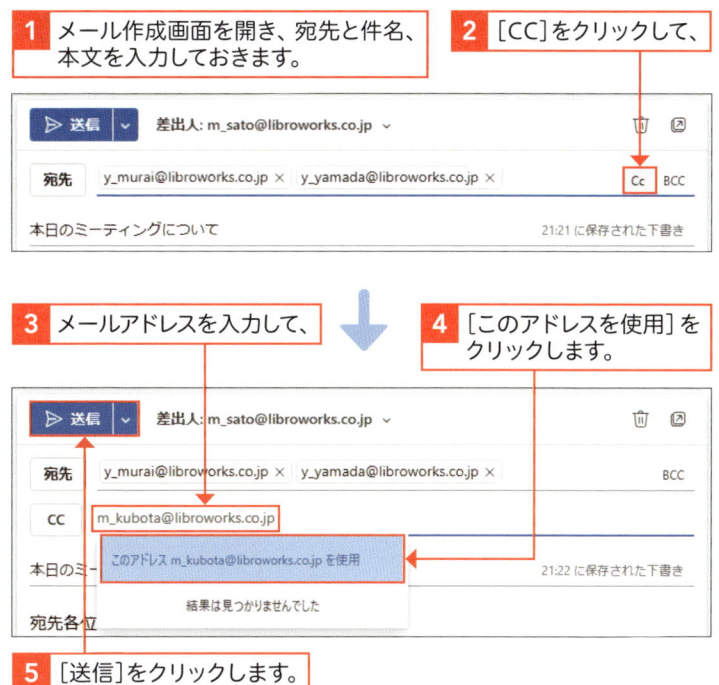

③ 宛先を隠してメールのコピーを送信する

重要用語

BCC

[BCC]は[CC]と異なり、入力したメールアドレスが受信した人に通知されません。[宛先]に送ったメールを他の人にも確認してもらいたいけれど、メールアドレスは見せたくないというときに使う機能です。なお、送り先全員を[BCC]にしたい場合は[宛先]を入力しないとメールが送信できないため、[宛先]に自分のメールアドレスを入力するとよいでしょう。

1 メール作成画面を開き、宛先と件名、本文を入力しておきます。

2 [BCC]をクリックして、

3 メールアドレスを入力して、

4 [このアドレスを使用]をクリックします。

5 [送信]をクリックします。

Section 98

メールを返信／転送しよう

ここで学ぶこと

- 返信
- 転送
- インライン返信

受信したメールに返事をすることを**返信**、メールの内容をほかの人に送ることを**転送**といいます。これらの操作を行う場合、新しいOutlookでは、閲覧ウィンドウの中で作業できる**インライン返信機能**を利用します。このインライン返信機能は、必要に応じて解除することも可能です。

1 メールを返信する

重要用語

インライン返信

新しいOutlookでは、メールの返信の際、閲覧ウィンドウがそのままメールの作成画面に切り替わります。これをインライン返信といいます。メールを閲覧した場所でメールが書けるため、デスクトップの画面領域を狭めることなく作業できます。

1 返信したいメールをクリックし、

2 ↶ をクリックします。

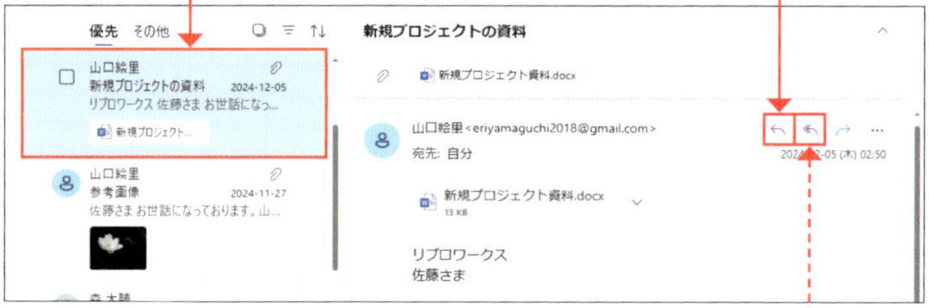

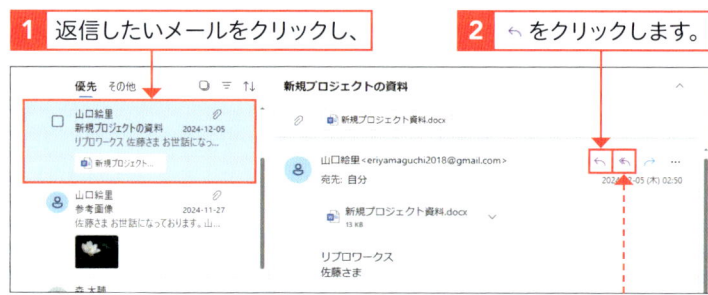

↶ をクリックすると、[宛先]と[CC]に含まれた人全員に返信できます。

3 閲覧ウィンドウにメールの作成画面が表示されます。

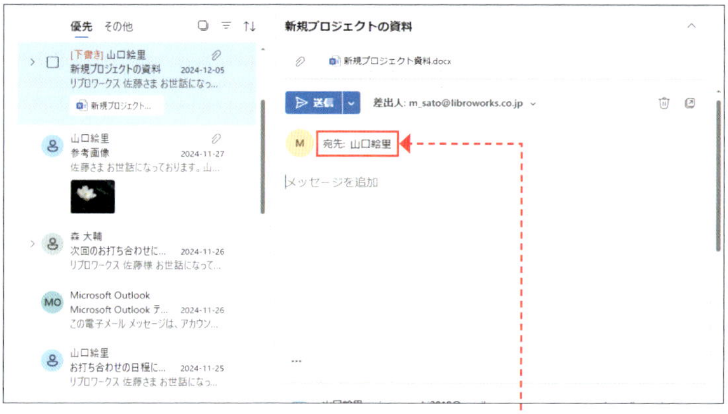

[宛先]に差出人の名前が表示されます。

補足

インライン返信を解除する

手順3の画面で⧉をクリックすると、返信メールの作成画面がウィンドウで表示されます。

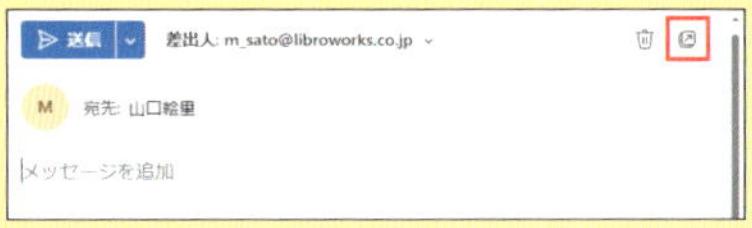

4 本文を入力し、

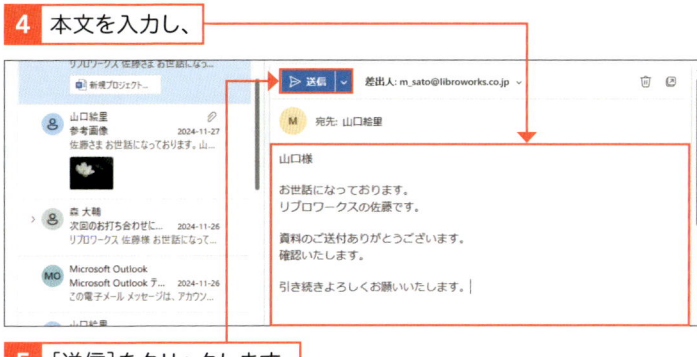

5 [送信]をクリックします。

② メールを転送する

解説

「RE:」と「FW:」

受信したメールに対して返信した場合、件名の頭には自動的に「RE:」が付きます。この「RE:」という文字には、受け取ったメールに対して返事をしているということを示す意味があります。

受信したメールに対して転送した場合、件名の頭には自動的に「FW:」が付きます。転送とは、自分が受け取ったメールをほかの人に確認してもらうため、内容を変えずにそのままほかのメールアドレスに送信することです。なお、添付ファイルも一緒に転送されます。

補足

返信と転送のアイコン

メールを返信または転送すると、アイコンが表示されるようになります。

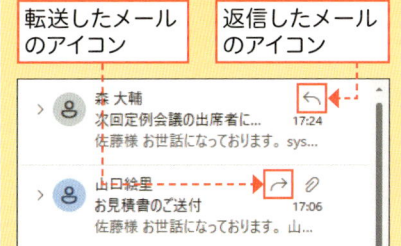

転送したメールのアイコン　　返信したメールのアイコン

1 転送したいメールをクリックし、　　**2** ↗ をクリックします。

3 閲覧ウィンドウにメールの作成画面が表示されます。

4 [宛先]を入力し、　　**5** 本文を入力して、

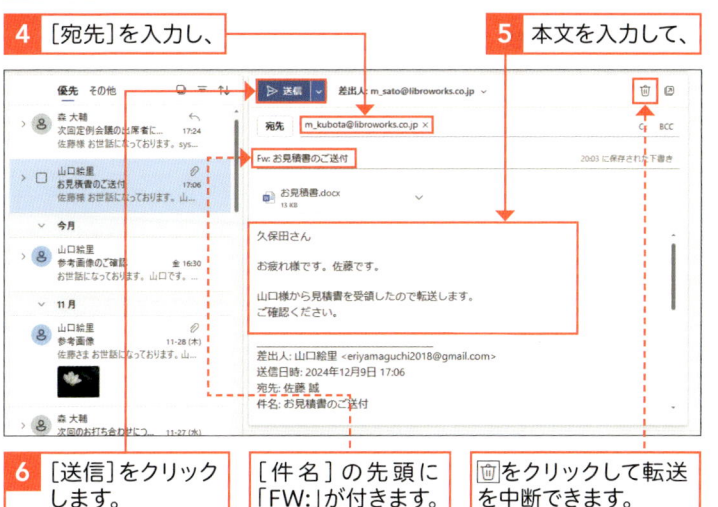

6 [送信]をクリックします。　　[件名]の先頭に「FW:」が付きます。　　🗑 をクリックして転送を中断できます。

99 | 署名を作成しよう

ここで学ぶこと

・署名
・区切り線
・署名の使い分け

署名とは、自分の名前や連絡先をまとめて記載したもので、作成するメールの末尾に配置します。あらかじめ署名を設定しておけば、メールを作成するたびに自分の連絡先を記載する手間が省けます。また、ビジネス用とプライベート用というように、**アカウントごとに使い分ける**ことも可能です。

① 署名を作成する

重要用語

署名

署名とは、メールの最後に付加する送信者の個人情報のことです。名前や連絡先などを、受信者にひと目でわかるように記しておきます。ビジネスで使うメールの場合は、会社名や肩書きなども明記しておくとよいでしょう。

補足

署名の区切り線

メールの本文と署名との間には、区切り線を入れると相手にわかりやすくなります。一般的には、「-」(半角のマイナス)や「=」(半角のイコール)などを連続して入力することで区切り線を作成します。80ページで紹介した罫線も利用できます。

1 画面上部の ⚙ をクリックします。

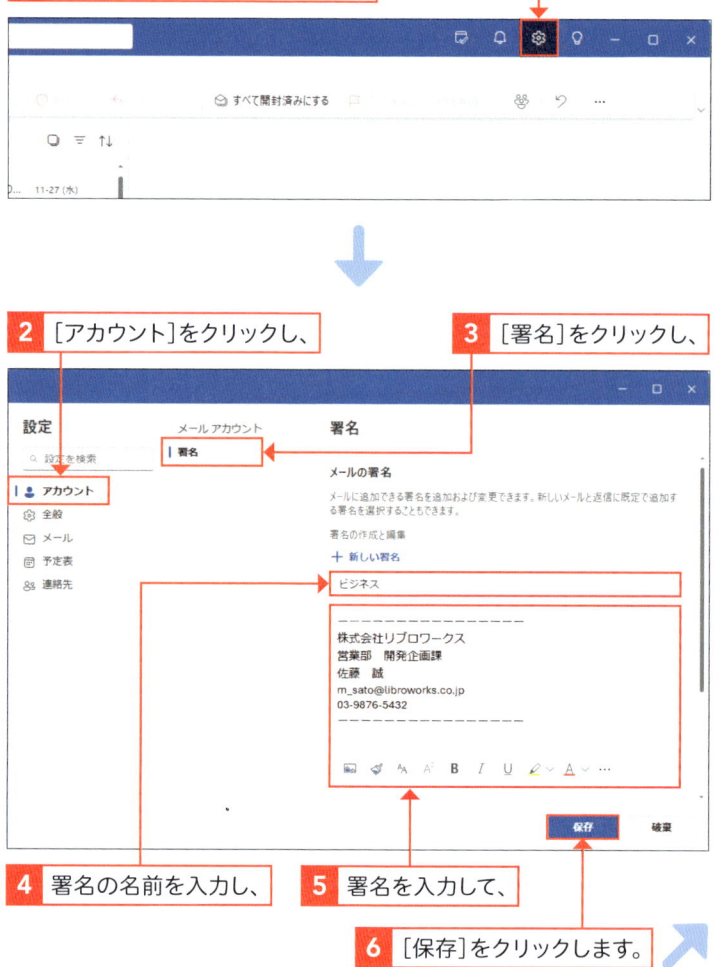

2 [アカウント]をクリックし、

3 [署名]をクリックし、

4 署名の名前を入力し、

5 署名を入力して、

6 [保存]をクリックします。

補足

**クラシックOutlookから
切り替えた場合**

26ページの手順でクラシックOutlook
から新しいOutlookに切り替えた場合、
クラシックOutlookで作成した署名が
新しいOutlookでも設定されています。

7 ここをクリックして、

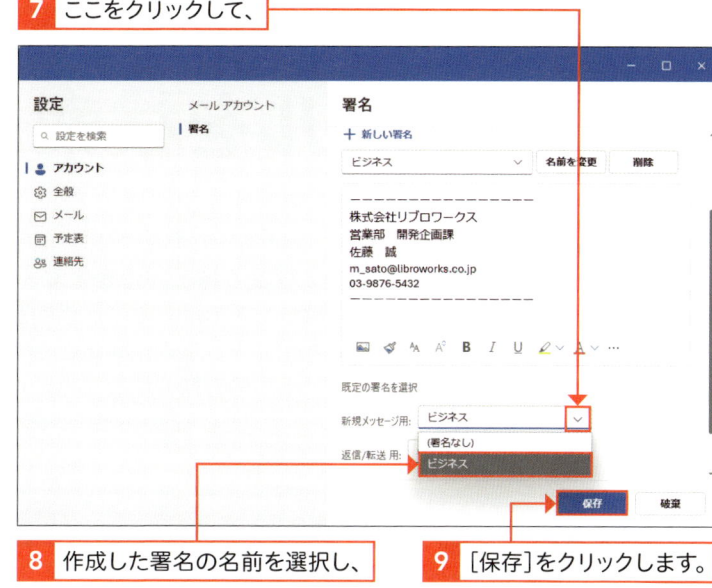

8 作成した署名の名前を選択し、

9 [保存]をクリックします。

② 署名が付いたメールを作成する

補足

署名の削除

何らかの理由でメールに署名を付けたく
ない場合は、Back space や Delete で文字を消
す要領で署名を消すことができます。

1 [新規メール]をクリックします。

2 メールの作成画面が表示され、

補足

署名の使い分け

署名はアカウントごとに作成し、使い分
けることができます。ビジネスとプライ
ベートなど、必要に応じて複数の署名を
作成しておきましょう。

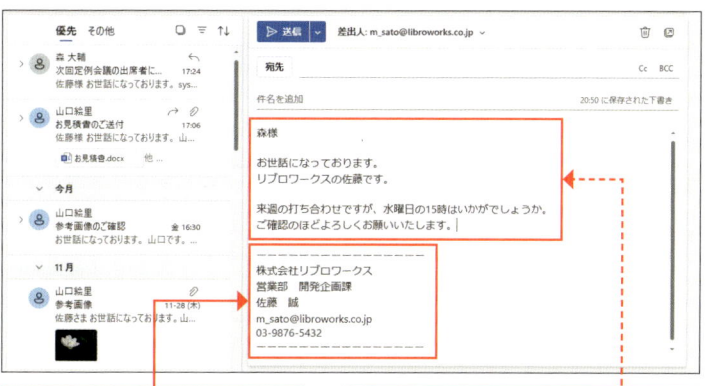

3 作成した署名が自動的に
入力されます。

本文は署名よりも前に入力します。

100 メールを検索しよう

- メールの検索
- 条件を付けた検索
- 検索ボックス

Outlookを使えば使うほど、管理するメールの数が増えていきます。その中から目的の情報を探し出すのは、とても手間がかかります。メールを検索するには、**検索ボックス**にキーワードを入力することですばやく目的のメールを探すことができます。添付ファイルの有無や期間を指定した検索も可能です。

① キーワードで検索する

💬 解説

**キーワードによる
メールの検索**

ここでは、[受信トレイ]の中から「資料」という文字列が含まれたメールを検索します。

1 [受信トレイ]をクリックし、

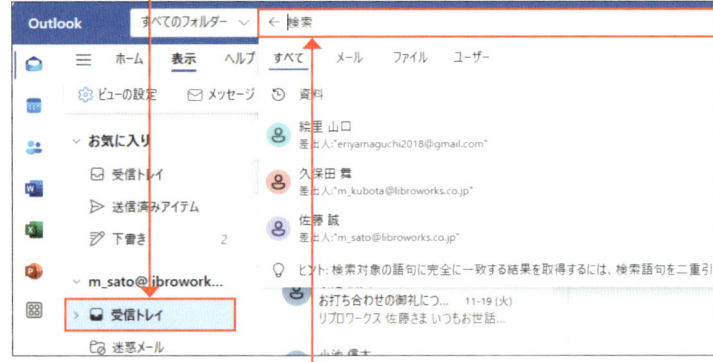

2 検索ボックスをクリックします。

3 「資料」と入力して Enter を押すと、

4 検索結果が表示されます。

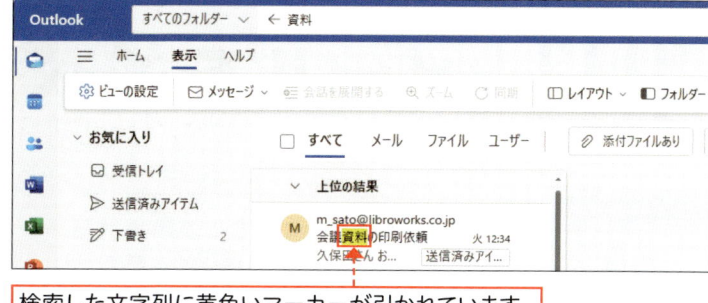

検索した文字列に黄色いマーカーが引かれています。

② 条件を付けて検索する

🗨 解説

条件を付けたメールの検索

ここでは、「資料」という文字列が含まれており、かつファイルが添付されているメールを検索します。

1 ▼をクリックし、

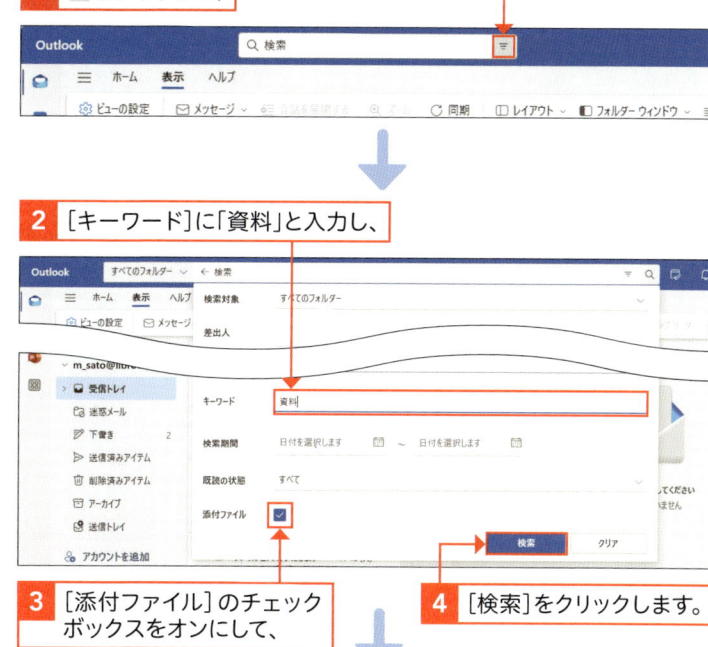

2 [キーワード] に「資料」と入力し、

3 [添付ファイル] のチェックボックスをオンにして、

4 [検索] をクリックします。

5 検索条件に合ったアイテムが表示されます。

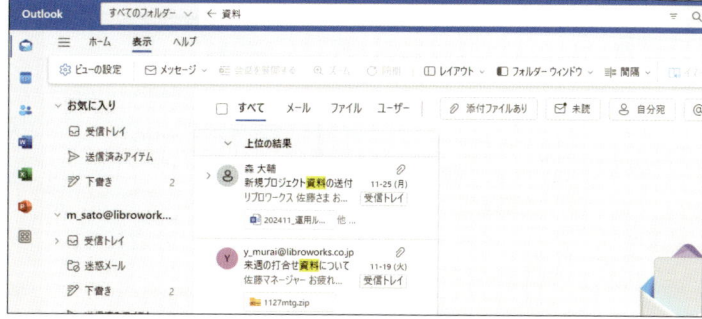

✏ 補足

キーワード以外の検索条件

手順 **2** の画面では、キーワード以外にも差出人や件名などの条件を指定することもできます。

101 | メールを並べ替えよう

ここで学ぶこと

・並べ替え
・日付
・差出人

通常、[受信トレイ]に表示されたメールは、**日付の新しい順**に並んでいます。これを、**日付の古い順**に並べ替えたり、**差出人ごと**に並べ替えたりすることができます。用途に応じて並び順を変えることで、目的のメールがより探しやすくなるでしょう。

① メールを日付の古い順に並べ替える

ヒント

古いメールを表示させたくないときは

「今月届いたメールは必要だが、それ以前のメールは見なくてもよい」というような場合は、古いメールのタイトルを表示させないようにしましょう。一時的に非表示にするだけなので、必要に応じて再び表示することができます。

1 このアイコンをクリックすると、

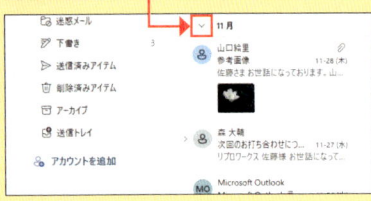

2 メールのタイトルが非表示になります。

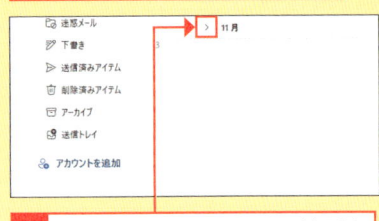

3 再度表示するには、同じ箇所をクリックします。

1 [受信トレイ]を表示し、メールが日付の新しい順で並んでいる状態で ↑↓ をクリックし、

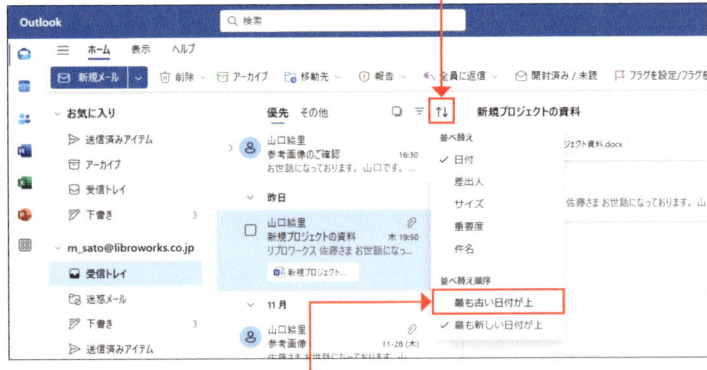

2 [最も古い日付が上]をクリックすると、

3 日付の古いメールから順に並びます。

② メールを差出人ごとに並べ替える

補足

並べ替えの項目

手順 **2** で表示される並べ替えの項目には、以下のようなものがあります。目的に合わせて、メールを並べ替えることが可能です。

①日付

日付順による並べ替え

②差出人

差出人ごとによる並べ替え

③サイズ

ファイルサイズによる並べ替え

④重要度

重要度による並べ替え

⑤件名

件名による並べ替え

日付順に並んでいます。

1 ↑↓ をクリックし、　　　　　　　　　**2** [差出人]をクリックすると、

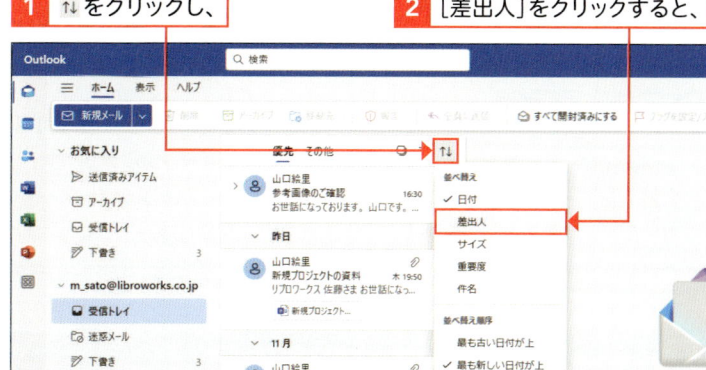

3 差出人の昇順にメールが並びます。

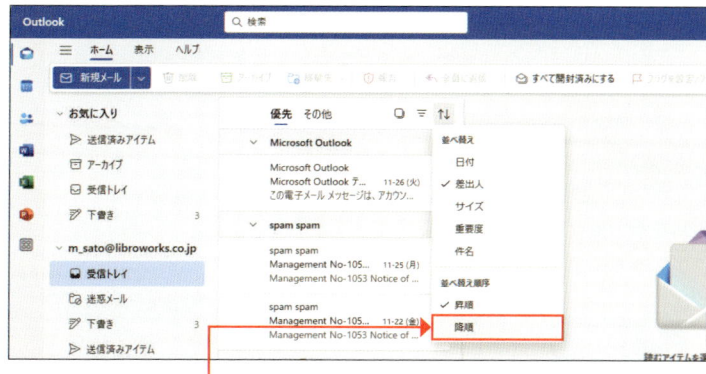

4 [降順]をクリックすると、

5 差出人の降順にメールが並びます。

102 メールをアーカイブしよう

ここで学ぶこと

・アーカイブ
・受信トレイ
・削除

受信したメールが増えてくると、受信トレイが見づらくなってしまうことがあります。そのようなときはメールの**アーカイブ**機能を使用してみましょう。アーカイブしたメールは**［アーカイブ］フォルダー**へと移動します。当面は必要のないメールを移動することで、必要なメールを見つけやすくなります。

① メールをアーカイブする

🗨 解説

アーカイブと削除の使い分け

アーカイブは、削除するほどのメールではないけど［受信トレイ］からは見えなくしておきたい場合に使う機能です。この機能とフォルダー機能（294ページ参照）を使い、［受信トレイ］に表示されるメールを極力少なくしておくとメールの管理がしやすくなります。

✏ 補足

メールを削除する

メールを削除するには、手順 **2** の画面で［削除］をクリックします。

1 ［削除］をクリックします。

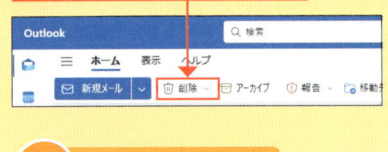

⌨ ショートカットキー

メールのアーカイブ

`Back space`

1 アーカイブしたいメールをクリックして選択します。

2 ［ホーム］タブをクリックし、

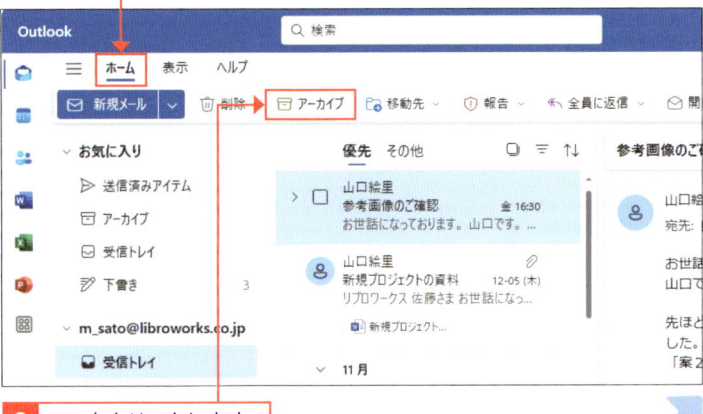

3 ここをクリックします。

💬 解説

間違えてアーカイブした場合

間違えてメールをアーカイブした場合、直後であれば[元に戻す]をクリックすることで、もとに戻すことができます。

1 [元に戻す]をクリックします。

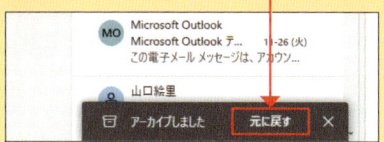

4 手順**1**で選択したメールが受信トレイに存在しないことが確認できます。

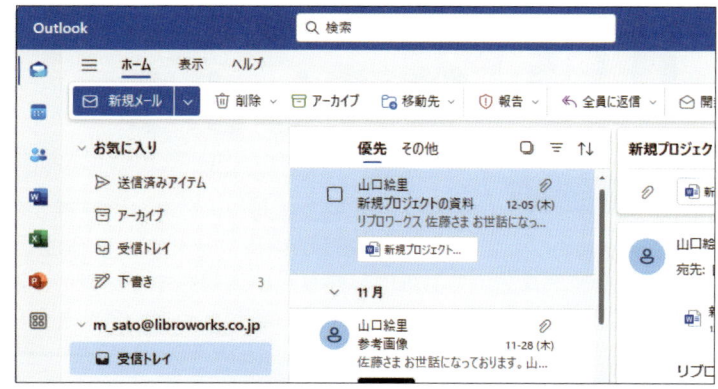

② アーカイブしたメールを確認する

✏️ 補足

メールをもとのフォルダに移動させる

間違えてメールをアーカイブした場合、295ページの手順でメールを受信トレイに移動させることでもとに戻すことができます。

1 [アーカイブ]にあるメールを[受信トレイ]にドラッグします。

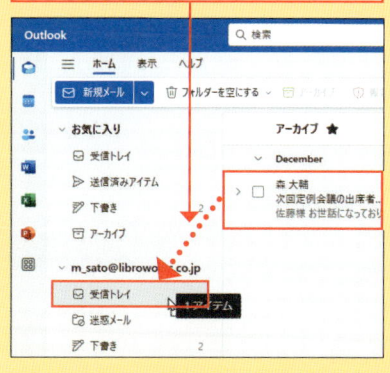

1 [アーカイブ]フォルダーをクリックします。

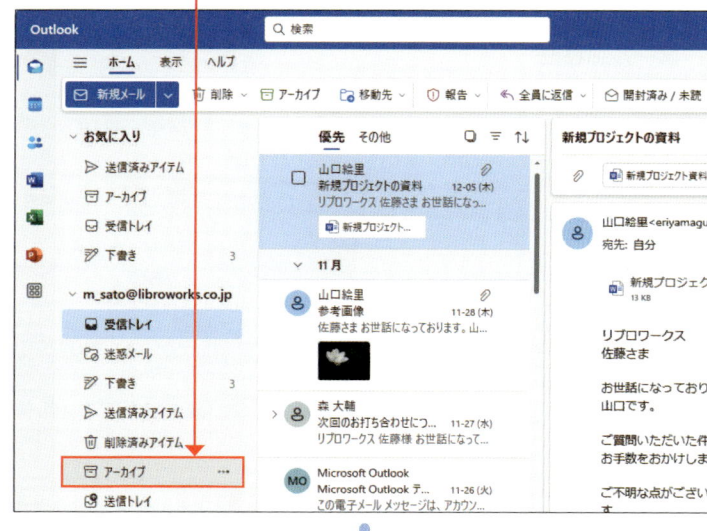

2 292ページ手順**1**で選択したメールが[アーカイブ]フォルダーに移動したことが確認できます。

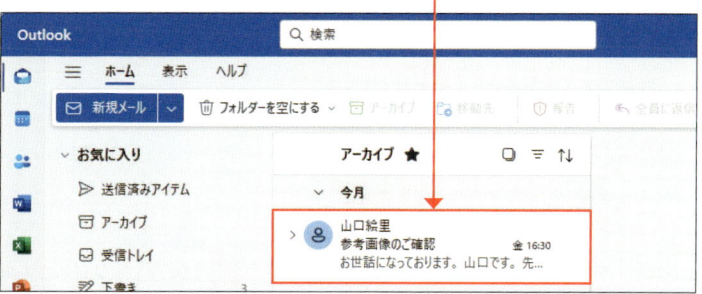

Section 103 メールをフォルダーで管理しよう

- フォルダー
- フォルダーの作成
- メールの移動

受信メールを**フォルダー**に分けて管理すると、目的のメールが探しやすくなります。[受信トレイ]の中にフォルダーを作成し、同じ差出人やテーマのメールをまとめておけば、知りたい情報をすぐに見つけることができます。フォルダー名は自由に変えられるので、わかりやすい名前を付けましょう。

① フォルダーを新規作成する

解説

フォルダーの作成とメールの移動

ここでは、新しいフォルダーとして[新規プロジェクト]フォルダーを作成し、次ページでメールを[新規プロジェクト]フォルダーに移動します。

解説

フォルダーの作成とメールの移動

特定の個人や会社からのメール、メールマガジンやメーリングリストなど、まとめて整理しておきたいメールは、新しいフォルダーを作成して、その中に移動するとよいでしょう。また、どのようなメールをまとめたのかが一覧できるように、フォルダー名にはわかりやすい名前を付けましょう。

1 フォルダーを作成したい場所（ここでは[受信トレイ]）を右クリックします。

2 [新しいサブフォルダーを作成]をクリックします。

3 フォルダー名を入力し、

4 [保存]をクリックします。

⚠ 注意

**フォルダーが
作成できない場合**

IMAPアカウントでOutlookを利用して
いる場合、アカウントによってはフォル
ダーが作成できないことがあります。

5 手順 **1** で選択したフォルダーの下層に、
フォルダーが作成されます。

② 作成したフォルダーにメールを移動する

💡 ヒント

**複数のメールを
一度に移動する**

複数のメールを一度に移動させたい場合
は、 Ctrl を押しながら複数のメールを
クリックしてドラッグします。また、順
番に並んだ複数のメールを移動したい場
合は、一番上のメールをクリックして選
択したあと、 Shift を押したまま一番
下のメールをクリックします。これで、
その間にあったメールがすべて選択され
ます。

Ctrl または Shift を押しながら
メールをクリックします。

1 [受信トレイ]にあるメールを、[新規プロジェクト]
フォルダーにドラッグします。

2 [新規プロジェクト]フォルダーをクリックすると、

3 メールが表示されます。

9

「新しいOutlook」の使い方を知ろう

受信したメールを自動的にフォルダーに振り分けよう

ここで学ぶこと

・ルール
・ルールの作成
・自動振り分け

月例報告書など、**定期的に送られてくるメール**は、自動的にフォルダーに**振り分け**るようにしましょう。メールを受信するたびに、フォルダーにドラッグする手間が省けます。なお、**ルール**（振り分け条件）は、差出人名以外にも、件名などを設定することができます。

① ルールを作成する

解説

ルールの作成

ここでは、［差出人］のメールアドレスが「mori_d_systemggg@outlook.jp」のメールを自動的に［森大輔からのメール］というフォルダーに振り分けるルールを作成します。振り分けるフォルダーは294ページの手順で事前に作成しておきます。

補足

複数の条件を設定する

ルールには複数の条件を設定することもできます。条件を追加するには、条件の設定後に［追加の条件を設定する］をクリックしてください。

1 ［別の条件を追加］をクリック。

1 ⚙をクリックし、

2 ［メール］をクリックして、

3 ［ルール］をクリックし、

4 ［新しいルールを追加］をクリックします。

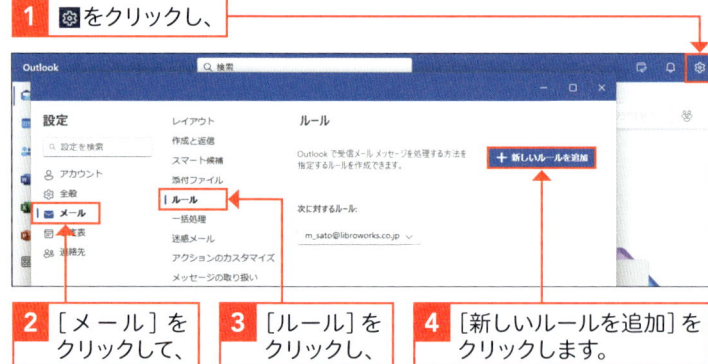

5 ルールの名前を入力し、

6 ここをクリックして、

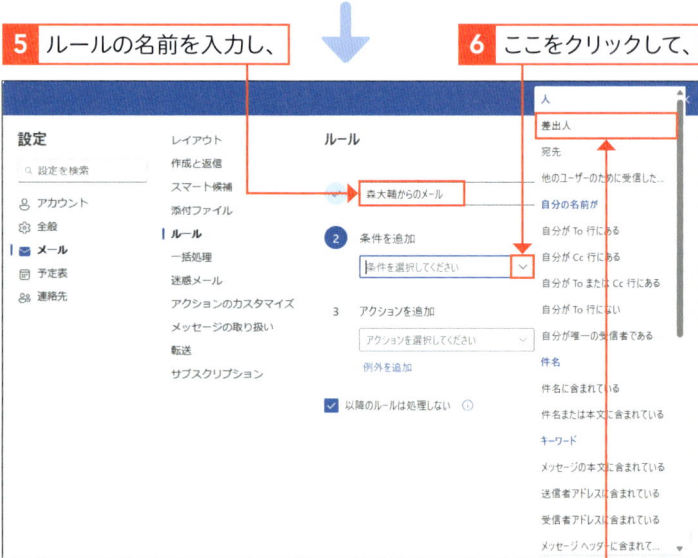

7 ［差出人］をクリックします。

ヒント

あまり細かく
フォルダー分けしない

メールの振り分けは便利な機能ですが、あまり細かくフォルダー分けしてしまうと、それぞれのフォルダーをチェックするのが面倒になってきます。企業からのダイレクトメールやメールマガジンのみフォルダーに分ける、本書の例のように特定の人からのメールのみフォルダーに分けるなど、使いやすい方法を設定してみましょう。

注意

ルールが作成できない場合

アカウントによってはルールが作成できない場合があります。

補足

ルールを削除／編集する

作成したルールは削除したり編集したりすることができます。削除／編集を行うには、ルールの作成後の画面から削除／編集したいルールの … をクリックして[ルールを編集する]または[ルールを削除する]をクリックします。

1 ここをクリックします。

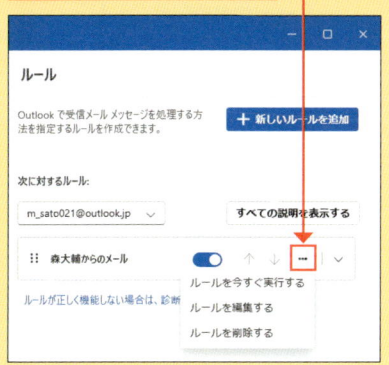

---

8 メールアドレスを入力します。

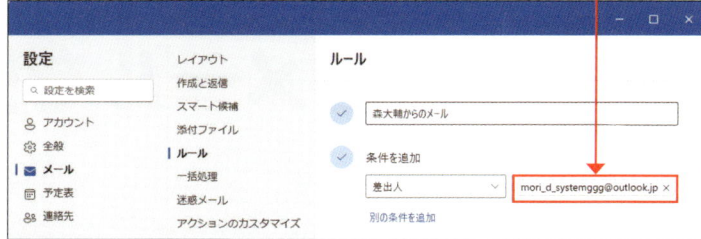

9 ここをクリックして、

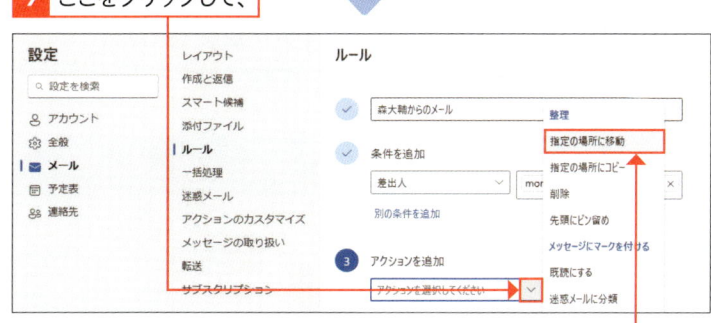

10 [指定の場所に移動]をクリックします。

11 振り分けたい先のフォルダーをクリックします。

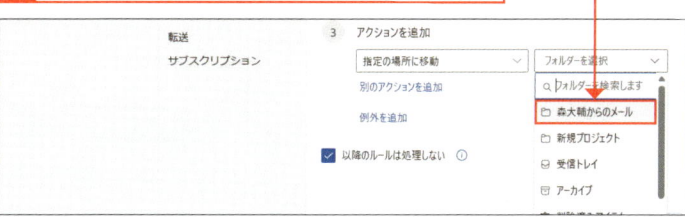

12 [ルールを今すぐ実行する]のチェックボックスをオンにし、

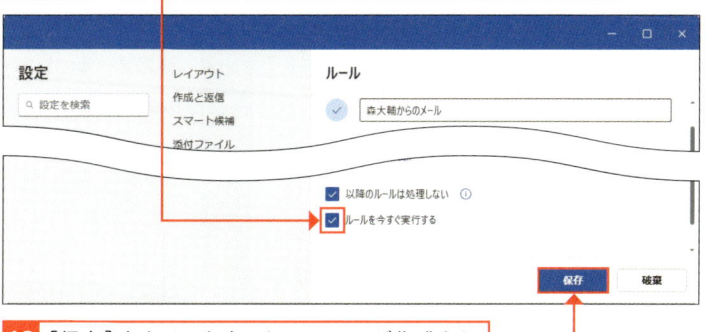

13 [保存]をクリックすると、ルールが作成されメールが振り分けられるようになります。

ここで学ぶこと

・迷惑メール
・[迷惑メール]フォルダ
・報告

新しいOutlook では、**迷惑メール**を自動で［迷惑メール］フォルダーに振り分ける機能を備えています。迷惑メールは、詐欺の被害や**コンピューターウイルス**の感染につながる危険性があります。迷惑メールのURLを不用意にクリックしないなど、取り扱いには十分に注意しましょう。

① 迷惑メールを報告する

⚠️ **注意**

迷惑メールの危険性

迷惑メールには、サイトへ誘導するためのURLが本文に記されています。そのURLをクリックすると、悪質なフィッシング詐欺の被害にあったり、コンピューターウイルスに感染したりする危険があります。もし、迷惑メールが送られてきた場合は、不用意にURLをクリックしないように気を付けましょう。また、画像にURLが埋め込まれている場合もあるので、画像もクリックしないようにしましょう。

1 報告したい迷惑メールをクリックして、

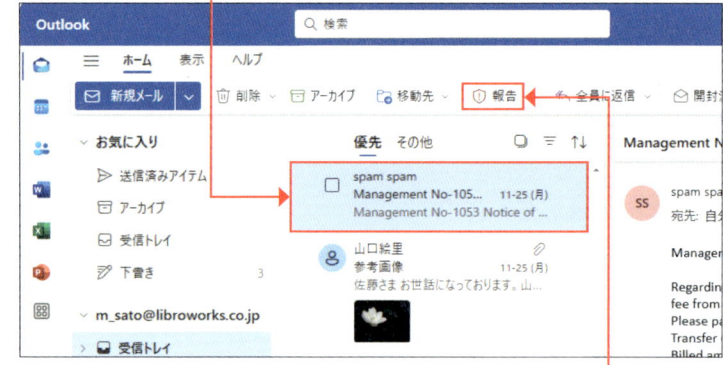

2 ［報告］をクリックします。

3 ［レポートして禁止］をクリックします。

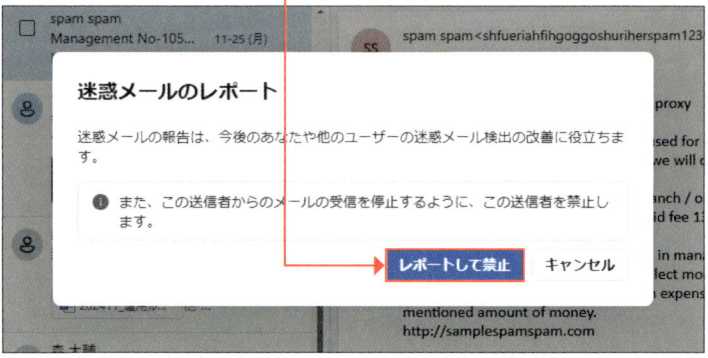

✏️ **補足**

ボタンの名称が異なる場合

迷惑メールの内容や手順**3**でクリックするボタンの名称が異なる場合があります。

4 迷惑メールが受信トレイから削除されます。

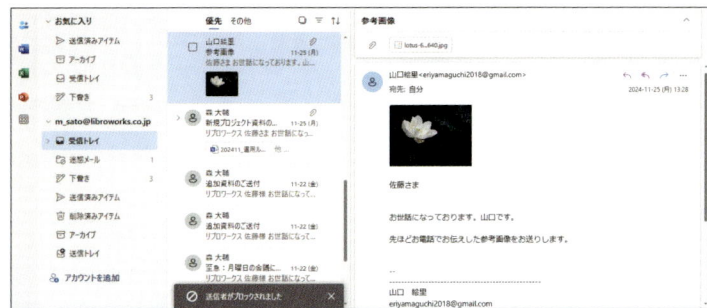

② 迷惑メールを削除する

 **補足**

迷惑メールの設定

設定画面の[メール]→[迷惑メール]の項目では、迷惑メールに関する設定が変更できます。たとえば、[受信メールの処理]では迷惑メールの判定をOutlookの自動処理に任せるか、それとも許可する差出人・ドメインを指定してそれ以外からのメールを[迷惑メール]フォルダに分類するか選択できます。

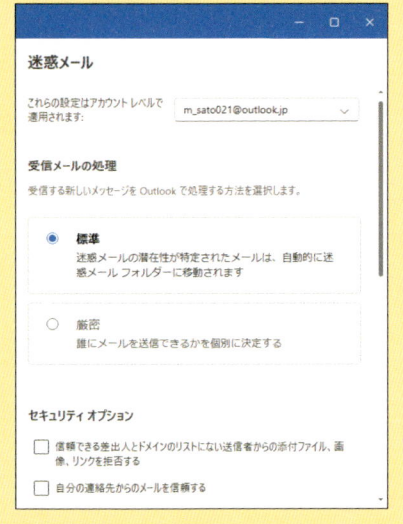

1 [迷惑メール]をクリックし、

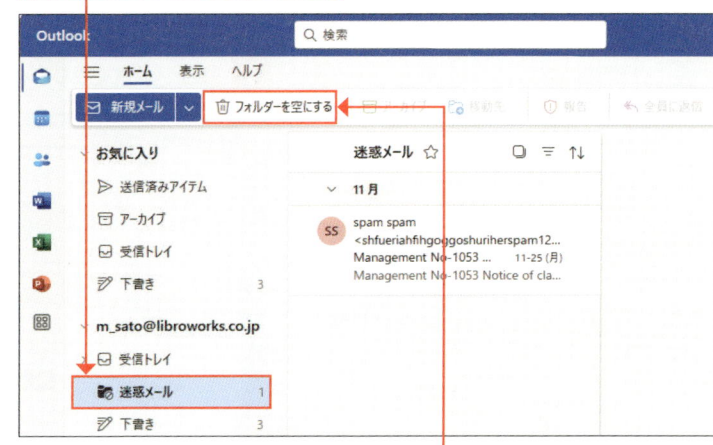

2 [フォルダーを空にする]をクリックします。

3 [すべて削除]をクリックすると、迷惑メールフォルダ内のメールがすべて削除されます。

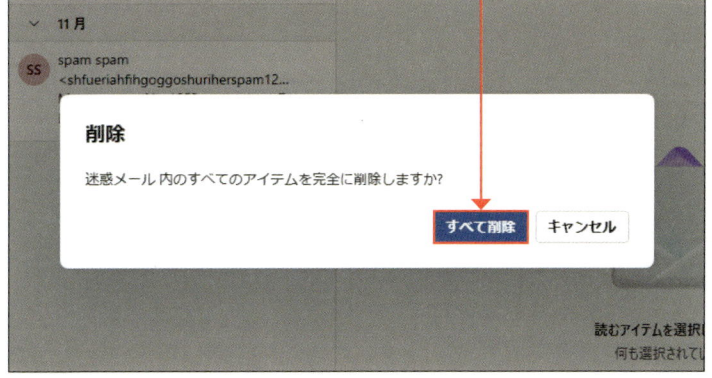

Section

106 メール受信時の通知方法を変更しよう

ここで学ぶこと

・デスクトップ通知
・通知メッセージ
・通知を非表示

メールを受信すると、画面右下にメールの送信元や件名などを表示した**デスクトップ通知**が表示されます。デスクトップ通知は数秒経てば消えますが、作業の妨げになる場合は、クリックして閉じたり、あらかじめ**非表示**に設定したりすることができます。

① デスクトップ通知を閉じる

解説

デスクトップ通知

メールを受信すると、デスクトップ通知が表示されます。ここでは、ウィンドウの×をクリックして消しましたが、何もしなくても数秒経てばデスクトップから消えます。

1 [表示]タブをクリックし、　　**2** [同期]をクリックします。

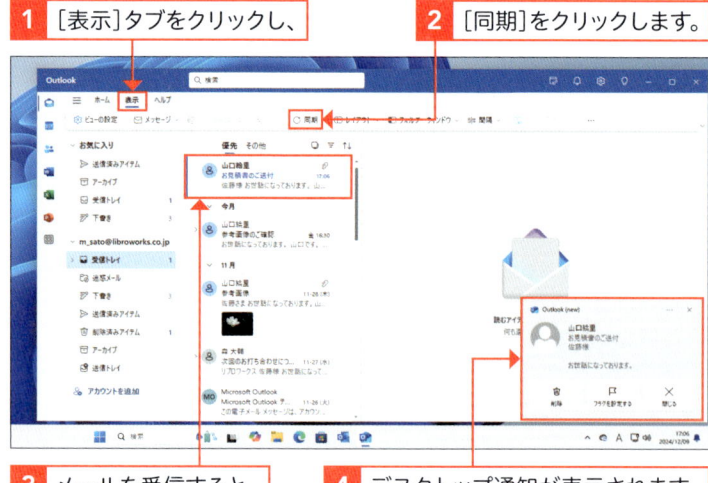

3 メールを受信すると、　　**4** デスクトップ通知が表示されます。

5 ×をクリックすると、デスクトップ通知が閉じます。

② デスクトップ通知を非表示にする

**デスクトップ通知から
メッセージを開く**

メールを受信した際、デスクトップ通知をクリックすると、そのメールが[メッセージ]ウィンドウで開きます。新着メールをすばやく確認したいときに便利です。

1 デスクトップ通知をクリックすると、

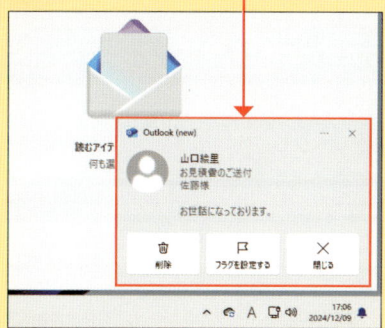

2 [メッセージ]ウィンドウが
表示されます。

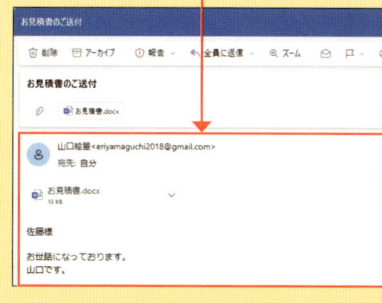

1 をクリックして、

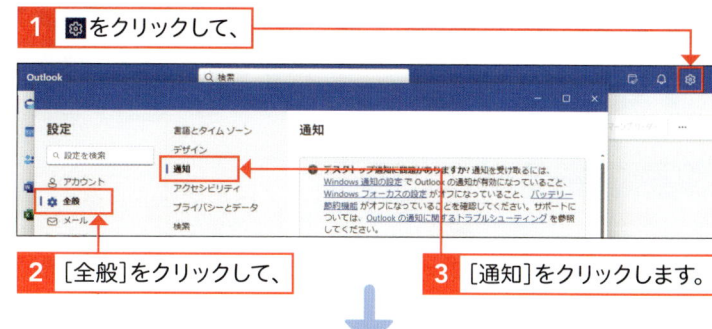

2 [全般]をクリックして、

3 [通知]をクリックします。

4 [メール]のチェックボックスをクリックしてオフにし、

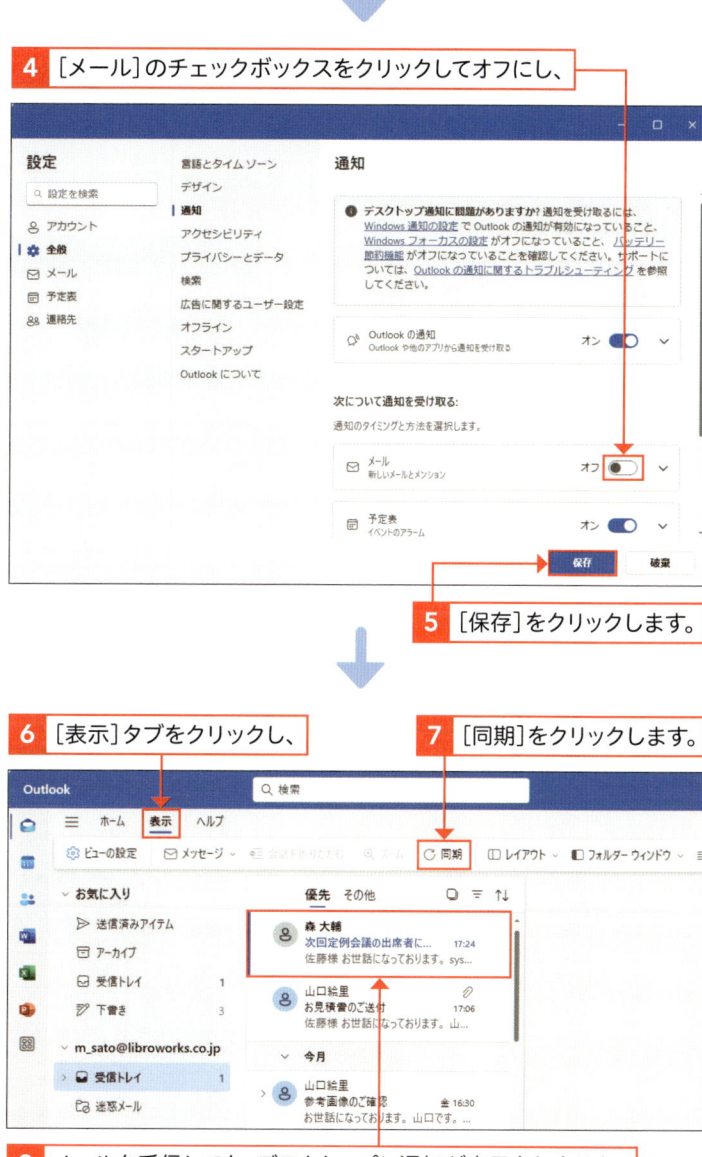

5 [保存]をクリックします。

6 [表示]タブをクリックし、

7 [同期]をクリックします。

8 メールを受信しても、デスクトップに通知が表示されません。

9

「新しいOutlook」の使い方を知ろう

ここで学ぶこと

・期限管理
・フラグ
・処理の完了

「明日までにこのメールに返信する」というように、メールの**期限管理**を行いたい場合は、**フラグ**を設定しておくと忘れずに処理することができます。フラグのアイコンは旗の形で表示され、［今日］、［明日］、［今週］、［来週］などの**期限**を設定できます。

① フラグを設定する

補足

フラグの種類

手順**3**で表示されるメニューからそれぞれの項目をクリックすることで、以下の期限を設定することができます。

①［**今日**］

　開始日と期限が今日

②［**明日**］

　開始日と期限が明日

③［**今週**］

　開始日が2日後、期限が今週中

④［**来週**］

　開始日が来週、期限が来週中

⑤［**日付なし**］

　開始日と期限の設定なし

1 フラグを設定したいメールをクリックし、

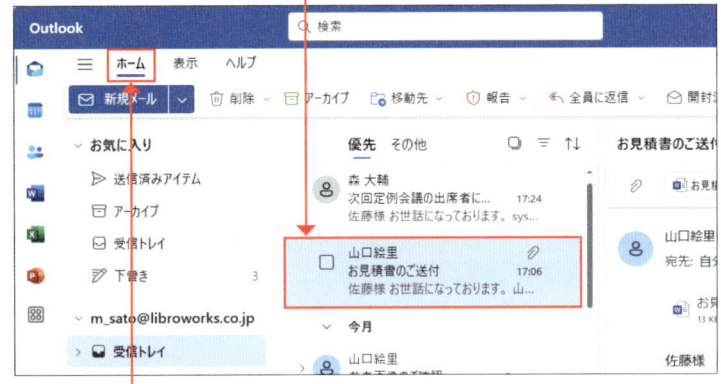

2 ［ホーム］タブをクリックします。

3 ここをクリックして、

4 期限を選択します。

補足

[To Do]画面でも表示される

フラグを付けたメールは[To Do]画面の[フラグを設定したメール]に表示され、タスクとして管理することができます。

5 フラグが設定され、

6 フラグの開始日、期限が表示されます。

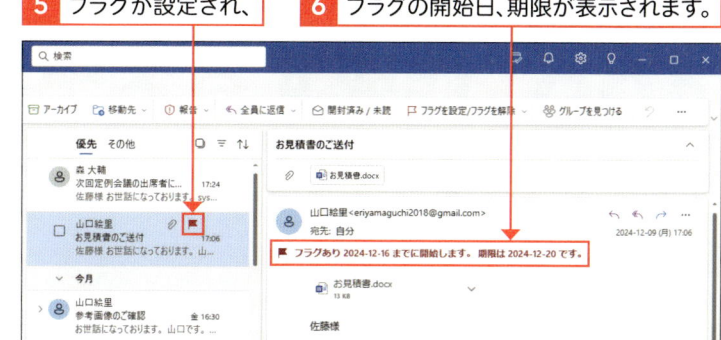

② 処理を完了する

ヒント

処理の完了

右の手順のほかに、フラグアイコンをクリックして処理を完了することもできます。

1 処理が完了したメールをクリックし、

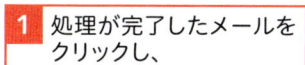
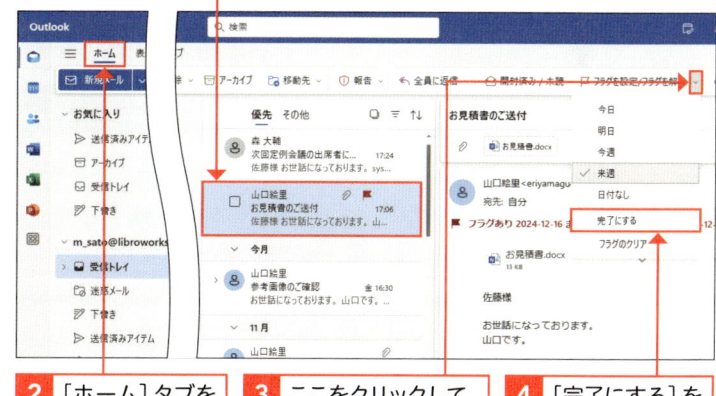

2 [ホーム]タブをクリックします。

3 ここをクリックして、

4 [完了にする]をクリックすると、

補足

フラグの種類

間違えてフラグを付けてしまった場合は、302ページ手順**4**で[フラグのクリア]をクリックして消去することができます。なお、処理を完了した場合もフラグは消えますが、完了マークが残るので、処理済みのメールとして区別することができます。

5 アイコンが完了マークに変わり、

6 完了日が表示されます。

作成するメールを常に テキスト形式にしよう

ここで学ぶこと

・HTML 形式
・プレーンテキスト形式
・設定

最近では **HTML 形式** に対応したメールサービスが主流となっているため、HTML 形式のメールがよく使われています。ただし、HTML 形式は図や写真を使って装飾できる一方、相手の環境によっては受信してもらえない可能性があるため、ビジネスでは **プレーンテキスト形式** のメールが好まれることもあります。

① 作成するメールをプレーンテキスト形式にする

解説

Outlook のメール形式

新しい Outlook で作成可能なメール形式には、以下の2つがあります。

● HTML 形式

Web サイトの作成に用いる、「HTML」を利用した形式です。文字の大きさや色を変えたり、図や写真をレイアウトしたりすることができますが、迷惑メールと判断されたり、文字化けしたりなど、相手に正しく受信してもらえない可能性があります。メールマガジンやダイレクトメールなどが、この形式で送られてくることがよくあります。

● プレーンテキスト形式

テキスト（文字）のみで構成された形式です。新しい Outlook の初期設定では、HTML 形式のメールを作成するようになっていますので、プレーンテキスト形式でメールを送りたい場合は形式を変更する必要があります。

1 ⚙ をクリックします。

2 [メール]をクリックし、

3 [作成と返信]をクリックして、

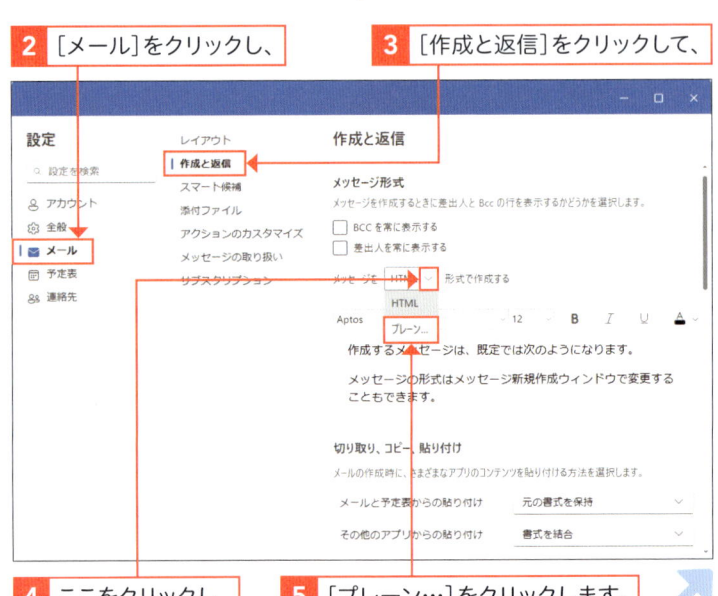

4 ここをクリックし、

5 [プレーン…]をクリックします。

 **ヒント**

メール作成時に メッセージ形式を変更する

メール作成時の[メッセージ]ウィンドウ で、メッセージの形式を変更することが できます。[メッセージ]タブをクリック し、[…]をクリックして、変更したい形 式をクリックします。

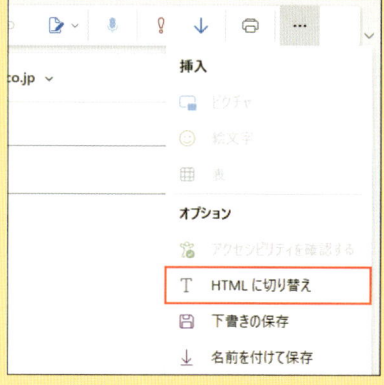

6 [保存]をクリックします。

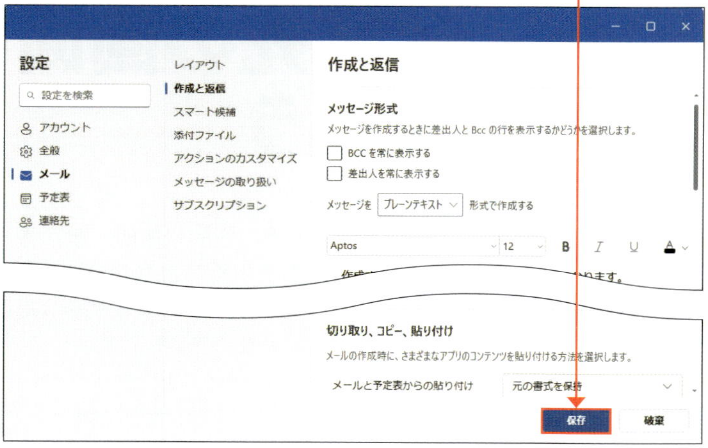

7 ×をクリックします。

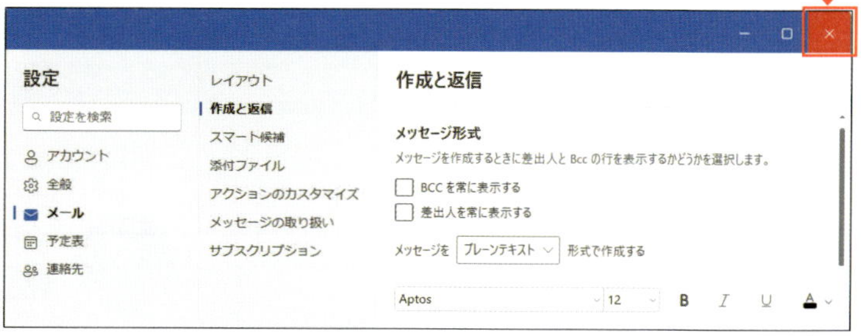

8 新しいメールを作成し、

9 [メッセージ]タブをクリックして、

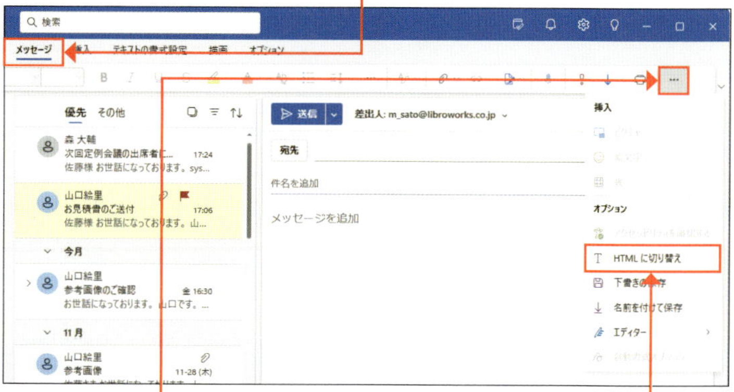

10 […]をクリックすると、

11 [HTMLに切り替え]と表示されており、プレーン テキスト形式になっていることを確認できます。

ここで学ぶこと

・連絡先
・閲覧ウィンドウ
・入力画面

連絡先では、相手の名前や住所、電話番号、メールアドレス、勤務先などの情報を登録し、一覧表示することができます。[メール]画面と連携し、登録したメールアドレスを宛先にしてメールを作成したり、受信メールの差出人を連絡先に登録したりすることも可能です。

① [連絡先] の基本的な画面構成

[連絡先]の一般的な作業は、以下の画面で行います。

①検索ボックス　②タブとリボン

ここをクリックすると、[連絡先]の画面になります。
③連絡先一覧
④閲覧ウィンドウ

名称	機能
①検索ボックス	キーワードを入力して予定を検索します。
②タブとリボン	よく使う操作が目的別に表示されています。
③連絡先一覧	登録した連絡先が一覧表示されています。
④閲覧ウィンドウ	登録した連絡先の主な情報が表示されます。

9

「新しいOutlook」の使い方を知ろう

② 新規連絡先入力画面の画面構成

新規連絡先入力画面では、名前や勤務先、複数のメールアドレスや電話番号、顔写真などを登録することができます。

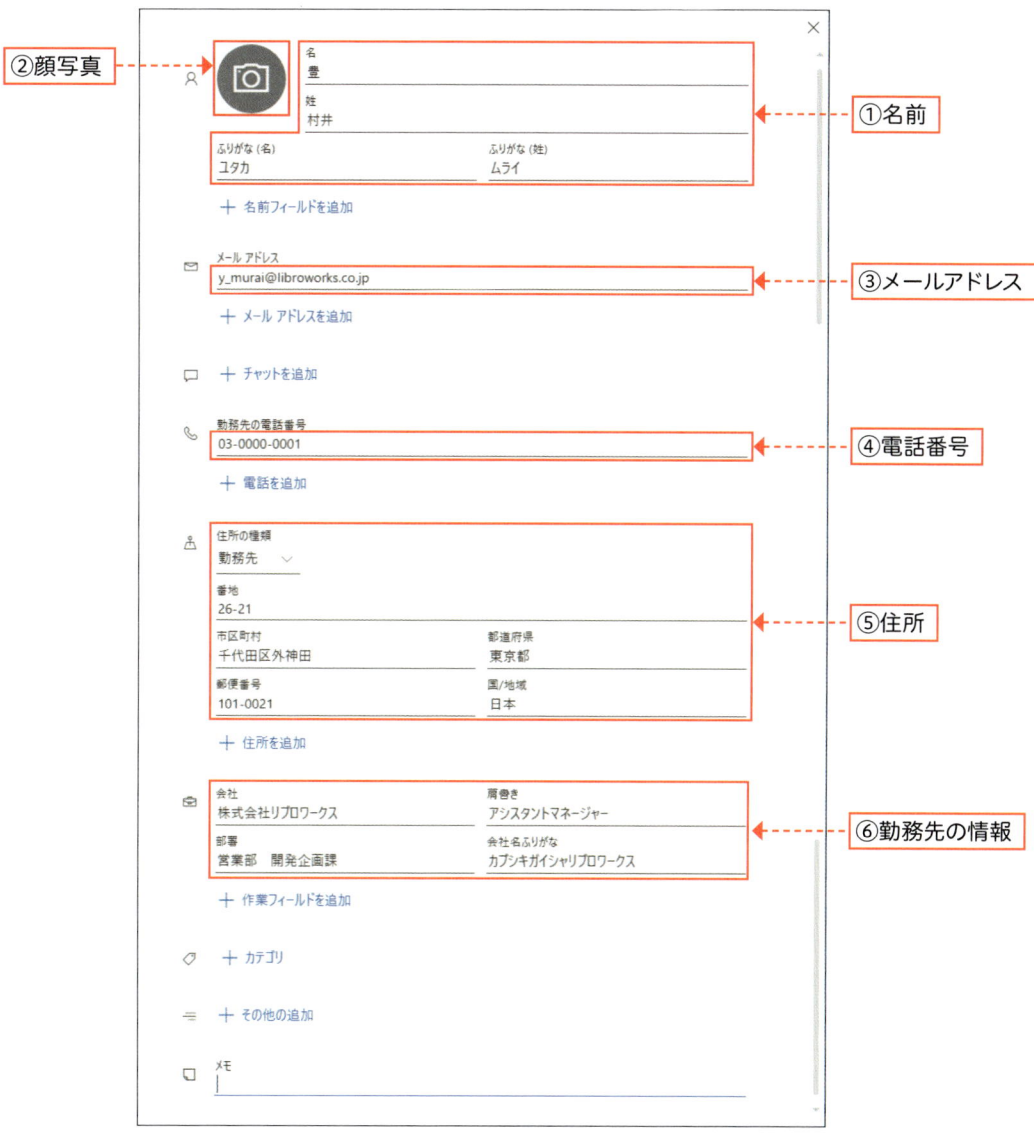

名称	機能
①名前	姓と名を入力します。
②顔写真	本人を撮影した画像ファイルを登録できます。
③メールアドレス	メールアドレスを登録できます。
④電話番号	自宅や勤務先、携帯電話やFAXなどの電話番号を登録できます。
⑤住所	自宅や勤務先など、最大3件までの住所を登録できます。
⑥勤務先の情報	会社名、部署名、肩書きを入力できます。個人の場合は、登録しなくても構いません。

110 | 連絡先を登録しよう

ここで学ぶこと

・連絡先の登録
・[新しい連絡先]
・作業フィールド

連絡先では、相手の名前や住所、電話番号、メールアドレスなどの情報を登録して管理できます。また、ビジネス用途で新しいOutlookを活用する場合には、相手の会社名や部署名、役職、さらに勤務先の住所や電話番号などを登録することもできます。

① 新しい連絡先を登録する

💬 解説

連絡先の登録

連絡先に登録した情報は、あとから自由に追加や変更が可能です。大量に登録する場合は、名前とメールアドレスなど最低限必要な情報だけ登録しておくとよいでしょう。

1 [ホーム]タブの[新しい連絡先]をクリックし、

2 [名]と[姓]を入力し、

3 [メールアドレス]を入力して、

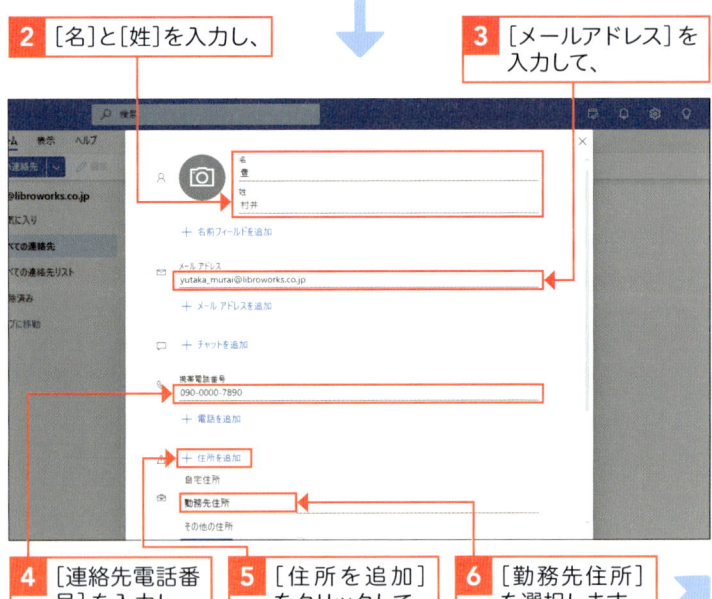

⚠️ 注意

姓名の順番に注意

新しいOutlookでは、姓名の入力欄の順番が、名→姓の順番になっています。逆に入力しないように注意してください。

4 [連絡先電話番号]を入力し、

5 [住所を追加]をクリックして、

6 [勤務先住所]を選択します。

補足

登録可能な住所

登録可能な住所は[勤務先住所]のほか、[自宅住所]と[その他の住所]が選択できます。

補足

ふりがなも登録できる

連絡先には、姓名のほかにふりがなや肩書き、ミドルネームなどを追加することもできます。

1 [名前フィールドを追加]をクリックして、

2 [ふりがな（名）]をクリックします。

3 名前のふりがな入力欄が追加されるので、入力します。

7 [番地]と[市区町村]、[都道府県]、[郵便番号]、[国／地域]を入力し、

8 [会社]を入力し、

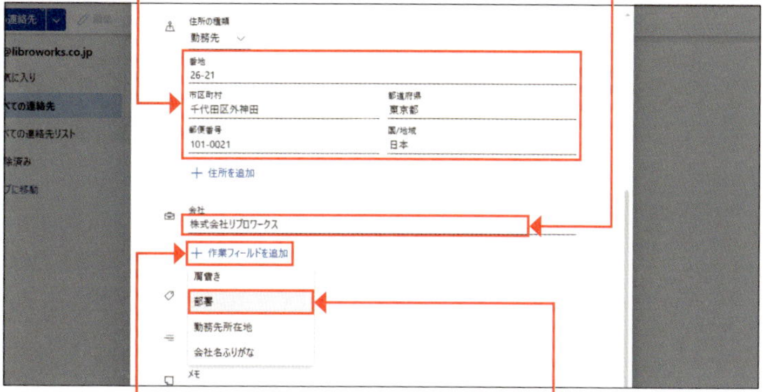

9 [作業フィールドを追加]をクリックして、

10 [部署]を選択します。

11 [部署]を入力し、

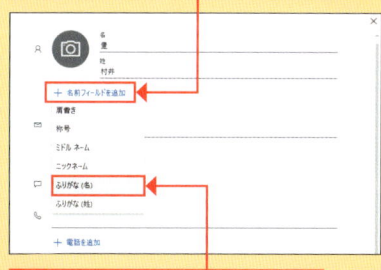

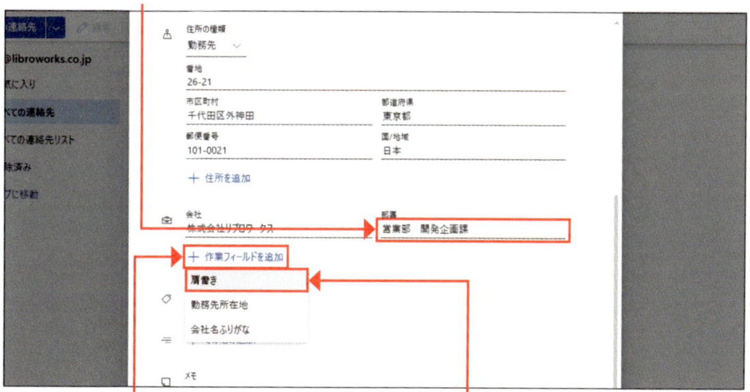

12 [作業フィールドを追加]をクリックして、

13 [肩書き]を選択します。

14 [肩書き]を入力し、

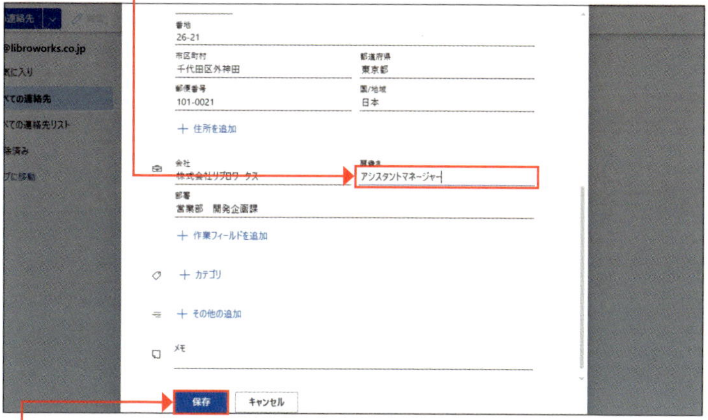

15 [保存]をクリックすると、連絡先が保存されます。

ここで学ぶこと

・連絡先の登録
・[連絡先に追加する]
・[保存]

メールを受信したら、差出人を連絡先に登録しておきましょう。[メール]の画面を表示したあと、差出人の名前とメールアドレスをすばやく登録できます。直接入力する必要がないため、メールアドレスを間違えて入力する心配がありません。必要に応じて情報を追加・修正することも可能です。

1 メールの差出人を連絡先に登録する

補足

姓名が分離していない場合

受信したメールによっては、姓と名が一緒になって登録されていることがあります。確認のうえ、きちんと修正しておきましょう。また、フリガナは登録されないので、自分で入力する必要があります（309ページ参照）。

1 [メール]の画面で登録したい差出人のメールをクリックし、

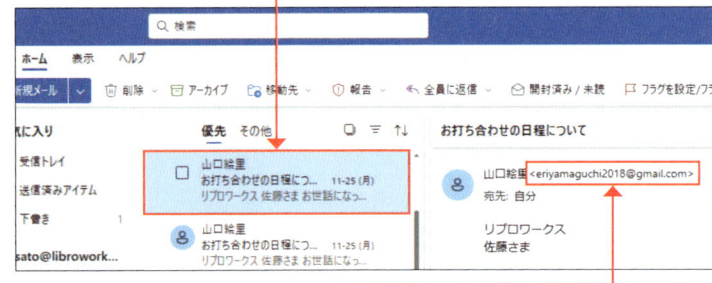

2 メールアドレスをクリックします。

3 … をクリックし、

4 [連絡先に追加する]をクリックします。

必要な情報を追加する

氏名・メールアドレス以外の情報は、自動で入力されません。そのままでも構いませんが、手順6の画面で電話番号や勤務先などの情報を追加しておくと、より便利になります。

5 連絡先の入力画面が表示されます。

差出人の名前とメールアドレスが登録されています。

6 必要に応じて情報を修正し、

7 [保存]をクリックします。

8 [連絡先]の画面を表示すると、

9 連絡先が登録されていることを確認できます。

9

「新しいOutlook」の使い方を知ろう

Section 112 登録した連絡先を閲覧しよう

ここで学ぶこと

・[連絡先の設定]
・連絡先の編集
・連絡先の削除

登録した連絡先は**連絡先一覧**に表示され、確認することができます。また、リボンの**[編集]ボタン**をクリックすると、入力画面が表示され、登録済みの情報を編集することができます。相手の状況などに応じて、最新の情報に書き換えるなどの変更をするとよいでしょう。

① 連絡先を閲覧する

 **補足**

姓名の順番を変更する

新しいOutlookの初期設定では、名前が姓の前に表示されます。以下の手順で表示順を変更することができます。

1 [表示]タブをクリックし、

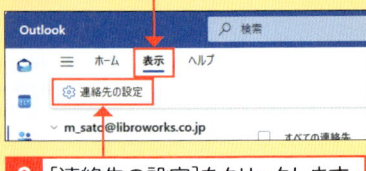

2 [連絡先の設定]をクリックします。

3 [姓]の左のラジオボタンにチェックを入れて、

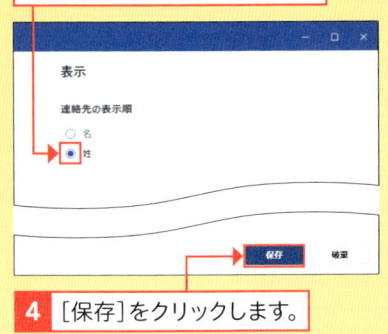

4 [保存]をクリックします。

1 表示したいアカウントをクリックし、

2 [すべての連絡先]をクリックして、

3 閲覧したい連絡先をクリックすると、

4 登録した連絡先の情報が表示されます。

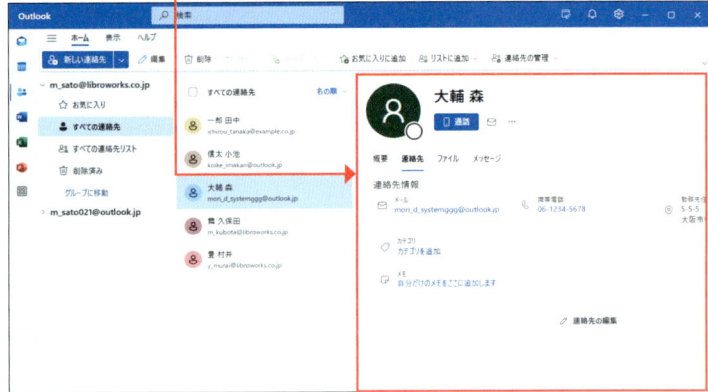

② 連絡先を編集する

1 編集したい連絡先をクリックし、

2 [ホーム]タブをクリックして、

3 [編集]をクリックし、

4 情報を編集して、

5 [保存]をクリックすると、変更が保存されます。

③ 連絡先を削除する

1 削除したい連絡先をクリックし、

2 [ホーム]タブをクリックして、

3 [削除]をクリックすると連絡先が削除されます。

連絡先の相手に
メールを送信しよう

ここで学ぶこと

・メールの送信
・宛先を選択
・アドレス帳

連絡先に登録した相手には、かんたんにメールを送ることができます。メールの作成方法は、大きく分けて2つあります。[連絡先]の画面からメールを作成するか、あるいは、メール作成時に[メッセージ]ウィンドウの宛先からアドレス帳を呼び出して作成します。

① 連絡先から相手を選択する

補足

そのほかのメール送信方法

右の方法のほかに、閲覧ウィンドウに表示されているアイコンをクリックすることでも[新規メール]ウィンドウを表示することができます。

9

「新しいOutlook」の使い方を知ろう

補足

複数の宛先を追加する

名前の左のアイコンにマウスカーソルを合わせることでチェックボックスが表示されます。この画面から複数の相手を選択することもできます。

1 アイコンの上にマウスカーソルを合わせてクリックします。

1 [連絡先]の画面で送信したい相手の連絡先をクリックし、

2 メールアドレスをクリックすると、

3 [メッセージ]ウィンドウが表示されます。

[宛先]が自動的に入力されています。

4 [件名]、[本文]を入力し、

5 [送信]をクリックしてメールを送信します。

② メール作成時に相手を選択する

補足

複数の宛先を指定

複数の宛先を指定したい場合は、手順4で複数の相手の＋をクリックしてから［保存］をクリックします。また、［受信者を追加］ダイアログボックスを閉じたあとに、再度手順3から始めて追加することもできます。

1 ［メール］の画面で「ホーム」タブの［新規メール］をクリックします。

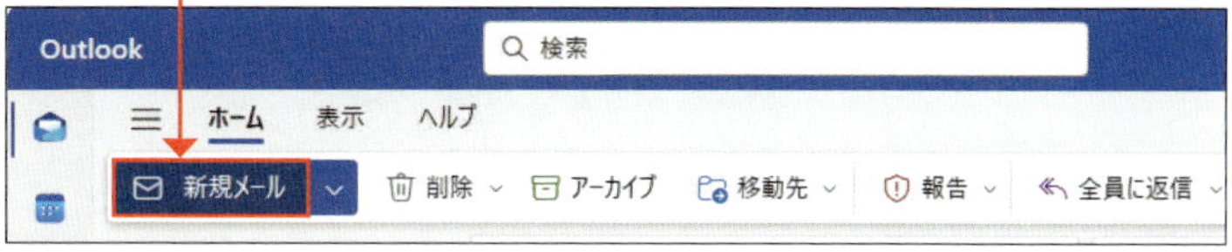
Outlook
検索
ホーム
表示
ヘルプ
新規メール
削除
アーカイブ
移動先
報告
全員に返信

2 ［新規メール］ウィンドウが表示されます。

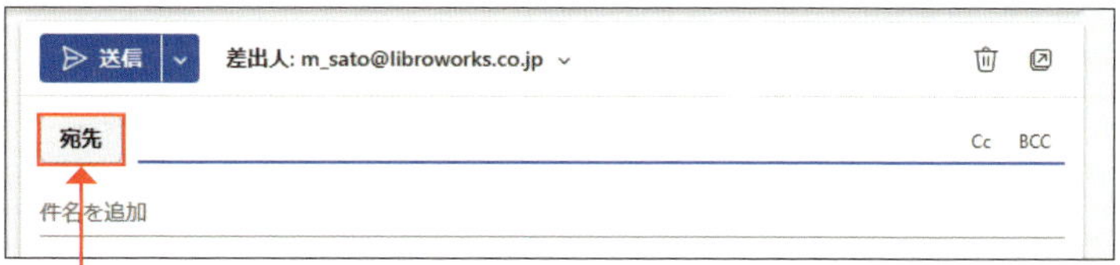
送信
差出人: m_sato@libroworks.co.jp
宛先
Cc BCC
件名を追加

3 ［宛先］をクリックします。

4 アドレス帳が表示されます。

5 送信する相手の名前の右側の＋をクリックして、

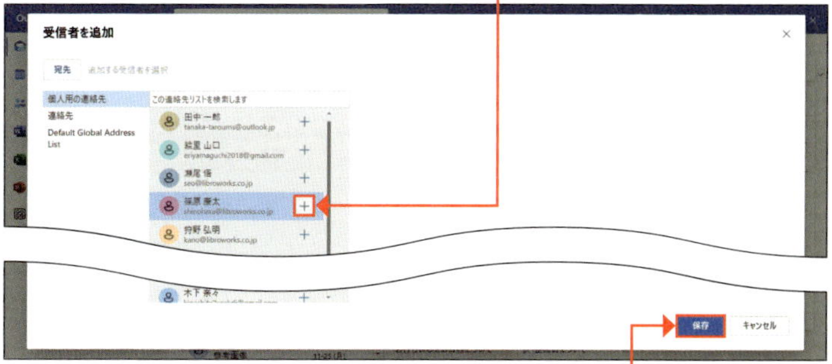
受信者を追加
保存
キャンセル

6 ［保存］をクリックします。

7 ［宛先］が入力されました。

8 件名と本文を入力し、

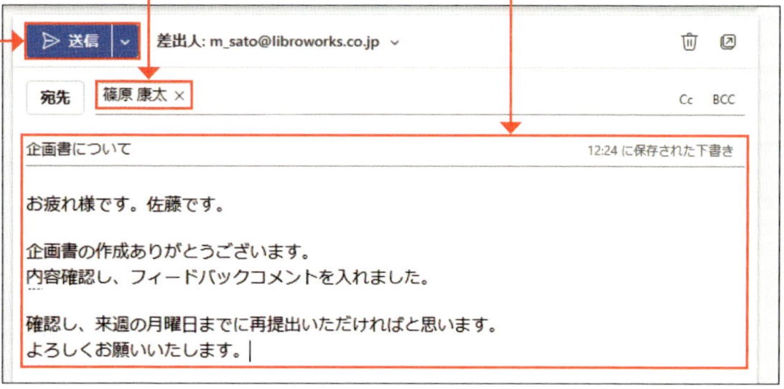
送信
差出人: m_sato@libroworks.co.jp
宛先
篠原 康太
Cc BCC
企画書について
12:24 に保存された下書き
お疲れ様です。佐藤です。
企画書の作成ありがとうございます。
内容確認し、フィードバックコメントを入れました。
確認し、来週の月曜日までに再提出いただければと思います。
よろしくお願いいたします。

9 ［送信］をクリックしてメールを送信します。

Section

114 連絡先を「お気に入り」に登録しよう

ここで学ぶこと

・お気に入り
・[お気に入りに追加]
・[お気に入りに削除]

連絡先の数が増えてくると、目的の連絡先を探すのに時間がかかってしまいます。よく使う連絡先は**お気に入り**に登録して、すばやく参照できるようにしましょう。お気に入りに登録した連絡先は、[お気に入り]からすばやく確認することができるので便利です。

① 連絡先をお気に入りに登録する

補足

**右クリックで
お気に入りに追加する**

右の手順のほかにも、連絡先一覧からお気に入りに登録したい連絡先を右クリックし、[お気に入りに追加]をクリックすることでも、お気に入りへの登録ができます。

1 登録したい連絡先を右クリックし、

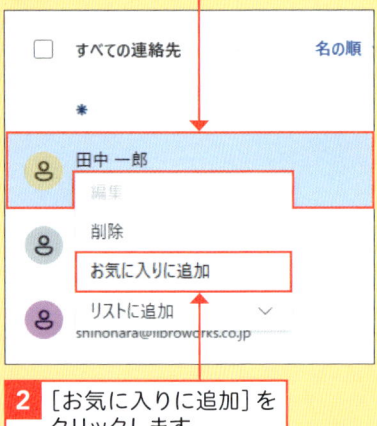

2 [お気に入りに追加]をクリックします。

1 [連絡先]の画面でお気に入りに追加したい相手の連絡先をクリックし、

2 [お気に入りに追加]をクリックします。

3 連絡先がお気に入りに追加されます。

★ が表示されます。

② お気に入りの連絡先を確認する

1 ［お気に入り］をクリックすると、

2 お気に入りに追加した連絡先が表示されます。

③ 連絡先をお気に入りから削除する

 補足

お気に入りを整理する

お気に入り機能を長く使っていくと、最近は連絡しない人の連絡先がお気に入りに溜まっているという状態になることがあります。時々お気に入りを確認し、不要になったらお気に入りから削除しておくと、必要な連絡先を見つけやすくなります。

1 お気に入りから削除したい相手の連絡先をクリックし、

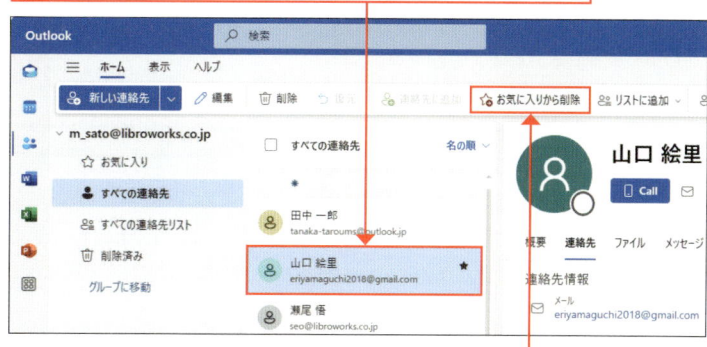

2 ［お気に入りから削除］をクリックします。

3 連絡先がお気に入りから削除されます。

ここで学ぶこと

・連絡先リスト
・メンバーの追加
・一斉送信

同じ部署やサークルのメンバーに対して、まとめてメールを送りたい場合、**連絡先リスト**を作成しておくと便利です。**複数のメールアドレス**を1つのグループにまとめることで、リストのメンバー全員に同じ内容のメールを**一斉送信**することができます。

① 連絡先リストを作成する

 **補足**

メールアドレスの グループ化のメリット

よく送信する複数の相手をリストとしてグループ化することで、毎回メールアドレスを選択する手間が省けます。部署内のメンバーに一斉送信したい場合や、プライベートで連絡をよく取り合う仲間たちにまとめて送りたい場合、あらかじめメールアドレスをリストにしておくと便利でしょう。

 **補足**

クラシックOutlookとの違い

ここで紹介している「連絡先リスト」機能は、クラシックOutlookで「連絡先グループ」と呼ばれていた機能と同じものです。また、クラシックOutlookから切り替えた場合、そちらで登録していたグループがリストとして表示されます。

1 [ホーム]タブのここをクリックし、

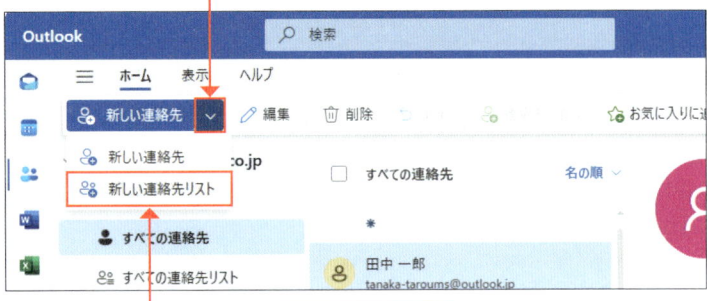

2 [新しい連絡先リスト]をクリックします。

3 [新しい連絡先リスト]ダイアログボックスが表示されるので、

4 新しい連絡先リストの名前を入力し、

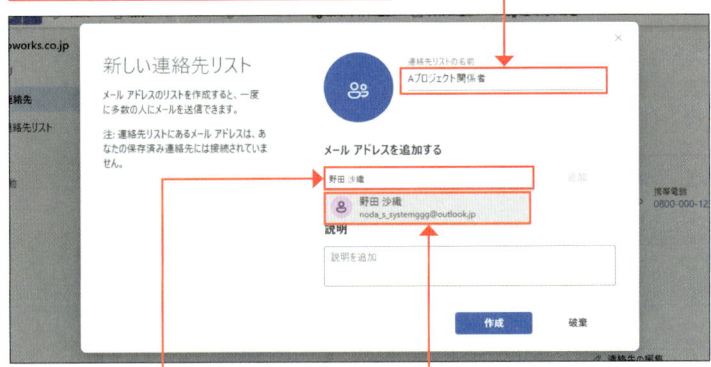

5 追加したい相手の名前を検索ボックスに入力し、

6 表示された連絡先をクリックします。

補足

メンバーの削除

追加する連絡先を間違えてしまった場合、連絡先の右側に表示されている ✕ をクリックすることで、連絡先リストから削除できます。

7 手順**5**〜**6**を繰り返してメンバーを追加したら、[説明]を入力し、

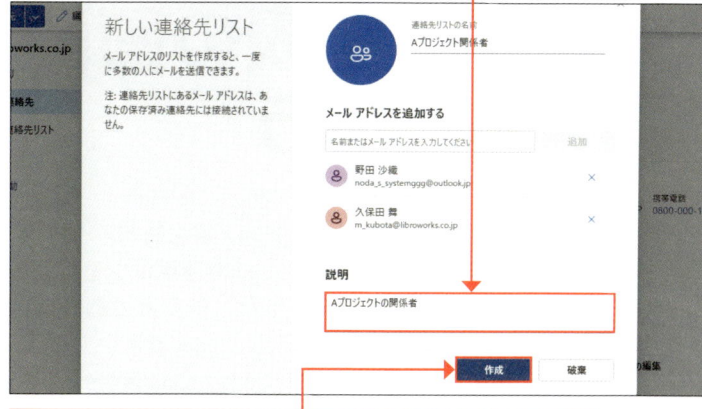

8 [作成]をクリックすると、連絡先リストが作成されます。

② 連絡先リストを宛先にしてメールを一斉送信する

補足

リストの展開

宛先に入力された連絡先リストの左側にある [+] をクリックすると、リストが展開され、連絡先リストに含まれるメンバーを個別に表示できます。

1 [すべての連絡先リスト]をクリックし、

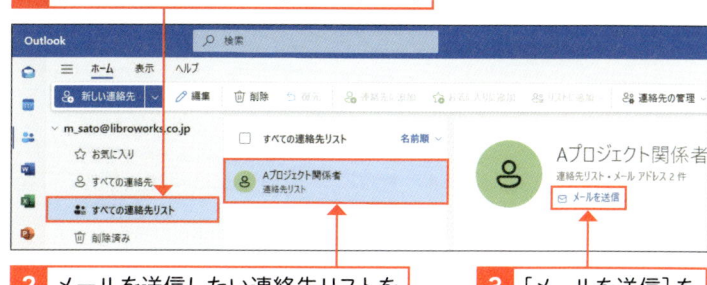

2 メールを送信したい連絡先リストをクリックして、

3 [メールを送信]をクリックします。

[宛先]に連絡先リストが自動的に入力されています。

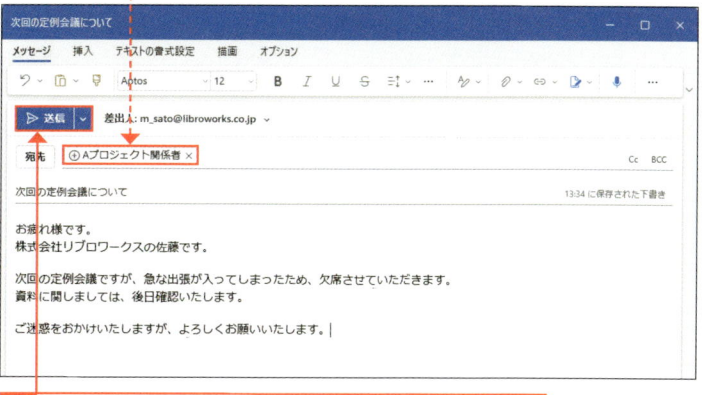

4 [件名]や[本文]を入力し、[送信]をクリックします。

Section 116 予定表の画面構成を知ろう

ここで学ぶこと

・予定表
・予定入力画面
・表示形式

[予定表]には、開始／終了時刻、タイトル、場所などの情報を登録できます。1日単位、1週間単位、1カ月単位などの期間を指定して、スケジュールを表示することも可能です。また、予定入力画面には[メモ]を書き込むスペースがあるので、詳細な情報を記入しておくとよいでしょう。

① [予定表]の基本的な画面構成

①検索ボックス　　②タブとリボン　　⑥スクロールバー

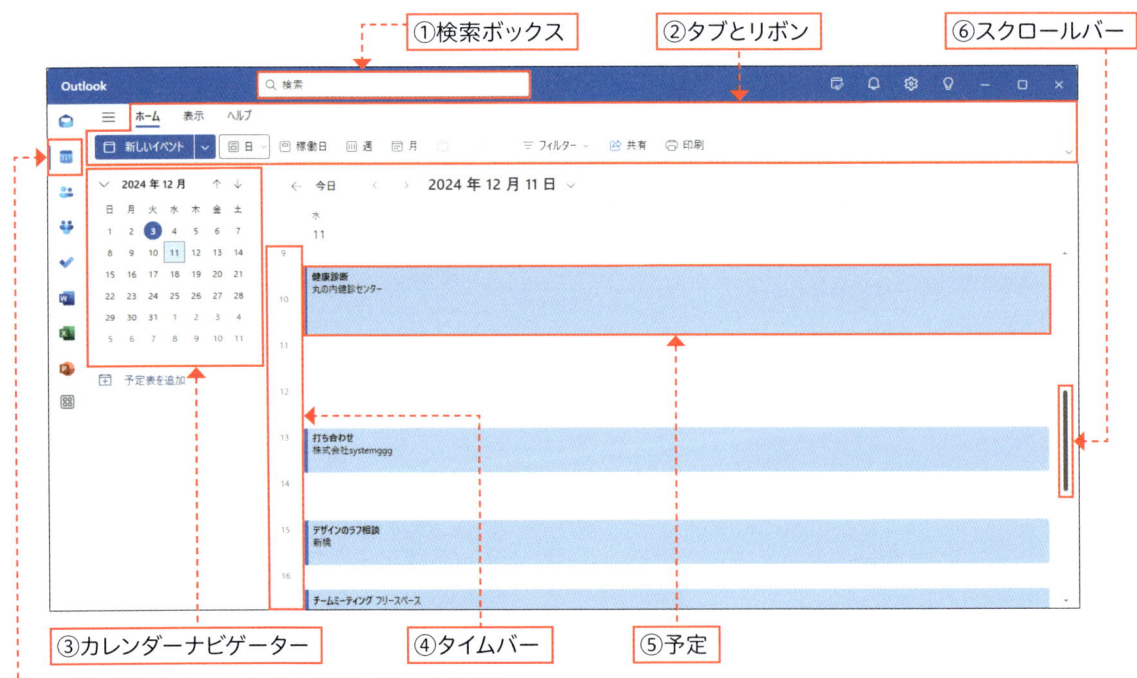

③カレンダーナビゲーター　　④タイムバー　　⑤予定

ここをクリックすると、[予定表]の画面になります。

名称	機能
①検索ボックス	キーワードを入力して予定を検索します。
②タブとリボン	よく使う操作が目的別に表示されています。
③カレンダーナビゲーター	1カ月分のカレンダーが表示されます。日付をクリックすると、その日の予定をすばやく確認できます。
④タイムバー	時刻を表示します。
⑤予定	登録した予定が表示されます。ダブルクリックすると、[予定]ウィンドウが開きます。
⑥スクロールバー	スクロールすると、[日]、[稼働日]、[週]では前後の時間帯を表示できます。

② 予定入力画面の画面構成

②開始時刻　　　①タイトル

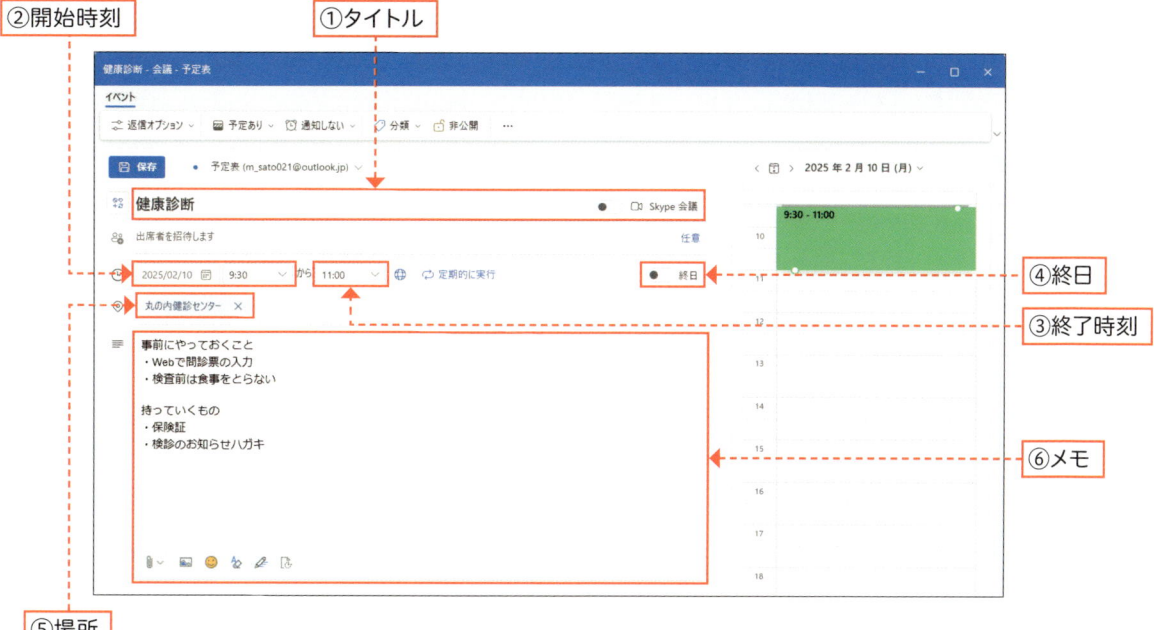

④終日
③終了時刻
⑥メモ
⑤場所

名称	機能
①タイトル	予定の名前を表示します。
②開始時刻	予定の開始日と時刻を表示します。
③終了時刻	予定の終了日と時刻を表示します。
④終日	終日（一日中）の予定があるときは、ここをオンにして登録します。
⑤場所	予定が行われる場所を表示します。
⑥メモ	予定の内容の詳細を登録します。

③ さまざまな表示形式

各ボタンをクリックして、1日単位、稼働日、1週間単位、1カ月単位の表示形式に切り替えられます。

カレンダーのように1カ月分の予定を表示することもできます。

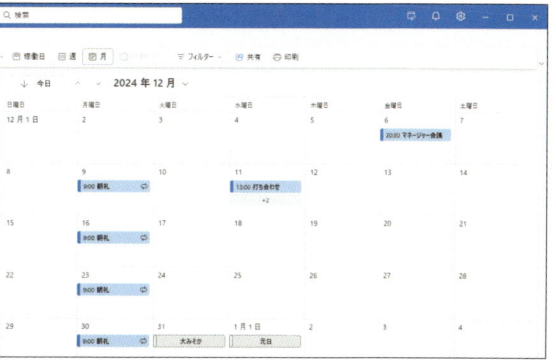

予定表に表示される時間の幅を変更できます。

Section

117 新しい予定を登録しよう

- 予定の登録
- 終日の予定
- アラーム

新しい予定の登録は予定入力画面から行います。ここに登録できる情報は、[タイトル]、[場所]、[日付]、[開始時刻]、[終了時刻] などです。さらにメモを書き込めるスペースがあるので、状況に応じて、予定の詳細な情報などを登録しておくといいでしょう。

① 新しい予定を登録する

✏ 補足

終日の予定

朝から夜まで、丸一日かけて行われる予定は終日として登録できます。出張のように、複数日に渡る日をすべて「終日」で登録することも可能です。

1 ここをクリックして [終日] を
オンにし、

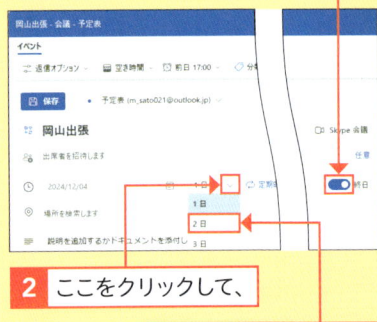

2 ここをクリックして、

3 期間を設定します。

1 [ホーム]タブをクリックし、

2 [新しいイベント]をクリックすると、

3 予定入力画面が表示されます。

4 ここをクリックして、

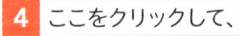

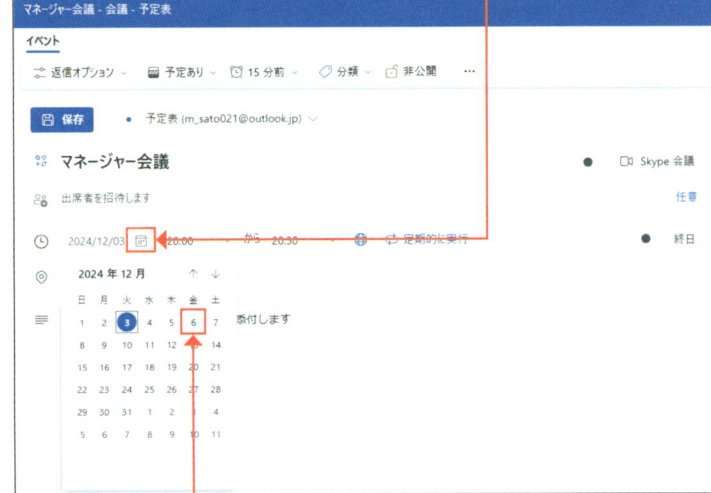

5 日付を選択します。

補足

アラームの時刻を変更する

初期設定では、開始時刻の15分前にアラームが設定されています。この時刻は変更することも可能です。

1 ここをクリックして、

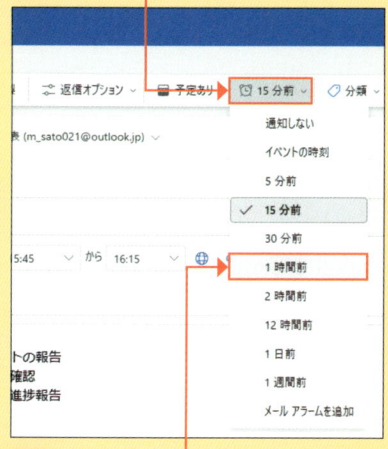

2 アラームを設定したい時刻を設定します。

補足

開始／終了時刻を手入力する

[予定]ウィンドウで[開始時刻]や[終了時刻]を選択する際、キーボードから直接時刻を入力して設定することも可能です。

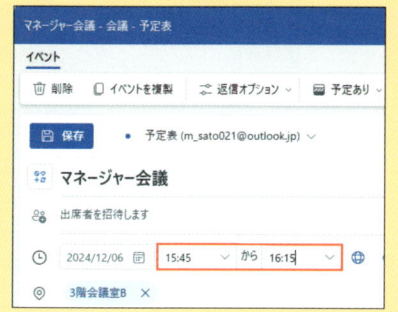

6 ここをクリックして、　**7** 開始時刻を選択します。

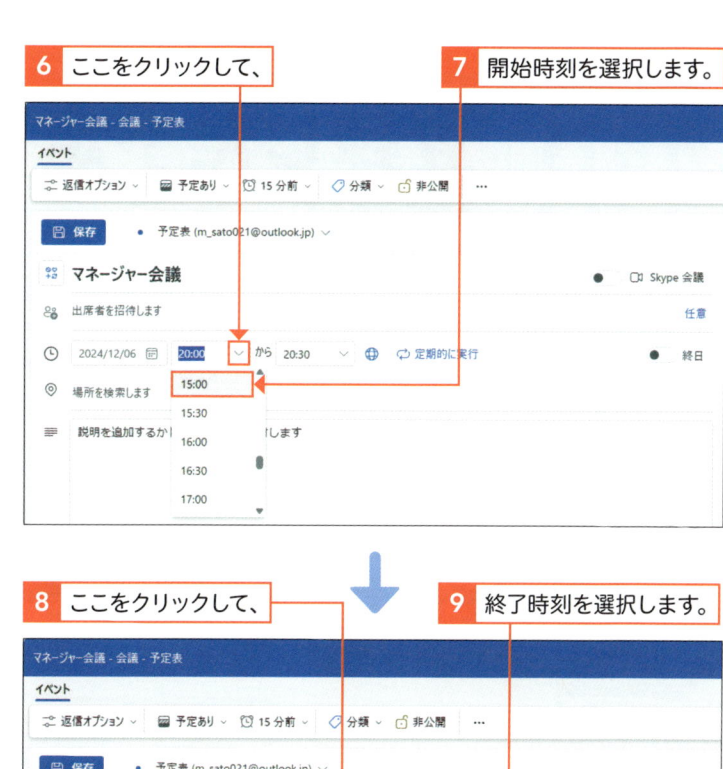

8 ここをクリックして、　**9** 終了時刻を選択します。

この部分には、詳細な情報をメモとして登録できます。

10 [保存]をクリックすると、新しい予定が保存されます。

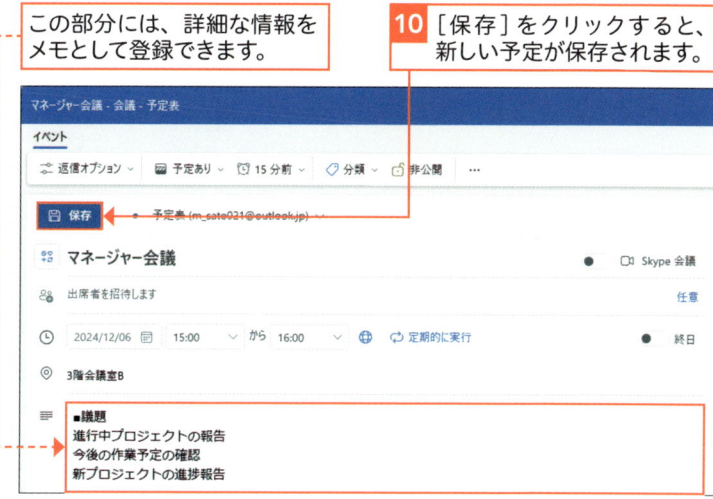

Section 118 登録した予定を確認しよう

ここで学ぶこと

・表示形式
・予定の編集
・予定の削除

登録した予定表は、1日単位、1週間単位、1ヵ月単位のように表示形式を切り替えて確認できます。用途に応じて使い分けて閲覧するとよいでしょう。また、登録した予定はあとから変更することができます。日時や場所などを修正したり、登録した予定そのものを削除することもできます。

① 予定表の表示形式を切り替える

 **補足**

表示月を切り替える

[カレンダーナビゲーター]の表示月の右にある矢印をクリックすることで、表示月を切り替えることができます。

1 [ホーム]タブをクリックし、

2 [日]をクリックすると、

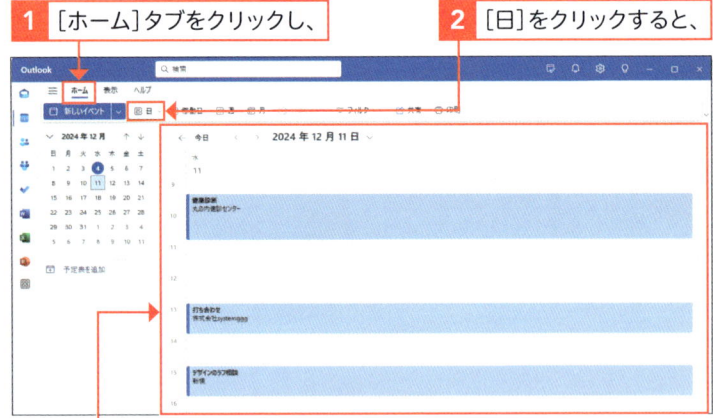

3 予定表が1日単位で表示されます。

4 [週]をクリックすると、

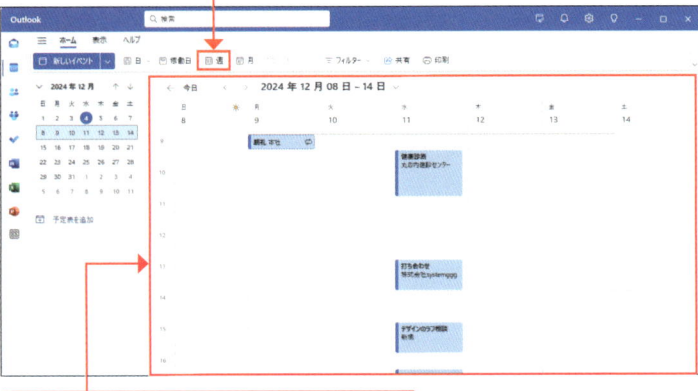

5 予定表が1週間単位で表示されます。

② 予定を変更する

💡 ヒント

右クリックメニューから予定を変更／削除する

予定を右クリックすると、操作メニューが表示されます。その中にある[編集]／[削除]をクリックすることでも、予定を変更／削除できます。

1 予定を右クリックし、

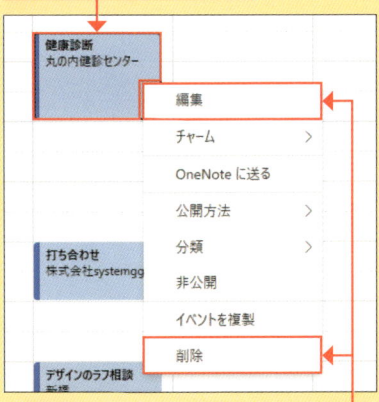

2 [編集]か[削除]を選択します。

---

1 変更したい予定をダブルクリックします。

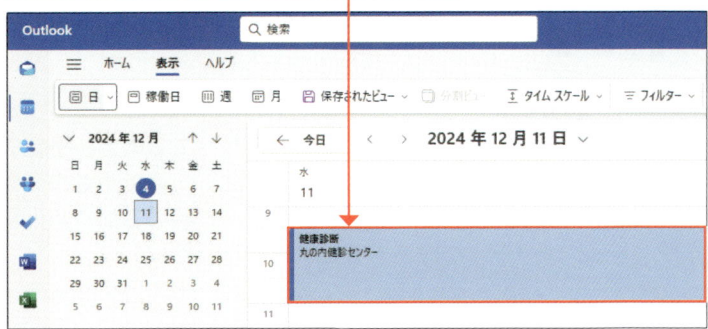

⬇

2 予定の内容を変更し、

3 [保存]をクリックすると、変更が保存されます。

③ 予定を削除する

✏️ 補足

クラシックOutlookから移行した場合

クラシックOutlookから新しいOutlookへ移行した場合、以前に登録した予定も新しいOutlookに表示されます。

---

1 予定をダブルクリックして[予定]ウィンドウが表示し、

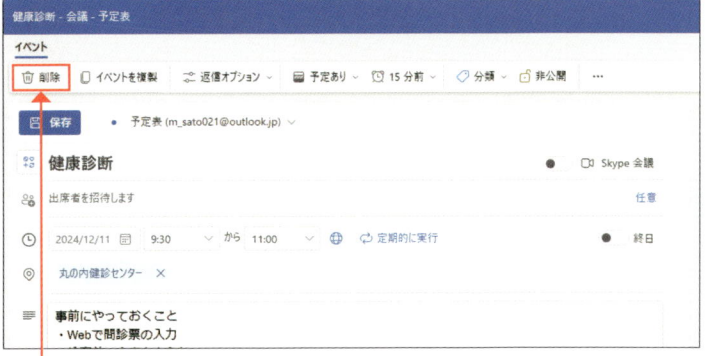

2 [削除]をクリックすると、予定が削除されます。

Section

119 | 予定を色で分類しよう

ここで学ぶこと

・予定の分類
・分類
・色

登録した予定が多くなってくると、予定表が見づらくなります。それぞれの予定に色を付けて分類すれば、一目で予定の分類がわかります。分類ごとに予定を並べ替えることもできます。分類の名前や色は自由に設定できるので、わかりやすいものに設定するとよいでしょう。

① 予定を分類する

💬解説

分類は各機能共通

分類は［メール］と［予定表］と［To Do］で共通して利用することができます。そのため、すでに設定された分類の名前を変更すると、他の機能で使う場合に影響が出ることがあります。また、クラシックOutlookから移行した場合、クラシックOutlookでの設定が反映されます。

⚠️注意

分類が設定できない場合

アカウントによっては、分類が設定できないことがあります。

1 分類を設定したい予定を右クリックし、

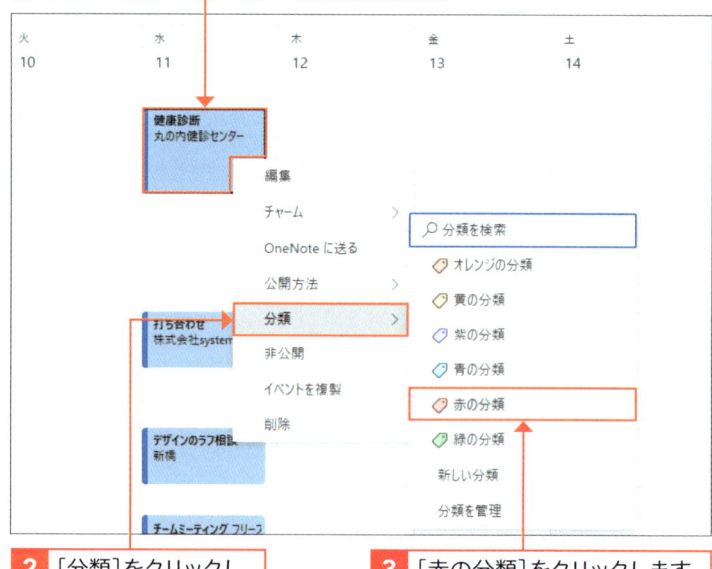

2 ［分類］をクリックし、

3 ［赤の分類］をクリックします。

4 予定に分類が設定され、色も変更されます。

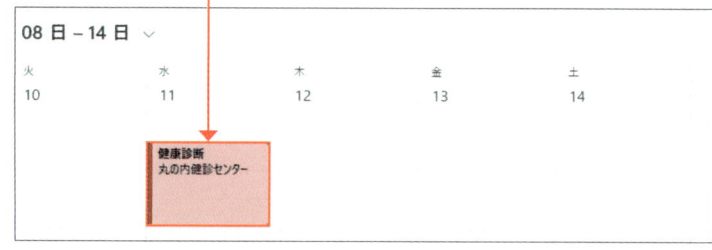

② 分類の色や名前を変更する

 補足

分類を削除する

予定の分類を削除するには、予定を右クリックして[分類]をクリックし、設定した分類名をクリックします。複数の分類が設定されている場合、[すべての分類をクリア]をクリックすることで、設定されている分類をすべて削除できます。

1 予定を右クリックし、

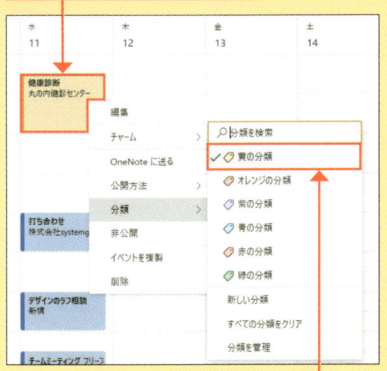

2 分類名をクリックすると、分類を削除できます。

1 🔧 をクリックします。

2 [設定]ウィンドウが表示されます。

3 [アカウント]をクリックし、　　　　　　　**4** [分類]をクリックして、

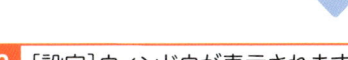

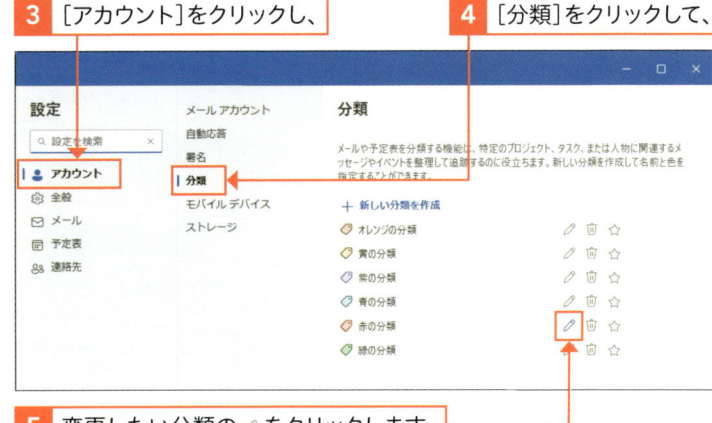

5 変更したい分類の 🖉 をクリックします。

名前を変更するときはここに入力します。　　　　　色を変更するときはこの中から選択します。

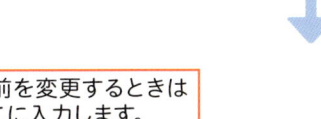

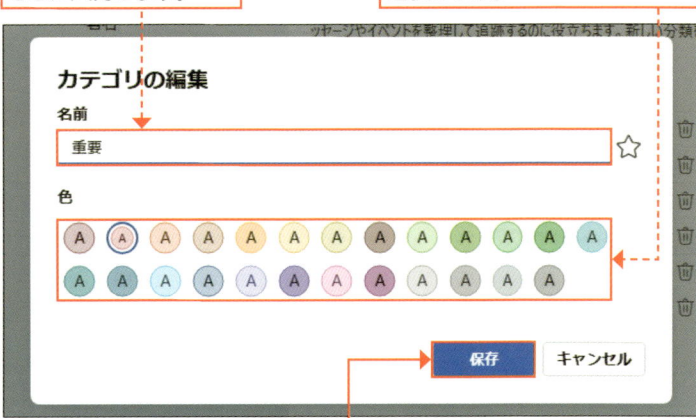

6 変更が完了したら[保存]をクリックします。

Section 120 定期的な予定を登録しよう

ここで学ぶこと

・定期的な予定
・[定期的に実行]
・パターンの設定

「毎週月曜日、朝9時から30分間は朝礼」というように、同じパターンで予定がある場合は、**定期的な予定**として設定することができます。定期的に開催される予定が事前にわかっている場合、あらかじめ登録しておくと、毎回予定を登録する手間が省けて便利です。

① 定期的な予定を登録する

解説

定期的な予定の登録

ここでは、「毎週月曜日の朝9時から9時30分まで、本社で朝礼を実施する」という予定を登録します。

1 [ホーム]タブをクリックし、

2 [新しいイベント]をクリックすると、

3 [予定]ウィンドウが表示されます。

4 定期的な予定の開始日時と予定の内容を入力し、

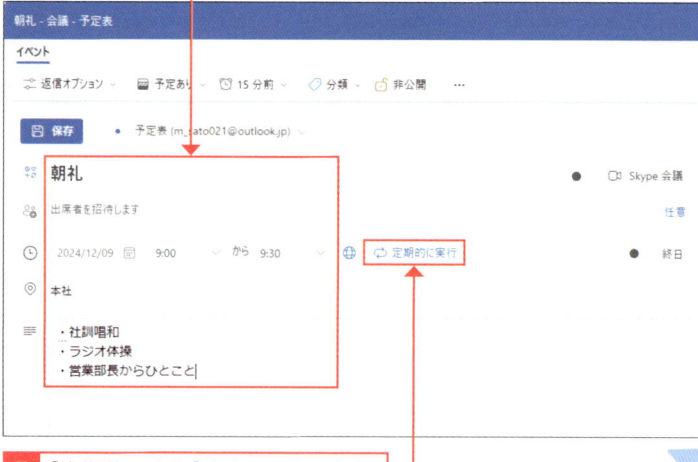

5 [定期的に実行]をクリックします。

パターンの設定

[繰り返し]ダイアログボックスでは、手順**8**で[日]、[週]、[か月]、[年]を選択した場合、それぞれ次のような設定が可能です。

日	何日ごとにするかの設定
週	何週ごとの何曜日にするかの設定
か月	何カ月ごとに繰り返すかの設定、同じ日付に繰り返すか、もしくは同じ曜日に繰り返すかの設定
年	同じ日付に繰り返すか、もしくは同じ曜日に繰り返すかの設定

6 [繰り返し]ダイアログボックスが表示されます。

7 [1]を選択し、 **8** [週]を選択し、 **9** [月]を選択します。

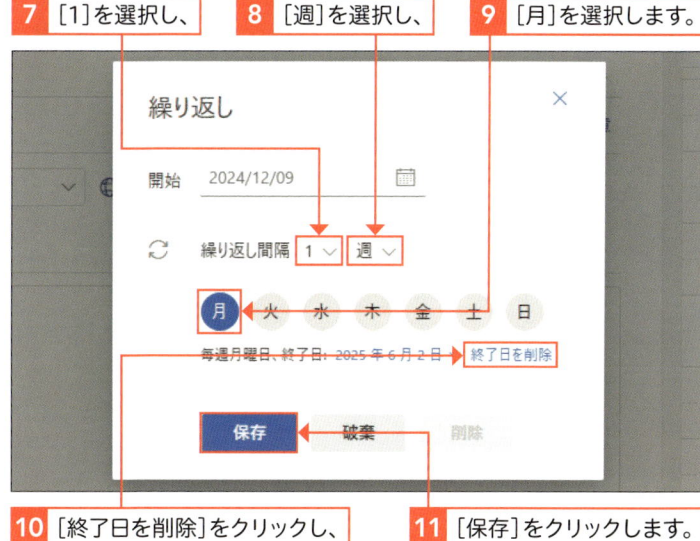

10 [終了日を削除]をクリックし、 **11** [保存]をクリックします。

12 [保存]をクリックすると、

13 毎週月曜日に、定期的な予定が登録されます。

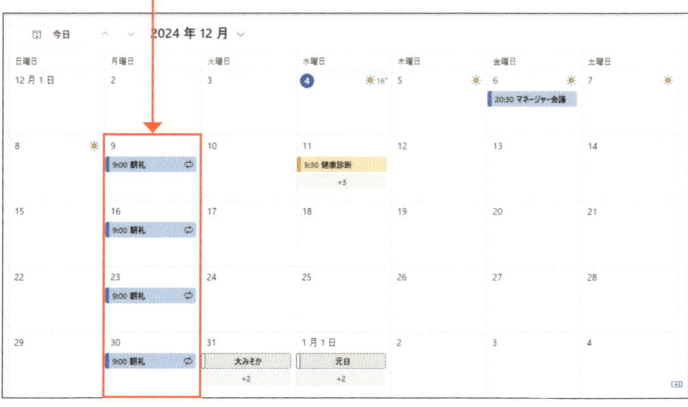

定期的な予定のアイコン

定期的な予定を設定すると、下図のようなアイコンが表示されます。

Section 121 予定表に祝日を設定しよう

ここで学ぶこと

・祝日
・[予定表の追加]
・祝日の削除

新しいOutlookの初期設定では、[予定表]に祝日が表示されていません。[予定表]をカレンダー代わりに利用したい場合は、祝日を表示するように設定しておくと便利です。追加した祝日は削除することもできます。同様の操作で予定表を追加することで、予定表を使い分けることもできます。

1 予定表に祝日を設定する

解説

祝日の設定

Outlookの初期設定では、祝日が表示されていません。ここで解説している操作を行うことで、祝日が新規の予定表で終日の予定項目として表示されるようになります。

補足

クラシックOutlookとの違い

クラシックOutlookと異なり、新しいOutlookでは祝日は予定表として追加されます。

1 [予定表を追加]をクリックし、

2 [祝日]をクリックし、

3 下方向へスクロールし、

4 [日本]の左のチェックボックスをオンにして、

5 ×をクリックします。

ヒント

祝日を変更したい場合

祝日の名称や日付が変わってしまった場合、[予定表]から変更／削除することができます。祝日は予定として登録されているので、ダブルクリックすることで[予定]ウィンドウが開き、変更／削除が行えます。詳しくは、325ページを参照してください。

6 祝日が設定されていることが確認できます。

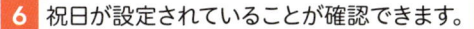

ヒント　新しい予定表を追加する

新しいOutlookでは、複数の予定表を設定することが可能です。たとえば、仕事とプライベートで予定表を使い分けるなどができます。複数の予定表を設定する場合、見分けやすい色を設定するとより使いやすくなります。

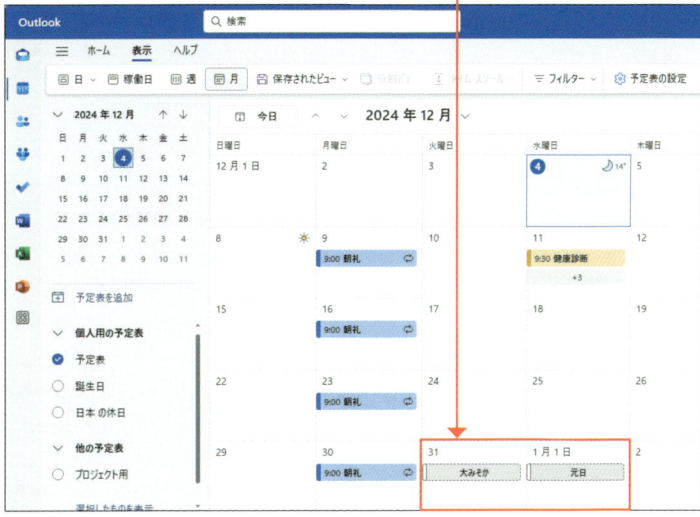

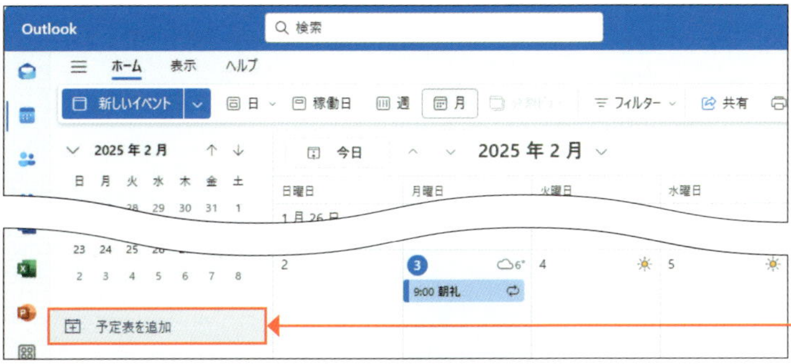

1 [予定表を追加]をクリックし、

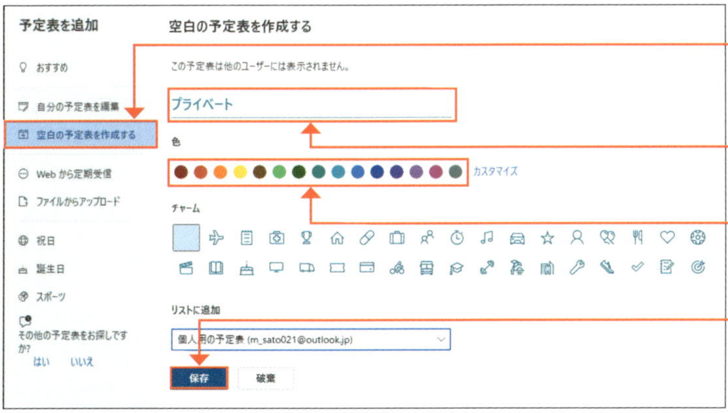

2 [空白の予定表を作成する]をクリックし、

3 予定表の名前を入力し、

4 色を選択して、

5 [保存]をクリックします。

索引

ら行

や行

お問い合わせについて

本書に関するご質問については、本書に記載されている内容に関するもののみとさせていただきます。本書の内容と関係のないご質問につきましては、一切お答えできませんので、あらかじめご了承ください。また、電話でのご質問は受け付けておりませんので、必ずFAXか書面にて下記までお送りください。
なお、ご質問の際には、必ず以下の項目を明記していただきますようお願いいたします。

1 お名前
2 返信先の住所またはFAX番号
3 書名（今すぐ使えるかんたん Outlook 2024 [Office 2024/Microsoft 365 両対応]）
4 本書の該当ページ
5 ご使用のOSとソフトウェアのバージョン
6 ご質問内容

なお、お送りいただいたご質問には、できる限り迅速にお答えできるよう努力いたしておりますが、場合によってはお答えするまでに時間がかかることがあります。また、回答の期日をご指定なさっても、ご希望にお応えできるとは限りません。あらかじめご了承くださいますよう、お願いいたします。

■お問い合わせの例

FAX

1 お名前

技術　太郎

2 返信先の住所またはFAX番号

03-XXXX-XXXX

3 書名

今すぐ使えるかんたん
Outlook 2024 [Office 2024/
Microsoft 365 両対応]

4 本書の該当ページ

64 ページ

5 ご使用のOSとソフトウェアのバージョン

Windows 11 Pro
Outlook 2024

6 ご質問内容

ファイルが添付できない

※ご質問の際に記載いただきました個人情報は、回答後速やかに破棄させていただきます。

問い合わせ先

〒162-0846
東京都新宿区市谷左内町 21-13
株式会社技術評論社　書籍編集部
「今すぐ使えるかんたん Outlook 2024
[Office 2024/Microsoft 365 両対応]」質問係
FAX番号　03-3513-6167

https://book.gihyo.jp/116

今すぐ使えるかんたん Outlook 2024
[Office 2024/Microsoft 365 両対応]

2025年4月26日　初版　第1刷発行

著　者●リブロワークス
発行者●片岡 巌
発行所●株式会社 技術評論社
　　　　東京都新宿区市谷左内町 21-13
　　　　電話　03-3513-6150　販売促進部
　　　　　　　03-3513-6160　書籍編集部
装丁●田邉 恵里香
本文デザイン●ライラック
編集／DTP●リブロワークス
担当●田中 秀春
製本／印刷●株式会社シナノ

定価はカバーに表示してあります。

ISBN978-4-297-14583-5　C3055
Printed in Japan